化妆品产业专利导航

—— 以广州市为例 ——

国家知识产权局专利局专利审查协作广东中心　组织编写

图书在版编目（CIP）数据

化妆品产业专利导航：以广州市为例／国家知识产权局专利局专利审查协作广东中心组织编写. —— 北京：知识产权出版社，2025. 9. —— ISBN 978-7-5245-0103-9

Ⅰ．G306.72；F426.7

中国国家版本馆 CIP 数据核字第 20257CD012 号

内容提要

本书围绕化妆品产业开展全景式分析研究，剖析了各技术领域专利申请的现状及趋势、国内外重要申请人及其重点研发方向、重点技术分支的发展路线及核心专利等，将专利分析与产业发展紧密结合，有针对性地提出化妆品产业的发展路径，为相关产业政策研究提供有益参考，为产业技术创新提供有效支撑。

责任编辑：刘晓琳　　　　　　　责任校对：潘凤越
封面设计：刘　伟　　　　　　　责任印制：刘译文

化妆品产业专利导航：以广州市为例
国家知识产权局专利局专利审查协作广东中心　组织编写

出版发行	知识产权出版社有限责任公司	网　　址	http://www.ipph.cn	
社　　址	北京市海淀区气象路 50 号院	邮　　编	100081	
责编电话	010-82000860 转 8025	责编邮箱	191985408@qq.com	
发行电话	010-82000860 转 8101/8102	发行传真	010-82000893/82005070/82000270	
印　　刷	北京中献拓方科技发展有限公司	经　　销	新华书店、各大网上书店及相关专业书店	
开　　本	787mm×1092mm　1/16	印　　张	17.75	
版　　次	2025 年 9 月第 1 版	印　　次	2025 年 9 月第 1 次印刷	
字　　数	400 千字	定　　价	98.00 元	

ISBN 978-7-5245-0103-9

出版权专有　侵权必究
如有印装质量问题，本社负责调换。

本书编写组

主　　编：贺　隽
副 主 编：罗德明　马　顺
编写人员：肖西祥　陈　斌　张　浩　钟　超
　　　　　刘宏宇　李　博　张志鸣　方　田
　　　　　武　剑　吴　舜

前　　言

《中华人民共和国国民经济和社会发展第十四个五年规划和2035年远景目标纲要》指出，要提升自主品牌影响力和竞争力，率先在化妆品、服装、家纺、电子产品等消费品领域培育一批高端品牌。这是我国首次在国民经济和社会发展规划纲要中涉及化妆品领域。近年来，随着我国经济的持续快速发展，化妆品产业规模进一步扩大，目前我国已成为全球第二大化妆品消费市场。

在化妆品产业中，产业链以原料为主。然而，国内化妆品功效原料进口依赖度较高，化妆品产业作为一个科学驱动和高度创新的产业，亟须转型升级。

广东省是化妆品产业大省，根据《化妆品行业"十四五"发展规划》统计，广东省化妆品企业数量占全国的一半以上。《2023广州化妆品产业白皮书》指出，广州市的持证化妆品生产企业数量占广东省的59.3%，占全国的33.6%，广州市化妆品工业产值超过1000亿元，产业规模约占全国的55%。广东省以及广州市化妆品产业的发展状况对全国化妆品产业发展具有较大的影响。

2020年，广东省人民政府印发了《广东省推动化妆品产业高质量发展实施方案》，明确指出要完善顶层设计，统筹推进全省各地化妆品产业园区规范建设，协同招商引资、研发创新、设计制造、品牌打造、展贸展会、知识产权、人才培养等方面扶持政策在园区落地生效；加大知识产权保护力度；增强企业知识产权保护意识和能力；打造国内乃至全球最具影响力和知名度的化妆品产业高质量发展集群。2023年，《广州市人民政府办公厅关于推动化妆品产业高质量发展的实施意见》印发，指出要构建化妆品全产业链高质量发展的格局。

2021年，中共中央、国务院印发《知识产权强国建设纲要（2021—2035年）》，明确指出积极发挥专利导航在区域发展、政府投资的重大经济科技项目中的作用，大力推动专利导航在传统优势产业、战略性新兴产业、未来产业发展中的应用。根据广州知识产权保护中心委托，2022年7月国家知识产权局专利局专利审查协作广东中心以《专利导航指南》（GB/T 39551—2020）为工作指引，组织开展化妆品产业专利导航分析工作，为了保证专利数据的完整和准确，引用的专利数据公开日截止于2022年5月31日。

本书编写组调研了多家化妆品领域重点企业、高校和行业协会，充分了解了化妆品产业的发展现状、专利状况，以产业现状为研究出发点，分析数据，发现问题，结合专利分类特点，实现多层次信息的融合，形成详细的研究方案，并组织多次行业专家论证，几经易稿，最终形成本书。

本书对化妆品产业的全球、中国、广东省和广州市的专利进行深度分析，剖析了各技术领域专利申请的现状及趋势、国内外重要申请人及其重点研发方向、重点技术分支的发展路线、核心专利、化妆品产业聚集区专利特点等，并对近年来的研究热点以及化妆品植物原料专利进行重点分析，梳理了重点的专利技术、重要的研发团队和原料端重点企业，以期为企业提高研发水平、跟踪国内外先进技术发展趋势、布局重点领域研发路径、明晰产业创新路径和方向等方面提供帮助。同时，希望本书能为行业主管部门引领化妆品产业发展方向、调整产业结构、制定相关产业政策、推动产业聚集区发展等提供详实的专利数据，为推动产业的转型升级提供方向和建议，为产业相关创新主体了解最新技术、规避知识产权风险、开展针对性的产业专利布局、明晰创新方向等提供有力支撑。

本书由贺隽、罗德明、马顺、肖西祥、陈斌、张浩、钟超、刘宏宇、李博、张志鸣、方田、武剑、吴舜撰写。其中，贺隽参与编写第一章和第六章，约2万字；罗德明参与编写第四章，约5.5万字；马顺参与编写第四章，约5.5万字；肖西祥参与编写第五章和第六章，约1万字；陈斌参与编写第四章和第五章，约3.2万字；张浩参与编写第三章，约3.2万字；钟超参与编写第一章、第三章和第四章，约3.2万字；刘宏宇参与编写第四章和第五章，约3万字；李博参与编写第三章和第四章，约3万字；张志鸣参与编写第二章和第三章，约3万字；方田参与编写第三章和第四章，约3万字；武剑参与编写第二章和第四章，约3万字；吴舜参与编写第三章，约1.4万字。由于研究人员水平有限，本书中的数据、结论和建议仅供社会各界参考，不足之处请谅解。

目录

第一章　概述 ··· 001
  1.1　专利导航释义 ·· 001
    1.1.1　专利导航的基本内涵和定义 ·· 001
    1.1.2　专利导航的国家政策支撑 ··· 002
    1.1.3　专利导航的实践发展 ·· 002
    1.1.4　专利导航的具体内容 ·· 003
  1.2　化妆品定义及分类 ·· 004
  1.3　研究方法 ··· 005
    1.3.1　研究目标 ··· 005
    1.3.2　调查研究 ··· 005
    1.3.3　技术分解 ··· 006
    1.3.4　数据检索 ··· 007
    1.3.5　数据查全查准 ··· 007
    1.3.6　检索过程及结果 ·· 008
    1.3.7　相关事项和约定 ·· 009

第二章　化妆品产业发展现状和定位 ·· 016
  2.1　全球化妆品产业现状 ·· 016
    2.1.1　市场规模 ··· 016
    2.1.2　产业政策与监管 ·· 016
  2.2　中国化妆品产业现状 ·· 018
    2.2.1　市场规模 ··· 018
    2.2.2　产业政策与监管 ·· 019
    2.2.3　中国化妆品产业链发展现状 ··· 022
  2.3　化妆品产业技术发展现状 ··· 024
    2.3.1　国内研发现状 ··· 024
    2.3.2　化妆品原材料发展现状 ··· 025
    2.3.3　国内备案化妆品中植物原料发展现状 ·································· 027
  2.4　广东省化妆品产业发展现状及定位 ·· 028
  2.5　广州市化妆品产业发展现状及定位 ·· 028

2.6 化妆品产业发展存在的问题 ………………………………………… 029

第三章 化妆品产业专利布局分析 ……………………………………… 031
3.1 全球化妆品产业专利布局分析 ……………………………………… 031
  3.1.1 技术发展 …………………………………………………… 031
  3.1.2 技术构成 …………………………………………………… 033
  3.1.3 发展动态及竞争格局 ……………………………………… 040
  3.1.4 创新主体分析 ……………………………………………… 042
  3.1.5 产业结构调整方向 ………………………………………… 051
3.2 中国化妆品产业专利布局分析 ……………………………………… 052
  3.2.1 创新主体分析 ……………………………………………… 052
  3.2.2 专利申请法律状态分析 …………………………………… 063
  3.2.3 协同创新模式分析 ………………………………………… 063
  3.2.4 化妆品领域中国专利奖分析 ……………………………… 064
3.3 广东省化妆品产业专利布局分析 …………………………………… 071
  3.3.1 创新主体定位 ……………………………………………… 071
  3.3.2 法律状态分析 ……………………………………………… 072
  3.3.3 区域集中度分析 …………………………………………… 072
3.4 广州市化妆品产业专利布局分析 …………………………………… 074
  3.4.1 创新实力定位 ……………………………………………… 074
  3.4.2 创新主体定位 ……………………………………………… 075
  3.4.3 协同创新情况分析 ………………………………………… 075
  3.4.4 产业技术流通分析 ………………………………………… 079

第四章 化妆品产业技术发展方向分析 ………………………………… 084
4.1 广州市化妆品技术定位 ……………………………………………… 084
  4.1.1 专利申请热点方向 ………………………………………… 084
  4.1.2 产业结构调整方向 ………………………………………… 085
4.2 皮肤用化妆品 ………………………………………………………… 086
  4.2.1 全球产业技术竞争格局 …………………………………… 086
  4.2.2 创新主体实力定位 ………………………………………… 089
  4.2.3 产业发展水平区域对比 …………………………………… 094
  4.2.4 技术研发热点方向 ………………………………………… 097
  4.2.5 国内重点企业分析 ………………………………………… 119
4.3 彩妆化妆品 …………………………………………………………… 136
  4.3.1 产业布局 …………………………………………………… 136
  4.3.2 技术主题分布及技术发展 ………………………………… 139

    4.3.3　广州市技术发展定位 ·· 179
4.4　其他化妆品 ·· 181
    4.4.1　毛发用化妆品 ·· 181
    4.4.2　口腔护理品 ·· 197
    4.4.3　芳香化妆品 ·· 236

第五章　化妆品产业区域对比分析 ·· 248
5.1　主要城市对比 ·· 248
    5.1.1　政策分析 ·· 248
    5.1.2　创新实力分析 ·· 250
    5.1.3　创新方向分析 ·· 251
    5.1.4　创新主体分析 ·· 252
    5.1.5　协同创新分析 ·· 253
5.2　化妆品产业聚集区概况 ·· 253
    5.2.1　产业聚集区典型园区简介 ·· 254
    5.2.2　产业聚集区技术发展分析 ·· 255
    5.2.3　产业聚集区创新主体类型分析 ·· 256
    5.2.4　产业聚集区专利法律状态分析 ·· 258
    5.2.5　产业聚集区技术分支布局分析 ·· 259

第六章　专利分析结论及导航建议 ·· 261
6.1　化妆品专利分析结论 ·· 261
    6.1.1　化妆品产业专利布局分析结论 ·· 261
    6.1.2　皮肤用化妆品专利分析结论 ·· 265
    6.1.3　其他技术分支专利分析结论 ·· 268
6.2　化妆品产业发展导航建议 ·· 270
    6.2.1　产业结构优化路径 ·· 270
    6.2.2　技术创新提升路径 ·· 271
    6.2.3　人才发展培养路径 ·· 271
    6.2.4　专利协同运用路径 ·· 272

第一章 概述

1.1 专利导航释义

1.1.1 专利导航的基本内涵和定义

本书根据《专利导航指南》（GB/T 39551—2020）系列国家标准进行编撰，内容基于全球专利大数据结合化妆品产业各项经济数据指标，对全球化妆品产业进行了全景式分析研究。在本书的第一章部分，需要明确专利导航这一概念的内涵和定义。

根据国家市场监督管理总局和国家标准化管理委员会于2020年11月9日发布、并于2021年6月1日起正式实施的《专利导航指南》（GB/T 39551—2020）系列国家标准，专利导航是在我国深化创新驱动发展中，基于产业发展和技术创新的需求，在充分运用专利信息资源方面总结出的一系列新理念、新机制、新方法和新模式。

专利导航的基本内涵是在宏观决策、产业规划、企业经营和创新活动中，以专利数据为核心深度融合各类数据资源，全景式分析区域发展定位、产业竞争格局、企业经营决策和技术创新方向，服务创新资源有效配置，提高决策精准度和科学性的新型专利信息应用模式。

专利导航根据应用场景和分析对象的不同，可以分为区域规划类专利导航、产业规划类专利导航、企业经营类专利导航、研发活动类专利导航、人才管理类专利导航等。

专利导航旨在围绕创新驱动发展战略，以专利为纽带，以创新为核心，以市场为导向，引导科技创新，促进管理创新，增强我国创新主体运用专利提升核心竞争力的能力，最终提高国家整体科技竞争实力。

专利导航不仅包括对产业技术发展规划的前端引导，而且还涵盖产业发展和项目实施过程中的专利护航，其实质是以"导航为主，护航为辅"的模式来实现专利导航与经济发展、产业转型升级的有机融合。形象地说，如果把创新驱动发展战略比喻成一辆汽车，专利导航就好比给这辆汽车建立了一套先进的卫星导航系统，可以指引正确的行驶方向。

1.1.2 专利导航的国家政策支撑

为贯彻落实我国关于实施创新驱动发展战略和国家知识产权战略的精神，有效运用专利制度提升产业创新驱动发展能力，加快调整产业结构，提高产业整体素质和竞争力，2013年4月，国家知识产权局印发《国家知识产权局关于实施专利导航试点工程的通知》，标志着专利导航试点工程正式启动，这也是专利导航这一概念首次在政府文件中被正式提出。

该通知中指出，试点工程是以专利信息资源利用和专利分析为基础，把专利运用嵌入产业技术创新、产品创新、组织创新和商业模式创新，引导和支撑产业科学发展的探索性工作。其主要目的是探索建立专利信息分析与产业运行决策深度融合、专利创造与产业创新能力高度匹配、专利布局对产业竞争地位保障有力、专利价值实现对产业运行效益支撑有效的工作机制，推动重点产业的专利协同运用，培育形成专利导航产业发展新模式。

随后，《国家知识产权局关于确定国家专利导航产业发展实验区、国家专利协同运用试点单位、国家专利运营试点企业的通知》《国家知识产权局办公室关于组织申报国家专利导航产业发展实验区的通知》《国家知识产权局办公室关于组织申报国家专利协同运用试点单位的通知》《国家知识产权局办公室关于组织申报国家专利运营试点企业的通知》《2015年专利导航试点工程实施工作要点》等文件出台，为专利导航试点工程的推进奠定了政策基础，专利导航工作有条不紊地开展。

2021年7月，国家知识产权局发布《国家知识产权局办公室关于加强专利导航工作的通知》，强调按产业领域加强专利导航是知识产权运用促进工作的重要内容，对于提高创新效率、节约创新成本、加强专利保护具有重要意义；提出争取到2025年，专利导航项目规划设计、资源保障和成果应用进一步加强，财政投入专利导航项目管理制度措施更加完善，各地区建成一批比较成熟的专利导航服务基地，构建起特色化、规范化、实效化的专利导航服务工作体系，专利导航产业创新发展重要作用得到有效发挥。

1.1.3 专利导航的实践发展

近20年来，全球专利申请量呈现爆发式增长，这些专利文献形成了海量的数据库。专利文献同时包含技术、法律、市场、经济等多方面的信息。如何对这些海量的信息进行深入的挖掘和分析，最初并没有得到太多的关注。近年来，随着大数据时代的到来，各国政府、企业开始意识到隐藏在大数据背后的"金矿"。专利导航正是对专利大数据利用的一种尝试，试图在浩瀚的专利大数据中找出指引企业发展的导航仪、指南针。

当然，专利导航并不意味着仅仅依靠专利来解决产业发展面临的所有问题，也不意味着仅仅依靠专利就可以形成支撑产业发展的核心动力，而是强调要站在产业发展的高度，深刻理解专利在产业发展中的影响力和作用方向，在全面检索相关产业的技术主题所涉及的核心专利的基础上，深度分析全球专利大数据的变化，深度结合产业发展规律和市场发展趋势，充分发挥专利在技术创新中的促进作用，以技术创新带动企业和产业整体能力提升，充分发挥专利在市场竞争中的资源配置作用，以专利运营带动企业和产业的国际化水平，增强市场竞争力，最终实现可持续发展。

专利导航在实施过程中也存在一些问题，例如怎样对产业领域进行细分，如何在企业和园区具体实施，专利导航政策和理论方面的研究还不完善等。专利数据量庞大且信息冗杂、专利信息整理处于低效阶段、人才的匮乏等都是制约专利导航发挥作用的因素。

1.1.4 专利导航的具体内容

专利导航工作的核心内容是专利检索和大数据分析，本书根据广州市化妆品产业实际发展状况，综合区域规划类专利导航和产业规划类专利导航的主要内容，主要从以下三个方面内容来开展研究。

（1）化妆品产业链定位。

针对化妆品产业目前普遍存在的切实问题和发展瓶颈，从国内外产业发展动向、核心技术链、龙头企业链和市场竞争环境入手，进行目标产业的发展定位，从而准确地发现专利分析需求以及专利政策重点支持方向。

在产业链环节，重点从产业链、供应链和价值链以及产业发展动向上，了解产业发展历史，以技术生命周期推测产业演进，从萌芽期、成长期、成熟期和衰退期的发展过程预测产业发展变化。了解产业竞争者框架，能够初步掌握竞争对手的现行战略、未来目标以及竞争能力。了解市场信号变化趋势，能够从市场信号中发现竞争者意图、动机或目标在内的潜在行动。

在企业链环节，重点了解产业内所有企业的基本状况，清楚区分技术引领者、市场主导者、产业跟随者和新进入者。找准目标产业龙头企业在国内和国际上的定位，确定主要竞争对手和发展目标，研究竞争者的市场策略。

在技术链环节，重点了解产业内主流技术的演变情况，初步掌握热点技术、关键技术、技术壁垒、空白技术和前瞻或先导技术的发展脉络，以及技术持有者的类型、产业影响力和市场控制力。对技术交易、技术转移、技术许可等技术流向和形成因素有初步了解。

在市场环境方面，通过充分的市场调研，了解市场竞争要素，以及市场对产业发展的反馈影响。总结现有企业间的竞争、替代技术或替代品的威胁、新进入者的威胁、成本、人才、技术、资源等要素在市场竞争中的平衡点和交叉点，找到促使市场出现拐点的主要因素，对目标产业在市场中的战略定位进行初步规划。

通过对产业链、企业链、技术链和市场竞争的研究，以及对目标产业从技术和经济层面的充分了解，可以确认产业中专利附加值的分布、价值链中各类企业所处的位置、企业的技术状况等,为开展专利分析提供详实的背景依据。通过对国内外产业现状和专利焦点的比较,可以为化妆品产业发展圈定重点关注的专利问题,进行深入分析。通过定量分析与定性分析相结合的方法,形成与产业密切结合的专利分析成果。

(2) 产业专利大数据分析。

产业专利分析是专利导航工作的核心内容。围绕化妆品产业发展所处阶段、特点和专利分析需求,找准专利分析的切入点,订单式选择专利分析模块,构建专利分析框架,形成围绕产业实际需求且涵盖技术路线、企业发展、产业规划和市场竞争的专利分析报告,为支撑产业技术创新发展提供详实的专利信息情报。

专利分析可以首先从基础专利态势分析展开:主要采取定量分析的手段,从全球、中国、广东省和广州市的化妆品企业四个维度,对专利技术发展趋势、专利区域分布、专利主要申请人和专利技术主题进行全面研究,同时还可以围绕各项指标,结合化妆品产业发展特点,着重选择某些指标进行综合分析。

在此基础上,可以根据需要进一步开展专利价值和运用分析。主要采取定性分析的手段,结合专利态势分析的成果,从专利创造、运用、保护和管理等环节入手,针对化妆品产业实际情况,着重在专利与标准化、专利联盟与专利池、专利诉讼、专利并购、专利融资以及专利预警和维权等方面展开,突出专利在化妆品产业中的引导和支撑作用。

(3) 完善产业发展规划的建议。

综合提炼前述分析成果,着重从化妆品产业技术路线的优选方案、现有产业转型升级途径、专利风险分析和评估、重大项目知识产权评议等方面,就化妆品产业发展规划的顶层设计和改进完善提出政策建议。

1.2　化妆品定义及分类

化妆品是以化妆为目的的物品的总称。我国《化妆品监督管理条例》(2020年6月16日公布,自2021年1月1日起施行)中给出了化妆品的定义:"本条例所称化妆品,是指以涂擦、喷洒或其他类似方法,施用于皮肤、毛发、指甲、口唇等人体表面,以清洁、保护、美化、修饰为目的的日用化学工业产品。"本书将化妆品的主要作用概括为:(1) 清洁作用:温和地清除皮肤和毛发的污垢以及人体新陈代谢过程中所产生的不洁物;(2) 保护作用:保护皮肤表面,使之光滑、柔润、防燥、防裂,以抵御风寒和紫外线的辐射,保护毛发使之光泽、柔顺、防枯、防断;(3) 营养作用:维持皮肤水分平衡,补充易被皮肤吸收的营养物及清除致衰老因子,以延缓皮肤衰老;(4) 美化作用:美化面部皮肤(包括口、唇、眼周)、毛发(包括眉毛、睫毛)和指(趾)甲,使之色彩绚丽,富有立体感;(5) 防治作用:用于治疗或抑制部分影响外表的病理现象,如粉刺、脱发、雀斑、痱子等。

中华人民共和国国家标准《化妆品分类》（GB/T 18670—2017）阐述了清洁类化妆品、护理类化妆品、美容修饰类化妆品的定义及分类原则，企业可根据产品的主要功能及主要使用部位和化妆品分类原则，对产品进行归类。国家药品监督管理局制定了《化妆品分类规则和分类目录》，并自2021年5月1日起施行，公开了功效宣称分类目录、作用部位分类目录、使用人群分类目录、产品剂型分类目录、使用方法分类目录。其中，功效宣称分类目录包括染发、烫发、祛斑美白、防晒、防脱发、祛痘、滋养、修护、清洁、卸妆、保湿、美容修饰、芳香、除臭、抗皱、紧致、舒缓、控油、去角质、爽身、护发、防断发、去屑、发色护理、脱毛、辅助剃须剃毛；作用部位分类目录包括头发，体毛，躯干部位，头部，面部，眼部，口唇，手，足，全身皮肤，指（趾）甲；使用人群分类目录包括婴幼儿（0~3周岁，含3周岁）、儿童（3~12周岁，含12周岁）、普通人群；产品剂型分类目录包括膏霜乳，液体，凝胶，粉剂，块状，泥，蜡基，喷雾剂，气雾剂，贴，膜，含基材，冻干，其他；使用方法分类目录包括淋洗、驻留。

1.3 研究方法

1.3.1 研究目标

为促进广州市化妆品产业转型升级，本书编写组通过对化妆品领域专利信息资源进行检索、统计，梳理化妆品产业及主要技术分支的发展现状、发展趋势、区域分布特点等信息，分析化妆品产业领先的国家、企业、科研机构及其相关的重要专利技术发展脉络，总结出化妆品产业技术创新热点和重点专利技术，为政府制定产业政策提供参考，形成专利分析报告，为企业技术研发提供方向导航和发展建议，从产业结构、技术创新、专利运营、创新人才引进等方面，为广州市化妆品产业转型升级、技术创新发展、战略布局规划等提供方向指引，助力广州市化妆品产业高质量发展。

1.3.2 调查研究

为了更深入地了解化妆品产业的发展现状、研发热点和难点，明确专利导航的主要方向，本书编写组前期主要做了以下调查研究工作。

（1）查阅化妆品产业相关文献资料，了解行业背景、行业发展状况和技术发展现状。非专利文献资料主要包括：行业网站、行业微信公众号、行业的市场分析报告、行业统计报告、行业白皮书和蓝皮书、化妆品相关书籍、行业期刊文章、相关的硕士和博士论文、相关的国家和行业技术标准等。

（2）赴广东省、广州市化妆品产业相关学会、协会以及广州市化妆品重要企业调研交流，与化妆品产业相关的专家座谈，充分了解化妆品产业政策和产业发展现状，了解当下化妆品产业面临的主要难点、痛点。

1.3.3 技术分解

通过上述调查研究工作，深入地了解了化妆品产业的发展现状、技术特点、行业和企业需求，在此基础上查阅文献，包括化妆品领域工具书及《国际专利分类表》（第8版）A册、《化妆品分类规则和分类目录》等，按照化妆品产业的技术分类惯例，对化妆品领域的技术分支进行分解，分为皮肤用化妆品、彩妆化妆品、毛发用化妆品、口腔护理品、芳香化妆品，共计五个一级技术分支，并根据化妆品功效、使用部位、产品类型等对五个一级技术分支进行二级技术分解，具体如表1-1所示。

表1-1 化妆品领域技术分解表

一级技术分支	二级技术分支
皮肤用化妆品	保湿
	抗衰抗皱
	美白祛斑
	防晒
	洁肤
	抗菌消炎
	抗敏舒缓
	控油祛痘
	抑汗除臭
彩妆化妆品	唇部美容
	眼部美容
	面部美容
	指甲美容
	卸妆制剂
毛发用化妆品	洗护产品
	染烫产品
	造型产品
	影响毛发生长制剂
	其他

续表

一级技术分支	二级技术分支
口腔护理品	牙膏
	漱口水
	牙粉
	牙贴
	口喷剂
	假牙清洁剂
芳香化妆品	—

1.3.4 数据检索

本书采用的专利文献数据主要来源于商业数据库。根据化妆品领域的技术边界以及技术分支特点采用分类号、关键词、"分类号+关键词"等不同的检索方式，特别是利用了 IPC 分类号，IPC 分类里有专门的化妆品分类号（A61K8、A61Q 等分类号及其下位组），各技术分支也有相应的比较准确的、界限比较清晰的细分 IPC 分类号，对于各技术分支再结合 CPC 分类号、关键词进行针对性的检索，必要时以申请人、发明人作为补充检索要素进行检索。

1.3.5 数据查全查准

通过对各技术分支的数据查全率、查准率进行验证，判断是否要中止检索过程，主要是为了保障数据查全率，使检索过程可靠。在数据去噪结束时进行各技术分支的数据查全率、查准率验证，主要是为了保障数据查准率。

查全率的评估方法是：①选择一位重要申请人，一般为该技术领域申请量排名在前十位的申请人或者行业内普遍认可的重要申请人，以该申请人为入口检索其全部申请，通过人工确认其在本技术领域的申请文献量形成母样本。对于所选择的该申请人，需要注意：该申请人是否有多个名称，该申请人是否有兼并或收购行为，该申请人是否有子公司或者分公司。②在检索结果数据库中以该申请人为入口检索其申请文献量形成子样本。③子样本/母样本×100%=查全率。

查准率的评估方法是：①在结果数据库中随机选取一定数量的专利文献作为母样本；②阅读母样本中的每篇专利文献，确定其与技术主题的相关性，由和技术主题高度相关的专利文献形成子样本；③子样本/母样本×100%=查准率。

本书专利数据的查全率和查准率均在 90% 以上。

1.3.6 检索过程及结果

检索过程中,本书编写组采用分类号、关键词、语义和相关度相结合的方式进行检索式的编辑,形成针对各个技术分支的检索式,并根据数据库的特点及检索结果迭代调整检索式中关键词及相关度的设置,对检索结果进行多次查全查准,不断优化检索式,以保证专利数据的全面及准确性。

检索的范围涵盖各数据库截至 2022 年 5 月 31 日公开的专利文献数据。通过上述检索,去重合并后,最终获得的数据包括:全球专利申请 253137 项、中国专利申请 75568 件、广东省专利申请 15529 件、广州市专利申请 8411 件。各技术分支的检索结果如表 1-2 所示。

表 1-2 化妆品领域各技术分支检索结果

一级技术分支	一级技术分支全球专利数量/项	一级技术分支中国专利数量/件	二级技术分支	二级技术分支全球专利数量/项	二级技术分支中国专利数量/件
皮肤用化妆品	119192	45617	保湿	30011	16442
			抗衰抗皱	28849	15068
			美白祛斑	24939	14436
			防晒	23897	10425
			洁肤	21103	9160
			抗菌消炎	20074	9091
			抗敏舒缓	9049	5442
			控油祛痘	8073	4724
			抑汗除臭	6595	1211
彩妆化妆品	36674	7848	唇部美容	9488	1910
			眼部美容	8241	1607
			面部美容	6552	1342
			指甲美容	6470	1204
			卸妆制剂	4556	1259

续表

一级技术分支	一级技术分支全球专利数量/项	一级技术分支中国专利数量/件	二级技术分支	二级技术分支全球专利数量/项	二级技术分支中国专利数量/件
毛发用化妆品	62948	13348	洗护产品	24774	7744
			染烫产品	13159	1957
			造型产品	9446	1254
			影响毛发生长制剂	7174	873
			其他	8395	1520
口腔护理品	23285	6728	牙膏	10151	3652
			漱口水	4594	1516
			牙粉	1544	455
			牙贴	470	130
			口喷剂	1913	563
			假牙清洁剂	812	141
芳香化妆品	11038	2027	—	—	—

注：由于二级技术分支之间存在重叠的部分，因此一级技术分支的总量不是各二级技术分支之和。

1.3.7 相关事项和约定

下文对本书中出现的各种术语和事项进行约定，本书正文和图表中另有解释的，参见相应的具体解释。

同族专利：同一项发明创造在多个国家申请专利而产生的一组内容相同或基本相同的专利文献出版物，称为一个专利族或同族专利。从技术角度来看，属于同一专利族的多件专利申请可视为同一项技术。在本书中，针对技术和专利技术来源国分析时，对同族专利进行了合并统计，针对专利在不同国家或地区的公开情况进行分析时，对各件专利进行了单独统计。

项：同一项发明可能在多个国家或地区提出专利申请，也可能在同一国家或地区多次提出专利申请，WPI 数据库将这些相关的多件申请作为一条记录收录。在进行专利申请量统计时，对于数据库中以一族（这里的"族"指的是同族专利中的"族"）数据的形式出现的一系列专利文献，计算为"1项"。

件：在进行专利申请量统计时，为了分析申请人在不同国家、地区或组织所提出的专利申请的分布情况，将同族专利申请分开进行统计，所得到的结果对应于申请的件数。"1项"专利申请可能对应于"1件"或多件专利申请。

专利被引频次：是指专利文献被在后申请的其他专利文献引用的次数。通常情况下，一项专利申请被引用次数越多，说明该项专利技术被认可的程度越高。

全球专利申请：申请人在全球范围内的各专利管理机构的专利申请。

中国专利申请：申请人在中国国家知识产权局的专利申请。

欧洲专利申请：申请人在欧洲各国的专利局受理的专利申请。

国内申请：中国申请人在中国国家知识产权局的专利申请。

国外来华申请（国外申请）：外国申请人在中国国家知识产权局的专利申请。

PCT申请：按照《专利合作条约》（PCT）提出的国际专利申请。

合作申请：具有两个及两个以上申请人的专利申请。

平均被引次数：专利被他人引用总次数除以被引用专利件数。

平均自引次数：自己引用总次数除以被引用专利件数。

有效：至本书检索截止日，专利权处于有效状态的专利申请。

失效：至本书检索截止日，已经丧失专利权的专利或者自始至终未获得授权的专利申请，包括专利申请被视为撤回或撤回、专利申请被驳回、专利权被宣告无效、放弃专利权、专利权因未缴费而终止、专利权届满等。

审中：至本书检索截止日，专利申请可能还未进入实质审查程序或者处于实质审查程序中，也有可能处于复审等其他法律状态。

日期规定：依照最早优先权日确定每年的专利数量，无优先权日的以申请日为准。

申请人名称：由于翻译、更名、公司合并或者存在子公司等因素，对同一申请人的表述会存在一些差异，同一申请人可能对应着多个不同的名称。为了体现申请人真实的专利状况，力求申请人统计数据的完整性、准确性，本书编写组对主要申请人的名称进行统一的约定，具体参见表1-3。

表1-3　主要申请人名称约定表

约定名称	对应的申请人名称及注释
宝洁	宝洁公司 宝洁国际营运公司 普罗克特和甘保尔公司 普罗格特-甘布尔公司 PROCTER & GAMBLE PROCTER & GAMBLE CO. THE PROCTER & GAMBLE CO. THE PROCTER & GAMBLE COMPANY PROCTER & GAMBLE COMPANY PROCTER & GAMBLE COMPANY, THE THE PROCTER AND GAMBLE COMPANY PROCTER & GAMBLE INTERNATIONAL OPERATIONS SA

续表

约定名称	对应的申请人名称及注释
欧莱雅	莱雅公司 欧莱雅 巴黎欧莱雅 欧莱雅公司 巴黎欧莱雅集团 欧莱雅有限公司 欧莱雅（英国）有限公司 欧莱雅股份有限公司 法国欧莱雅（中国）集团有限公司 奥里尔股份有限公司 OREAL L'OREAL L'OREAL SA L'OREAL S. A.
花王	花王株式会社 花王股份有限公司 日商花王股份有限公司 KAO CORP KAO CORP. KAO. CORP. KAO CORP SA KAO CORPORATION KAO CORPORATION, S. A. KPSS – KAO PROFESSIONAL SALON SERVICES GMBH
资生堂	株式会社资生堂 株式会社資生堂 株式會社資生堂 资生堂股份有限公司 日商资生堂股份有限公司 SHISEIDO COMPANY, LIMITED SHISEIDO CO LTD SHISEIDO CO. LTD SHISEIDO CO. ,LTD. SHISEIDO COMPANY, LTD.

续表

约定名称	对应的申请人名称及注释
狮王	狮王株式会社 韩国希杰狮王（株） 韩国狮王株式会社 狮子株式会社 LION CORP LION CORP. LION CORPORATION
汉高	汉高公司 汉高股份有限及两合公司 汉高两合股份公司 汉高日本股份有限公司 汉克尔股份两合公司 亨克尔两合股份公司 汉高知识产权控股有限责任公司 汉克公司 HENKEL HENKEL AG & CO. KGAA HENKEL AG & CO KGAA HENKEL KGAA HENKEL IP & HOLDING GMBH HENKEL CORPORATION HENKEL CORP HENKEL CORP. HENKEL JAPAN LTD HENKEL（CHINA）CO. LTD.
爱茉莉太平洋	株式会社爱茉莉太平洋 株式會社愛茉莉太平洋 株式会社太平洋 爱茉莉太平洋股份有限公司 太平洋化学株式会社 太平洋股份有限公司 韩商爱茉莉太平洋股份有限公司 艾摩瑞帕西弗克公司 AMOREPACIFIC CORPORATION AMOREPACIFIC CORP AMOREPACIFIC CORP. AMORE PACIFIC CORPORATION AMORE PACIFIC CORP

续表

约定名称	对应的申请人名称及注释
联合利华	联合利华有限公司 荷兰联合利华有限公司 联合利华知识产权控股有限公司 尤尼利弗公司 HINDUSTAN UNILEVER LIMITED HINDUSTAN LEVER LIMITED UNILEVER NV UNILEVER N. V UNILEVER N. V. UNILEVER PLC UNILEVER PLC. CONOPCO，INC.，D/B/A UNILEVER UNILEVER HOME & PERSONAL CARE UNILEVER GLOBAL IP LIMITED UNILEVER IP HOLDINGS BV UNILEVER GLOBAL IP LTD UNILEVER IP HOLDINGS BV
高露洁	高露洁-棕榄公司 美国棕榄公司 棕榄公司 美商美国棕榄公司 科尔加特-帕尔莫利弗公司 COLGATE-PALMOLIVE COLGATE-PALMOLIVE COMPANY COLGATE PALMOLIVE COMPANY COLGATE PALMOLIVE CO COLGATE PALMOLIVE CO. COLGATE-PALMOLIVE CO.
拜尔斯道夫	拜尔斯道夫股份公司 拜尔斯道夫股份有限公司 BEIERSDORF AG BEIERSDORF AKTIENGESELLSCHAFT BEIERSDORF INC

续表

约定名称	对应的申请人名称及注释
雅芳	雅芳产品公司 爱芳制品公司 AVON PROD INC AVON PROD INC. AVON PRODUCTS, INC. AVON PRODUCTS INC.
宝丽	宝丽化学工业有限公司 株式会社宝丽 宝丽（中国）美容有限公司 POLA 化成工业株式会社 POLA CHEM IND INC POLA CHEMICAL INDUSTRIES INC.
德之馨	德之馨股份公司 德国德之馨香精香料公司 西姆莱斯股份公司 SYMRISE. AG
丹姿	广东丹姿集团有限公司 广州市科能化妆品科研有限公司 广州市白云联佳精细化工厂 GUANGDONG DANZ GROUP CO., LTD. GUANGZHOU KENENG COSMETICS RESEARCH CO. LTD GUANGZHOU BAIYUN LIANJIA FINE CHEMICAL PLANT
丸美	广东丸美生物技术股份有限公司 广州丸美生物技术有限公司 ONO MARUMI MATSUI TSUGUMITSU
上海家化	上海家化联合股份有限公司 上海家化联合公司 上海家化有限公司 上海家化（集团）有限公司 SHANGHAI JAHWA UNITED CO., LTD. SHANGHAI KAKA YUGENKOSHI

续表

约定名称	对应的申请人名称及注释
芭薇	广东芭薇生物科技股份有限公司 广州芭薇化妆品有限公司 GUANGDONG BAWEI BIOTECHNOLOGY CO LTD GUANGDONG BAWEI BIOTECHNOLOGY CO. ,LTD. GUANGDONG BAWEI BIOLOGICAL TECHNOLOGY CO. ,LTD. GUANGZHOU BAWEI COSMETICS CO. ,LTD.
华熙生物	华熙生物科技股份有限公司 华熙福瑞达生物医药有限公司 山东福瑞达生物化工有限公司 山东福瑞达生物医药有限公司
花安堂	花安堂生物科技集团有限公司 广州市花安堂生物科技有限公司 HUAANTANG BIOTECHNOLOGY GROUP CO LTD
伽蓝集团	伽蓝（集团）股份有限公司 JALA GROUP CO.
两面针	柳州两面针股份有限公司 两面针（江苏）实业有限公司 两面针（扬州）酒店用品有限公司 安徽两面针·芳草日化有限公司
薇美姿	广州薇美姿实业有限公司 广州薇美姿个人护理用品有限公司 薇美姿实业（广东）股份有限公司

在做申请人申请量统计时，对于一件专利申请有多个申请人的情况，采用分别计数的方式，如一件专利申请有两个申请人，则每个申请人各增加一件专利技术。需要指出的是，本书中采用的共同申请人是指在一件专利中的共同申请人，他们可能并未共同提交一件专利申请。

近期数据不完整说明：本书编写组的专利检索对于至少 2019 年以后的专利申请数据采集不完整，统计的专利申请量比实际的专利申请量要少，这是由于部分专利数据在检索截止日之前尚未公开。例如，在未申请提前公布的情况下，发明专利申请通常在申请日（有优先权的为优先权日）起 18 个月后才能被公开；实用新型专利申请在授权后才能获得公布；PCT 专利申请可能在自申请日（有优先权的为优先权日）起 30 个月内进入国家阶段，从而导致公布时间更晚。

第二章 化妆品产业发展现状和定位

2.1 全球化妆品产业现状

2.1.1 市场规模

经济的全球性增长和消费者生活质量的提高,使得人们对自己外观的期望值不断上升,这促使了化妆品市场的蓬勃发展。从 2010 年到 2019 年,全球化妆品市场规模一直在稳步扩大。但是,2020 年的新冠疫情对全球多个领域造成了冲击,化妆品市场也受到了影响,2020 年的销售额下降到了 5000 亿美元以下。随后的 2021—2023 年市场规模快速回复,2023 年销售额达 5160 亿美元,这表明全球化妆品市场整体上保持了增长的势头。可以预期,全球化妆品市场的规模将继续保持扩大的态势。

2021—2023 年,全球化妆品市场的热点区域一直集中于亚太、北美和欧洲等地区。2023 年,亚太地区在全球化妆品消费中更是占据了显著的市场份额,达到了 40%,北美和欧洲则紧随其后。这种分布趋势揭示了一个事实:经济较为发达的地区往往拥有更广阔的化妆品市场,预计亚太地区在全球化妆品市场中的份额将继续保持增长趋势。

2.1.2 产业政策与监管

在化妆品产业较为成熟的国家/地区,如美国、欧盟、日本、韩国、东盟和中国,由于各自的产业发展策略不同,监管体系也有所差异。

1. 美国

美国的化妆品产业受到《联邦食品药品和化妆品法》的规范,由美国食品药品监督管理局(FDA)负责监管,主要负责监管化妆品的标签和说明,确保产品不会对消费者的健康和安全构成威胁。美国联邦贸易委员会(FTC)则负责监管广告的真实性。此外,各州也有权通过立法来管理当地的化妆品产业。

美国的法律体系根据产品的预期用途来定义化妆品,区分为普通化妆品和非处方药品化妆品。普通化妆品不需要生产许可,也不需要在 FDA 注册或提交产品配方。除着色剂外,化妆品及其成分不需要 FDA 的上市前批准,而是采用自愿备案制度。产品的安全性测试由制造商自行负责,而 FDA 主要在产品上市后监督其标签和说明。

对于非处方药品化妆品，则需要在 FDA 注册，提交产品配方，并提供安全性和有效性数据。

2022 年 12 月 29 日，美国时任总统拜登签署了《2022 年食品和药品综合改革法案》（FDORA），其中包括《2022 年化妆品法规现代化法案》（MoCRA），对现行的《联邦食品、药品和化妆品法案》（FDCA）第六章进行了重大修订，如强制要求化妆品企业在 FDA 进行化妆品工厂设施注册、化妆品产品配方备案，必须确保每种化妆品产品和成分的安全性都有充分的证据，并且必须保留必要的安全性证据记录，还赋予 FDA 更强的监管手段（如强制召回），旨在对美国化妆品法规及安全标准现代化，同时也为化妆品产业提出了一系列新的合规要求与义务，企业须及时调整合规策略以适应新规。

2. 欧盟

欧盟的化妆品产业受到欧盟化妆品法规（EC）No 1223/2009 的规范，该法规自 2013 年 7 月 11 日起全面实施。欧盟委员会健康与消费者保护总司是监管机构，下设化妆品常务委员会。

欧盟对化妆品类产品实施统一管理，不进行二次细分。自 1976 年以来，欧盟法规没有对化妆品生产者设定生产准入规定。欧盟化妆品法规首次引入了化妆品责任人制度，规定化妆品必须有指定的责任人才能上市，且该责任人对产品的安全和风险负主要责任。根据该法规第 10 条，化妆品负责人在产品上市前必须完成安全评估，并形成安全评估报告。在功效评价方面，欧盟没有提供法规性文件，企业主要参考欧洲化妆品协会发布的《化妆品功效评价指南》。欧盟对标签和标识的信息完整性有严格要求，必须标明所有原料信息，并对含有限制性原料的产品进行明确警示。

3. 日本

日本在 1960 年出台了《药事法》（PAL），并在 2014 年 11 月更名为《医药品、医疗器械等的品质、功效及安全性保证等的有关法律》，成为管理化妆品的基本法律，由厚生劳动省负责监管。

日本根据产品的功效宣称和作用机理，将产品分为化妆品和医药部外品。医药部外品是介于药品和化妆品之间的产品。日本要求生产和销售医药部外品的企业获得相关许可。对于化妆品，不实行审批制，但要求企业向当地卫生部门备案产品名称，并承担产品质量和安全性的全责。医药部外品在上市前需要获得厚生劳动省的审批许可，企业只能使用厚生劳动省发布的"可使用成分名单"内的原料，且原料浓度、规格须与名单规定的一致。

在安全评估和功效评价方面，化妆品遵循企业自主管理原则，除了应符合《药事法》等法规要求外，监管部门不做其他要求。在安全评估方面，医药部外品上市前则需要政府批准，呈报产品来源和背景材料、物理化学特性、产品规格、试验方法、稳定性安全性、功效材料等。在功效评价方面，法规层面没有化妆品功效评价方法，主要依靠协会发布的指南。日本化妆品学会为行业制定了防晒、美白、抗皱功效评价指南和安全性评价指南，监管部门对医药部外品的分类和功效则作出了较为详细的规定。

4. 韩国

韩国的化妆品产业受到一系列法规的约束，包括化妆品法及其实施细则、针对功能性化妆品的审查规定、化妆品安全标准、化妆品标签和广告的实证规定等。此外，还有专门针对医药品、外用医药品和化妆品中焦油色素的标准及其测试方法，以及功能性化妆品的标准和测试方法。韩国食品药品安全部（MFDS）和保健福祉部是主要的监管机构，其中保健福祉部在化妆品研发阶段提供支持，而MFDS则负责监管化妆品从生产到进口、分销和使用的全过程。

韩国的监管机构根据化妆品的使用目的，将其分为三类：普通化妆品、功能性化妆品和医药外品。监管流程分为上市前的审批和上市后的监管。功能性化妆品和医药外品因其特定功效，在上市前需要获得相关部门的审批。相比之下，普通化妆品在上市前不需要任何备案或审批。韩国的监管重点在于化妆品生产过程中的质量控制和卫生监督，并采用原料目录清单的方式来监管化妆品原料。韩国对禁止和限制使用的原料有明确的规定，而功能性化妆品和医药外品则受到更严格的原料使用限制。

5. 东盟

东盟在2003年9月3日签署了化妆品法规一体化协议，并从2008年1月1日起全面执行东盟化妆品指令。监管机构包括东盟化妆品委员会（ACC），负责合作、审核、监控一体化化妆品法规，以及法规文件的修订和更新；东盟化妆品科学机构（ACSB），协助ACC审核原料和产品的技术数据和安全性；东盟化妆品协会（ACA），作为一个第三方组织，促进成员国的一体化，与其他贸易组织合作，并为企业提供法规培训。东盟国家对潜在有害化学物质采取严格政策，迅速响应原料要求，以保护消费者安全。

2.2　中国化妆品产业现状

2.2.1　市场规模

随着中国经济的持续增长，人们的可支配收入稳步提升，消费理念也随之发生转变。化妆品已从过去的高端消费品转变为日常生活的必需品。与此同时，电子商务的蓬勃发展，特别是美妆电商的迅猛增长，为化妆品产业注入了新的活力，推动了产业的快速扩张。2016—2023年，中国的化妆品市场规模呈现稳步增长的态势。尽管2020年疫情对国内众多行业造成了冲击，但消费者的化妆品购买习惯已逐渐形成，加之直播带货模式的兴起，为化妆品产业的复苏提供了动力[1]。2023年，中国化妆品零售额

---

[1] 华经产业研究. 2021年中国化妆品行业发展现状分析［R/OL］. （2022 – 03 – 12）［2025 – 04 – 01］. https：//baijiahao. baidu. com/s? id = 1727069710559135167&wfr = spider&for = pc.

达到了 4142 亿元人民币，较上一年增长 5.1%。

从我国化妆品消费市场细分结构来看，护肤品、洗护发产品和彩妆构成了市场的主导部分，这三个类别共同占据了中国化妆品市场超过 70% 的份额。具体来说，护肤品的市场份额大约为 51.2%，而洗护发产品和彩妆的市场份额则分别为 11.9% 和 11.6%❶。

从地域分布上来看，我国化妆品生产企业基本以环渤海经济圈、长三角经济圈和珠三角经济圈为核心分布。2021 年，广东省拥有的化妆品生产企业数量达 2733 家，与浙江省、江苏省、上海市、山东省位列前五位，后四位分别有 563 家、308 家、209 家和 160 家化妆品生产企业❷。而截至 2023 年初，广东省化妆品相关企业注册数量迅猛增加，达 4600 余家，浙江省化妆品相关企业注册数量也超过 1400 家，国内化妆品产业初步形成"广东省一枝独秀、华东地区奋勇追赶"的格局。

2.2.2 产业政策与监管

1. 产业政策

2021 年 2 月 19 日，中央全面深化改革委员会第十八次会议审议并通过了《关于全面加强药品监管能力建设的实施意见》；随后在 2021 年 4 月 27 日，国务院办公厅也发布了相同的实施意见。该意见针对药品、医疗器械、化妆品等三类产品，提出了十八项加强监管能力建设的重点任务，旨在推动我国从制药大国向制药强国转变。

2021 年 3 月 11 日，十三届全国人大四次会议表决通过了《中华人民共和国国民经济和社会发展第十四个五年规划和 2035 年远景目标纲要》，纲要指出：开展中国品牌创建行动，保护发展中华老字号，提升自主品牌影响力和竞争力，率先在化妆品、服装、家纺、电子产品等消费品领域培育一批高端品牌。

2021 年 10 月 20 日，国家药品监督管理局等八部委联合印发了《"十四五"国家药品安全及促进高质量发展规划》，该规划提出要开展化妆品安全风险排查、化妆品标准提高行动计划，鼓励化妆品生产经营者采用先进技术和先进管理规范，提升化妆品风险监测能力，健全化妆品基础数据库，实现化妆品审评独立内审，加强与国际化妆品监管联盟交流合作，提高化妆品质量安全水平。

中国香料香精化妆品工业协会于 2021 年制定了《化妆品行业"十四五"发展规划》，明确提出"十四五"期间行业迫切需要凝聚面向化妆品高端制造的化学化工、生命科学、皮肤医学、生物技术、医药工程等多学科、高水平研究队伍进行研发。坚持科技创新，紧盯最新前沿科学技术发展及其在化妆品产业的推广应用，着力强化高质量发展。

---

❶ 中国健康传媒集团，中国药品监督管理研究会. 2021 中国化妆品蓝皮书［M］. 北京：中国医药科技出版社，2022：39-40.

❷ 艾媒新零售产业研究中心. 2022—2023 年中国化妆品行业发展与用户洞察研究报告［R/OL］.（2022-07-05）［2025-04-01］. https：//www.iimedia.cn/c400/86434.html.

2. 产业监管

《化妆品监督管理条例》(以下简称《条例》)于 2020 年 6 月 16 日由国务院公布,自 2021 年 1 月 1 日起施行。《条例》第 9 条规定,国家鼓励和支持开展化妆品研究、创新,鼓励和支持运用现代科学技术,结合我国传统优势项目和特色植物资源研究开发化妆品。《条例》确立了化妆品分类管理制度、化妆品原料分类管理制度、化妆品原料目录管理制度、化妆品新原料和化妆品安全评估制度、化妆品功效宣称管理制度等制度。

为了更加细化地监管化妆品产业生产经营活动,政府监管部门于 2021—2024 年相继推出一系列文件,如表 2-1 所示。

表 2-1 2021—2024 年中国化妆品产业相关文件

发布日期	文件名称	相关内容
2024 年 7 月	《国家药监局关于全面实施化妆品及化妆品新原料注册备案资料电子化有关事项的公告》(2024 年第 91 号)	境内的化妆品及化妆品新原料注册人、备案人、境内责任人和化妆品生产企业在提交用户信息资料、化妆品及化妆品新原料注册备案资料时,仅需要通过化妆品注册备案信息服务平台提交电子版资料,相关纸质版资料无需提交
2023 年 3 月	《化妆品网络经营监督管理办法》	平台内化妆品经营者应当履行化妆品信息披露的义务,全面、真实、准确、清晰、及时披露与注册或备案资料一致的化妆品标签等信息
2023 年 1 月	《化妆品抽样检验管理办法》	化妆品抽样检验应当重点关注下列产品:儿童化妆品和特殊化妆品;使用新原料的化妆品;监督检查、案件查办、不良反应监测、安全风险监测、投诉举报、舆情监测等监管工作中发现问题较多的;既往抽样检验不合格率较高的;流通范围广、使用频次高的;其他安全风险较高的产品
2022 年 2 月	《化妆品不良反应监测管理办法》	对监管、生产、销售部门的职责与义务进行了规范,包括国家以及各省、市、县级监管部门和检测机构,化妆品注册人、备案人,受托生产企业,化妆品经营者,医疗机构,化妆品电子商务平台经营者以及国家监测基地等

续表

发布日期	文件名称	相关内容
2022年1月	《化妆品生产质量管理规范》	自2022年7月1日起，化妆品注册人、备案人、受托生产企业应当按照该规范要求组织生产化妆品。2022年7月1日前已取得化妆品生产许可的企业，其厂房设施与设备等硬件条件须升级改造的，应当自2023年7月1日前完成升级改造，使其厂房设施与设备等符合该规范要求
2021年8月	《化妆品生产经营监督管理办法》	规范化妆品经营活动，加强化妆品监督管理，保证化妆品质量安全
2021年5月	《化妆品标签管理办法》	作为继《化妆品监督管理条例》及其配套法规文件实施后的又一安排，该办法管理范围覆盖到文字表述规范、化妆品成分排序、功效宣称等细分领域，健全化妆品生产运作的社会体系。公告显示，自2022年5月1日起，申请注册或者进行备案的化妆品，必须符合该办法的规定和要求；此前申请注册或者进行备案的化妆品，未按照该办法规定进行标签标识的，化妆品注册人、备案人必须在2023年5月1日前完成产品标签的更新，使其符合该办法的规定和要求
2021年4月	《化妆品安全评估技术导则（2021年版）》	原料的安全性是化妆品产品安全的前提条件。化妆品安全评估应遵循证据权重原则，以现有科学数据和相关信息为基础等
2021年4月	《化妆品分类规则和分类目录》	化妆品应当根据功效宣称分类目录所列的功效类别选择对应序号，功效宣称应当有充分的科学依据
2021年4月	《化妆品功效宣称评价规范》	化妆品的功效宣称应当有充分的科学依据。宣称适用敏感皮肤，应当通过人体功效评价试验或消费者使用测试的方式进行功效宣称评价
2021年2月	《化妆品新原料注册备案资料管理规定》	化妆品新原料注册和备案资料应当以科学研究为基础，客观、准确地描述新原料的性状、特征和安全使用要求

续表

发布日期	文件名称	相关内容
2021年2月	《化妆品注册备案资料管理规定》	对资料的格式和规范性要求、用户开通资料、化妆品注册备案资料、变更和延续资料等进行具体规定
2021年9月	《儿童化妆品监督管理规定》	规范儿童化妆品生产经营活动，加强儿童化妆品监督管理，保障儿童使用化妆品安全

注：本表由华经产业研究院整理。

3. 国内外监管方式的区别

（1）监管力度的差异。从化妆品的监管力度来看，严格程度从高到低分别是中国、日本、美国、欧盟。美国将功效化妆品定义为OTC药品，日本将功效化妆品定义为医药部外品，这两个国家都要求化妆品企业生产功效化妆品要通过监管部门审批，并提供安全评估和功效宣称材料，但对普通化妆品不作要求。中国根据《化妆品监督管理条例》的相关规定，将化妆品分为特殊化妆品和普通化妆品，国家对特殊化妆品实行注册管理，对普通化妆品实行备案管理。

（2）原料监管方式的不同。欧盟对化妆品原料采用禁限和准用清单管理，欧盟化妆品法规附录提供的禁用清单、限用原料、准用防腐剂、准用防晒剂、准用着色剂等数量远高于其他国家和地区；美国生产商可以选用自认为安全的原料，只需满足着色剂、禁用、限用清单要求，并不需要经过FDA售前审批，生产商自行负责原料安全性，但OTC药品化妆品新原料须经过严格审核的NDA程序；日本对于化妆品实行禁用限用管理，对于医药部外品，实行已有原料的清单式管理和新原料的严格审批制度；中国对化妆品原料主要基于《化妆品安全技术规范》实行禁用、限用和准用的目录管理，并对《已使用化妆品原料目录（2021年版）》中的原料实行报送码制度，首次根据风险程度高低对新原料实施注册或备案管理。

（3）监管时机的差异。欧盟、日本及韩国的监管重点在事中，企业的产品必须经过强制备案以及强制申报方可上市。美国注重事后监管，一旦产品出现不良反应等问题，有一套迅速的响应程序，对企业、产品实行自愿备案制度。中国监管部门将化妆品产品监管重点放在事前，化妆品生产企业需要实行行政备案审批制，对特殊用途化妆品实行许可注册制度。

2.2.3 中国化妆品产业链发展现状

中国化妆品产业链由原料、生产、品牌和渠道四个主要环节组成。其中，上游为包括活性成分和基质成分的化妆品原材料，以及塑料、玻璃、包装用纸等包装材料；中游为化妆品生产及相关品牌商环节；下游为化妆品的销售渠道，主要为线上及线下两种渠道。

1. 上游——原料

原材料端,全球知名化妆品原材料供应商大多来自欧洲、美国、日本和韩国,其中德国和美国知名品牌尤为突出,如巴斯夫、亚什兰、科莱恩、赢创、道康宁、德之馨、森馨等。日本和韩国方面,以信越、味之素、住友、日清奥利友、日光化学、百朗德、KCC、Kelon、Galaxy、韩国 Chensol 等为主要品牌。国内知名的原材料供应商包括华熙生物、科思股份、天赐材料、赞宇科技、华恒生物、湖南丽臣、南京中狮、广州华业等。

中国国内化妆品原材料供应商所供原材料范围虽然较广,但主要在表面活性剂、香精香料、保湿剂、防晒剂等大众原材料领域,高阶工艺的关键性原材料对国外供应商的依赖度较高,在技术研发能力、测试检验系统及化妆品产业认知能力等方面还有待进一步提升。

有部分国内企业正在突破国际原材料供应商的封锁,其中华熙生物的化妆品级透明质酸全球市场占有率约为50%,科思股份防晒剂全球市场占有率约为30%。华熙生物、科思股份等化妆品原材料供应商相继上市,将有利于缓解国内企业对进口保湿、美白、抗衰老等功效原料的依赖,促进中国化妆品产业稳定增长。

在化妆品包装领域,中国拥有一批知名的包装材料供应商,包括阿蓓亚、西尔格、阿克希隆、苏州万通、佛山誉丰、KKP、HCP、嘉亨家化、通产丽星和锦盛新材等,为化妆品产业提供塑料、玻璃、软管和分配器等多种包装材料。尽管包装材料供应商位于化妆品产业链的上游,但其对大客户的依赖性较强。大客户的收入可能会受到新兴品牌的影响或寻找新材料供应商的决策,这可能导致订单的波动,使得这些公司难以实现稳定的增长。

2. 中游——生产与品牌

化妆品产业中游为化妆品生产端和品牌端。其中生产端的生产模式为自主生产、代工生产(OEM)、贴牌生产(ODM)。韩国科丝美诗、韩国科玛、意大利莹特丽并称"美妆ODM三大龙头",它们都与国际知名品牌长年合作,并在核心品类有自己的专利技术。科丝美诗在中国市场是毫无争议的第一化妆品 OEM/ODM 企业,其在中国有一座专门的彩妆工厂,合作客户包括兰蔻、植村秀、韩束、卡姿兰、百雀羚、美宝莲、高丽谷等;科玛在中国市场的合作客户主要包括蜜丝佛陀、谜尚、伊蒂之屋等彩妆品牌,以及韩束、佰草集、高姿等护肤品牌;意大利的莹特丽于2003年进入中国市场,现在是全球最大的彩妆工厂,为40%的全球高端化妆品品牌提供服务。被业内熟知的中国企业包括诺斯贝尔、栋方、芭薇、伊斯佳、乐宝、雅纯等几家化妆品品牌代加工的企业。国内ODM市场较为分散,梯队分布明显,其中,第一梯队以诺斯贝尔、科丝美诗为代表,销售规模在20亿元左右;第二梯队以太和生技、全丽生物、大江生医为代表,销售规模在10亿元左右;第三梯队则以贝豪集团、韩国科玛、意大利莹特丽、上海臻臣等为代表,销售规模在5亿元左右。

中游品牌商依靠产品、渠道、营销等全方位长期积累的品牌力为其带来溢价能力和定价权,从产业链价值分布来看,中游品牌商占据绝对话语权。国内主要品牌商有珀莱雅、贝泰妮、丸美、拉芳、华熙生物、上海家化等。

3. 下游——渠道

化妆品产业下游环节主要包括线上和线下两大渠道。近年来，随着我国电子商务行业的快速增长，线上销售渠道变得更加多样化，包括专门的化妆品电商平台、社交媒体购物平台、大型B2C网站以及一些新兴的在线渠道。尽管目前中国的化妆品销售仍然以实体店为主，但线上销售的比例正在逐年上升。以2023年为例，线上平台护肤、彩妆产品等化妆品总成交额超4000亿元，占总零售额的50%以上，同比提升近四个百分点。线上购买化妆品的途径可以进一步划分为网上商城、品牌官方网站、跨境购物平台、直播销售平台、美妆专题网站和短视频平台等。其中，淘宝、京东等购物平台为传统线上平台，在近几年销售额呈现一定颓势；而抖音等新兴直播带货平台正如火如荼发展，相对于传统线上平台，新兴平台因其交互性和个性算法等优势，市场规模逐渐扩大，正逐渐成为引领潮流的中坚力量。

2.3 化妆品产业技术发展现状

2.3.1 国内研发现状

技术创新是化妆品企业的核心竞争力，而持续的研发投入则是确保产品品质的关键。拥有强大的研发中心和专业人才资源的企业，能够为国际品牌在高端市场的竞争中提供持续的动力。根据上市公司的财务报告，外资品牌如欧莱雅、雅诗兰黛和宝洁，在2020年研发支出已超过了10亿元人民币。相比之下，中国化妆品品牌的研发投入相对较少，仅有少数几家企业的研发经费达到了亿元级别，例如上海家化的研发费用为1.44亿元，珀莱雅的研发费用为0.72亿元，薇诺娜的研发费用为0.69亿元。

2018—2020年，中国化妆品企业的研发费用率平均为2%~3%，但由于规模限制，实际投入的金额并不大。在研发能力方面，大多数中国化妆品企业仍处于发展初期，其研发工作主要集中在配方优化和安全检测。在皮肤科学、基因研究和原材料开发等基础研究领域，中国企业的研究相对较弱，成分创新也不多。

截至2022年1月20日，全球化妆品产业市场价值排名前10位的专利中，有5项专利为宝洁申请的专利。其中，宝洁更是包揽了全球化妆品产业市场价值十大专利中的前三项，价值分别为1129万美元、1112万美元和1102万美元（见表2-2）❶。

---

❶ 前瞻产业研究院. 2022年全球化妆品行业技术竞争格局 [R/OL]. (2022-02-11) [2024-09-30]. https://www.qianzhan.com/analyst/detail/220/220211-0b441622.html.

表 2-2 全球化妆品产业市场价值排名前 10 位的专利

专利公开号	专利名称	申请人/专利权人	专利价值/万美元
CN106974775B	用于吸收制品的吸收结构	宝洁	1129
CN108410585A	具有蛋白酶变体的消费品	宝洁、丹尼斯克	1112
CN105107438B	包含有益剂的高效胶囊	宝洁	1102
CN105820160B	细胞粘着调节剂	诺瓦帝斯	1048
CN105647715B	洗涤剂产品	宝洁	1042
CN1816330B	抗菌组合物、方法和系统	阿塞普提卡	1030
CN101175735B	挥发性烷基化剂的稳定组合物及其使用方法	赫尔辛医疗	1027
CN101379423B	影像表示及微光学安全系统	视觉物理	1007
CN1906547B	微光学安全及影像表示系统	视觉物理	992
CN104837973B	芳香剂材料	宝洁	987

研发投入差距较大，高端市场难以打开。国内化妆品公司研发费用率已与国际化妆品集团相当，但由于公司规模差异较大，研发费用的投入量级仍有显著差距。巨大的研发投入差异导致我国化妆品品牌在一些关键原料与配方的开发环节仍落后于国际大品牌，产品创新不足，这也是国产化妆品难以打开高端市场的关键所在。

2.3.2 化妆品原材料发展现状

1. 活性成分

活性成分指的是对人体皮肤产生作用的成分，如抗衰老、防晒（紫外线过滤剂）、美白、舒缓敏感、生发/养发/固发/去屑、保湿补水、抑汗剂、除臭剂、去角质等其他活性物，是化妆品原材料企业及品牌方的重点研发领域。

（1）保湿剂。在活性成分中，保湿剂成分占比最大，保湿功效作为护肤品的最基础功效，是消费者功效选择的首要考虑因素，也是国内化妆品企业的重要采购原料。保湿剂在国内市场以山梨糖醇、甘油等传统保湿剂为主，透明质酸等新保湿原料增长迅速。热门的保湿原料包括透明质酸、角鲨烷、泛醇、尿囊素、神经酰胺。

（2）防晒剂。防晒剂使用率仅次于保湿产品。防晒剂根据其性质分为无机防晒剂和有机防晒剂，而根据辐射波长分为 UVA 防晒剂和 UVB 防晒剂。UVA 防晒剂包括二苯酮、邻氨基苯甲酸酯、二苯甲酰甲烷等，UVB 防晒剂包括氨基苯甲酸酯、水杨酸酯、肉桂酸酯和樟脑衍生物等。

全球化学防晒剂的主要生产商包括巴斯夫、德之馨以及印度的 Chemspec 等。在中国，知名的化学防晒剂生产商有科思股份、美丰化工和远东强亚等。BEMT（双-乙基己氧苯酚甲氧苯基三嗪）和 DHHB（二乙氨羟苯甲酰基苯甲酸己酯）是巴斯夫公司

Tinosorb 系列防晒剂的专利原料。EHT（乙基己基三嗪酮）则是巴斯夫公司 Uvinul 系列防晒剂的专利成分。此外，丁基甲氧基二苯甲酰基甲烷曾是 DSM 公司 Parsol 系列防晒剂的专利原料。

（3）其他活性成分。近年来，国内化妆品的八大热门功效包括保湿、控油抗痘、抗衰护肤、修护护肤、舒缓抗敏、美白祛斑、抗氧化、抗菌消炎。控油抗痘主要原料包括水杨酸、乳酸、壬二酸、寡肽-1、硫黄。抗衰老护肤成分主要原料包括视黄醇、羟丙基四氢吡喃三醇、二裂酵母发酵产物溶胞物、乙酰基六肽-8、棕榈酰五肽-4。修护护肤成分主要原料包括神经酰胺、寡肽-1、积雪草苷、泛醇、角鲨烷。舒缓抗敏成分主要原料包括马齿苋提取物、四氢甲基嘧啶羧酸、油橄榄叶提取物、三肽-1 铜、甘草酸二钾。美白祛斑成分主要原料包括光果甘草根提取物、传明酸、烟酰胺、熊果苷、苯乙基间苯二酚。抗氧化成分主要原料包括抗坏血酸、肌肽、虾青素、抗坏血酸葡糖苷、麦角硫因。抗菌消炎成分主要原料包括甘草酸二钾、油橄榄叶提取物、金盏花提取物、红没药醇、姜黄根提取物。

2. 基质成分

基质成分指的是对化妆品的性能和感官形态产生作用的成分，包括表面活性剂、润肤剂、SPF 增效剂、光学效果助剂、流变改性剂/增稠剂、成膜剂、螯合剂、色粉表面处理剂、着色剂、珠光剂、香精香料、防腐剂、发色固色剂、遮光剂、抗氧化剂，其中较为重要的是增稠剂和表面活性剂。

增稠剂在化妆品配方中扮演着至关重要的角色，它们是实现配方增稠的主要手段，有助于提升产品的黏度、稳定性，以及改善外观和流变特性。卡波姆作为一种高效的凝胶基质，因其卓越的增稠、悬浮和流变性能而备受青睐，自 1953 年由 BF Goodrich 推向市场以来，一直是个人护理品领域的首选材料。相较于其他传统增稠剂，卡波姆树脂在安全性、稳定性、防腐性和流变性能方面具有明显优势，使其成为高端个人护理产品的理想选择。在全球范围内，卡波姆的生产主要集中在少数精细化工企业，其中美国路博润公司几乎占据了全球市场的主导地位，年产量达到约 2.9 万吨，市场占有率高达 83%，形成了典型的卖方市场。在中国，卡波姆的研发和生产仍处于初级阶段，尚未形成大规模的工业化生产。目前，主要的生产企业包括天赐材料、南京中狮和广州东雄等。

表面活性剂是指能使目标溶液表面张力显著下降的物质：具有固定的亲水亲油基团，在溶液的表面能定向排列，因此在化妆品中起到清洁、润湿、乳化、分散、发泡、增溶等作用。

国内表面活性剂生产企业主要包括赞宇科技、天赐材料等。赞宇科技是中国表面活性剂行业的领军企业，专注于表面活性剂的研发和生产，并在该领域占据领先地位。该公司的产品线涵盖了 AES、AOS、磺酸等阴离子表面活性剂，以及 6501、CMEA 等非离子表面活性剂，还有 CAB、CAO 等两性离子表面活性剂。其中，LAS 和 AES 作为公司的主打阴离子表面活性剂，市场占有率位居行业第一位。这些表面活性剂以其出色的去污、发泡、分散、乳化和润湿性能，被广泛应用于洗涤剂、起泡剂、润湿剂、乳化剂和分散剂等多种产品。

与此同时，天赐材料则专注于生产温和的氨基酸表面活性剂，与赞宇科技形成互补的竞争关系。天赐材料的客户群体包括宝洁、欧莱雅、妮维雅、高露洁、蓝月亮、德谷、拜尔斯道夫、上海家化等知名品牌，其产品在高端个人洗护市场具有一定的竞争优势。天赐材料的产品以甜菜碱、咪唑啉、氧化胺等温和表面活性剂为主，并致力于氨基酸表面活性剂的研发，以满足市场对温和、安全洗护产品的需求。

2.3.3 国内备案化妆品中植物原料发展现状

从 2014 年到 2021 年，国产普通化妆品的备案数量达到了 1026179 条，其中含有植物原料的化妆品占据了绝大多数，比例高达 82.64%。对国产普通化妆品的备案数据进行分析，结果显示共有 1083 种植物原料被用于产品中。表 2-3 展示了使用频率最高的 10 种植物原料的名称、频次以及它们的美容功效。甘草、柠檬、芦荟和积雪草的使用频次均超过了 10 万次，显示出它们在化妆品中的广泛应用。此外，高频使用的植物原料多为具有芳香性的植物，例如玫瑰、豆蔻和薰衣草。这些植物的主要活性成分是挥发油，它们通常被用作化妆品中的香精和香料，以替代传统的合成香精，因为它们通常被认为更安全。这些植物原料的频繁使用反映了市场对天然和安全化妆品成分的偏好[1]。

表 2-3 国产普通化妆品被高频使用的植物原料表

排序	植物原料名称	使用频次	美容功效
1	甘草	214220	抗皱、祛痘、祛斑美白、舒缓、保湿、防晒、修护、去屑
2	柠檬	156169	芳香、爽身、护发、抗皱、祛斑美白、保湿
3	芦荟	122410	抗皱、祛斑美白、舒缓、防晒、修护、保湿、祛痘
4	积雪草	110071	抗皱、紧致、祛斑美白、防晒、修护
5	霍霍巴	92692	防脱发、护发、抗皱、芳香
6	马齿苋	77558	抗皱、祛斑美白、祛痘、舒缓、保湿、防晒、修护
7	豆蔻	72445	抗皱、护发、芳香
8	黄芩	71805	抗皱、保湿、防晒、护发、防断发、舒缓、修复
9	牛油果	70655	抗皱、保湿、防晒、护发、防断发、舒缓、修复
10	母菊	66751	防晒、祛斑美白、保湿、芳香、舒缓、抗皱

---

[1] 李雪，王燕萍，杨兆均，等. 2014—2021 年含植物原料的国产普通化妆品现状分析 [J]. 日用化学工业，2022，52（8）：875-881.

2.4　广东省化妆品产业发展现状及定位

截至 2023 年 4 月,广东省共有 3100 家获得化妆品生产许可的企业,占全国总数的 56%。广东省的国产普通化妆品的备案数量为 88 万余个,占全国总数的 76%;国产特殊化妆品注册品种为 1.1 万余个,占全国总量近 66%。广东省位居全国化妆品工业总产值的首位,成为国内化妆品生产的重要基地。

广东不仅是全国化妆品生产制造的第一大省,也是全国化妆品消费的重要市场。据广东统计年鉴数据显示,2016—2024 年,广东省化妆品批发零售销售总额整体呈现稳健上升趋势,从 2016 年的 409.68 亿元增长至 2024 年 1—6 月的 2168 亿元。

广东统计年鉴数据显示,2016—2023 年广东省化妆品及其原料的出口额整体也呈现稳健增长趋势,从 2016 年的 14.3988 亿美元增长至 2023 年的 22.8 亿美元。2020 年受新冠疫情影响,化妆品及其原料的出口额略有下降,但仍然保持在 18.2873 亿美元。2021 年,中国化妆品出口贸易金额排名前三位的分别为广东省(17.2 亿美元)、浙江省(10.6 亿美元)、上海市(6.8 亿美元),广东省继续领跑全国,出口额占全国的 35.1%。

2.5　广州市化妆品产业发展现状及定位

《2023 广州化妆品产业白皮书》指出,广州市化妆品工业产值超过 1000 亿元,产业规模约占全国的 55%,位居中国首位。截至 2023 年 9 月,广州持证化妆品生产企业有 1870 家,占广东省(3152 家)的 59.3%,占全国(5561 家)的 33.6%,化妆品注册备案数量占全国的 60%。广州市在我国化妆品市场占有"巨无霸"地位。其中,美肤宝、滋源、卡姿兰、丸美等知名品牌均出自广州。一直以来,广州市白云区被称为中国化妆品产业的硅谷,广州市的化妆品备案生产企业主要集中在白云区,截至 2023 年有 1288 家,占全市化妆品生产企业数量的 68.95%,其次是花都区、从化区、番禺区、黄埔区、增城区、南沙区、天河区和荔湾区。虽然黄埔区只有 60 多家化妆品生产企业,但是其拥有一大批龙头化妆品企业,如宝洁、安利、蓝月亮、丸美、环亚等。

广州的化妆品研究机构较多,在全国居于领先地位,其中化妆品科研实力最强的为华南理工大学和暨南大学。华南理工大学重点关注新材料方面,做出了许多新突破,例如面膜材料、防晒剂等,将科研成果很好地应用到了化妆品领域。暨南大学则注重研究化妆品生物合成、活性成分合成。清华珠三角研究院、广东粤港澳大湾区国家纳米科技创新研究院致力于化妆品高端原料的研发，通过原料创新、工艺创新，以科技为化妆品产业赋能。广州中医药大学为化妆品产业提供中草药化妆品研发支持，广东工业大学也成立了化妆品研究院，取得了不俗的产业成果。中国化妆品研究中心、广东省南方化妆品研究院、广东省粤妆化妆品研究院等专业研究机构则对植物提取、生物研究、化学合成等方面展开了研发攻关。

广州市化妆品企业非常重视科研创新，自主投资成立了研究机构，如环亚化妆品研究所、丸美化妆品研发中心等。广州环亚化妆品科技股份有限公司、广州栋方生物科技股份有限公司等 23 家企业先后被省科技厅认定为广东省工程技术研究中心，诺斯贝尔化妆品股份有限公司、广州好迪化妆品有限公司等 11 家企业被省工业和信息化厅认定为广东省省级企业技术中心，薇美姿实业（广东）股份有限公司等一大批生产企业被认定为国家高新技术企业。

此外，政府对化妆品科技研发也起到了引领作用，在白云区牵头下，白云美湾成立了白云美湾国际化妆品研究院集群，已有逾 16 家高校和科研机构进驻，围绕产业化导向，聚焦六大方向错位研究，致力推进中国化妆品原材料发展，提升化妆品配方创新能力，用科学为化妆品提供功效保障。

广州市的化妆品产业具备以下特点。

（1）化妆品产业链配套齐全。广州市是一座靠代工崛起的美妆之城，是全国最大的化妆品 OEM 和 ODM 生产基地，拥有大量化工原料、模具制造、包装设计、生产制造等上下游配套链条，产业集群颇具规模。

（2）消费实力强劲，销售渠道充沛。广州市一直都引领广东省的消费，目前，广州市正在打造国际消费中心城市，实现产业与消费良性互促。广州市拥有众多化妆品批发市场，如广州美博城、怡发广场、兴发广场、众美汇等。每年举行的美博会，为全国乃至全世界的化妆品企业提供了交流与展示的平台。广州市的化妆品企业还非常重视产品推广，创新营销模式，拓展经销渠道。

（3）沿海区域优势。化妆品生产过程中涉及化工类原料，许多原料都需要进口，广州市有着沿海区域优势，为化妆品产业的发展提供了便利条件。

2.6 化妆品产业发展存在的问题

1. 产业结构有待进一步优化

产业布局方面，广州市化妆品企业存在"大而不强""多而不优"的问题，未形成具有国际影响力的化妆品企业，中小企业居多，化妆品 OEM、ODM 工厂较多，研发创新能力相对欠缺，同质化竞争较为严重，研发方向也以化妆品配方改进居多。因此，广州市化妆品产业结构有待进一步优化，存在高质量发展的需求，有着较大的持续提升的潜力。

2. 化妆品产业复合型人才少

化妆品产业的高质量发展已不再是以往简单的配方复配改进的模式，而是一个集化学、材料学、生物学、发酵工程、医学等多学科为一体的产业。人才尤其是多学科复合型人才是产业发展最关键的因素，广州市高校缺少化妆品相关专业设置，缺乏专业人才培养平台，大部分拥有化妆品专业的高校均在外省，本地从业人员大多为精细化工专业或者药学相关专业改行而来。产业的转型升级需要更多的复合型人才加入，加强国内外创新人才的引进，可助力产业的高质量发展。

3. 产学研的结合有待进一步提升

广州市化妆品产业的创新主体以企业为主，占比高达 82%，而高校、科研机构的研发热度相对较低。高校、科研机构、化妆品重点实验室有丰富的科研资源，特别是在基础研究、机理研究、生物学研究等多学科研究方面存在天然的优势，研发能力强，检测设备齐全，建议各方开展深度合作，对接研发需求，可大大缩短研发周期，也能够减少企业前期投入的风险成本，在加速科技成果的产出和转化转移的同时，也进一步拓宽创新技术的成熟度与产业化水平，逐步形成协同创新体系。

4. 原料端还需更深入的研究

中国本土化妆品企业与国际化妆品巨头之间最主要的差距在于原料方面。据悉，目前欧盟可用原料达 22620 种（植物来源约 1/3），而我国可用原料不到 9000 种。广州市化妆品原料生产企业相对较少，高端产品的原料主要依赖进口，存在"卡脖子"困境。化妆品核心原料的自主技术创新，成为广州市化妆品产业突破"卡脖子"困境的重点。在我国发布的 2021 年版《已使用化妆品原料目录》中，有 3115 种属于植物源功效原料。然而，截至 2022 年 12 月，我国境内已知高等植物物种有 36512 种，其中 11118 种有药用记载。可见，化妆品植物原料目录还有很大的扩充空间。进一步加大化妆品原料端的研发力度，尤其是关键活性成分的持续、深入的研究，如植物提取物、生物学技术在化妆品成分工业化生产中的应用、基因技术、前沿基础研究应用等。

5. 存在重营销、轻研发的现象

国际知名化妆品公司的研发投入较大，其技术研发与市场营销可并驾齐驱，如欧莱雅每年的研发费用基本维持在 3% 以上，而广州市化妆品企业基本上是中小型民营企业，研发投入普遍较低，且长期以来存在重营销、轻研发的现象，使得企业在关键核心原料开发上落后于国际巨头，导致创新能力不足。但是，随着国际化妆品品牌进入国内市场，给本土企业形成压力的同时，也带来了全新的发展理念，迫使本土企业重视创新，不断加大研发投入，寻求高质量发展之路。

基于广州市化妆品产业发展过程中存在的问题，本书编写组通过对化妆品领域专利信息资源进行检索、统计、分析，利用专利信息助力广州市化妆品产业高质量发展。

第三章 化妆品产业专利布局分析

化妆品，是指以涂擦、喷洒或者其他类似的方法，散布于人体表面任何部位（皮肤、毛发、指甲、口唇等），以达到清洁、消除不良气味、护肤、美容和修饰目的的日用化学工业产品。根据实地调研并查阅文献，包括化妆品领域工具书及《国际专利分类表》（第8版）A册、《化妆品分类规则和分类目录》等，按照化妆品产业的技术分类惯例，本书将化妆品分为皮肤用化妆品、彩妆化妆品、毛发用化妆品、口腔护理品和芳香化妆品，共计5个一级技术分支。

本章的数据去重合并后，最终获得检索结果统计如表3-1所示。

表3-1 化妆品产业专利检索结果统计

统计指标	全球/项	中国/件	广东省/件	广州市/件
申请量	210118	70654	15529	8411
授权量	92581	15298	2960	1974
有效量	41281	10535	2614	1783

3.1 全球化妆品产业专利布局分析

3.1.1 技术发展

图3-1显示了化妆品领域的全球专利申请量和中国专利申请量变化的趋势图，可以看出，化妆品领域的全球专利申请量发展可以分为以下三个阶段。

第一个发展阶段（1902—1984年）：这一发展阶段是化妆品技术的萌芽期，该阶段化妆品技术发展缓慢。19世纪欧洲工业革命以后，化学、物理学、医学、生物学等学科发展迅速，新的原料、设备和工艺被应用于化妆品，化妆品也逐渐发展为一门新的专业性科学技术产业。法国的很多著名品牌诞生于这个时期，进一步促进了化妆品技术的发展。全球首件化妆品专利于1902年申请于法国，同年还有2项涉及化妆品领域的法国专利。

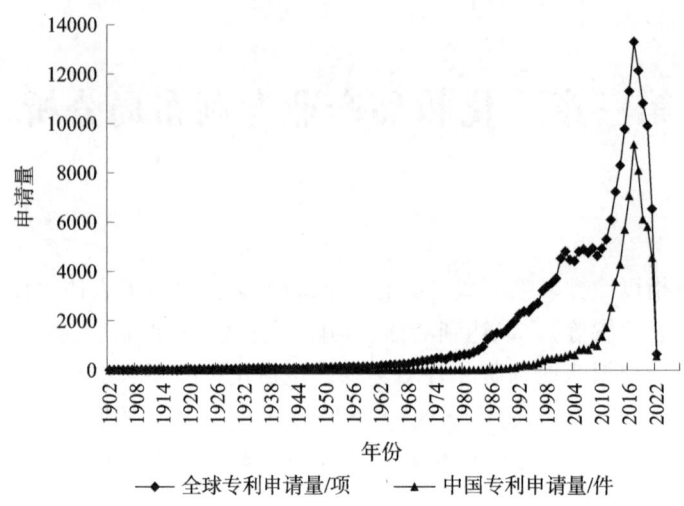

图3-1 化妆品领域全球专利和中国专利申请量变化趋势

第二个发展阶段（1985—2017年）：这一发展阶段是化妆品技术的快速发展期，美国、日本、韩国等国家在化妆品领域进入了快速发展的阶段。20世纪80—90年代，是美国功效性护肤品发展的"黄金时代"。日本化妆品产业崛起于1974—1994年，经济和人口增长以及文化审美变迁是主要推动力，龙头企业品牌培育能力和研发能力突出。中国化妆品市场在20世纪70—80年代开始萌芽，21世纪以来外资品牌及传统国货分别依托品牌优势及渠道红利快速成长。这一阶段全球经济发展迅速，经济高速增长对消费带来的拉动主要体现在居民的基本物质需求得到了满足，有了对美的需求，出现了皮肤保湿、美白和祛皱等多功能性化妆品，促使研发人员对化妆品进行进一步改进，使得化妆品的专利申请数量得到快速增长。我国化妆品领域首件专利申请于1985年提交。1985—2008年，我国化妆品领域的专利年申请量不超过1000件，申请人数量也相对较少。该阶段主要为国外公司就化妆品相关技术在中国进行专利布局。2008年以后，我国化妆品领域的专利申请数量稳步增加。随着化妆品产品市场需求的不断扩大，国内申请人也逐渐投入研发力量并申请专利。

第三个发展阶段（2018年以后）：这一发展阶段由于主要申请人对化妆品相关技术的不断关注和研究的不断深入，技术发展进入了相对成熟期，化妆品技术的专利申请量呈现下降趋势。本书由于在检索截止日有部分专利尚未首次公开，从而造成2019年后专利申请量有所下降。与全球态势相似，我国化妆品领域专利申请量在这一阶段明显回落。

图3-2显示了化妆品领域国内专利申请量趋势和国内申请人占比情况。由图可见，1995—2007年，国内申请人占比不足50%，在此阶段国外申请人的在华申请占比较高。2008年之后，我国化妆品专利申请量快速增长，在这一年国务院发布《国家知识产权战略纲要》，极大促进了国内创新资源的利用和创新活动的积极开展。在这个阶段国内化妆品产业创新能力越来越强，一方面得益于国内整体创新环境越来越好；另

一方面也得益于互联网的发展,各大电商平台的快速崛起极大促进了化妆品的消费,也促进了我国化妆品产业的研发创新活动。同时,国内申请人在2009年之后开始大幅增长,国内申请人占比超过50%。

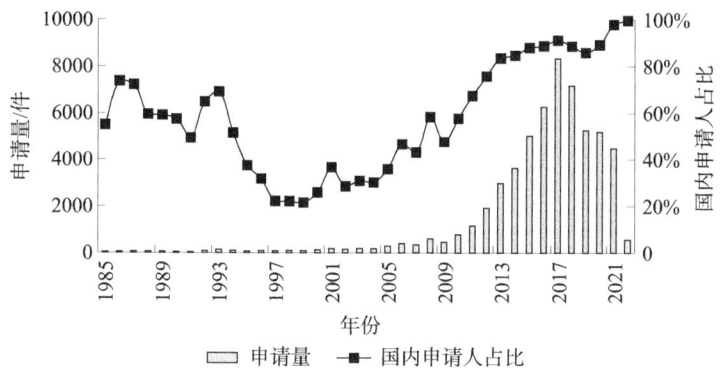

图3-2　化妆品领域国内专利申请量趋势和国内申请人占比情况

3.1.2　技术构成

图3-3显示了全球化妆品各技术分支专利申请量占比。可以看出,皮肤用化妆品的申请量最高,申请量占比47%,其次是毛发用化妆品、彩妆化妆品、口腔护理品和芳香化妆品。皮肤用化妆品具有需求丰富的特点,随着皮肤用化妆品需求的细化,皮肤用化妆品向着更加个性化的细分功效进阶,如美白、抗衰老、祛痘、保湿等功能,相关研发投入也更多,其申请量也最大。

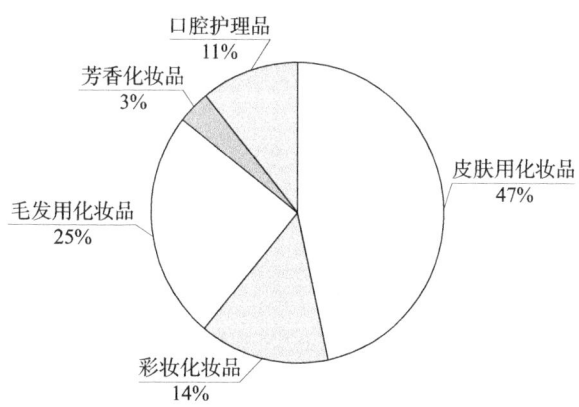

图3-3　全球化妆品各技术分支专利申请量占比

图3-4显示了全球化妆品各技术分支专利申请量趋势。可以看出,在1970年以前,全球化妆品各技术分支专利申请量较少且整体不稳定,第一个年申请量破百的技术分支是毛发用化妆品,于1964年达到年申请量122项;皮肤用化妆品和口腔护理品

分别于1967年和1971年实现年申请量破百；彩妆化妆品和芳香化妆品技术发展较缓慢，分别于1982年和1986年实现年申请量破百。在1984年之后，全球经济发展迅速，也拉动了化妆品技术快速发展，化妆品各技术分支的专利申请量也稳步增大。2019年各技术分支的专利申请量出现明显回落。

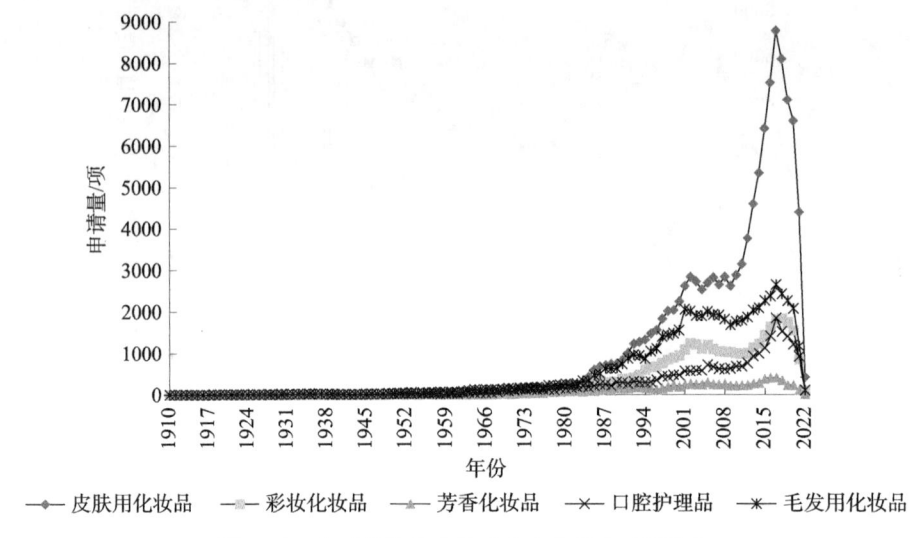

图3-4 全球化妆品各技术分支专利申请量趋势

图3-5显示了全球化妆品各技术分支专利申请份额占比趋势。可以看出，在五个分支当中，皮肤用化妆品和毛发用化妆品相关专利申请所占份额较高，两者总量占比基本保持在70%以上，芳香化妆品申请量所占份额较少。在1940年以前，化妆品各技术分支专利申请份额占比有一定的波动，可能与技术发展不稳定有关。1940年以后，化妆品各技术分支专利申请量所占份额趋于稳定，且皮肤用化妆品专利申请量所占份额呈增长趋势，于2022年接近60%，可见皮肤用化妆品仍是主要的申请方向。

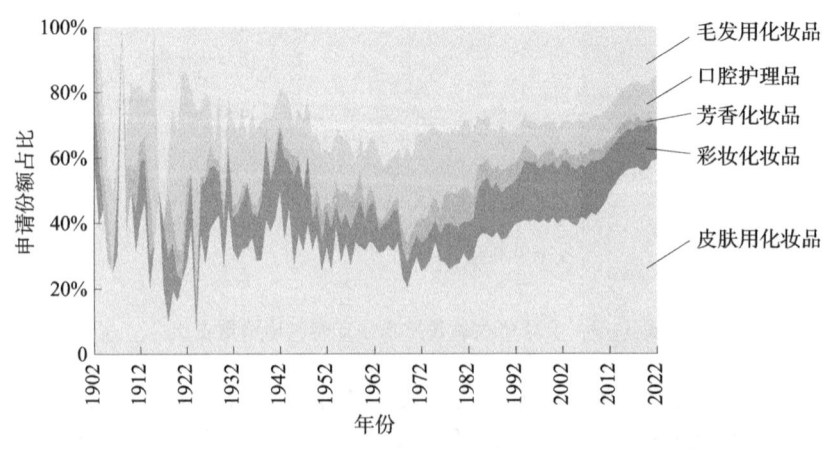

图3-5 全球化妆品各技术分支专利申请份额占比趋势

图3-6显示了全球化妆品各技术分支主要技术来源国/地区分布情况。来源国/地区是指专利申请的最早优先权国家/地区。整体来看，各主要国家/地区均在皮肤用化妆品领域布局专利较多，芳香化妆品布局较少。在皮肤用化妆品领域布局方面，中国、日本和韩国位于前三位，可见亚洲在皮肤用化妆品领域布局方面具有较高的积极性。

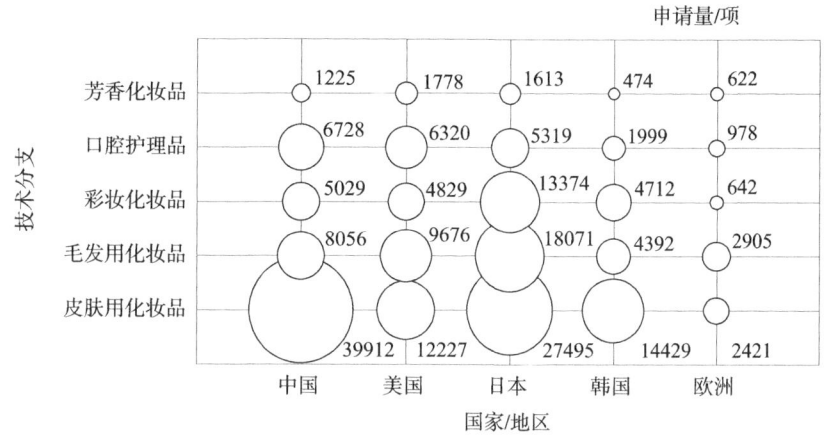

图3-6　全球化妆品各技术分支主要技术来源国/地区分布

皮肤用化妆品和口腔护理品是中国布局重点，其中皮肤用化妆品专利申请量高达39912项，口腔护理品专利申请量为6728项，均高于其他国家。同时可以看到，日本的毛发用化妆品专利申请量和彩妆化妆品专利申请量均高于其他国家，分别为18071项和13374项；日本的皮肤用化妆品专利申请量为27495项，虽低于中国，但也远高于美国、韩国和欧洲。美国的芳香化妆品专利申请量最高，其他分支申请量较均衡。皮肤用化妆品是韩国的重点布局领域，其他分支申请量较小。欧洲在化妆品领域五大分支专利申请量均较少。

图3-7展示了全球化妆品领域排名前20位的申请人各技术分支的专利申请量。可以看到，全球化妆品领域排名前20位的专利申请人在皮肤用化妆品、毛发用化妆品、彩妆化妆品、口腔护理品和芳香化妆品领域均申请了专利。其中，欧莱雅的皮肤用化妆品、毛发用化妆品、彩妆化妆品专利申请量位于第一。花王的皮肤用化妆品、毛发用化妆品专利申请量均位于第二，资生堂的彩妆化妆品专利申请量位于第二，凸显日本在化妆品领域较高的创新活力。口腔护理品方面，高露洁专利申请量位于第一，其次是狮王、宝洁。由图3-7还可以看到，排名前6位的申请人在皮肤用化妆品、毛发用化妆品、彩妆化妆品、口腔护理品和芳香化妆品五个技术分支的申请量均大于100项，排在第7~20位的申请人在化妆品五个技术分支布局方面凸显差异化。如高露洁凭借口腔护理品专利申请量的绝对优势排在总申请量排名的第8位，但其在皮肤用化妆品申请量仅占爱茉莉太平洋、高丝、宝丽、拜尔斯道夫各自申请量的1/3左右。又如朋友株式会社重点布局领域在于毛发用化妆品，其毛发用化妆品专利申请量远高于其他技术分支。

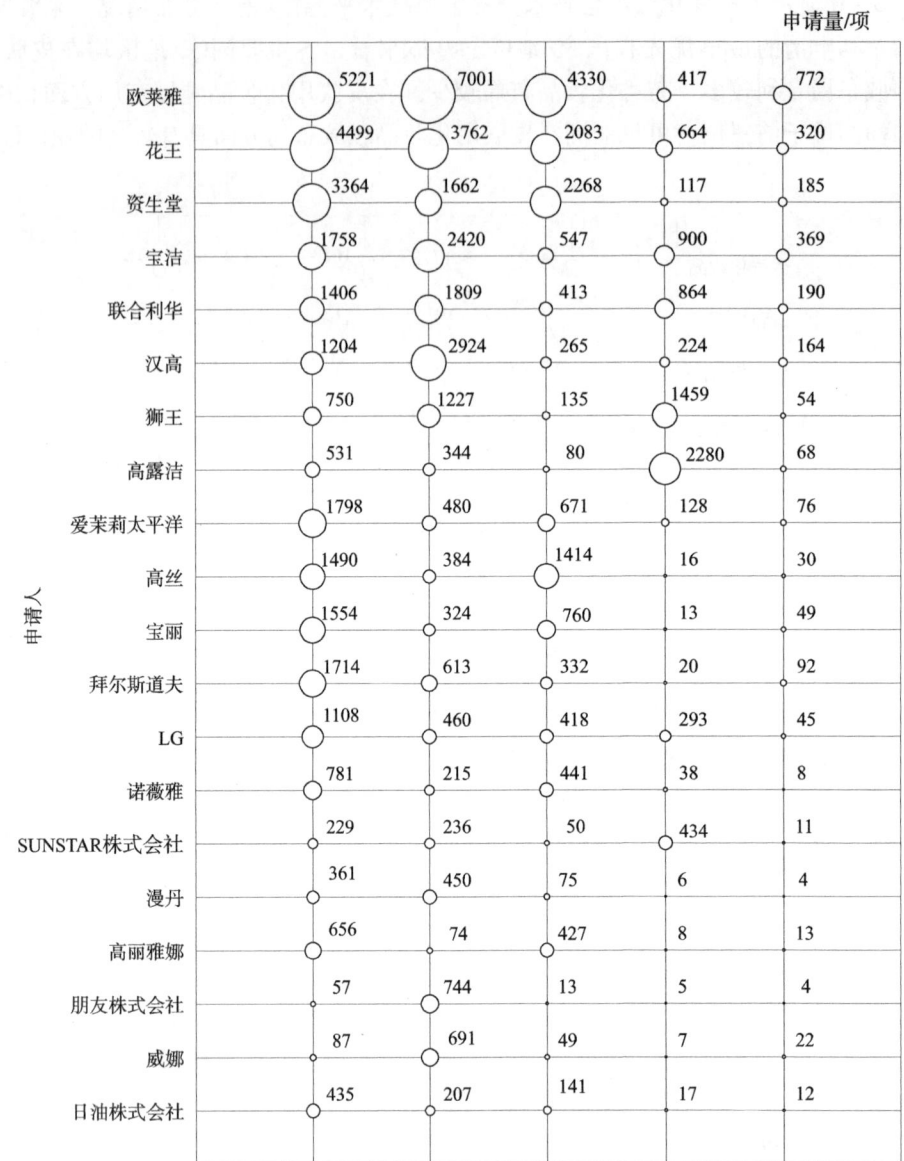

图 3-7　全球化妆品领域排名前 20 位的申请人各技术分支的专利申请量

图 3-8 展示了全球化妆品领域排名前 20 位的申请人各技术分支的专利授权量。可以看到，欧莱雅的皮肤用化妆品、毛发用化妆品、彩妆化妆品的专利授权量均位于第一，其中毛发用化妆品授权量达 4912 项，远高于第二名花王的 2100 项，彩妆化妆品授权量达 2745 项，也远高于第二名花王的 1185 项，凸显其化妆品巨头的地位。花王的皮肤用化妆品、毛发用化妆品、彩妆化妆品的专利授权量均位于第二。

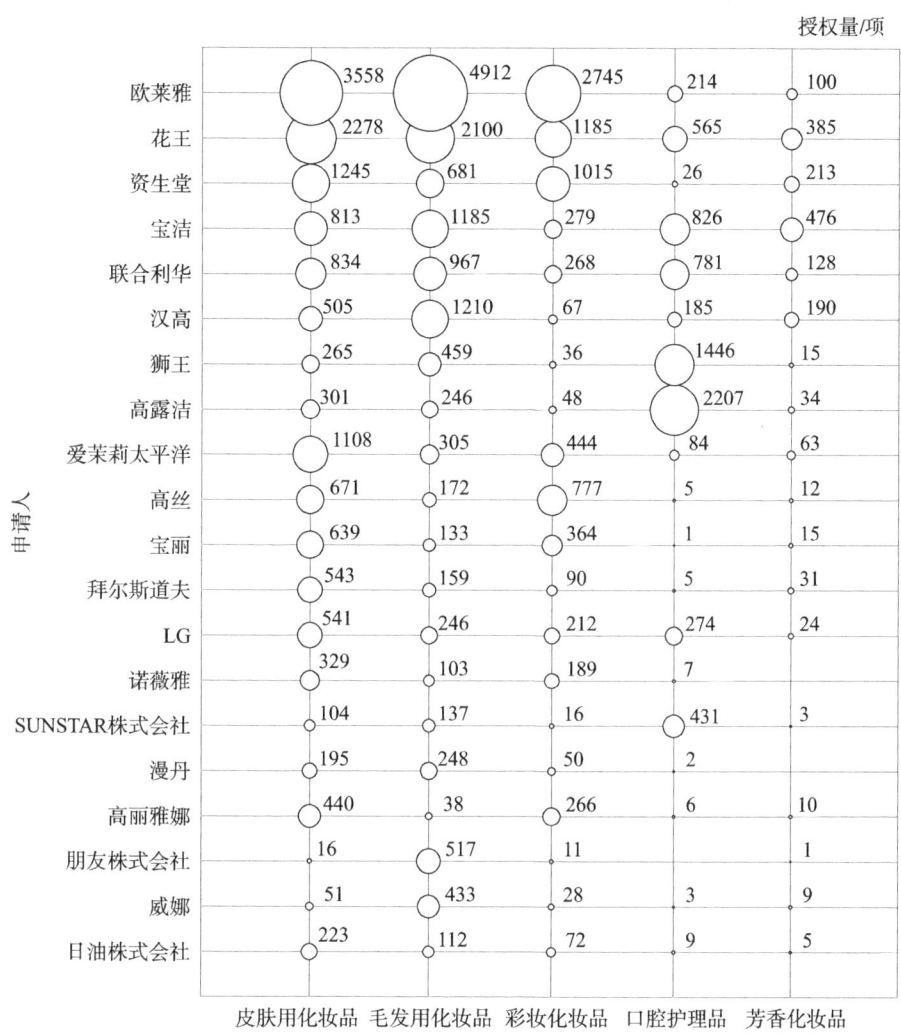

图 3-8　全球化妆品领域排名前 20 位的申请人各技术分支的专利授权量

口腔护理品方面，高露洁专利授权量高达 2207 项，可见高露洁的口腔护理品占有一定的领先地位。与专利申请量分布相似，排在第 7~20 名的申请人在化妆品五个技术分支布局方面也呈现差异化。如爱茉莉太平洋的皮肤用化妆品存在一定的技术优势，其专利授权量达 1108 项；高丝的彩妆化妆品存在一定的技术优势，其授权量达 777 项，仅次于欧莱雅、花王和资生堂。朋友株式会社和威娜虽然总申请量排第 18、19 位，但其在毛发用化妆品领域存在一定的技术优势，授权量分别为 517 项和 433 项，在该领域授权量排第 7、9 位。

图 3-9 展示了化妆品领域五个技术分支的重点专利技术发展趋势。结合在化妆品领域的龙头企业、重点关键技术研发等维度，选取在化妆品领域五个技术分支中具有代表性的专利进行梳理分析。

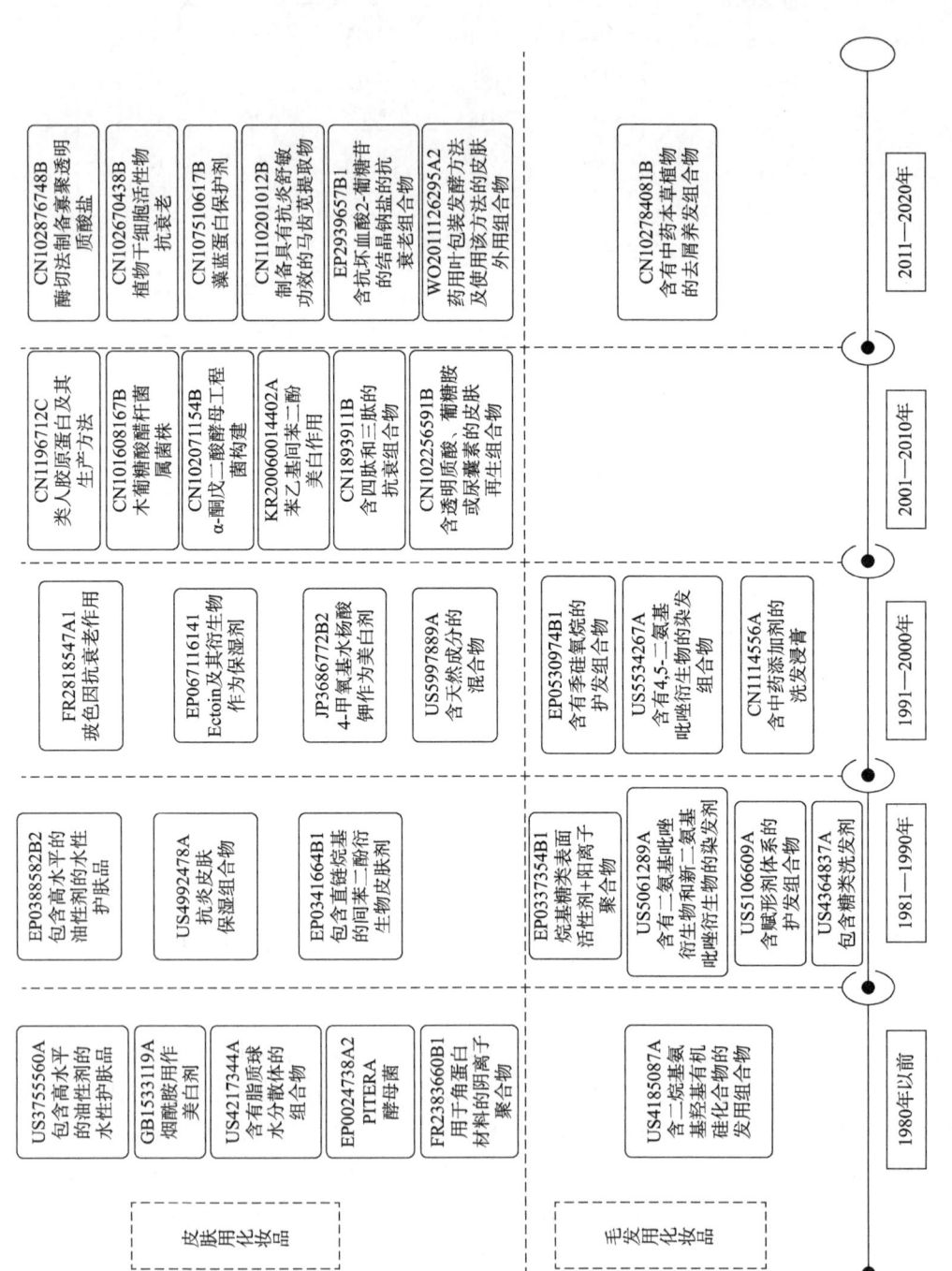

图 3-9 化妆品领域五个技术分支重点专利时间线

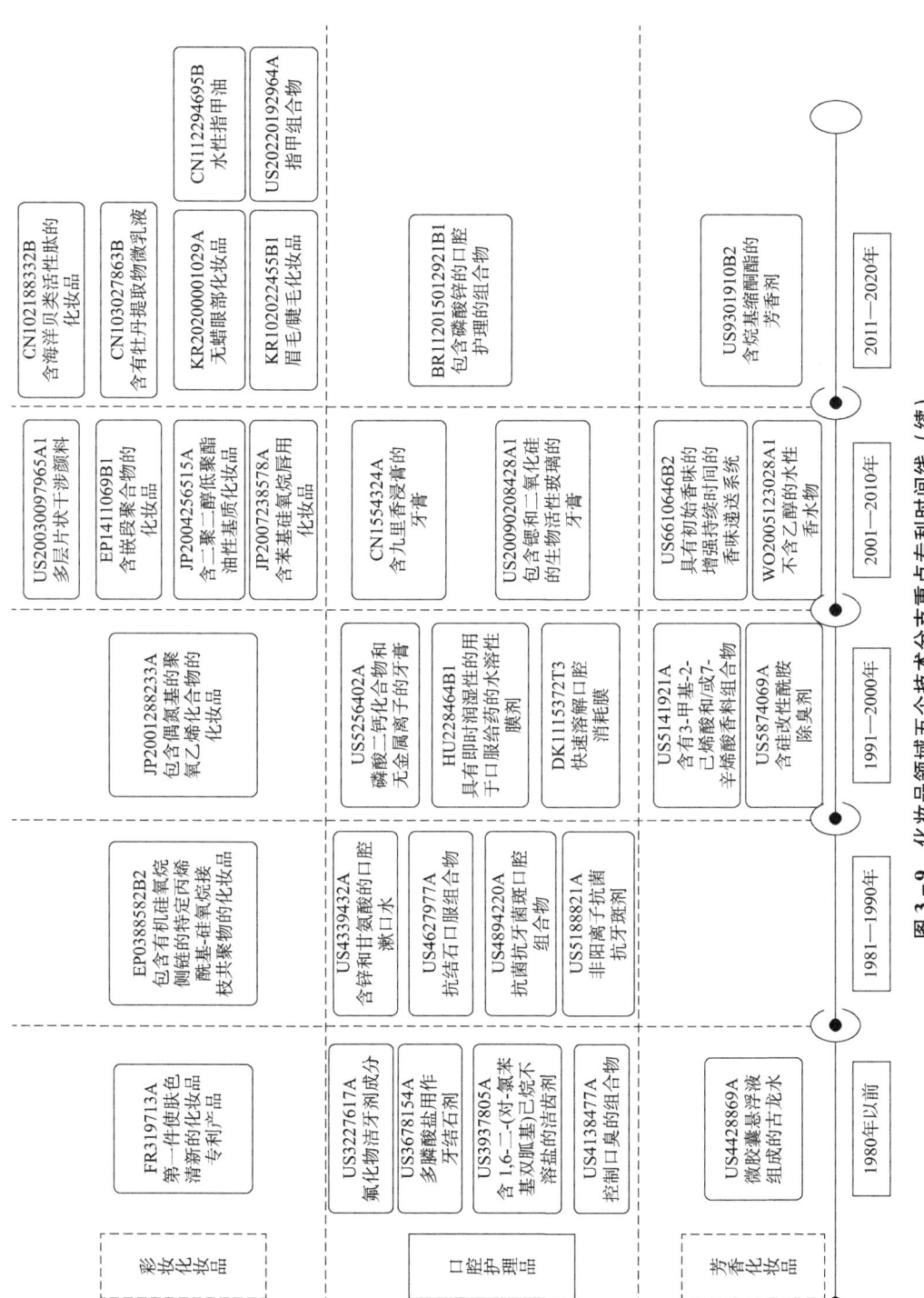

图3-9 化妆品领域五个技术分支重点专利时间线（续）

3.1.3 发展动态及竞争格局

1. 重点国家/地区创新能力分析

图 3-10 显示了化妆品领域全球专利申请国家/地区分布。可以看出，中国的专利申请量最多（占全球申请总量的 33.6%），日本的专利申请量排第二位，美国的专利申请量排第三位。

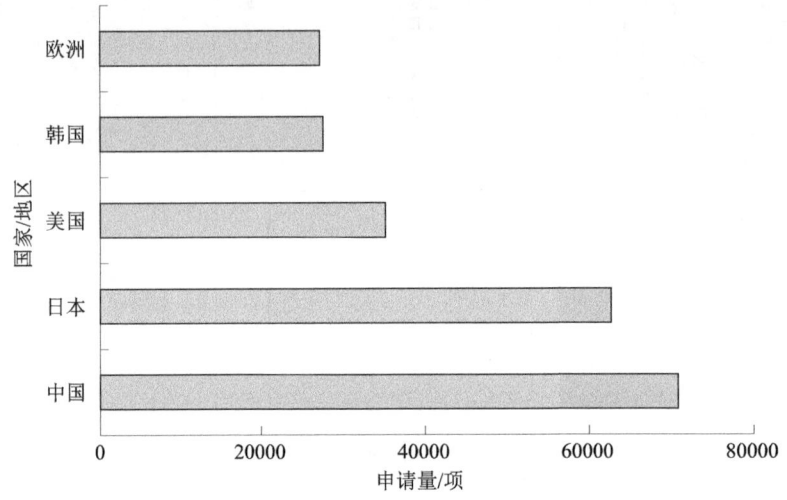

图 3-10 化妆品领域全球专利申请国家/地区分布

图 3-11 显示了化妆品领域具有五国同族专利的主要国家申请量占比。可以看出，我国化妆品技术的输出能力较弱，具有五国同族的申请量占比仅为 1%，在国际市场上缺乏竞争力，需要在技术上积极寻求突破，注重海外专利布局和专利侵权风险防范。

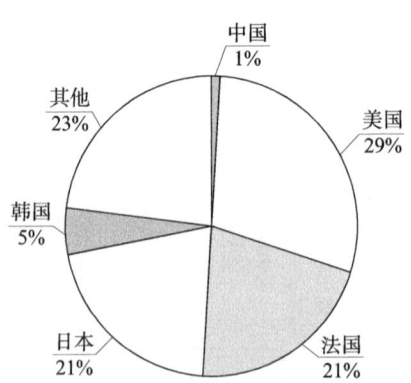

图 3-11 具有五国同族专利的主要国家申请量占比

2. 重点国家/地区技术创新分析

图3-12展示了化妆品领域各主要国家/地区的最早优先权国家/地区为本国/地区的专利数量在该国家/地区公开专利数量的占比。专利公开数量体现了该国家/地区市场被重视的情况，而最早优先权国家/地区为本国/地区的专利数量体现了该国家/地区本身的技术创新能力。

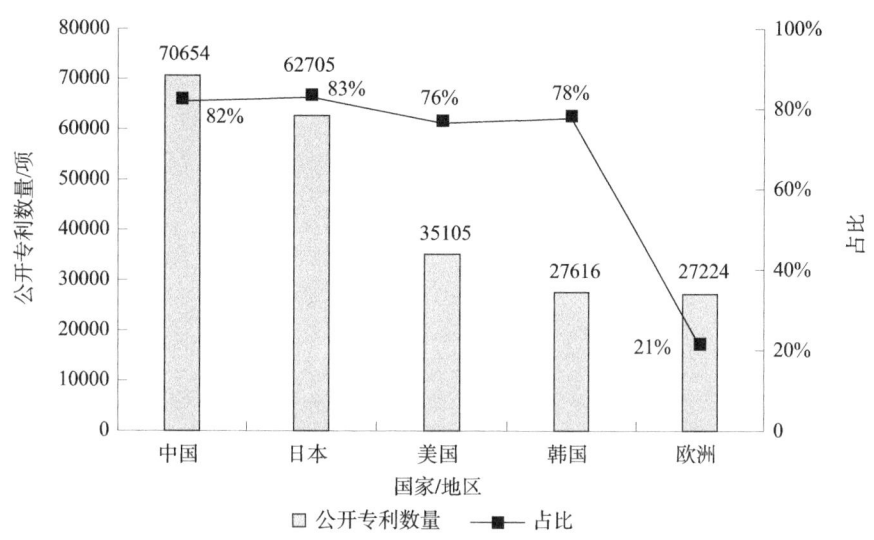

图3-12 化妆品领域主要国家/地区技术创新分析

从图中可以看出，中国、日本、美国、韩国、欧洲是化妆品领域的主要市场，全球专利申请中，中国的公开专利数量位居第一，其次是日本、美国、韩国和欧洲；日本的最早优先权国家/地区为本国/地区的专利占比最高，反映出日本对技术投入的活跃度和重视程度。中国虽然较晚进入化妆品产业，但通过不断发展和追赶，大有后来居上之势，在化妆品领域具备了较强的竞争力。

3. 主要国家专利动态分析

图3-13展示了化妆品领域全球主要国家专利申请量和授权量的变化趋势。可以看出，美国在化妆品领域起步相对较早，在1917年就有2项化妆品领域专利申请，但专利申请总量不多，2007年出现明显回落。日本第一个关于化妆品领域的专利申请于1955年提出，日本从1972年开始，化妆品领域专利申请就突破了百项。在2003年之前，日本在化妆品领域专利申请量一直保持增长，且申请数量多年来均位居第一，但2003年之后申请量有所下降。韩国于20世纪70年代开始涉足化妆品领域，保持向上发展的态势。虽然中国的起步较晚，但是发展迅速，从2011年开始申请量反超日本，成为化妆品领域第一大专利申请国。

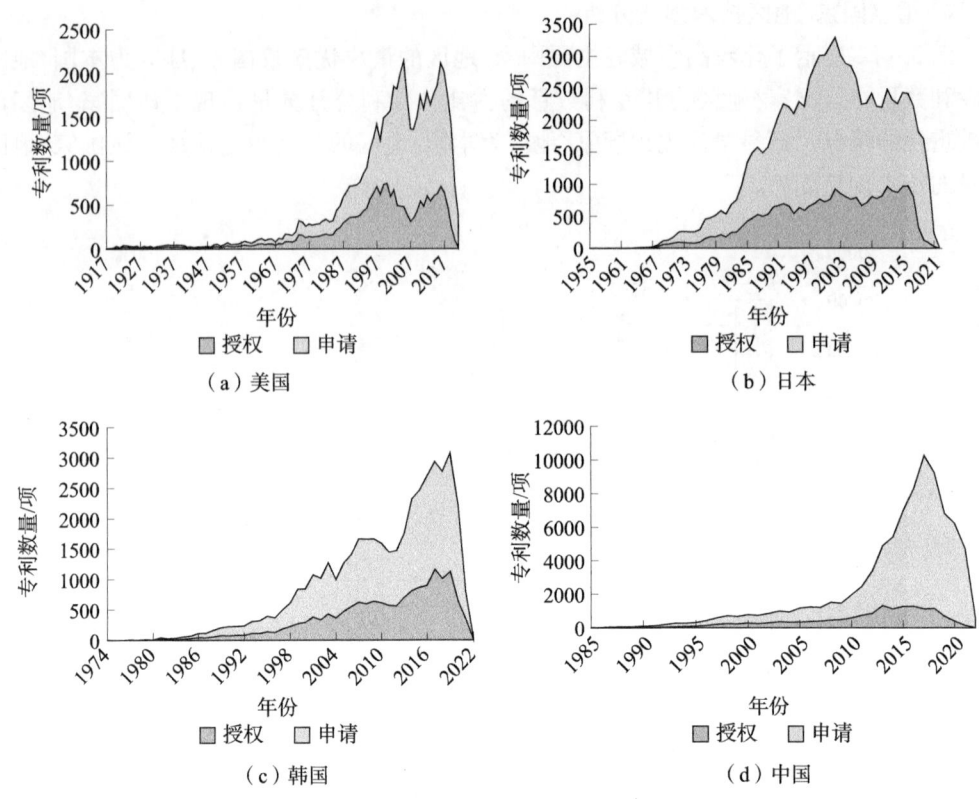

图 3-13 化妆品领域全球主要国家专利申请和授权趋势

3.1.4 创新主体分析

1. 主要创新主体情况

图 3-14 为化妆品领域全球专利授权量、专利有效量排名前 10 位的申请人分布图，统计过程中将各子公司的授权量与母公司的授权量进行了合并统计。可以看出，专利授权量排名前 10 位的申请人中，日本企业占 5 个（花王、资生堂、狮王、高丝、宝丽），其授权量占到总授权量的 11%，说明日本在该领域占有重要地位。专利有效量排名前 10 位的申请人中，日本企业占 3 个（花王、资生堂、高丝），专利有效量占到有效专利总量的 24%。韩国企业 LG 生活健康虽未进入授权量前 10 名，但其专利有效量排在第七位。欧莱雅和花王的专利授权量、有效量均排在第一位和第二位，其化妆品领域的专利具有较高的质量和较好的稳定性。

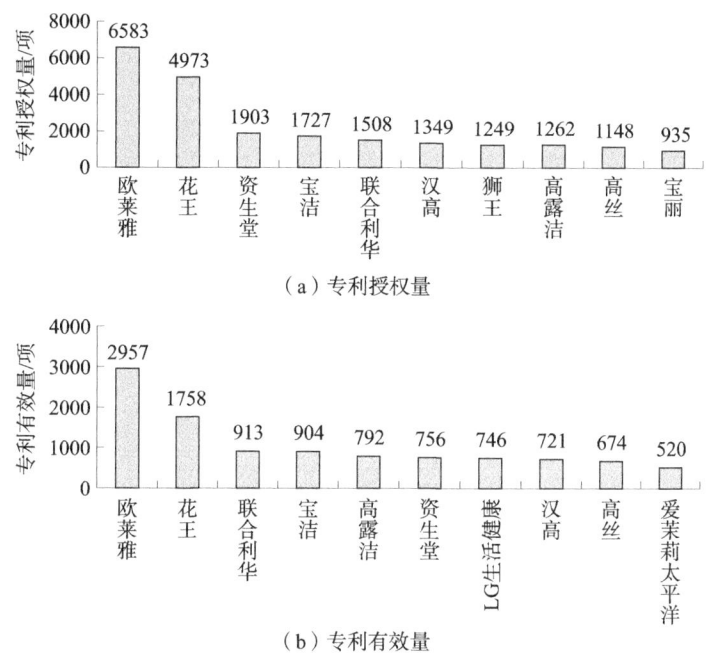

图 3-14 化妆品领域全球专利申请主要申请人分布

表 3-2 为全球化妆品领域专利申请量排名前 20 位的申请人专利申请情况。从表 3-2 可以看出，全球化妆品领域的龙头企业主要集中在日本、法国、韩国、德国和美国。在排名前 20 位的申请人中，日本企业申请量占比为 12.7%，法国企业申请量占比为 5.2%，美国企业申请量占比为 3.5%，德国企业申请量占比为 3.0%，韩国企业申请量占比为 2.6%，中国企业未进入前 20 位。全球化妆品巨头欧莱雅专利申请量居全球首位，高达 10847 项。虽然法国仅一家企业进入前 20 位，但欧莱雅的申请量占比高于美国、德国、韩国等各国企业的申请量占比。日本是全球最大的化妆品供应商之一，由排名可见，排名前 20 位的申请人中，日本企业有 10 家，其中花王、资生堂、狮王、高丝、宝丽均是家喻户晓的国际大品牌，资生堂、高丝、花王、宝丽更被称为日本化妆品企业 "四大花旦" 集团。另外，诺薇雅、漫丹也是日本著名的本土企业，朋友株式会社是日本染发行业的龙头企业，SUNSTAR 株式会社是日本口腔护理行业的龙头企业，日油株式会社是一家以油化业务为核心业务的原料公司。排名前 20 位的申请人中，德国和韩国企业各有 3 家，分别是德国企业汉高、拜尔斯道夫和威娜，韩国企业爱茉莉太平洋、LG 生活健康和高丽雅娜。排名前 20 位的申请人中，美国企业包括全球日用消费品巨头之一的宝洁和知名的牙膏品牌高露洁。从申请量的排名可以看出，在化妆品领域，外国企业在申请数量上占据了绝对的优势，拥有雄厚的技术实力，中国的化妆品企业起步较晚，在专利数量上与领先企业相比仍存在较大的差距，可进一步加强对该领域的研发投入。

表 3-2 全球化妆品领域排名前 20 位的主要申请人专利申请情况

序号	申请人	申请人国别	申请量/项	申请量占比
1	欧莱雅	法国	10847	5.2%
2	花王	日本	9497	4.5%
3	资生堂	日本	5368	2.6%
4	宝洁	美国	4436	2.1%
5	联合利华	荷兰	4401	2.1%
6	汉高	德国	3638	1.7%
7	狮王	日本	3189	1.5%
8	高露洁	美国	2997	1.4%
9	爱茉莉太平洋	韩国	2573	1.2%
10	高丝	日本	2291	1.1%
11	宝丽	日本	2233	1.1%
12	拜尔斯道夫	德国	2034	1.0%
13	LG 生活健康	韩国	1914	1.0%
14	诺薇雅	日本	927	0.4%
15	SUNSTAR 株式会社	日本	850	0.4%
16	漫丹	日本	771	0.4%
17	高丽雅娜	韩国	755	0.4%
18	朋友株式会社	日本	749	0.4%
19	威娜	德国	679	0.3%
20	日油株式会社	日本	628	0.3%

图 3-15 展示了专利申请量、专利授权量、专利有效量排名前 20 位的申请人的国别占比。可以看到，专利申请量、专利授权量、专利有效量排名前 20 位的申请人中，日本申请人分别占 50%、55%、45%。可见，日本在化妆品领域占据领先位置。

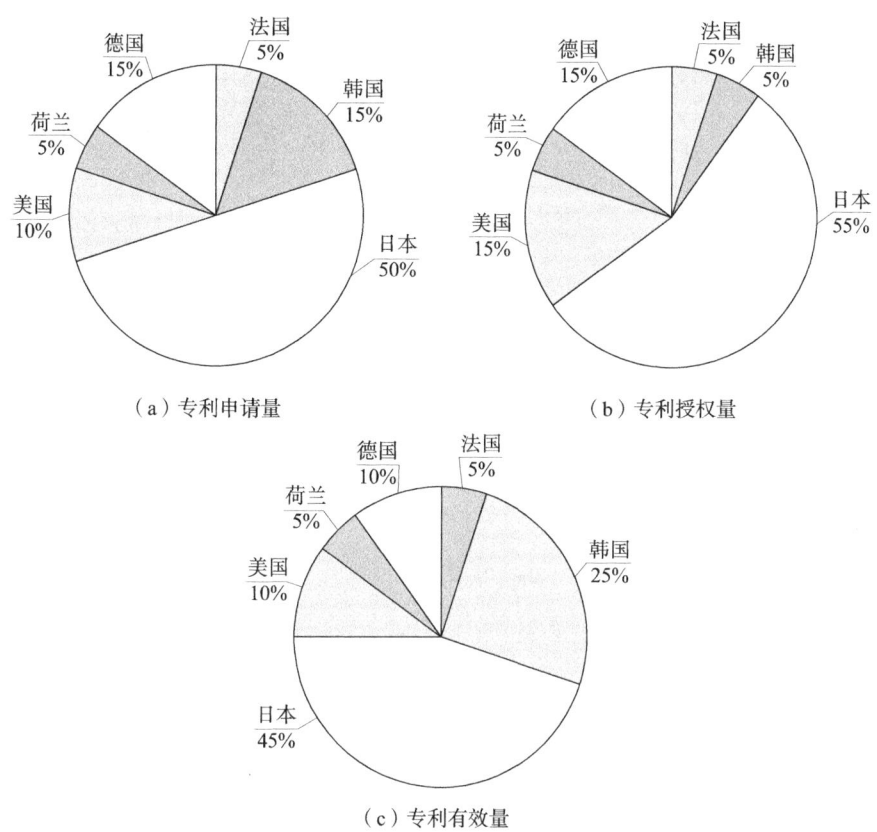

图 3-15　全球化妆品领域专利数量排名前 20 位的申请人国别占比

图 3-16 展示了 2002 年以来全球化妆品领域专利申请量排名前 20 位的申请人的申请量变化趋势。可以看到，欧莱雅在 2002—2014 年的专利申请量整体相对平稳，2006 年申请数量达到峰值 527 项；2014 年以后，欧莱雅的专利申请量有所下降。花王在 2002—2010 年的专利申请量呈现下降的趋势，且在 2007 年专利年申请量下降到 200 项以下；2011—2013 年，短暂上升到年申请量 200 项左右；2014—2020 年，均保持在 100 项左右。资生堂在 2002—2012 年的专利申请整体相对平稳，2013—2017 年，年申请量骤降到 50 项以下，2018—2021 年呈现先增后降的趋势。宝洁、联合利华、汉高、狮王在 2020 年以前专利申请量整体相对平稳。虽然联合利华、宝洁、汉高、狮王在 2021 年申请量均有不同程度的下降，但联合利华在 2021 年的申请量达 131 项，为当年申请量最高的企业。爱茉莉太平洋在 2002—2020 年申请量出现一定的波动，2014—2020 年的申请量较前期增长明显。LG 生活健康在 2013—2017 年保持较高的申请量，且在 2016 年的申请量达顶峰 266 项，仅次于欧莱雅。排在第 14 名以后的申请人申请总量较少。

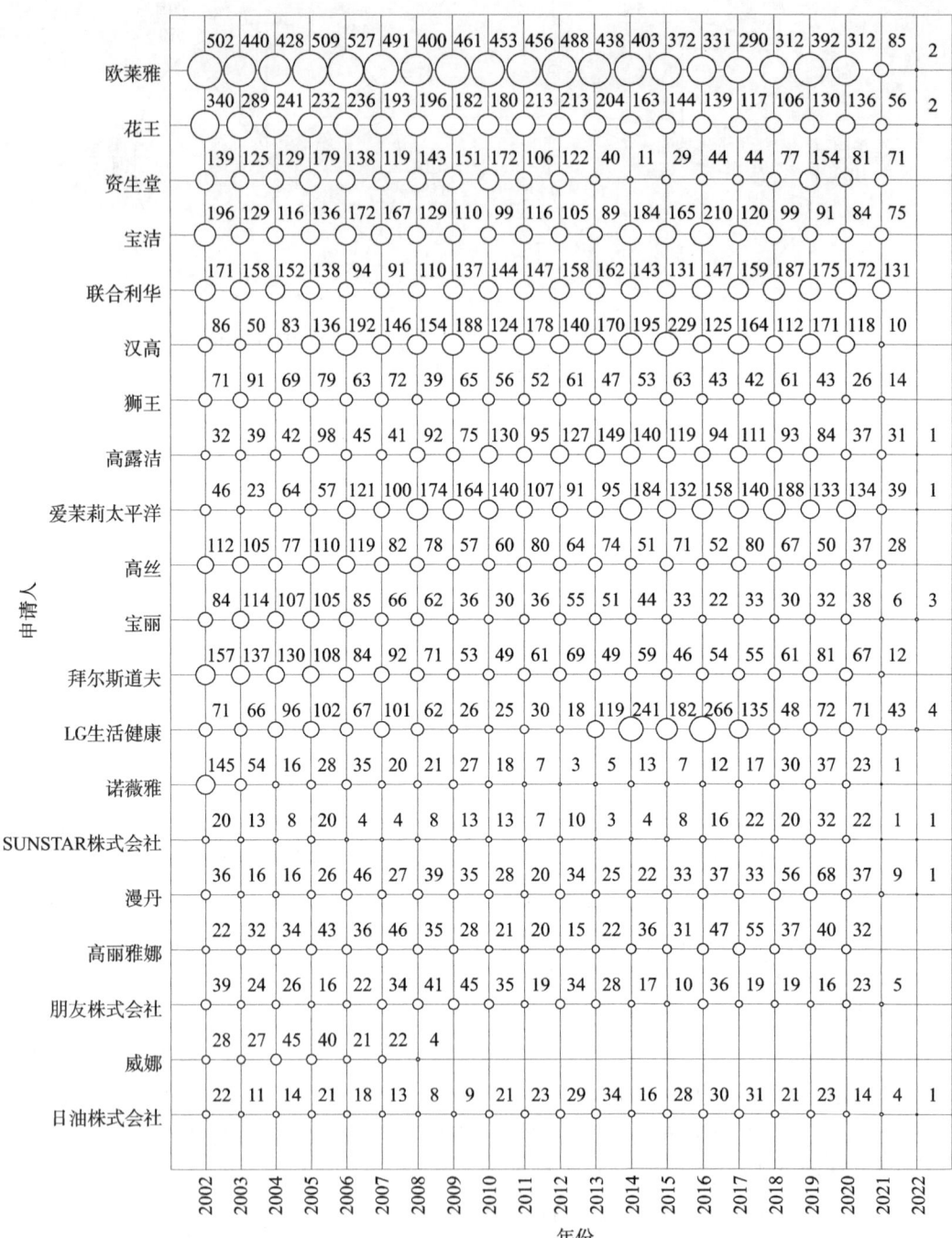

图3-16 全球化妆品领域排名前20位的专利申请人的申请趋势

为了进一步分析全球排名前20位的重点申请人的专利申请布局情况,本书对这20位申请人的专利布局数据进行排序,筛选出排名靠前的几个国家/地区分别是美国、日本、韩国、德国和中国，另外，欧洲专利局和世界知识产权组织排名也比较靠前。图3-17展示了全球化妆品领域专利申请量排名前20位的申请人的专利布局情况。

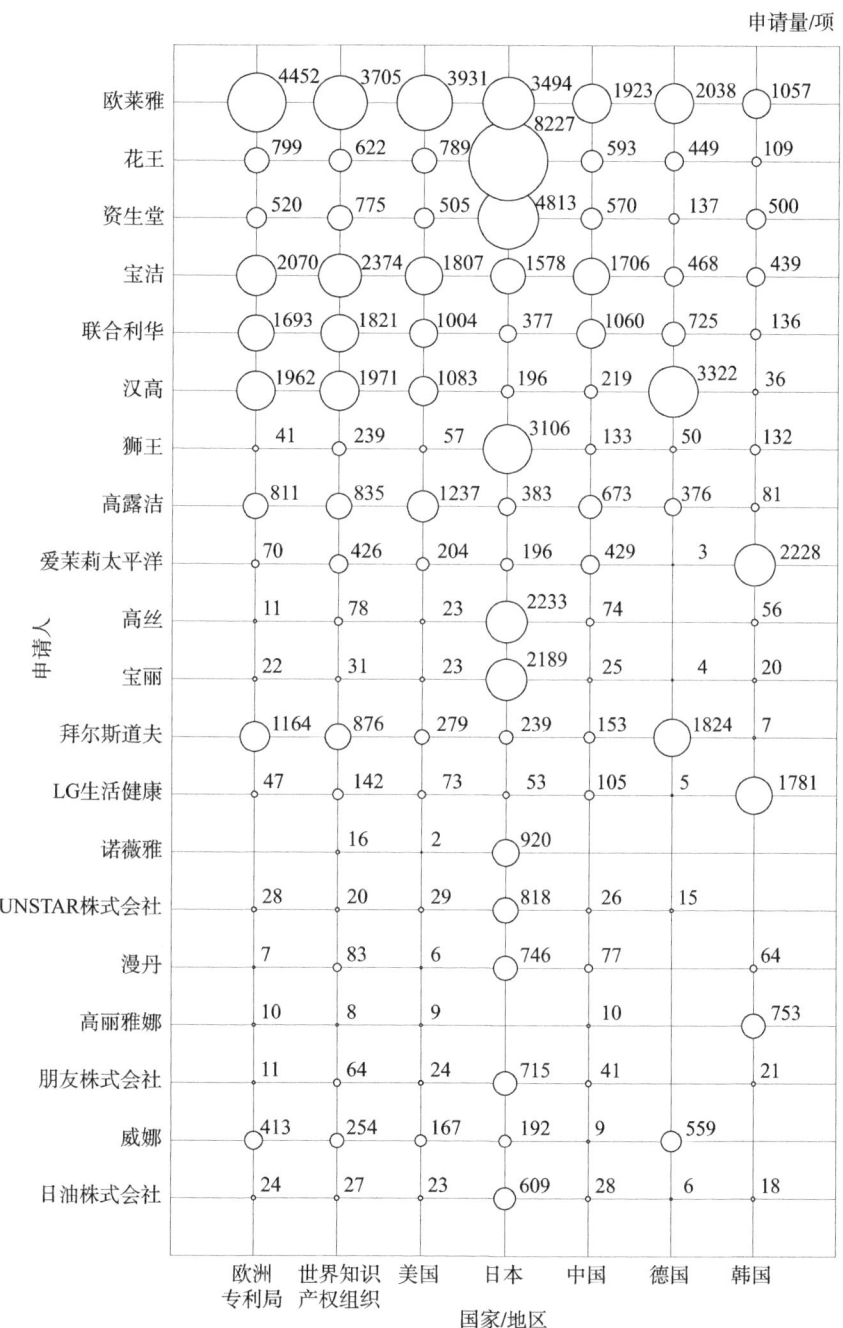

图3-17　全球化妆品领域专利申请量排名前20位的申请人的专利布局情况

由图3-17可以看到，日本企业花王、资生堂、狮王、高丝、宝丽等在日本的专利申请量远大于其他国家/地区。例如，花王在日本的专利申请量为8227项，而在中国、美国、韩国和德国四国加起来的专利申请量不足 2000 项。宝洁在中国、美国和日本的布局相对均衡，在德国和韩国的申请量相对较低。联合利华重点关注中国和美国市场，申请量接近，分别为 1060 项和 1004 项，其次是德国，在日本和韩国的申请量相对较少。另外，德国企业汉高和韩国企业 LG 生活健康、爱茉莉太平洋、高丽雅娜均是在本国申请量远大于他国申请量。对于中国市场来说，申请量最大的为欧莱雅（1923项），其次为宝洁（1706 项）、联合利华（1060 项）、高露洁（673 项）。日本企业虽然各自在中国的专利申请量不高，但日本 10 家企业在中国的专利申请总量超过 1500 项。

2. 重点创新主体核心专利分析

（1）玻色因。

玻色因是欧莱雅自主研发的活性抗衰老成分，也是其抗老核心技术之一。玻色因标准成分名为羟丙基四氢吡喃三醇，是一种提取自山毛榉树树皮的天然成分。欧莱雅共发表了 12 篇玻色因相关的科学文献，已经申请了 80 多项与玻色因相关的专利。图 3－18 展示了欧莱雅申请的涉及玻色因的专利演进路线图。

第一篇关于玻色因的专利申请为法国专利 FR0016997A（优先权文件）。2000年，欧莱雅申请的专利记载了玻色因可以通过促进糖胺聚糖和蛋白聚糖的合成，促进表皮更新以实现抗衰老作用。除核心专利技术外，外围专利对玻色因的结构、浓度、合成方法、来源、使用方法、用途等进行了一系列布局。从 2004 年开始，欧莱雅申请的专利将玻色因应用于美白、促脱皮、舒缓、保湿、增发、促渗透等不同功效的护肤产品中。同时，欧莱雅于 2006 年正式上市了第一款含玻色因的护肤产品，后续也上市了多款玻色因浓度不同的护肤产品，如含 9% 玻色因的科颜氏紫玻 A 面霜、含 10% 玻色因的兰蔻菁纯面霜、含 20% 玻色因的欧莱雅 20 霜、含 30% 玻色因的赫莲娜黑绷带。随着玻色因专利到期，2022 年，欧莱雅下属的原料开发企业 Novéal 公司通过开发和革新原料生产的工艺流程，不断丰富玻色因原料的品类，获得了高性能、高纯度的产品，又新推出了一种浓缩型玻色因原料——玻色因 PRO，进一步构建核心竞争壁垒。

（2）半乳糖酵母样菌发酵产物滤液。

SK－Ⅱ是宝洁旗下的品牌，其中 PITERA 是 SK－Ⅱ产品的核心成分，具体是指通过对一种特殊的天然酵母进行专门发酵过程后获得的半乳糖酵母样菌发酵产物滤液。SK－Ⅱ中所用的酵母菌叫作"Trichosporon Kashiwayama"，最早出现在一名日本科学家 Kashiwayama 的公开号为 EP0024738A2 的专利申请中。图 3－19 展示了宝洁申请的涉及半乳糖酵母样菌发酵产物滤液相关专利情况。从 2001 年开始，PITERA 出现在宝洁专利申请中，但都是以产品整体形式添加，应用在不同护肤产品中，相关专利均没有披露半乳糖酵母样菌发酵产物滤液具体制备方法。近些年，国内也有化妆品企业申请关于半乳糖酵母样菌发酵产物滤液方面的专利，如广州优科生物科技有限公司于 2021 年申请的一种修复皮肤屏障的酵母发酵物的制备方法及其应用（申请号为 CN202111552435.3）。

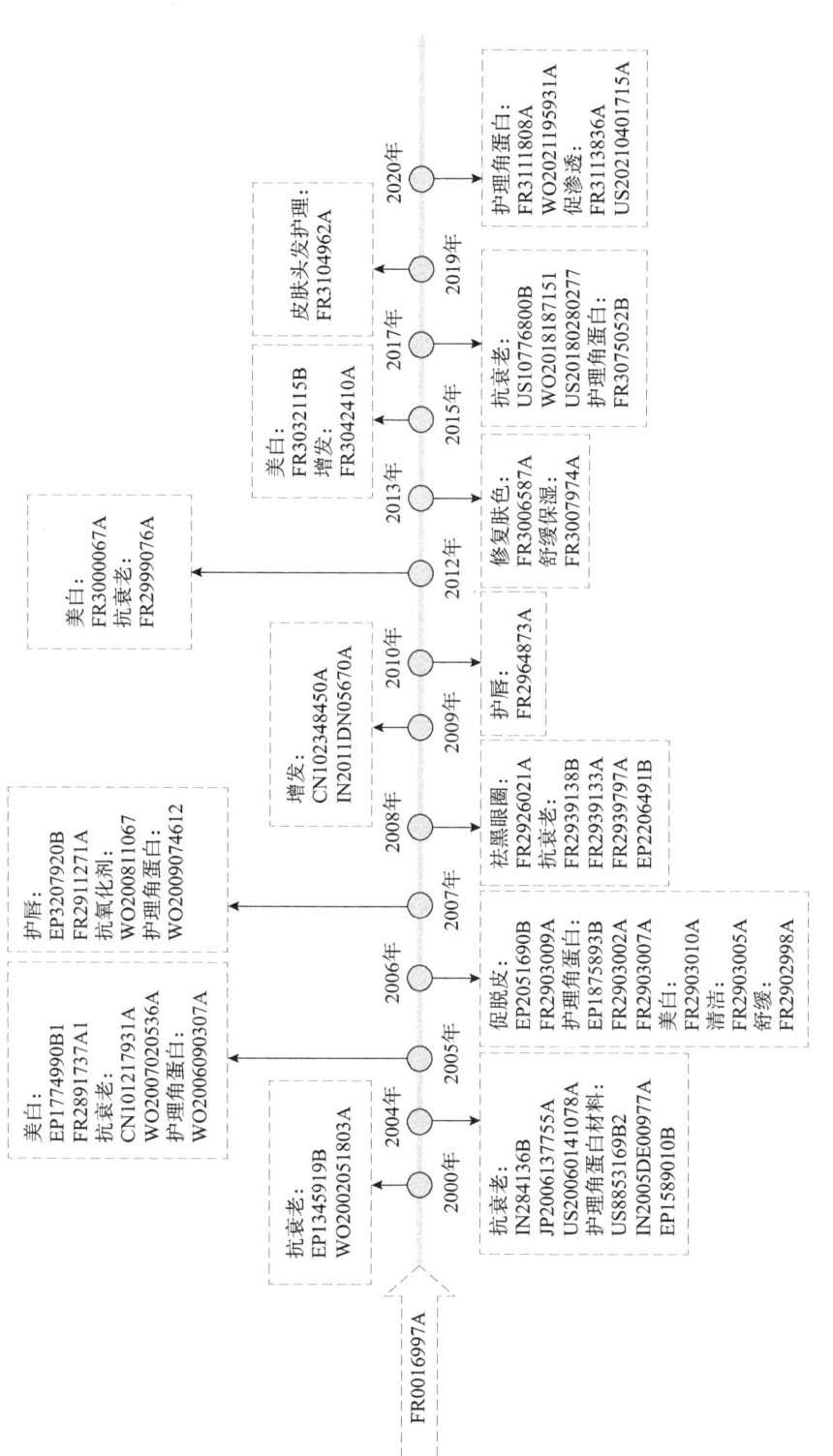

图3-18 欧莱雅琥色因专利演进路线

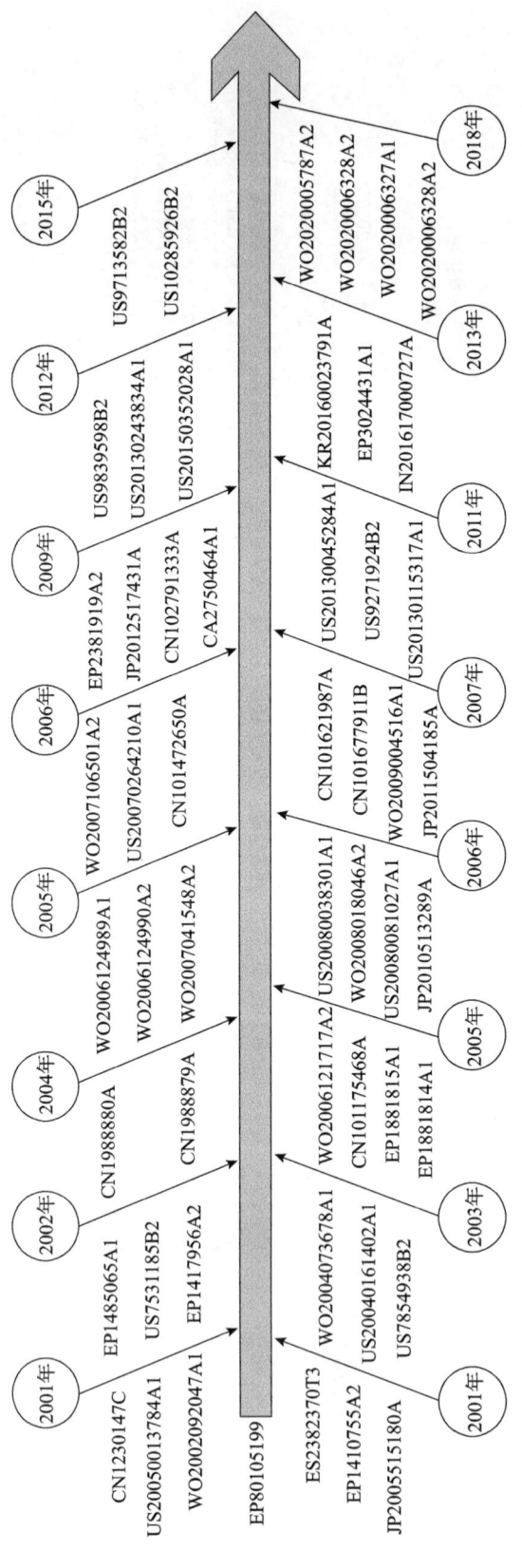

图 3-19 宝洁半乳糖母样菌发酵产物滤液相关专利

3.1.5 产业结构调整方向

图 3-20 统计了 2003—2022 年全球化妆品领域专利申请量较大的分类号变化趋势，从图中可以看出 2003—2022 年化妆品产业结构发展变化趋势。在功能方面，A61Q19/00（护理皮肤的制剂）一直是化妆品领域的主要研究方向，且申请量逐年稳步增加。在护肤具体领域中，A61Q19/02（用化学方法漂白或变白皮肤）和 A61Q19/08（抗衰老制剂）是研究热点。在原料方面，A61K8/49（含杂环化合物）、A61K8/34（醇类）、A61K8/73（多糖）、A61K8/97（源于藻类、真菌类、地衣类或植物；源于其衍生物）是主要研究方向，其中 A61K8/97 植物提取物方向在 2012 年以后申请量增长显著，为原料方面研究热点。

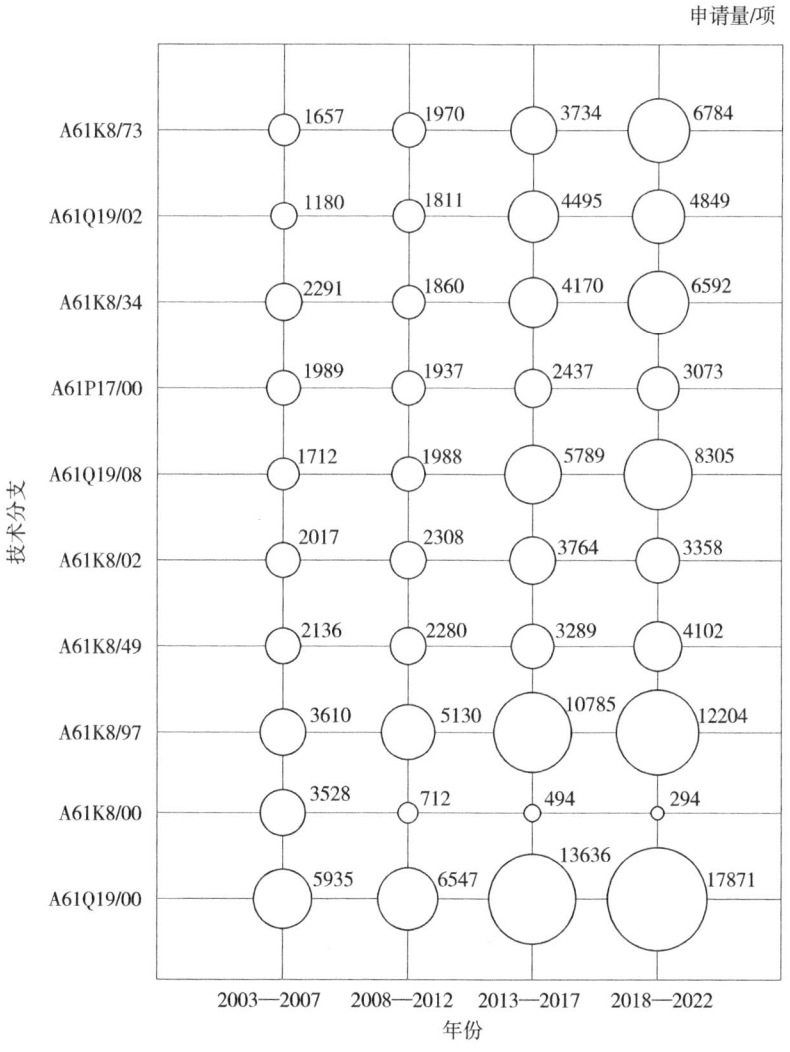

图 3-20 各技术分支专利申请量变化趋势

3.2 中国化妆品产业专利布局分析

截至 2022 年 5 月 31 日,在化妆品领域的中国专利申请中,涉及皮肤用化妆品的为 45617 件,涉及毛发用化妆品的为 13348 件,涉及芳香化妆品的为 2027 件,涉及彩妆化妆品的为 7848 件,涉及口腔护理品的为 6728 件。由此可知,在上述 5 个技术分支中,涉及皮肤用化妆品的专利申请量最多,其次为毛发用化妆品、彩妆化妆品、口腔护理品和芳香化妆品。其中,皮肤用化妆品主要包括了洁肤、美白、保湿、抗衰老、防晒、抗粉刺、抑汗除臭、抗炎等产品;毛发用化妆品主要包括洗发、护发、烫发、染发、造型、影响毛发生长抑制剂等产品;彩妆化妆品主要包括面部美容、唇部美容、眼部美容、卸妆制剂、甲部美容等产品;口腔护理品主要包括牙膏、牙粉等牙齿护理产品和漱口产品等;芳香化妆品主要包括香水、花露水等。从图 3-21 可以看出,涉及皮肤用化妆品的专利申请量占申请总量的 60%,皮肤用化妆品为中国化妆品领域的专利申请的主要方向。

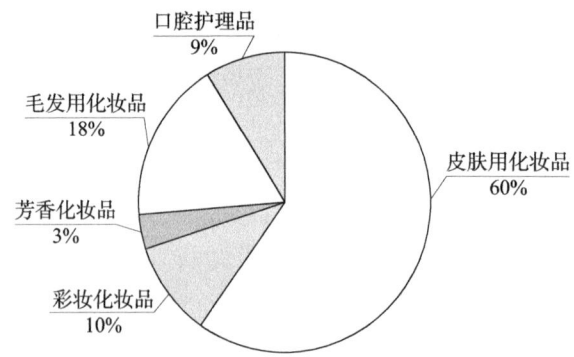

图 3-21 中国化妆品领域专利申请各技术分支的申请量占比

3.2.1 创新主体分析

图 3-22 为化妆品领域中国专利授权量排名前 10 位的申请人分布图,统计过程中将各子公司的授权量与母公司的授权量进行了合并统计。可以看出,排名前 10 位的申请人中,包括 1 家法国企业(欧莱雅)、2 家美国企业(宝洁和高露洁)、2 家日本企业(花王和资生堂)、2 个中国申请人(江南大学和华南理工大学)、1 家荷兰企业(联合利华)、1 家韩国企业(爱茉莉太平洋)和 1 家德国企业(巴斯夫)。可见,国外企业在专利数量上具有优势。

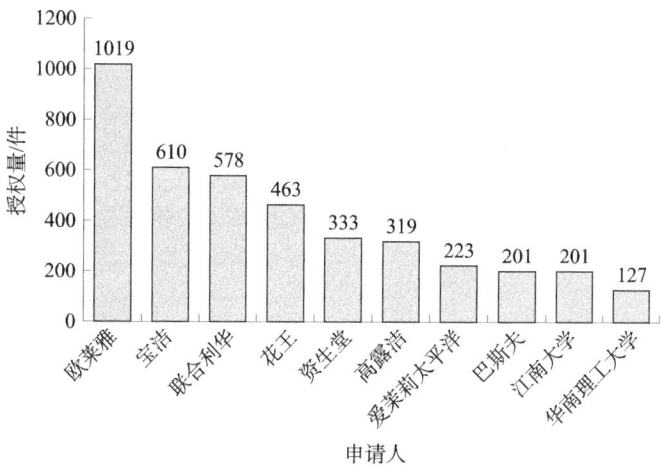

图 3－22　中国化妆品领域专利授权量排名前 10 位的申请人

图 3－23 为化妆品领域中国专利授权量排名前 20 位的国内申请人分布图，可以看出，排名前 10 位的申请人中高校申请人占 50%，排名前 4 位的申请人均为高校申请人，体现出中国高校在化妆品领域具备较好的创新能力。

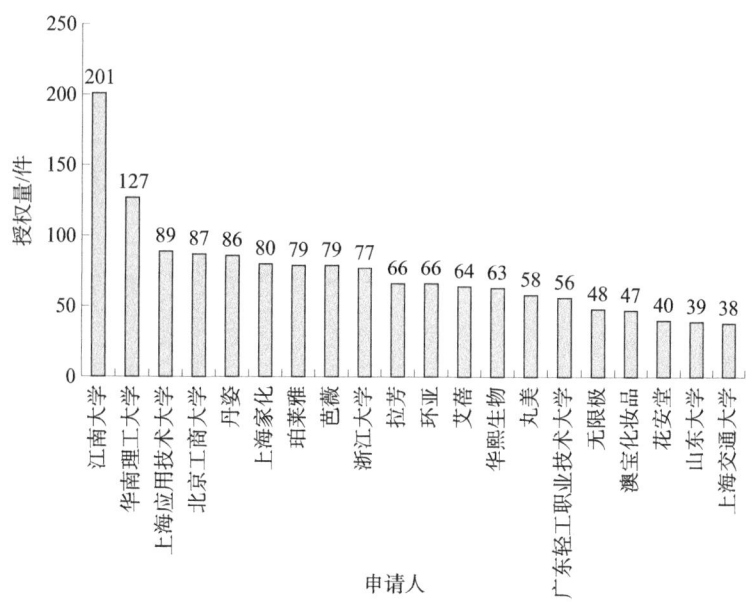

图 3－23　中国化妆品领域专利授权量排名前 20 位的国内申请人

1. 创新主体类型

图 3－24 展示了化妆品领域中国专利申请的第一申请人类型。可以看出，在化妆品领域，企业为第一申请人的占比最高（66%），体现出化妆品企业作为创新主体的活跃性。其次为个人（26%）和院校（6%），科研机构占比较少。

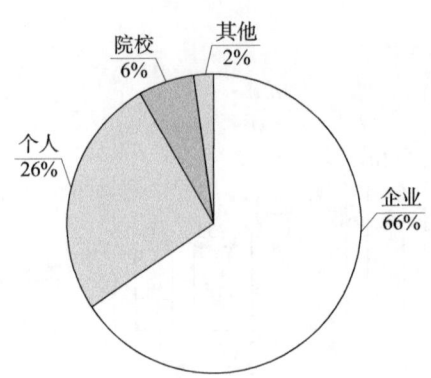

图3-24 中国化妆品领域第一申请人类型分布

2. 专利创新主体地区分布情况

图3-25展示了化妆品领域中国专利申请人国别分布图,可以看出,中国专利申请绝大部分为本土专利,申请量位居第一,占比达81%。申请国为美国的专利申请量位居第二,占比为6%。申请国为日本的专利申请量位居第三,占比为4%。说明在化妆品领域,国内申请人已经认识到专利保护的重要性。美国、日本、法国等国家也均在中国进行了专利布局,说明国外企业对中国市场越来越重视,通过在中国开展积极的专利布局,进而抢占市场。

区域专利申请量在一定意义上反映出该区域的创新能力和经济竞争力,也是衡量可持续发展能力的重要指标。从图3-26展示出的化妆品领域国内申请人区域分布图来看,化妆品领域的国内申请人所在区域申请量排名前5位的为广东、江苏、山东、上海和浙江,其申请量占国内总申请量的62%。其中,广东的专利申请量最多,达到15527件,占比达28%,反映出广东企业对于化妆品的研发在国内处于领先地位。

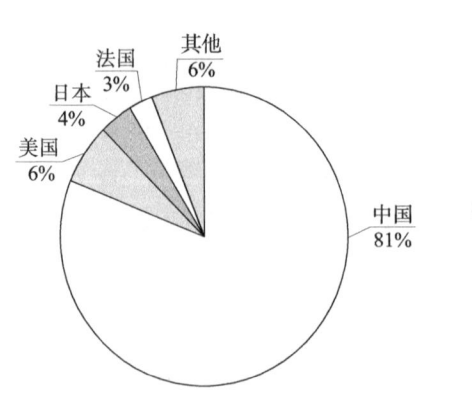

图3-25 中国化妆品领域
专利申请人国别分布

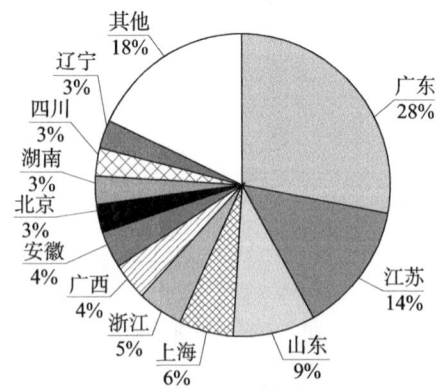

图3-26 中国化妆品领域
国内申请人区域分布

结合图3-27可以看出,广东在化妆品领域的专利申请最早于1988年提出,当年共有2件专利申请,包括1件个人申请和1件中山大学的申请。从2013年开始,专利申请量快速增长,并于2018年达到峰值,为2829件,比江苏、山东、上海和浙江的总量还多。广东在化妆品领域的主要申请人有华南理工大学、丹姿和芭薇等。

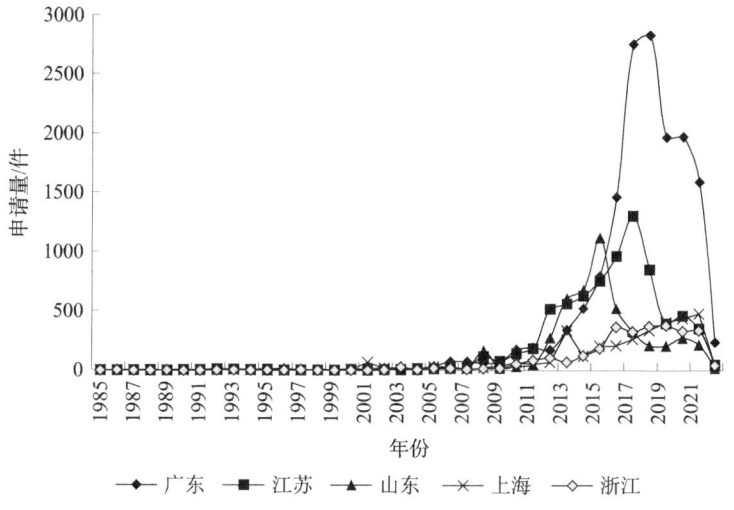

图3-27 化妆品领域国内各主要省市专利申请量趋势

江苏在化妆品领域的国内专利申请量位居第二,申请量占比达到14%。结合图3-27可以看出,江苏在化妆品领域的专利申请最早于1986年提出,是1件个人申请,之后专利申请量波动增长,于2010年开始稳步增长,并于2017年达到峰值。江苏在化妆品领域的主要申请人有江南大学、江苏隆力奇生物科技股份有限公司、金红叶纸业集团有限公司、南京华狮新材料有限公司、苏州谷力生物科技有限公司、两面针(江苏)实业有限公司等。

山东申请量位居第三,最早于1985年开始该领域的专利申请,并于2015年达到峰值1123件。山东在化妆品领域的主要申请人有华熙生物科技股份有限公司、山东师范大学、烟台新时代健康产业日化有限公司、青岛科技大学等。

上海在化妆品领域的国内专利申请量位居第四,为3362件。结合图3-27可看出,上海最早于1985年就已开始化妆品技术的专利申请,并于2021年达到峰值。上海在化妆品领域的主要申请人有上海应用技术大学、上海家化联合股份有限公司、伽蓝(集团)股份有限公司、上海新高姿化妆品有限公司等。

浙江在化妆品领域的国内专利申请量占比为5%。浙江最早于1986年开始该领域的专利申请,2016—2021年均为300余件,2019年专利申请量达到峰值381件。浙江在化妆品领域的主要申请人有浙江大学、珀莱雅化妆品股份有限公司、欧诗漫生物股份有限公司、娇时日化(杭州)股份有限公司等。

3. 重点创新主体发展动态

(1)欧莱雅发展动态。

欧莱雅在化妆品领域中国专利授权量排名第一,授权量达1019件。欧莱雅在1997年进入中国内地市场。由图3-28可见,2003—2022年在化妆品领域,欧莱雅在华申请量由原来占比 15% 上升为 23%。可见，欧莱雅非常重视中国化妆品市场。

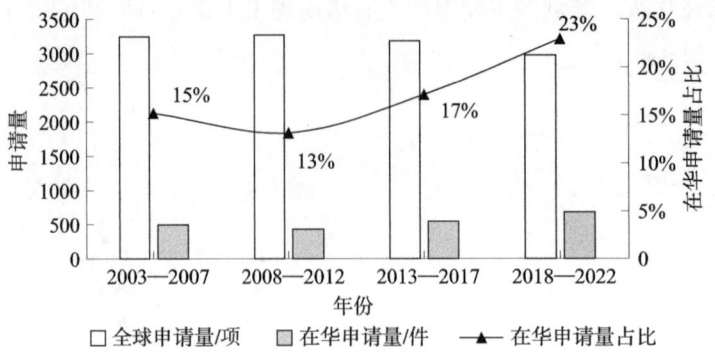

图 3-28　欧莱雅化妆品领域专利全球申请和在华申请趋势

2018—2022 年欧莱雅在华申请的化妆品专利共 683 件，授权 226 件。为进一步了解欧莱雅在化妆品领域的发展动态，对欧莱雅 2018—2022 年在中国获得授权且具有海外同族专利的技术要点进行分析，由图 3-29 可见，欧莱雅 2018—2022 年在化妆品领域的主要研究热点围绕分类号为 A61K8 的相关技术分支，包括三个方向：①乳液（A61K8/04、A61K8/06）：提高乳液、纳米乳液、微乳液组合物的稳定性；提高乳液的组合物持久的化妆效果、光学性质、亲肤感等；改进 O/W/O 多重乳液组合物的 UV 防护作用。②植物提取物及其衍生物（A61K8/97）：部花青衍生物和/其 E/E-、E/Z、Z/Z 几何异构体用作紫外线过滤剂；C-糖苷用于增加头发质量、与其他组分复配以改善角质细胞的硬度和弹性、抗老化等功效；植物精油抗衰老。③聚合物（A61K8/72、A61K8/90、A61K8/91）：提高组合物的持久性（如涂层的抗水、抗油脂、抗转移性，染料组合物的抗水洗、吹干等外部因素）；提高组合物的成膜光洁度；改善组合物的黏性、提高清新度。

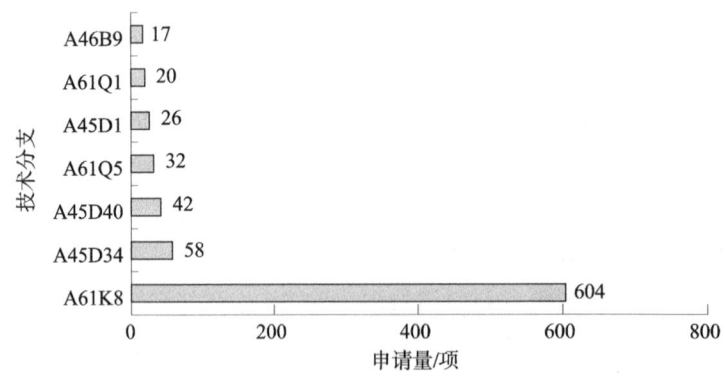

图 3-29　欧莱雅 2018—2022 年在化妆品领域的主要研究热点

（2）欧莱雅、宝洁、联合利华在华专利申请比较。

图 3-30 展示了化妆品领域中国专利授权量排名前三位的申请人欧莱雅、宝洁和联合利华在 1987—2018 年的授权量趋势。从 1985 年开始，我国开始实行专利制度，欧莱雅的第一件涉及化妆品领域的在华专利申请于 1987 年提出，同年就获得了专利授

权。宝洁的第一件涉及化妆品领域的在华专利申请于1987年提出，联合利华的第一件涉及化妆品领域的在华专利申请稍晚于欧莱雅和宝洁，于1992年才提出，同年也获得了专利授权。虽然欧莱雅专利申请年份较早，但直至1994年涉及化妆品领域的年申请量才突破10件。宝洁在1990年涉及化妆品领域的年专利申请量已达到23件，且于1997年达到顶峰104件；同年，欧莱雅的申请量仅为37件，联合利华的申请量仅为33件。在1997年以前，宝洁在化妆品领域的专利授权量具有一定的优势，授权量均高于欧莱雅和联合利华。1998—2016年，除2004年和2011年，其他年份均是欧莱雅占据化妆品领域授权量榜首。

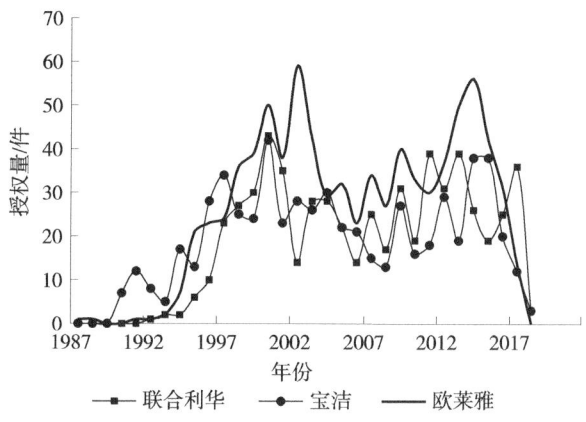

图3-30　欧莱雅、宝洁和联合利华在华专利授权情况

为进一步了解欧莱雅、宝洁和联合利华在化妆品领域五个技术分支的布局情况，图3-31展示了欧莱雅、宝洁和联合利华在化妆品领域五个技术分支的专利申请和授权情况，可以在一定程度上反映出三个申请人技术战略的不同侧重点。

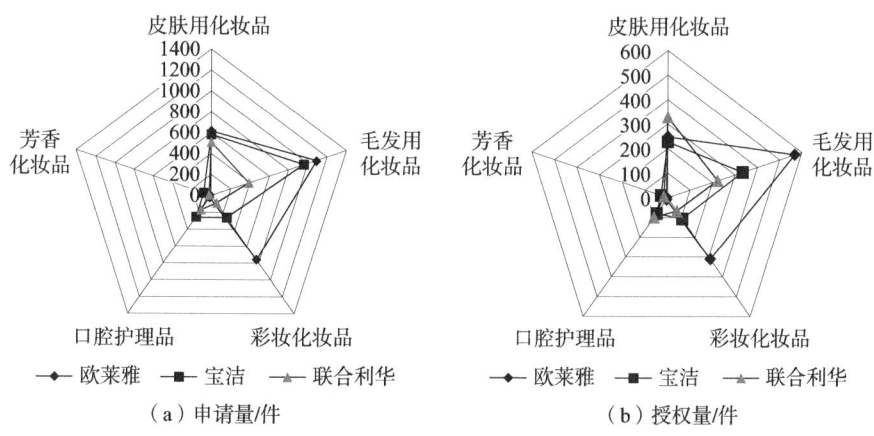

图3-31　欧莱雅、宝洁和联合利华化妆品领域在华技术构成情况

从图3-31可以看到，欧莱雅的皮肤用化妆品领域申请量达579件，宝洁达551件，联合利华达433件。在授权方面，联合利华的皮肤用化妆品领域专利授权量达345

件，欧莱雅为 278 件，宝洁为 267 件。可见，在皮肤用化妆品领域，联合利华存在一定的技术优势。在毛发用化妆品和彩妆化妆品领域，欧莱雅优势明显，毛发用化妆品申请量达 1124 件，授权量达 569 件；彩妆化妆品申请量达 762 件，授权量达 311 件，两个领域的申请量和授权量均明显高于宝洁和联合利华。欧莱雅在口腔护理品领域研发相对较少，申请量仅为 25 件，而宝洁为 233 件，联合利华为 181 件。在芳香化妆品领域，欧莱雅、宝洁和联合利华的整体申请量均不高，其中宝洁的申请量和授权量相对较高，申请量达 89 件，授权量达 43 件。

图 3-32 展示了欧莱雅、宝洁和联合利华各化妆品技术分支的专利申请趋势。由图 3-32（a）可以看到，皮肤用化妆品、彩妆化妆品和毛发用化妆品一直是欧莱雅的战略重点。欧莱雅在口腔护理品和芳香化妆品方面专利申请量非常少，年申请量均不足 10 项，说明欧莱雅在口腔护理品和芳香化妆品方面存在一定的技术盲点。1989 年，欧莱雅没有申请化妆品领域专利，因此图 3-32（a）在 1989 年出现空白。另外，从申请量占比趋势可见，欧莱雅的战略方向从 2008 年开始有了一定的转变，加大皮肤用化妆品的研发，该领域的申请份额有所增加。宝洁目前是全球第一大洗发护发企业，洗发护发产品全球市场占有率排名第一，根据相关数据统计，2021 年，宝洁在中国市场占有率位居洗发护发行业榜首，达到 34.2%。由图 3-32（b）可以看到，毛发用化妆品一直是宝洁的战略重点，申请量占比基本在 50% 以上，其次是皮肤用化妆品，彩妆化妆品的申请量占比呈现先增后减的趋势，口腔护理品的申请量占比则有一定的波动，宝洁在芳香化妆品方面专利申请量相对较少。从申请量占比趋势可见，2020 年宝洁的口腔护理品的专利申请量占比突然增多，可能预示着宝洁在华专利布局重点将有所调整。由图 3-32（c）可以看到，联合利华在华提出第一件涉及化妆品领域的专利申请是口腔护理品方面的，后来口腔护理品方面的申请量占比有所下降，皮肤用化妆品、毛发用化妆品逐渐变成联合利华的战略重点，皮肤用化妆品最高申请份额接近 65%。联合利华在芳香化妆品领域投入较少，第一件关于芳香化妆品的专利申请于 2003 年才提出，且之后该领域的年申请量均不足 10 件。

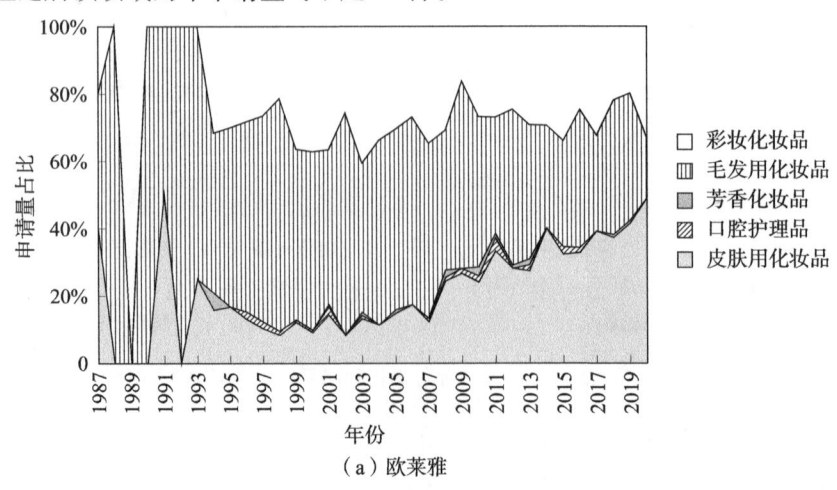

图 3-32 欧莱雅、宝洁和联合利华各化妆品技术分支的专利申请趋势

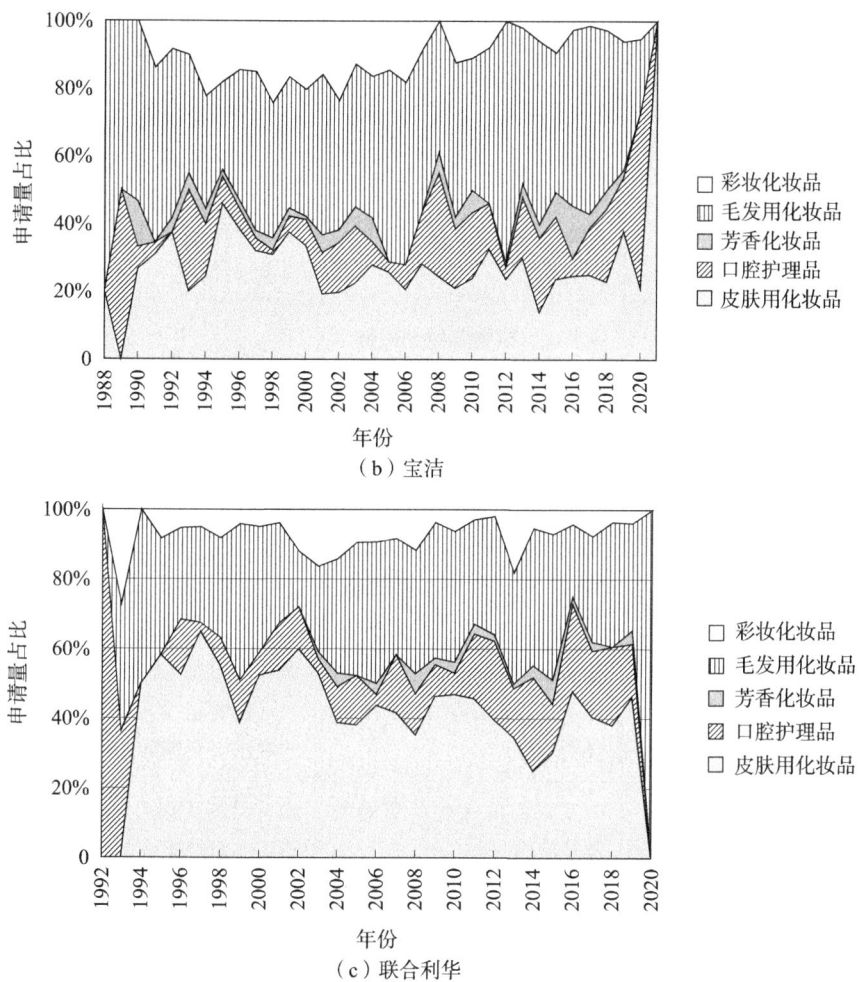

图3-32 欧莱雅、宝洁和联合利华各化妆品技术分支的专利申请趋势（续）

表3-3展示了欧莱雅、宝洁和联合利华在华化妆品领域的重点专利。

表3-3 欧莱雅、宝洁和联合利华在华化妆品领域的重点专利

申请人	公开（公告）号	标题	技术要点
欧莱雅	CN1308931B	角蛋白纤维氧化染色的组合物	含氧化染料、脂肪醇、HLB高于5的氧化亚烷基非离子表面活性剂的染色的组合物
	CN1063939C	基于神经酰胺和含阳离子基聚合物的洗涤与处理毛发和皮肤的组合物	含有神经酰胺和阳离子基聚合物的处理毛发和皮肤的组合物

续表

申请人	公开（公告）号	标题	技术要点
欧莱雅	CN1121207C	含有非离子两亲型聚合物的角蛋白纤维氧化染色组合物	包含在适于染色的介质中的至少一种氧化染料前体及任选的一种或多种成色剂，含有至少一种脂族链及至少一种亲水性结构单元的非离子两亲聚合物
	CN1293859C	一种含有磺酸基团的烯烃不饱和单体和包含疏水部分的两亲聚合物的用于处理角蛋白材料的氧化组合物	含有磺酸基团的烯烃不饱和单体和包含疏水部分的两亲聚合物的用于处理角蛋白材料的氧化组合物
	CN1200680C	含有氨基硅氧烷和增稠剂的化妆品组合物及其用途	包含的特定结构的氨基硅氧烷和增稠剂改进了化妆性能（亮度、松散性、体积和光泽）和持久度
	CN1200679C	洗涤角蛋白材料的弱乙氧基化脱水山梨糖醇酯组合物	含有≤10摩尔数的环氧乙烷进行氧乙烯化的至少一种 C8～C30 脂肪酸的脱水山梨糖醇酯
	CN1082805C	头发用的洗涤化妆组合物及其应用	含有阳离子聚合物和胺化硅氧烷和不溶硅氧烷组成的调节剂系统
	CN1287765C	用直接染料或氧化染料对角蛋白纤维着色工序后处理时特定氨基硅氧烷的用途	涉及用直接染料或氧化染料对人体角蛋白纤维具体是头发染色工序的后处理中，一种包括至少一种特定氨基硅氧烷组合物的用途
	CN1091587C	以非离子和阳离子两亲类脂物为主要成分的毫微乳化液及应用	非离子和阳离子两亲类脂物为主要成分的水包油乳化液，其油微粒的平均尺寸小于 150nm
	CN1198568C	含两性淀粉和阳离子调理剂的化妆品组合物及其用途	含特定阳离子调理剂的组合物，该阳离子调理剂可选自季铵盐表面活性剂、烷基二烯丙基胺或二烷基二烯丙基胺的环状高聚物、在主链中含有季铵基团的阳离子聚合物和阳离子聚硅氧烷

续表

申请人	公开（公告）号	标题	技术要点
宝洁	CN100358487C	从护肤组合物得到不连续膜的方法	该膜能提供改善的皮肤外观，可以通过提供限定颗粒大小、颗粒间隔和覆盖度值的任何方法来形成
	CN1226984C	一种增强皮肤美观的方法	稳定的可静电喷涂的局部用组合物以及通过静电施用这种组合物来护理皮肤的方法
	CN1191058C	皮肤或毛发用清洁及调理用品	涉及一种含多片层的基质的一次性清洁和调理用品
	CN1047515C	口红	含有热力学稳定的缔合结构，最好是片状液晶和/或反六方液晶，缔合结构通过非极性的（亲油的）介质提供极性溶剂/增湿剂
	CN1151774C	调理成分的沉积性能改进的清洁和调理皮肤或毛发的产品	个人清洁产品，同时能清洁和调理皮肤或毛发
	CN1145475C	护肤组合物和改善皮肤外观的方法	组合物包含具有至少约2的折光率的颗粒状物质（如TiO_2）和一种活性物，多次施用所说的组合物后，该活性物调节皮肤状态
	CN1226987C	一种沉积到皮肤上的抗转移性不连续膜	该膜耐磨或抗转移并且提供良好的皮肤覆盖度，同时提供改善的皮肤外观，例如良好的外观覆盖和自然的外观
	CN1198580C	包含聚硅氧烷弹性体的护肤组合物	护肤活性物溶于黏性溶剂，并且其中的皮肤学上可接受的输送体系含有黏性溶剂以及聚硅氧烷弹性体及用于该弹性体的载体
	CN1158065C	光保护性组合物	包含防晒活性物、憎水结构试剂的组合物用于给人体皮肤提供保护防止紫外辐射的侵害
	CN1055615C	增湿性唇膏组合物	唇膏包括有高含量的增湿剂分散于唇膏里的亲脂性物料，防止增湿性物料从膏体中分离

续表

申请人	公开（公告）号	标题	技术要点
宝洁	CN1292732C	上面具有可转移的透气性护肤组合物的用品	可以固定在用品上，并可通过接触、穿用者正常的运动和/或体热转移到穿用者皮肤上的透气性屏障保护剂
	CN1198576C	包含护肤活性物组合的护肤组合物	含选自五肽、五肽衍生物及其混合物的肽活性物的护肤组合物
	CN1125633C	调整皮肤油性/有光泽外观的局部用组合物	含有选自烟酰胺、吡哆素、泛酰醇和泛酸的组分，能有效调整皮肤油性或有光泽的外观
	CN1121204C	包含选定的阳离子调理聚合物的调理香波组合物	包含阴离子去污表面活性剂和未交联的有机阳离子沉积或调理聚合物，改善调理剂在头发或皮肤上的沉积
	CN1203832C	含有维生素B3的化妆品组合物	将维生素B3类化合物掺入极性溶剂中以使维生素B3类化合物超过极性溶剂的饱和溶解度的化妆品组合物可改善维生素B3类化合物的总的皮肤渗透性
联合利华	CN1033444C	无定形二氧化硅的制备方法	用沉淀法制得适宜用作透明牙膏磨蚀剂的无定形二氧化硅
	CN1220481C	皮肤护理组合物	含岩芹酸为第一脂质组分、α亚型过氧化物酶体增殖蛋白激活性受体的激活剂为第二脂质组分的皮肤护理组合物
	CN1188109C	含岩芹酸的护肤组合物	含岩芹酸或其衍生物、类视色素或LRAT/ARAT抑制剂的护肤组合物用于改善起皱、松弛等皮肤状况
	CN1134251C	含有可溶解的、诱导层状相的结构剂的液体清洗组合物	含有定义的表面活性剂体系和选自液体脂肪酸、液体脂醇和其衍生物的结构剂的层状相组合物，该结构剂导致诱导层状相
	CN1104889C	含有酰胺和类视色素的皮肤护理组合物	羟基脂肪酸酰胺与视黄醇或视黄酯结合后，对角质细胞分化产生协同抑制作用

3.2.2 专利申请法律状态分析

图 3-33 显示出化妆品领域中国专利的法律状态。可以看出,在化妆品领域的中国专利申请中,维持有效的发明专利申请为 11667 件(占比为 17%),失效专利为 43276 件(占比为 61%),审中专利为 15711 件(占比为 22%)。图 3-34 展示出化妆品领域中国专利的失效原因。可以看出,中国专利申请中视为撤回为主要的专利失效原因,其次是驳回、主动撤回和未缴年费。

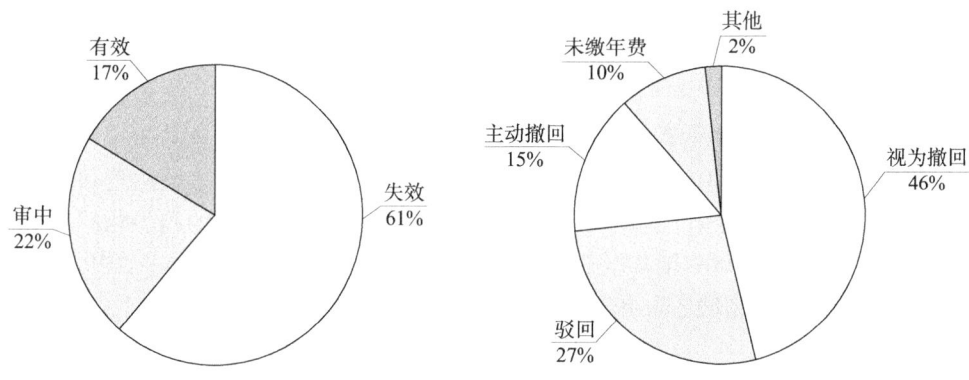

图 3-33 化妆品领域中国专利法律状态　　图 3-34 化妆品领域中国专利的失效原因

3.2.3 协同创新模式分析

图 3-35 展示了国内专利申请排名前 10 位的申请人类型及专利申请合作模式。可以看出,化妆品领域的国内主要申请人为企业,处于主要的创新主体地位,未来需要在企业技术创新和专利申请方面加大扶持力度。另外,合作申请主要以企业和企业之间的合作为主,但整体占比非常低,可加强产学研合作,进一步激励对化妆品产业的持续研发,助力产业高质量发展。

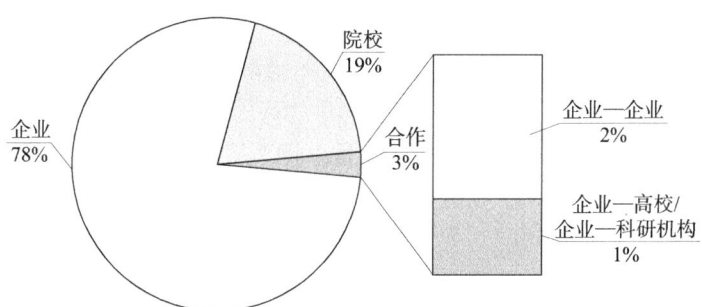

图 3-35 国内专利主要申请人类型及专利申请合作模式

3.2.4 化妆品领域中国专利奖分析

中国专利奖由中国国家知识产权局和世界知识产权组织共同评选,是我国专利领域的最高荣誉。中国专利奖对于优化专利结构、增强自主创新能力和提升自主知识产权质量起到了重要的示范和导向作用,奖项包括专利金奖、银奖、优秀奖等。本书主要通过分析化妆品领域获得中国专利奖的相关专利的技术构成、地域分布、创新主体等方面的情况,为广州市化妆品产业升级提供发展建议。

1. 基本情况

化妆品领域获得中国专利奖的专利共 41 件,其中 4 件获得金奖、3 件获得银奖和 34 件获得优秀奖。图 3-36 展示了化妆品领域获中国专利奖的专利数量趋势,可以看到这 41 件专利的申请日从 1994 年延续到 2019 年,2008 年以前化妆品领域专利获得中国专利奖较少;2009—2013 年化妆品领域专利获得中国专利奖的数量达到顶峰,共有 22 件专利获得中国专利奖。这基本与化妆品领域整体专利申请量的趋势相同,我国化妆品领域专利申请在 2009 年基本上进入了一个快速的增长阶段。2015—2019 年基本保持每年有 1 件化妆品领域的专利获得中国专利奖的趋势。

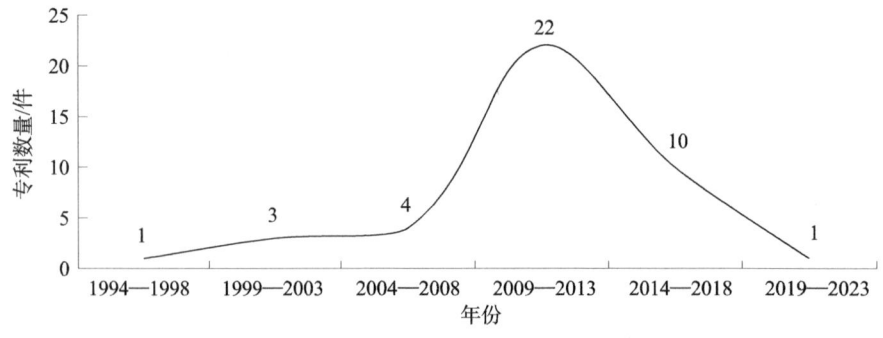

图 3-36 化妆品领域获中国专利奖的专利数量趋势

2. 主要特点

(1) 广东省创新能力领跑全国。

图 3-37 展示了化妆品领域获中国专利奖的地域分布。作为全国化妆品生产制造第一大省、全国化妆品消费大省的广东省以 10 件高居榜首,浙江省、北京市和江苏省均为 5 件,山东省、海南省和上海市均为 3 件。图 3-38 展示了化妆品领域获中国专利奖的城市分布,广州市以 6 件(占比 15%)位居榜首,其次是北京市 5 件(占比 12%),上海市 3 件(占比 7%),海口市、珠海市、杭州市均为 2 件(占比 5%)。

从获奖的数量情况来看,广东省在我国化妆品产业技术创新方面具有非常重要的地位。同时,广州市获奖数量占广东省的 60% 和全国的 15%,广州市在体现较高创新水平的专利奖上,体现出较强的实力。

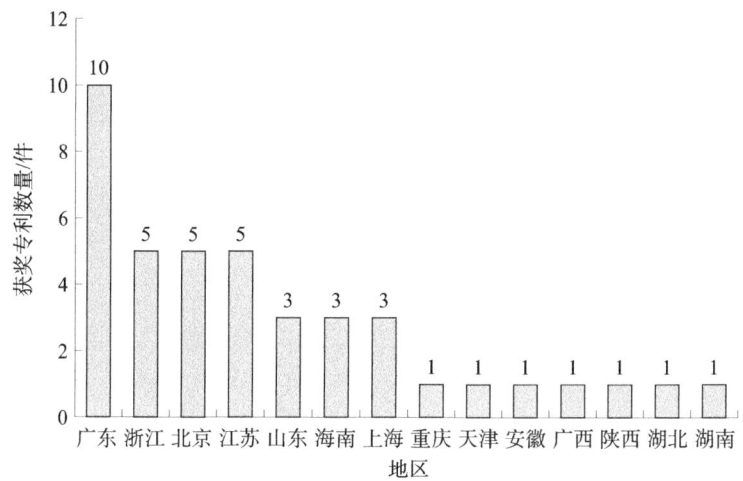

图3-37 化妆品领域获中国专利奖的地域分布

（2）获奖专利产品类型以上游原料为主。

中国专利奖的一个突出特点是以高质量发展为导向，优先推荐基础研究、应用基础研究、突破"卡脖子"技术难题等方面形成的核心专利。图3-39展示了化妆品领域获中国专利奖的产品类型分布。可以看到，化妆品领域获得中国专利奖的专利主要产品类型为上游原料，如透明质酸盐、类人胶原蛋白、海洋贝类活性肽、发酵菌株等，占比达到74%；涉及下游产品占比为26%，如保湿功效组合物、去屑组合物等。上游原料端获得专利奖的占比较高，一方面体现出国家对化妆品原料创新的重视和支持，另一方面也反映出在化妆品领域的关键技术突破重点在上游端。

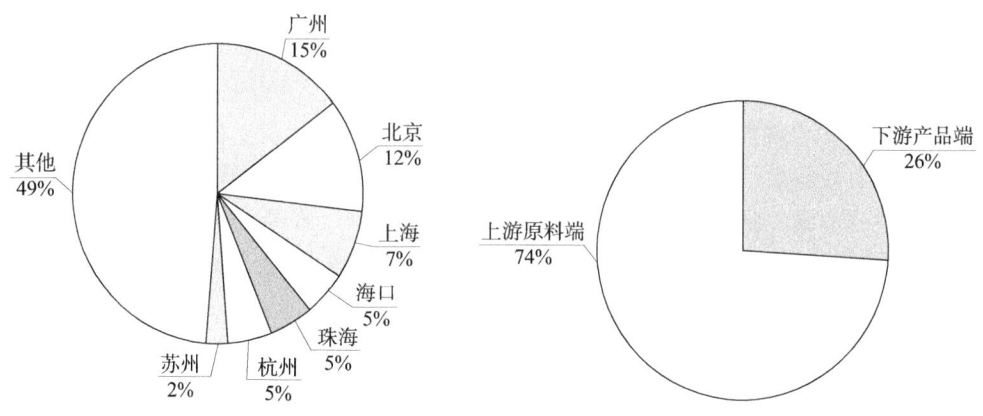

图3-38 化妆品领域获中国　　　图3-39 化妆品领域获中国专利奖的
专利奖的城市分布　　　　　　　　　产品类型分布

（3）多学科交叉融合促进原料创新。

结合图3-40可见，化妆品领域中国专利奖专利技术构成包含了较多的技术内容，从分类号上看，涉及的技术领域包括微生物、发酵、基因编辑、化合物原料及合成生物等多学科技术融合。原料创新方面以有机高分子（如C08B37、C08G77、C08L1和C08J3）和生物领域（C12N1、C12P9、C12P19、C12N9）占比最高，均占15%。在2010年以后，涉及生物领域的专利占比有所增加，包括C12N1、C12P9、C12P19、C12N9、C12M1等。

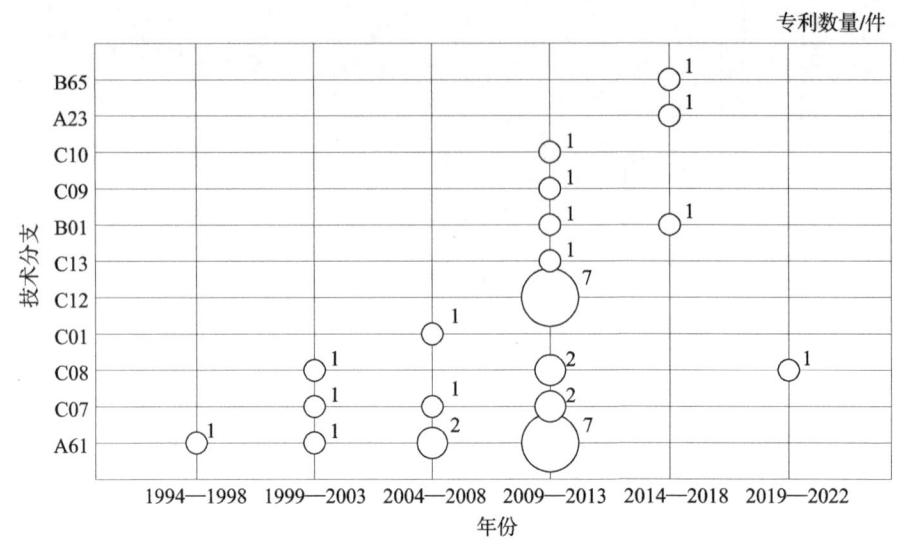

图3-40　化妆品领域中国专利奖专利技术构成趋势

进一步地，对4件获得中国专利金奖的专利进行分析可以发现，均涉及通过合成生物实现原料创新：CN102071154A（一种产α-酮戊二酸酵母工程菌及其构建方法，主分类号为C12N1/19）、CN1371919A（一种类人胶原蛋白及其生产方法，主分类号为C07K14/78）、CN102242069A（一种蝉拟青霉菌株及其应用，主分类号为C12N1/14）和CN102876748A（酶切法制备寡聚透明质酸盐的方法及所得寡聚透明质酸盐和其应用，主分类号为C12P19/04）。

从上述的技术内容分析可以看出，现代化妆品产业集化学、材料学、生物学、发酵工程、医学等多学科为一体，如通过合成生物学来提升活性物质原料领域的创新力。对化妆品产业来说，合成生物技术将带来加速功效创新、降本增效、提升可持续发展水平等深远影响。另外，皮肤医学、基因工程等技术的发展也不断揭示皮肤衰老、修护等机理，成为现代化妆品研究的重要理论基础。

（4）创新主体多元化。

化妆品领域获中国专利奖的创新主体中，企业、科研机构等均占有一定的比例，如图3-41所示，其中，企业为主要申请人，占比为81%；合作申请占比为11%，包括企业—院校、企业—个人、企业—企业和企业—科研机构，一方面体现创新主体多元化，另一方面能够看出，在化妆品产业的创新发展中企业占据重要的地位。

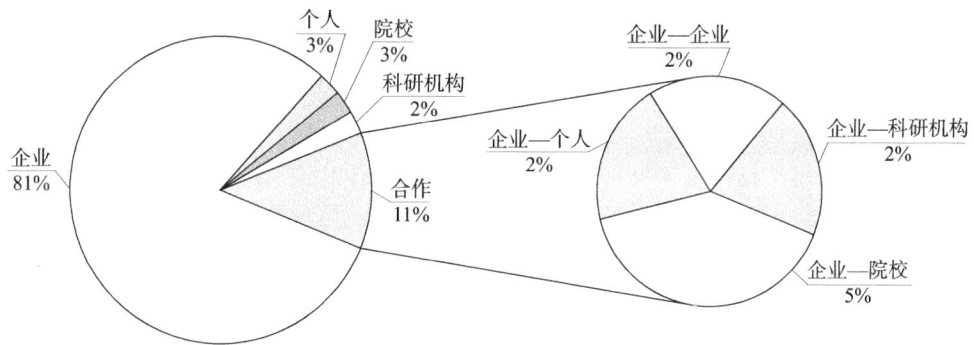

图 3-41　化妆品领域获中国专利奖的创新主体类型

（5）专利转让方以院校及科研机构为主。

如图 3-42 所示，在上述所有的中国专利奖中，专利转让的比例达到 24%。中国专利奖是典型的高价值专利，这也反映出高价值专利的运营方面较为活跃，更容易获得市场的认可。对转让的所有专利进行分析，其中 50% 的转让方来自高校及科研机构，包括北京工商大学、南京工业大学、中国科学院过程工程研究所。可见，高校及科研机构在化妆品产业创新方面具有较强的实力。

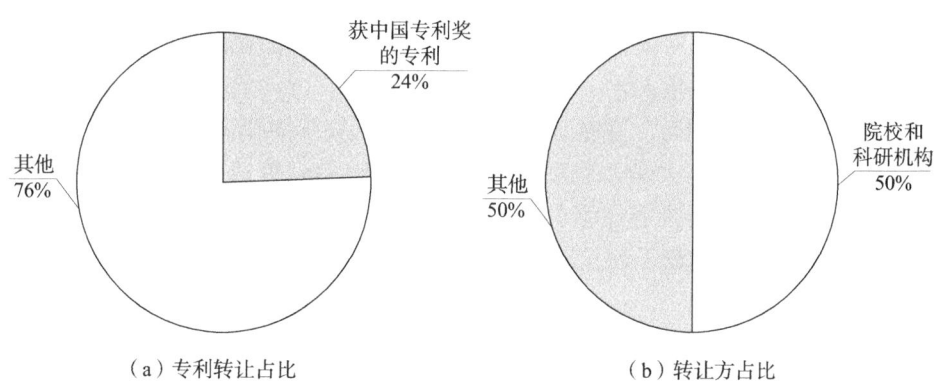

（a）专利转让占比　　　　　　（b）转让方占比

图 3-42　化妆品领域获中国专利奖的专利转让情况

（6）绝大部分获奖专利通过专利代理机构申请。

专利代理是创新成果转化为专利权的重要环节，专利代理的服务质量对申请人取得专利权的可能性、取得专利权的质量等具有很大影响。化妆品领域获中国专利奖的专利中，由专利代理机构代理申请的专利有 37 件（占 90%），无专利代理机构代理申请的专利有 4 件（占 10%）。高质量的专利代理能够帮助申请人更恰当地获得与专利申请的技术贡献相适应的保护范围，在一定程度上保障了专利的授权质量。

3. 发展对策与建议

通过上述的专利奖分析可以发现，广州市在专利奖方面占比最高，这也与广州市在整个化妆品产业的地位基本相符，广州市化妆品产业的兴衰对于广东省乃至全国化妆品产业都有重要的影响。然而，通过上述分析也能够发现广州市化妆品产业存在一些不足之处。第一，在专利金奖方面，广州市化妆品产业目前仍然没有获得该奖项。第二，在化妆品的五个技术分支中，广州市的专利申请有72%都集中在护肤领域。在护肤领域，近年来研究的热点为以植物提取物作为活性成分，然而广州市并没有在该细分领域获得重要的专利奖项，也反映出在植物提取物研究方面仍需要进一步加强。结合上述专利分析，从中国专利奖的角度对于广州市化妆品产业高质量发展简要地提出以下的建议。

（1）加大原料端的研发力度。在获奖的专利中，原料端的占比达到74%，化妆品行业突破"卡脖子"技术的关键在于核心原料的自主研发。可进一步加强原料的研发，尤其是对关键活性成分的持续、深入的研究，如植物提取物、生物学技术在化妆品成分工业化生产中的应用、基因技术、前沿基础研究应用等。在热门的领域，如植物提取物方面，可从活性部位、功效成分、具体应用、纯化工艺等角度连续且深入地进行研究，从植物成分利用和制度建设方面大力发展本土特色的品牌产品，能够进一步促进形成植物资源的研发生产基地，形成完整的植物资源产业链，促进区域经济和产业链的发展。

（2）重视人才的培养。化妆品产业的发展，已不再是以往从动植物中简单地提取、调配等模式。化妆品产业是一个多学科交叉融合的行业，从上述专利奖所包含的领域能够看出，化妆品产业发展需要技术具有广泛性，如化学、材料学、生物学、皮肤学、基础医学等。人才是产业发展最关键的因素，需进一步将市场需求和教育科研资源有机融合，培养更多的专业化人才。

（3）促进产学研的结合。在机理研究、生物学研究等多学科研究方面，高校有其天然的优势，如华南理工大学、北京工商大学、江南大学等行业知名高校在生物学、新材料、植物原料等方面具有较强的研发实力和专利布局，可进一步引导加强企业、产业集聚群与高校合作交流，制定政策吸引并鼓励专家团队落地，让创新成为化妆品产业发展的原动力。

（4）提高专利申请的质量。化妆品领域获中国专利奖的专利中，由专利代理机构代理申请的专利占90%，获金奖的4件专利均由专利代理机构代理申请，高质量的专利代理在一定程度上保障了专利的授权质量。另外，可通过培训等方式进一步促进行业挖掘核心专利，培育高价值专利等。还可强化专利信息分析，目前化妆品产业的相关专利，技术先进性以及保护范围参差不齐，可进一步强化技术层面和经济层面的分析，积极开展专利先进性评价、热点研发预警、知识产权布局等，优化技术研发的路径，并规避专利风险，提高专利的质量。

4. 化妆品领域中国专利奖

化妆品领域中国专利奖获奖专利如表3-4所示。

表 3-4 化妆品领域中国专利优秀奖获奖专利

公开（公告）号	标题	专利权人	等级	届次
CN1114556A	含营养去屑止痒中药添加剂的洗发浸膏	重庆奥妮化妆品有限公司	优秀奖	第七届
CN1432581A	芦荟乙酰化葡甘聚糖提取工艺	苏州赛恩生物工程有限公司	优秀奖	第九届
CN1554324A	中药牙膏	柳州两面针股份有限公司	优秀奖	第十届
CN1872022A	细菌纤维素凝胶面膜	海南光宇生物科技有限公司	优秀奖	第十一届
CN1796283A	一种高纯纳米型聚合氯化铝溶胶的制备方法及工艺	中国科学院生态环境研究中心	优秀奖	第十一届
CN1962588A	一种异丙醇的合成方法	建德市新化化工有限责任公司	优秀奖	第十四届
CN102134616A	一种秸秆半纤维素制备生物基产品及其组分全利用的方法	海南善粮科技有限公司	优秀奖	第十七届
CN102068391A	人干细胞生长因子在化妆品中的应用	广州赛莱拉干细胞科技股份有限公司	优秀奖	第十七届
CN101648864A	柠檬酸发酵液的提纯方法	中粮生物科技股份有限公司	优秀奖	第十七届
CN103073722A	一种高纯度低粘度二甲基硅油的连续化制备工艺	宜昌科林硅材料有限公司	优秀奖	第十八届
CN102965311A	一种枯草芽孢杆菌及其在制备 γ-D-聚谷氨酸中的应用	南京轩凯生物科技股份有限公司	优秀奖	第十八届
CN101549273A	纳米分散的高全反式类胡萝卜素微胶囊的制备方法	浙江新和成股份有限公司、浙江大学、北京化工大学	优秀奖	第十八届
CN101864471A	一种微生物发酵法生产透明质酸的方法	天津市康婷生物工程集团有限公司	优秀奖	第十八届
CN103695028A	白油的生产方法	海南汉地阳光石油化工有限公司	优秀奖	第十八届
CN103027863A	一种含有牡丹提取物的微乳液及其制备方法和应用	伽蓝（集团）股份有限公司	优秀奖	第十八届
CN102784081A	含有中药本草植物的去屑组合物、洗发露及其制备方法	拉芳家化股份有限公司	优秀奖	第十八届

续表

公开（公告）号	标题	专利权人	等级	届次
CN102188332A	一种含有海洋贝类活性肽的化妆品及其制备方法和应用	中国科学院南海海洋研究所、佛山市安安美容保健品有限公司	优秀奖	第十九届
CN102600057A	人胎盘干细胞提取物冻干粉及其制备方法与应用	广州赛莱拉干细胞科技股份有限公司	优秀奖	第十九届
CN103767973A	具有三维补水、立体保湿功效的外用护肤组合物及其制备方法与应用	北京东方森森生物科技有限公司	优秀奖	第十九届
CN103013166A	高品质低桔霉素水溶性红曲红色素的制备方法	山东中惠生物科技股份有限公司、赵吉兴	优秀奖	第十九届
CN101885668A	一种制备1,2-戊二醇的新方法	江苏扬农化工集团有限公司、江苏瑞祥化工有限公司	优秀奖	第十九届
CN102258637A	裸花紫珠提取物及其制备方法和应用	九芝堂股份有限公司	优秀奖	第二十届
CN102670438A	一种抗衰老美容护肤品及其制备方法	珠海伊斯佳科技股份有限公司	优秀奖	第二十届
CN101491498A	一种aFGF脂质体、制备方法及其应用	广州暨南大学医药生物技术研究开发中心	优秀奖	第二十届
CN104606667A	重组牛碱性成纤维细胞生长因子凝胶	珠海亿胜生物制药有限公司	优秀奖	第二十届
CN104905242A	一种从珍珠中分离制备珍珠可溶食用钙和珍珠复合美白因子溶液的方法	欧诗漫生物股份有限公司	优秀奖	第二十届
CN104479139A	一种改性聚硅氧烷共聚物及其制备方法和在化妆品中的应用	广州星业科技股份有限公司	优秀奖	第二十一届
CN105581937A	具有美白功效的外用植物组合物、制剂及其制备方法	北京东方森森生物科技有限公司	优秀奖	第二十一届
CN106742424A	一种盒装化妆品成批包装出场设备	广东丸美生物技术股份有限公司	优秀奖	第二十二届

续表

公开（公告）号	标题	专利权人	等级	届次
CN102373190A	冬虫夏草中国被毛孢合成代谢甘露醇相关酶、基因及应用	浙江工业大学、杭州中美华东制药有限公司	优秀奖	第二十二届
CN110423291A	一种速溶透明质酸钠制备方法	山东百阜福瑞达制药有限公司	优秀奖	第二十三届
CN104096506A	一体制浆装置	深圳市尚水智能设备有限公司	优秀奖	第二十三届
CN104761735A	一种具有抑制透明质酸酶活性的交联透明质酸钠凝胶的制备方法	上海其胜生物制剂有限公司	优秀奖	第二十三届
CN108158832A	含悬浮颗粒的基质组合物	上海家化联合股份有限公司	优秀奖	第二十三届

3.3 广东省化妆品产业专利布局分析

3.3.1 创新主体定位

图3-43展示了广东省化妆品领域专利授权量排名前10位的申请人。可以看出排名前10位的申请人包括两所高校——华南理工大学和广东轻工职业技术大学，华南理工大学位于榜首，专利授权量为127件。其次主要为企业申请人，包括丹姿、芭薇、拉芳、环亚、艾蓓、丸美、无限极、澳宝。

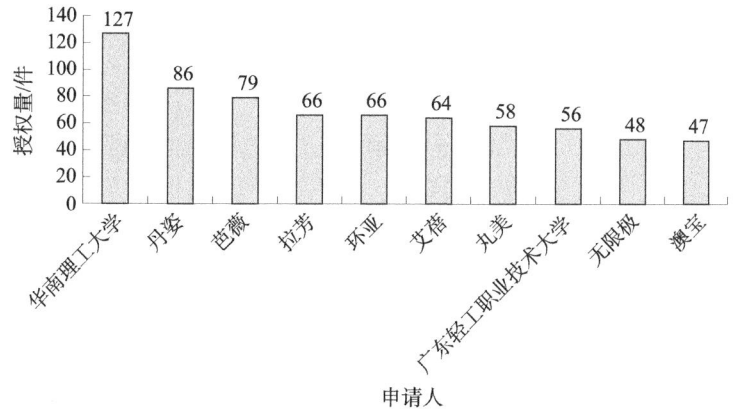

图3-43 广东省化妆品领域授权专利申请人排名

图 3-44 展示了广东省化妆品领域专利第一申请人类型分布情况。可以看到，化妆品领域企业作为市场主体，处于创新主体地位，占比为 74%；个人申请占比为 20%；院校占比为 4%，相对较低。

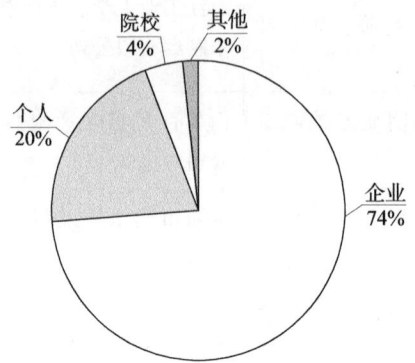

图 3-44　广东省化妆品领域专利第一申请人类型分布

3.3.2　法律状态分析

图 3-45 展示了广东省化妆品领域专利法律状态以及失效原因。可以看出，广东省化妆品领域有效专利为 2885 件，审中专利为 4555 件，失效专利为 8090 件。其中，驳回为失效的主要原因，占比为 40%；其次是主动撤回，占比为 29%；视为撤回占比为 27%。

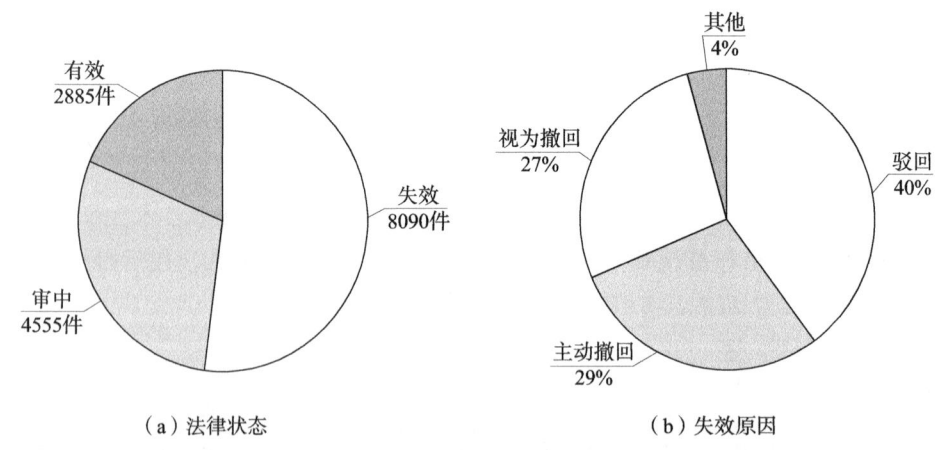

（a）法律状态　　　　　　　　（b）失效原因

图 3-45　广东省化妆品领域专利法律状态以及失效原因

3.3.3　区域集中度分析

图 3-46 展示了广东省化妆品领域专利申请区域分布情况，图 3-47 展示了广东省各地区化妆品领域专利申请量发展趋势。

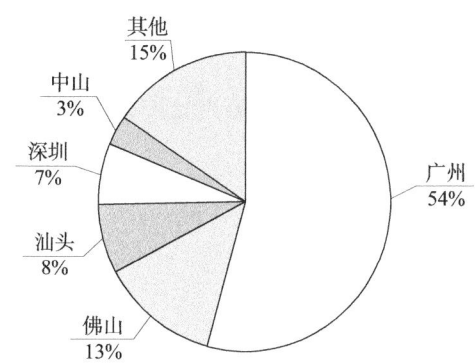

图 3-46　广东省化妆品领域专利申请区域分布

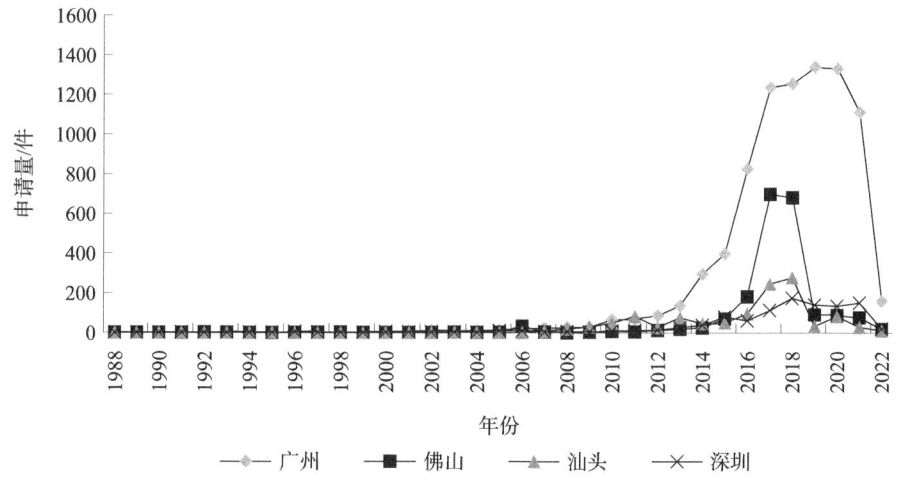

图 3-47　广东省各地区化妆品领域专利申请量发展趋势

从图 3-46 可以看出，广东省的专利申请中，申请量最大的城市为广州市，占广东省专利申请总量的 54%。结合图 3-47 可以看出，2019 年广州市化妆品领域专利申请量达到峰值。广州市良好的交通条件、商业氛围、贸易环境为其化妆品产业发展提供良机。广州市白云区是全国化妆品生产企业数量最多、专业市场发展最早、产业链条最完整的区域，是中国主要的化妆品产业集聚区。另外，黄埔区"南方美谷"、花都区"中国美都"产业园区等聚集区的建设促成了广州市在该领域专利申请的领先地位。

佛山市在化妆品领域的专利申请量占广东省专利申请总量的 13%，汕头市在化妆品领域的专利申请量占广东省专利申请总量的 8%，深圳市在化妆品领域的专利申请量占广东省专利申请总量的 7%。说明广东省的化妆品领域各项技术主要集中在广州市、佛山市、汕头市、深圳市。佛山市、深圳市经济发展快速，推动了化妆品企业的发展；而汕头市作为中国化妆品产业发祥地，发源于汕头市的化妆品企业不在少数，包括拉芳、万邦集团、名臣健康等。

3.4 广州市化妆品产业专利布局分析

3.4.1 创新实力定位

图 3-48 为广州市化妆品领域专利申请区域分布图,图 3-49 展示了广州市各区化妆品领域专利申请量发展趋势。从图 3-48 可以看出,广州市的专利申请中,白云区的申请量最大,占广州市专利申请总量的 29%。

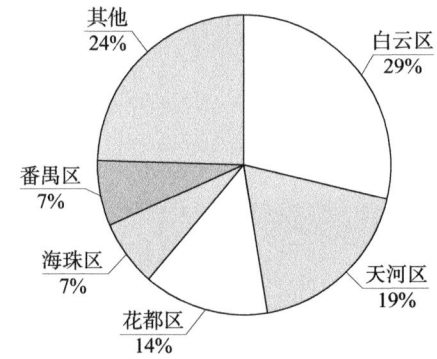

图 3-48　广州市化妆品领域专利申请区域分布

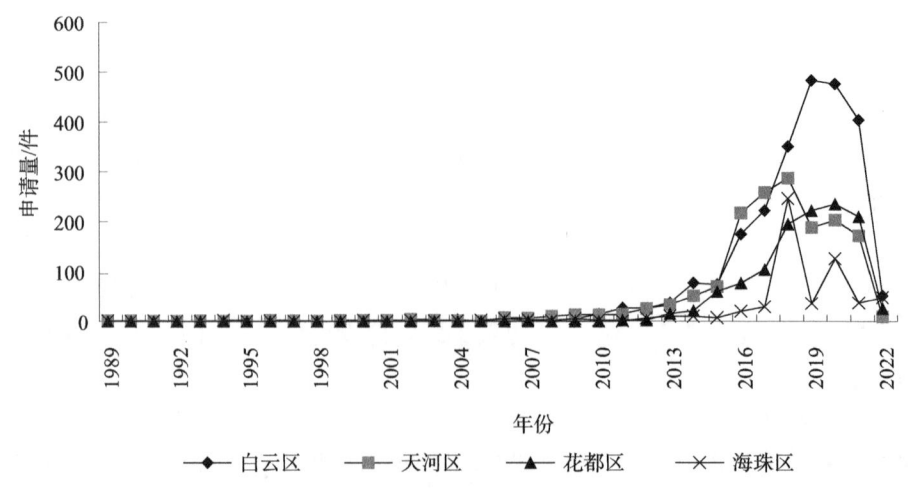

图 3-49　广州市各区化妆品领域专利申请量趋势

结合图 3-49 可以看出,2019 年白云区化妆品领域专利申请量达到峰值,为 483 件。广州市白云区是全国化妆品生产企业数量最多、专业市场发展最早、产业链条最完整的区域,是中国主要的化妆品产业集聚区,促成了白云区在该领域专利申请的领先地位。天河区和花都区在化妆品领域的专利申请量分别占广州市专利申请总量的19%和14%。在化妆品领域,白云区、天河区和花都区具有较好的创新活力。

3.4.2 创新主体定位

图3-50展示了广州市化妆品领域专利授权量排名前10位的申请人。可以看出排名前10位的申请人包括两所高校——华南理工大学和广东轻工职业技术大学,华南理工大学位于榜首,授权量为127件。其余主要为企业,包括丹姿、芭薇、环亚、艾蓓、丸美、花安堂、睿森、暨大医药。

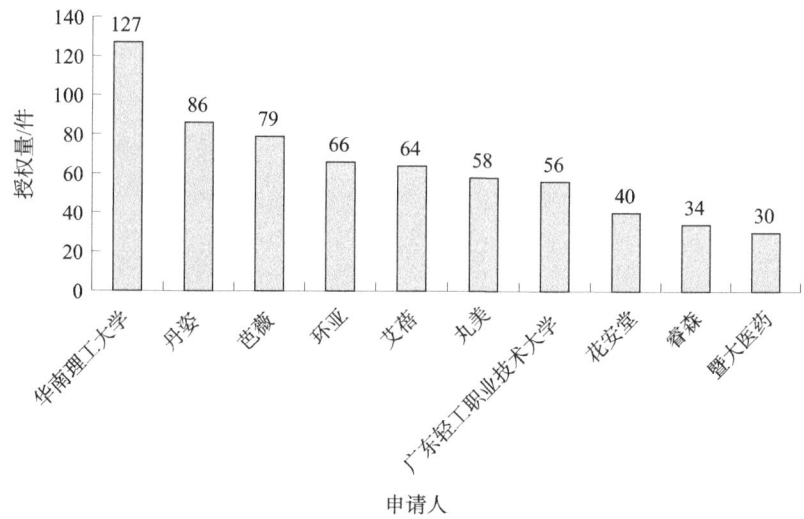

图3-50 广州市化妆品领域主要专利申请人分析

3.4.3 协同创新情况分析

1. 协同创新专利申请量趋势分析

由图3-51可知,我国化妆品产业协同创新主要集中在如广东省、北京市、江苏省、上海市等经济发达地区。排名第一的是广东省,北京市、江苏省、上海市协同创新数量也处于全国领先水平。此外,云南省、山东省、浙江省等地区的协同创新水平也相对较高。广东省化妆品协同创新数量占全国化妆品协同创新总数量的17.9%,在全国具有举足轻重的地位,这与广东省专利申请量的情况基本一致。图3-52显示了化妆品领域协同创新的专利申请趋势。

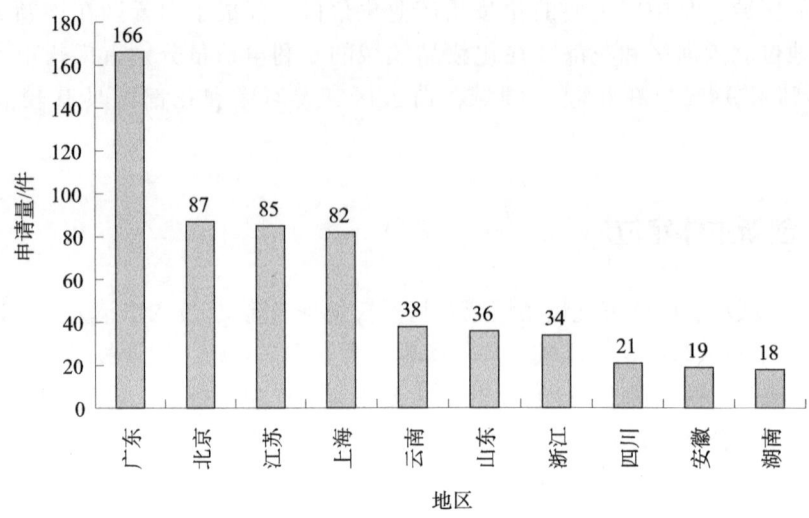

图 3-51　化妆品领域全国协同创新主要地区

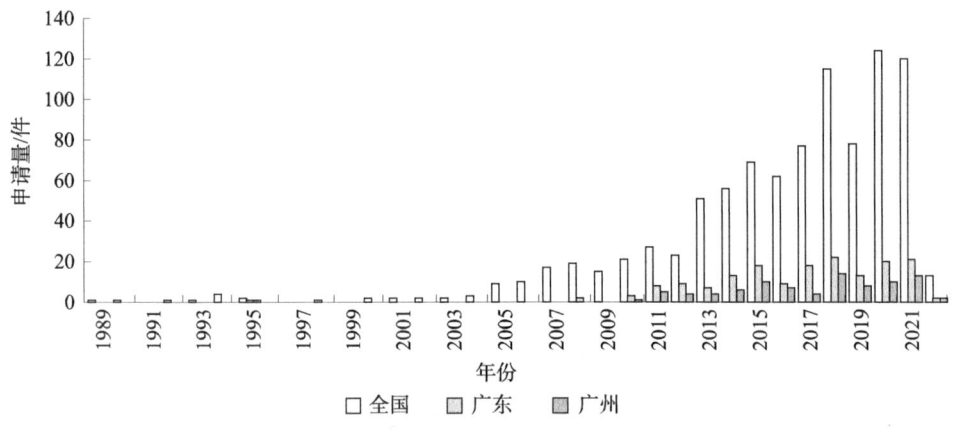

图 3-52　化妆品领域协同创新专利申请趋势

从全国范围来看，化妆品产业协同创新主要经历了三个阶段：①1989—2004 年的萌芽阶段，这一时期的化妆品协同创新数量很少，全国仅有 22 件；②2005—2018 年的快速增长阶段，这一时期，全国化妆品协同创新数量从每年不到 5 件逐步增长至 100 件以上，反映出随着我国经济水平不断提升，化妆品产业创新方式也从单独申请渐渐转变为与院校、科研机构等进行双方/多方合作；③2019 年以后的波动增长阶段，受全球经济大环境影响，这一时期的协同创新数量并未保持前一阶段的快速上涨势头，但基本维持在较高水平。广东省与广州市的协同创新数量呈现出与全国相似的增长趋势。

图 3-53 展示了广州市化妆品领域专利第一申请人类型分布。图 3-54 展示了广州市化妆品领域专利申请量排名前 10 位的申请人的合作类型。

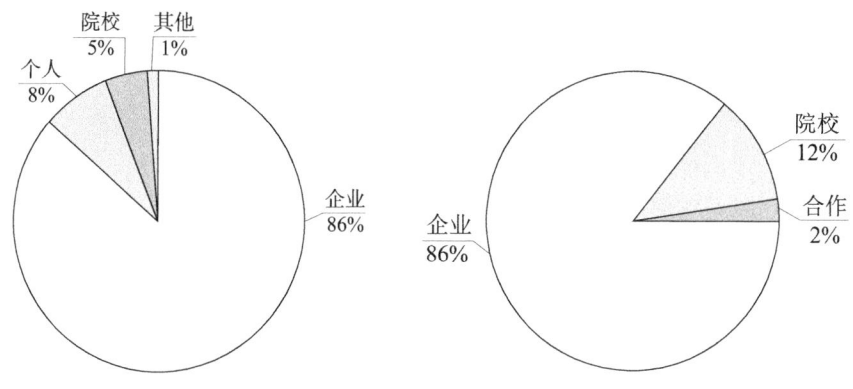

图 3-53　广州市化妆品领域专利
第一申请人类型

图 3-54　广州市化妆品领域专利
主要申请人合作关系

从图 3-53 可以看出，广州市化妆品领域的专利申请中，第一申请人的主体以企业为主，其次是个人、院校。从图 3-54 可以看出，广州市化妆品领域专利主要申请人中，企业占比 86%，院校占比 12%，合作申请占比 2%。说明广州市的专利申请主体更加注重企业独立申请形式，企业、个人、科研机构和院校之间的合作申请模式或合作创新形式还未有效地开展。

2. 重点协同创新主体分析

广州市院校和科研机构的协同创新专利申请情况如图 3-55 所示，广州市企业的协同创新专利申请情况如图 3-56 所示。

可以看到，暨南大学拥有 13 件协同创新专利，为广州市协同创新数量最多的高校。华南理工大学及华南农业大学分别排在第二位及第三位。广州市协同创新主要涉及的科研机构的合作主体大部分为广东省内企业，暨南大学、华南理工大学则与广东省外的企业开展了协同创新。

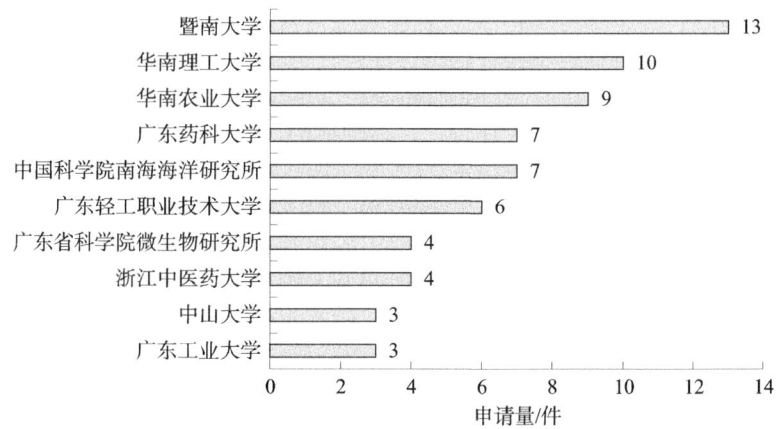

图 3-55　广州市协同创新主体专利申请情况（院校和科研机构）

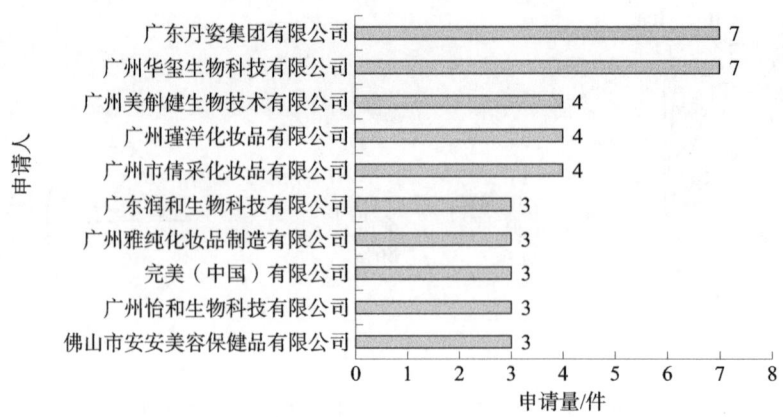

图 3-56 广州市协同创新主体专利申请情况（企业）

广州市协同创新数量最多的企业为广东丹姿集团有限公司与广州华玺生物科技有限公司，均拥有 7 件协同创新专利。广东丹姿集团有限公司则与中国科学院南海海洋研究所（3 件）、中山大学（2 件）、暨南大学（1 件）、广州质量监督检测研究院（1 件）开展了协同创新工作。广州华玺生物科技有限公司合作的科研机构有浙江中医药大学（4 件）和浙江大学华南工业技术研究院（3 件）。

广州市化妆品协同创新专利中，中国科学院南海海洋研究所与佛山市安安美容保健品有限公司合作申请的专利涉及一种含有海洋贝类活性肽的化妆品及其制备方法和应用，该化妆品中含海洋贝类活性肽 0.1%～10%，或含海洋贝类活性肽 0.1%～10% 和透明质酸 1%～10%，或含海洋贝类活性肽 0.1%～10%、透明质酸 1%～10% 和 VC1%～25%，其余部分是化妆品基质成分。该发明解决了化妆品中海洋贝类活性肽的应用等问题，配制的膏霜、乳液、水剂、凝胶、喷雾或面膜护肤、护发功效更为全面和显著。添加透明质酸和 VC 后，其保湿、增加皮肤弹性和光滑度、祛除瑕疵、改善肤色等作用得到了显著增强。在第十九届中国专利奖评选中，该专利获评优秀奖，并且专利权维持年限已超过十年，目前仍处于有效状态。

高校和科研机构具有基础研究方面的优势，企业具有产业化创新的优势，通过加强高校、科研机构和企业的协同创新合作，可进一步提高协同创新的效率和质量。表 3-5 展示了化妆品领域高校及科研机构主要的科研团队的情况。

广州市各企业创新主体在后续技术研发中，可进一步与相关科研团队开展协同创新合作，充分发挥高校的基础研究主力军作用和企业的创新主体作用，加快推动广州市化妆品产业高质量发展。

表 3-5 细分领域高校及科研机构团队（以申请人为高校或科研机构计算专利数量）

创新主体	团队	专利授权量/件	技术方向
江南大学	陈坚团队	93	合成生物学
	杨成团队	35	功能高分子、生物活性成分等

续表

创新主体	团队	专利授权量/件	技术方向
北京工商大学	董银卯团队	91	化妆品植物原料开发
广东轻工职业技术大学	龚盛昭团队	47	天然产物绿色提取、机理研究
上海交通大学	张少辉团队	43	生物活性多肽
上海技术应用大学	张婉萍团队	32	化妆品包覆载体技术、乳液体系
暨南大学	黄亚东团队	27	重组蛋白、多肽类
中国科学院南海海洋研究所	孙恢礼团队	24	海洋贝类活性肽等
中国海洋大学	薛长湖团队	22	虾青素、虾红素及其衍生物
浙江大学	任其龙团队	18	天然活性成分分离纯化
华南理工大学	魏坤团队	16	纳米介孔材料、纳米生物材料

3.4.4 产业技术流通分析

1. 广州市化妆品专利运营态势分析

本章专利运营分析数据主要是指专利转让（以授权专利进行了专利转让登记为统计基准）、专利许可与专利质押。

广州市专利运营数据结构如图3-57所示，数据分为本市申请人专利运营情况及市外申请人专利在广州市的运营情况两部分。本节采用专利转让、专利许可、专利质押三个类别作为专利运营的主要分析维度进行分析。

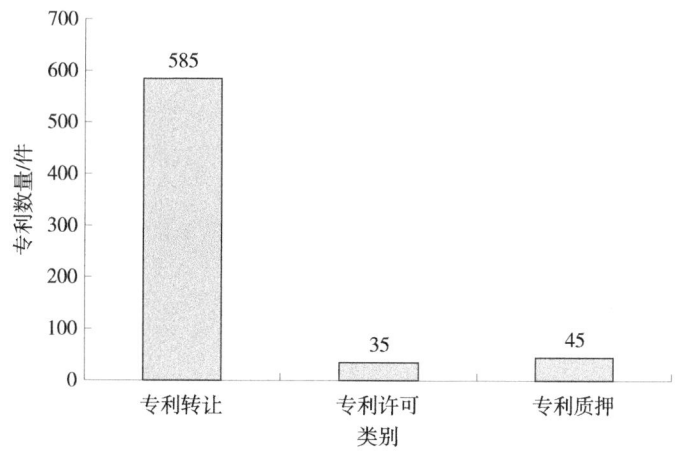

图3-57 广州市内申请人化妆品专利主要运营情况

从图3-57可以看出，广州市内申请人的化妆品专利运营以专利转让为主，专利许可和专利质押相对较少。专利转让是企业获得核心技术自主知识产权的途径；而专利许可费用，特别是独占许可费用较高，更多运营主体倾向于专利转让。目前，随着开放许可制度的推行，化妆品领域的科研机构或高校可以进一步通过开放许可的方式，促进专利的转化。

市外申请人专利输入（受让人或被许可人为广州市申请人）情况如图 3-58 所示。其中，与广州市专利运营联系最密切的是上海市，占比达到 18%。其次是广东省内除广州市的其他城市，占比达到 16%。整体来看，广州市化妆品产业的申请人与国内其他区域的合作交流密切。

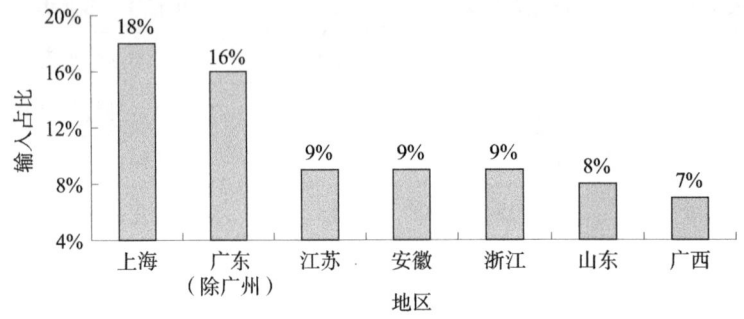

图 3-58　广州市化妆品领域专利输入情况

2. 广州市化妆品领域专利转让情况分析

广州市化妆品领域专利转让情况如图 3-59 所示。这部分专利分为两类：一类是广州市申请人进行专利转让行为的专利，共 535 件，约占广州市已授权专利总数的 27%，约占广州市化妆品领域运营专利总数的 53%。其中，434 件为广州市转让至本市的转让行为，市内流转率约为 81%；101 件为广州市转让至市外的专利，输出率约为 19%。第二类是市外转入广州市的专利，共 418 件。

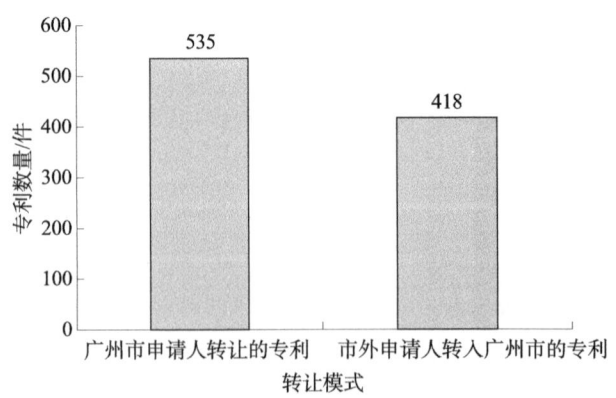

图 3-59　广州市化妆品领域专利转让情况

对广州市内申请人化妆品领域主要转让人及其受让情况，重点关注其关联特征。转让人排名第一、第二、第三的是广州市白云联佳精细化工厂、广州市科能化妆品科研有限公司、广东丹姿集团有限公司，其中广州市白云联佳精细化工厂和广州市科能化妆品科研有限公司均属于广东丹姿集团有限公司。而分析其专利受让人，发现其转让全部为同集团公司之间的内部技术流转行为，广州市白云联佳精细化工厂转让的专利为69件，其中67件专利的受让人为广东丹姿集团有限公司和广州市科能化妆品科研有限公司，1件专利的受让人为广州市科能化妆品科研有限公司和暨南大学，1件专利的受让人为广州市科能化妆品科研有限公司。广东丹姿集团有限公司转让的专利为57件，受让人为广州市科能化妆品科研有限公司和广州市白云联佳精细化工厂。广州市科能化妆品科研有限公司转让的专利为58件，受让人为广东丹姿集团有限公司（57件）和广州市白云联佳精细化工厂（1件）。

由此可见，广州市内专利流转率高达81%，但企业的专利转让大部分为同集团公司之间的内部技术流转，企业在化妆品专利市场产业化运营方面还存在提升空间。此外，高校作为转让人向企业进行科技创新成果的转化，以华南理工大学和广东轻工职业技术大学为代表。整体而言，相对于广州市化妆品产业的体量和创新能力，其在专利运营方面仍有很大的提升潜力，应采取相关措施，更好地将科技创新成果转化与市场产业化运营相对接。广州市内化妆品领域专利申请人中进行了转让行为的申请人类型占比如图3-60所示，广州市内申请人转让专利共535件，其中企业申请人转让数量为406件，占比约为76%；个人申请人转让数量为65件，院校申请人转让数量为64件，两者数目接近，占比约为12%。

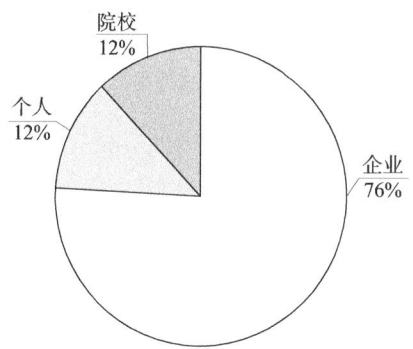

图3-60 广州市化妆品专利转让申请人类型

3. 广州市内申请人化妆品领域专利许可情况分析

广州市内化妆品领域专利申请人共有涉及专利许可的专利35件，其中32件为广州市内许可技术内部流转行为。专利许可的数量相比专利转让的数量整体偏低，可见广州市在专利许可方面活跃度较低。

广州市内专利许可的申请人类型如表3-6所示，29件专利的申请人为企业，涉及15个申请人，占比为83%；院校仅为2件，占比为6%；个人申请人专利许可数量为4件，占比为11%。许可数据相较转让数据整体偏少，多为企业，并且许可人类型中作为创新主体之一的科研机构仍然缺失，院校在许可运营中的积极性也较低，提高院校和科研机构的专利运营能力，以及产学研相结合的能力，是需要重点关注的部分。

表 3-6　广州市化妆品专利许可申请人类型

申请人类型	许可人数量/个	专利许可数量/件
企业	15	29
院校	2	2
个人	4	4

图 3-61 所示为广州市内化妆品领域专利许可的类型，普通专利许可为 26 件，独占专利许可为 8 件，还有 1 件专利既发生了普通许可行为，又发生了独占许可行为。但整体来看，广州市化妆品领域专利许可的方式主要为普通许可。

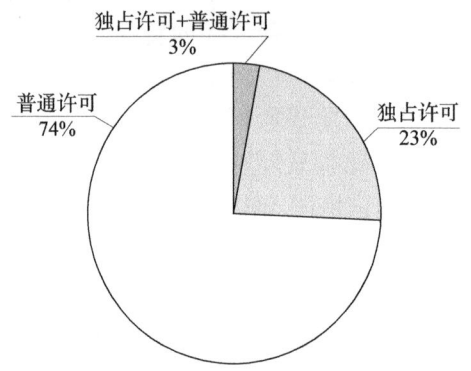

图 3-61　广州市化妆品专利许可类型

4. 广州市内申请人化妆品领域专利质押情况分析

由于专利质押必须在企业或个人所在地进行，因此本节分析的数据为广州市化妆品领域发明专利质押情况，截至检索日，共有 45 件质押专利。

表 3-7 显示了广州市化妆品领域专利质押人—质权人关系。其中，广州赛莱拉干细胞科技股份有限公司的专利 CN102068391B 发生了两次质押行为。专利权质押作为新时期推动企业创新发展、扩展企业融资渠道的新模式、新方法，主要受益群体是企业。从表 3-7 中可以看出，广州市化妆品领域质押专利的申请人均为企业。而广州市化妆品领域专利的质权人中仅有一家为企业，其余均为银行，包括中国银行、华夏银行、中国建设银行、广州银行、上海浦东发展银行、广州农村商业银行等。

表 3-7　广州市化妆品领域专利质押人—质权人关系

质押人	质权人	质押专利数量/件
广州薇美姿个人护理用品有限公司	广州首家典当有限公司	8
广州百孚润化工有限公司	中国银行股份有限公司广州海珠支行	5
广州睿森生物科技有限公司	华夏银行股份有限公司广州开发区支行	5

续表

质押人	质权人	质押专利数量/件
广州煜明生物科技有限公司	中国银行股份有限公司广州番禺支行	4
广州栋方生物科技股份有限公司	中国建设银行股份有限公司广州市绿色金融改革创新试验区花都分行	4
广州赛莱拉干细胞科技股份有限公司	中国银行股份有限公司广州荔湾支行	2
广州赛莱拉干细胞科技股份有限公司	中国建设银行股份有限公司广州海珠支行	2
广州赛莱拉干细胞科技股份有限公司	广州银行股份有限公司科学城支行	1
广东长昊药业股份有限公司	广州银行股份有限公司体育西支行	1
广州雅纯化妆品制造有限公司	上海浦东发展银行股份有限公司广州分行	2
广州市巧美化妆品有限公司	中国建设银行股份有限公司广州白云支行	2
广东芭薇生物科技股份有限公司	中国银行股份有限公司广州白云支行	2
广东科盈科技有限公司	中国银行股份有限公司清远分行	1
广州立白企业集团有限公司	广州农村商业银行股份有限公司广东自贸试验区南沙分行	1
广州市美驰化妆品有限公司	中国银行股份有限公司广州荔湾支行	1
广州市尤特新材料有限公司	中国建设银行股份有限公司广州市绿色金融改革创新试验区花都分行	1
广州神采化妆品有限公司	中国建设银行股份有限公司广州越秀支行	1
广州雷诺生物科技有限公司	中国建设银行股份有限公司广东自贸试验区分行	1

第四章 化妆品产业技术发展方向分析

4.1 广州市化妆品技术定位

4.1.1 专利申请热点方向

图 4-1 展示了广州市化妆品专利申请技术主题分布,可以看出,广州市化妆品专利申请中,皮肤用化妆品的申请量占比高达 72%,皮肤用化妆品为广州市化妆品产业最为重要的研究方向。

图 4-2 展示了部分城市在化妆品五个技术分支专利授权量占比情况。可以看出,广州市在化妆品五个技术分支均具备较强的创新能力,护肤、彩妆领域优势明显。

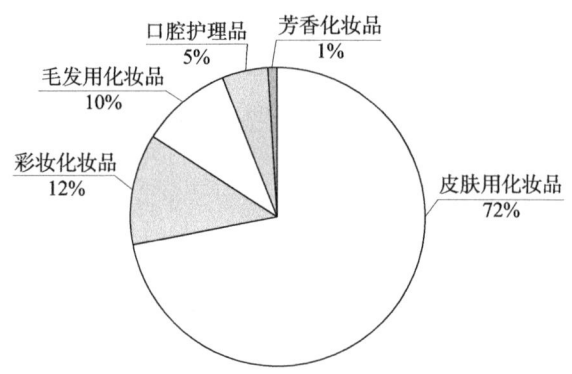

图 4-1 广州市化妆品专利申请技术主题分布

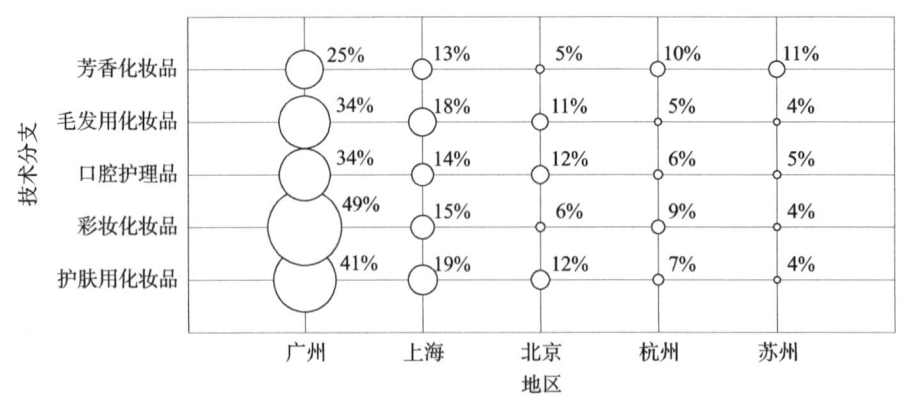

图 4-2 部分城市在化妆品五个技术分支专利授权量占比

4.1.2 产业结构调整方向

图4-3统计了2003—2022年广州市化妆品不同专利分类号的申请量变化趋势，从中获得2003—2022年化妆品产业结构发展变化趋势。可以看出，在功能方面，A61Q11/00（用于护理口腔中牙齿或假牙的制剂）在2017年以后占比下降明显，而A61Q19/00（护理皮肤的制剂）一直是化妆品领域的主要研究方向，且申请量迅速增加。在护肤具体领域中，A61Q19/08（抗衰老制剂）和A61Q19/02（用化学方法漂白或变白皮肤）申请量相对较多。在原料方面，植物提取物A61K8/97（源于藻类，真菌类，地衣类或植物；源于其衍生物）从2003年开始就是主要研究方向，且在2012年以后申请量增长显著，为原料方面的研究热点。A61K8/92（油，脂肪或蜡类；其衍生物）、A61K8/34（醇类）主要涉及基质原料，A61K8/73（多糖）主要涉及多糖类功效原料，2018年以后研究的也比较多。

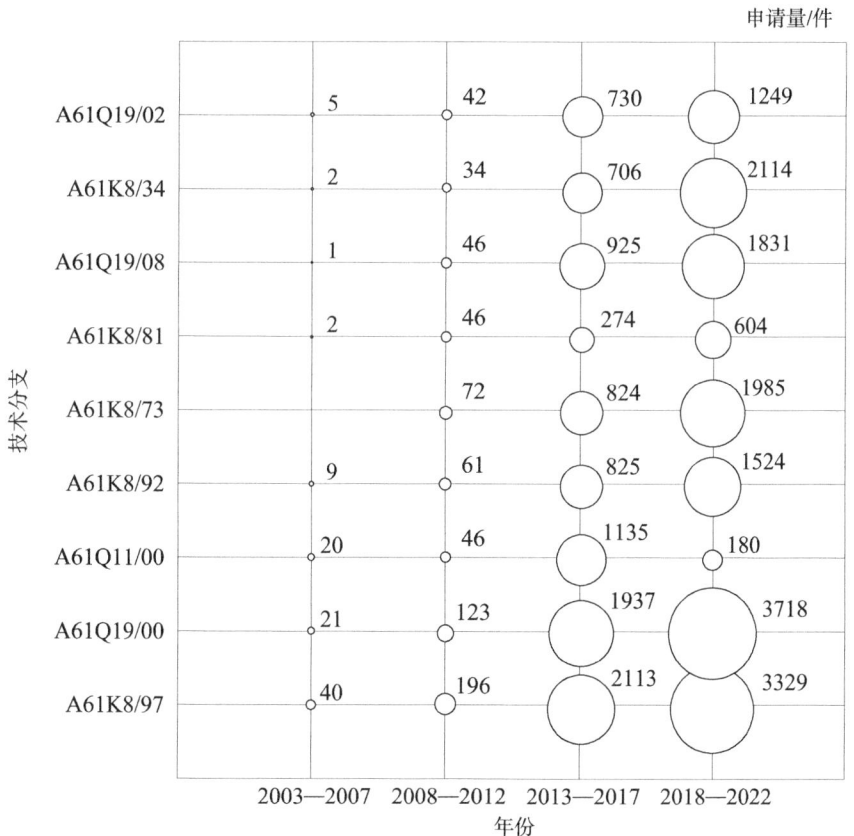

图4-3 广州市化妆品产业结构发展趋势

4.2 皮肤用化妆品

皮肤用化妆品是指以涂抹、喷洒或其他方法施用于人体表面，以达到护肤、保养、维持良好状态的化妆品。根据剂型不同可以分为霜、膏、乳、水、凝胶、油、面膜等。根据使用目的的不同可分为基础保养、护肤、洁肤、修容遮瑕、功效类等。

本节的数据去重合并后，最终获得检索结果统计如表4-1所示。

表4-1 皮肤用化妆品检索结果统计

统计指标	全球/项	中国/件	广东省/件	广州市/件
申请量	119192	45617	10955	6170
授权量	47987	9078	2019	1383
有效量	24156	6655	1791	1259

4.2.1 全球产业技术竞争格局

1. 整体情况

图4-4显示了皮肤用化妆品领域全球专利申请来源地域分布情况，来源地域是指专利申请的最早优先权国别。其中，中国的专利申请量最多，占全球总量的33%；日本的专利申请量排名第二，占比为23%；韩国占比为12%；美国占比为10%；法国占比为7%。上述五个国家申请量占比之和超过全球总量的85%，其他地区主要包括德国、英国、印度等。可见，皮肤用化妆品技术领域在地域分布上相对集中，技术竞争主要集中在中国、日本、韩国、美国、法国。

图4-5展示了皮肤用化妆品领域主要国家的专利申请发展趋势。可以看出，法国在皮肤用化妆品领域起步最早，1902年出现全球首个皮肤用化妆品专利申请，申请号为FR319713A，发明名称为"旨在使肤色清新的产品"，称为"玫瑰玛丽"。其次为美国，首个专利申请出现于1908年，申请号为FR387345A，发明名称为"去除皮肤皱纹的完美方法"。之后直至1961年，法国、美国在皮肤用化妆品领域维持技术竞争关系，两国每年都保持着20项以内的专利申请量，并一直引领全球皮肤用化妆品的发展，且保持在该领域的活跃度。相比之下，日本、韩国、中国的起步较晚。日本于1962年开始加入竞争，首个专利申请由资生堂提出，申请号为DE1492118A1，发明名称为"护肤品"；至1971年，日本处于技术摸索阶段，每年申请量少于10项。韩国于1974年开始加入竞争，首个专利申请号为KR790001625B1，发明名称为"含支链淀粉的化妆

品"。中国于 1985 年提交了首个皮肤用化妆品专利申请，申请号为 CN85103693A，发明名称为"健肤霜"，申请人为昆明日用化学品厂。

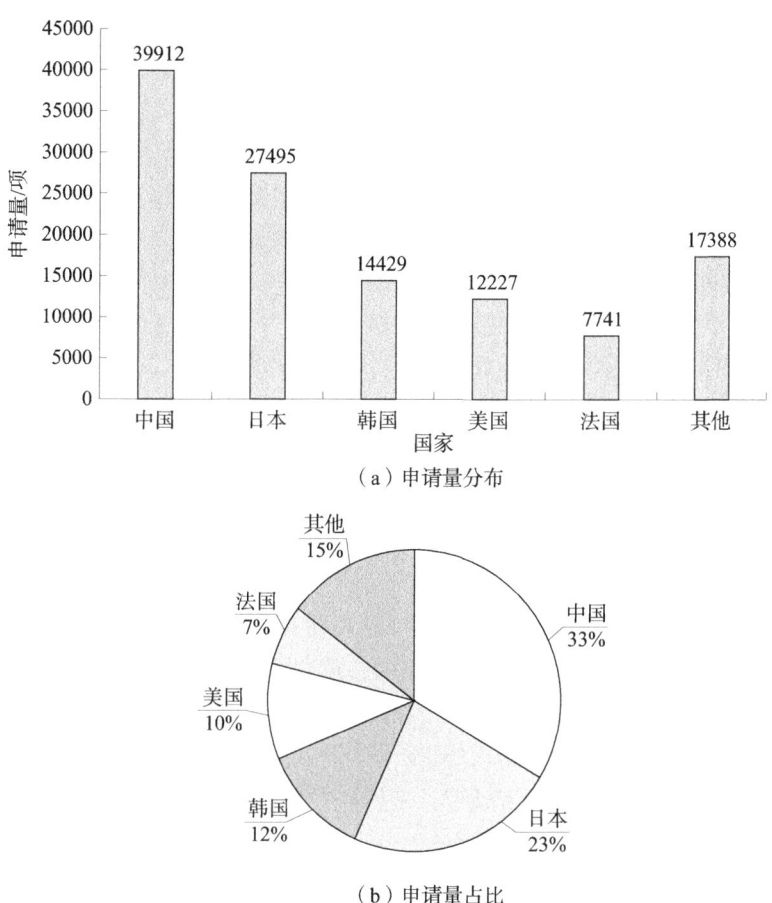

图 4-4 皮肤用化妆品领域全球专利申请来源地域分布

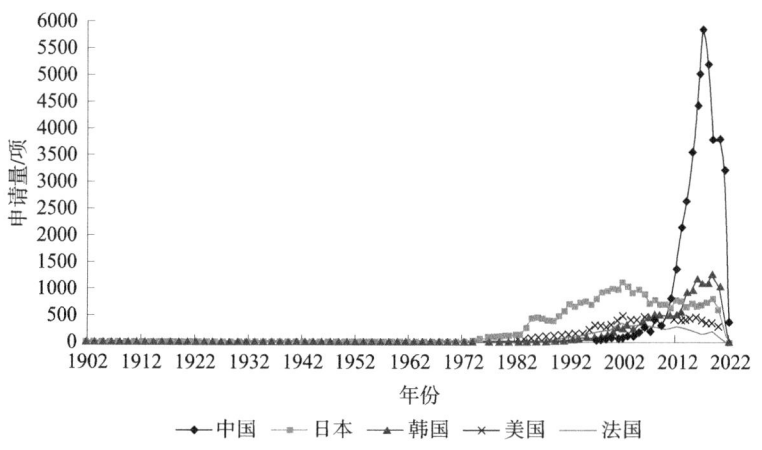

图 4-5 皮肤用化妆品领域主要国家专利申请趋势

各国之间维持了较长时间的缓慢发展之后,日本于1980年首先突围,年申请量突破百项,其他突破百项的国家依次为美国(1988年)、法国(1994年)、韩国(1998年)、中国(2003年)。日本起步虽然比法国、美国晚,但是其将皮肤用化妆品领域发展作为本国化妆品领域的重点研发方向,自1962年起步,经过了十多年的技术积累后,于1977年开始领先于其他四个国家,发展速度加快,专利申请量迅速增加,于2002年申请量达到峰值1121项,远高于其他国家。直至2011年,其申请量一直保持领先优势,2012年之后每年申请量维持在六七百项的稳定发展。

法国、美国、韩国在2012年之前的申请量发展趋势较为相似,三者平稳发展。2013年以后,韩国申请量突破500项,之后发展较快,2014年当年的申请量超过日本,并于2019年申请量达到峰值1252项;而美国、法国一直保持平稳增长的发展态势,两国化妆品企业集群相互竞争,年申请量均维持在500项左右,2014年的申请量出现下滑,发展劲头不足。

中国在皮肤用化妆品领域的技术研发与其他四个国家相比起步较晚,但是随着国家经济的快速发展,人民生活水平不断提高,对于护肤品的需求日益增加,专利保护意识不断加强,从2010年开始发展速度迅猛,并于2011年以788项的申请量超越日本及其他国家,成为皮肤用化妆品领域发明专利年申请量最多的国家。2012年之后中国专利申请量呈指数式增长,并一直保持年申请总量排名第一,于2017年达到申请量最高峰,全年申请量5814项,说明中国近年来在皮肤用化妆品领域得到快速发展。

从上述国家的专利申请量发展趋势对比可以看出,日本、韩国、美国、法国技术研发起步早,有深厚的技术积累,中国技术研发起步晚,当日本、韩国、美国、法国均已进入技术稳定期时中国才开始介入,但是中国后期发展迅速,专利申请量超过日本、韩国、美国、法国。

2. 全球创新主体竞争格局

图4-6和图4-7所示为皮肤用化妆品领域全球专利申请量、有效量排名前10位的申请人分布情况。可以看出,虽然中国的专利申请量最多,但是没有中国申请人进入全球申请量、有效量排名前10位榜单。从图4-6中可以看出,全球专利申请总量排名前10位的申请人中,日本企业有4个(花王、资生堂、宝丽、高丝),韩国企业有2个(爱茉莉太平洋、LG生活健康),法国企业有欧莱雅,其发明专利申请总量位于全球第一,美国企业有宝洁,其发明专利申请总量位于全球第五。从申请量排名可以看出,在皮肤用化妆品领域,外国化妆品龙头企业在专利申请数量上占据了较大的优势,拥有雄厚的专利技术储备,而中国申请人在专利数量上与国际领先企业相比仍存在一定的差距,亟须加强对该领域的研发投入,并加强专利布局。

从图4-7的专利有效量分布情况可以看出,皮肤用化妆品全球专利技术主要集中在国际领先企业中。欧莱雅在该领域的专利有效量为1445项,该企业处于技术绝对领先地位,为全球领军型企业。韩国的爱茉莉太平洋、LG生活健康、高丽雅娜在皮肤用化妆品领域也同样保持着较高的研发热度和活跃度,研发及产业实力不容小觑。日本重点企业有花王、资生堂、高丝、宝丽,可见,日本在该领域深耕的企业较多。此外,宝洁和联合利华也有一定数量的专利布局，表明皮肤用化妆品领域国际领先企业之间的竞争相对激烈。中国企业未出现在皮肤用化妆品领域专利有效量排名前10位的榜单，但近年来中国在该领域的专利申请大大增加，发展迅速。

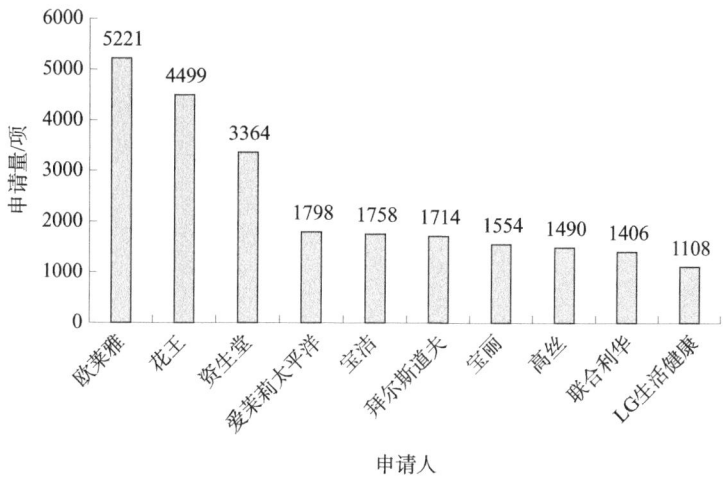

图4-6　皮肤用化妆品领域专利申请全球主要申请人分布

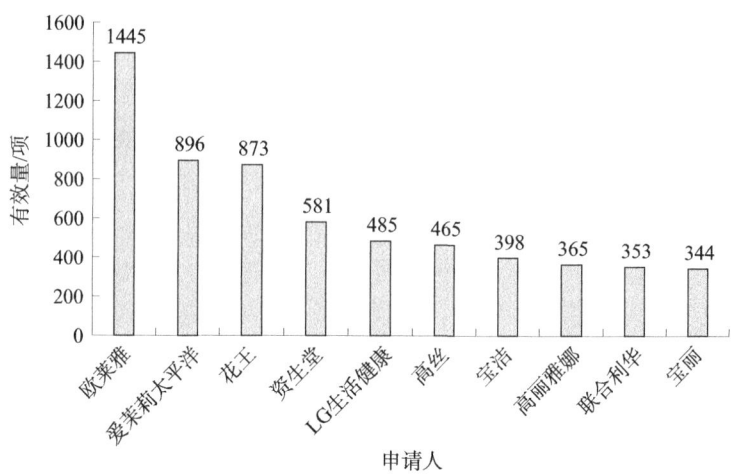

图4-7　皮肤用化妆品领域有效专利全球主要申请人分布

总体来看，皮肤用化妆品领域技术经过了长足发展，各跨国企业的专利布局已经逐渐完善，国外各龙头企业专利申请发展势头已开始放缓。而国内市场仍在快速扩张，申请量增加较快，国内企业之间的竞争较为激烈。

4.2.2　创新主体实力定位

1. 在华创新主体地域分布

图4-8展示了皮肤用化妆品领域在华专利申请人国家/地区或组织分布情况。可

以看出，在华申请中，中国申请人的专利申请总量位居第一，占比达87%，说明在皮肤用化妆品领域，国内申请人已经意识到对化妆品技术申请专利保护的重要性，加大了对专利申请的力度，中国申请人的申请量远远超过海外申请人的申请量总和。美国则依托其本土的宝洁、强生等几大国际知名日化企业作为技术创新主体，保持了一定的在华专利申请量。此外，日本、韩国、法国等国家也都在中国进行了一定数量的专利布局，说明国外企业对中国市场保持一定的重视，期望通过在中国开展专利布局，进而抢占中国市场的份额。

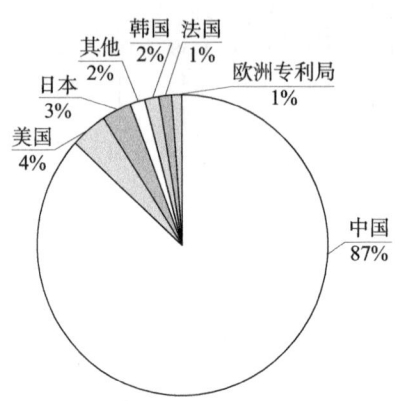

图 4-8　皮肤用化妆品领域在华专利申请人分布

2. 在华创新主体申请量、授权量分布

图 4-9 和图 4-10 所示为皮肤用化妆品领域在华专利申请量、授权量排名前 10 位的申请人分布情况。从申请量来看，有 2 家日本企业（资生堂、花王）、2 家美国企业（宝洁、强生）、1 家法国企业（欧莱雅）、1 家荷兰企业（联合利华）、1 家韩国企业（爱茉莉太平洋）、3 家中国企业（丸美、丹姿、上海家化）。外国企业在申请数量上占据了主导地位，尤其是欧莱雅、宝洁，专利申请量分别高达 579 件、551 件。中国的 3 家企业在皮肤用化妆品领域的专利申请量分别为 178 件、157 件和 153 件，大部分为国内申请，PCT 等涉外申请与跨国化妆品企业相比较少，上海家化的 PCT 专利申请量有 26 件，说明上海家化比较注重海外专利布局。从授权量来看，外国企业资生堂、花王、宝洁、欧莱雅、联合利华、爱茉莉太平洋和中国企业丹姿、上海家化依然在前 10 位的榜单上，芭薇、珀莱雅取代丸美、强生进入授权量排名前 10 位的榜单。

可以看出，随着中国化妆品市场的不断扩大，跨国化妆品企业重视在中国进行专利布局，形成专利技术壁垒。国内企业想在皮肤用化妆品领域寻求突破并不容易，还需要加大在该领域的研发投入，提高自主创新能力和技术水平，及时对研发形成的关键技术进行专利保护，增加海外专利布局，提高影响力。跨国化妆品企业注重专利技术的质量和专利的稳定性，倾向于申请专利保护较为稳定的发明专利申请。国内申请人发明专利质量有所提高，尤其是上海家化，26 件涉外专利申请中有 17 件已获得授权，有望进一步缩小与跨国化妆品企业的差距。

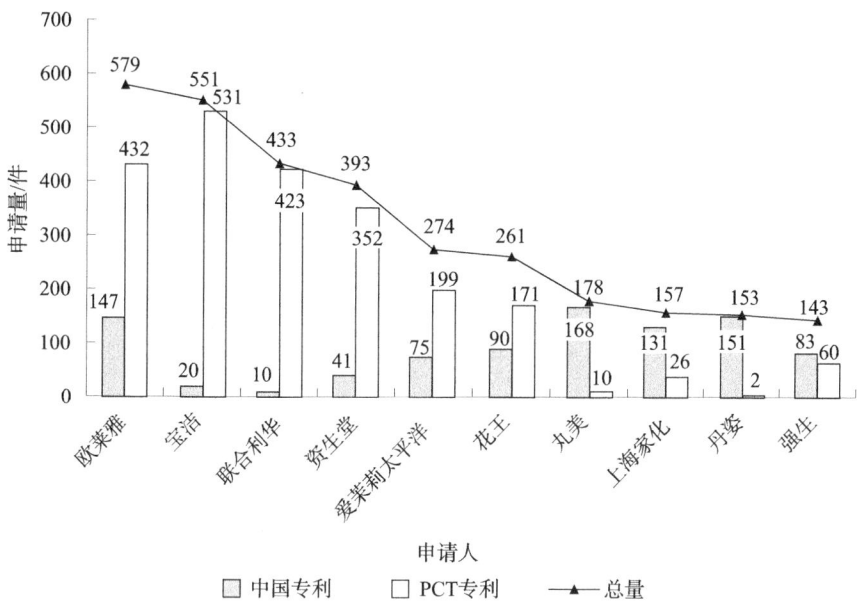

图 4-9 皮肤用化妆品领域在华专利申请主要申请人分布

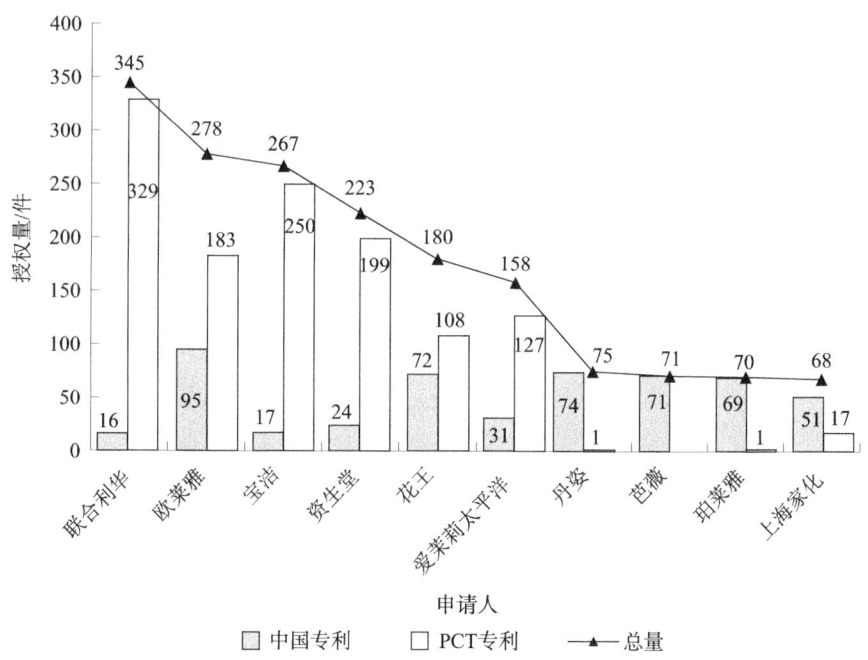

图 4-10 皮肤用化妆品领域在华授权专利主要申请人分布

3. 国内创新主体申请量分布

图 4-11 和图 4-12 所示为皮肤用化妆品领域国内和广东省排名前 10 位的申请人分布情况。

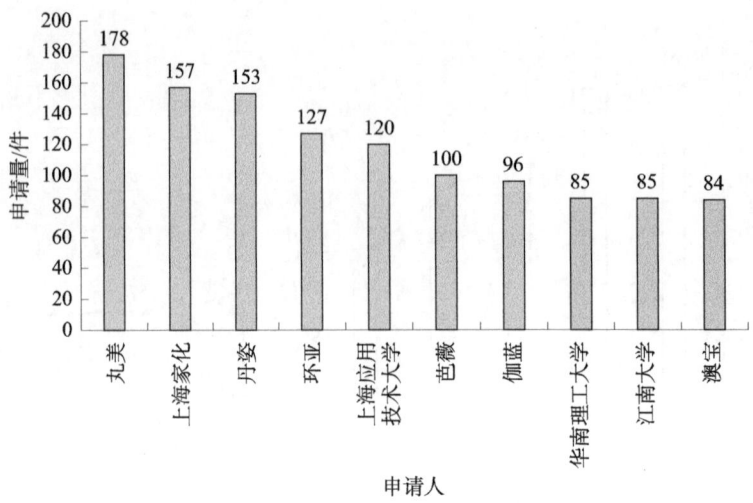

图 4-11　皮肤用化妆品领域排名前 10 位的国内申请人

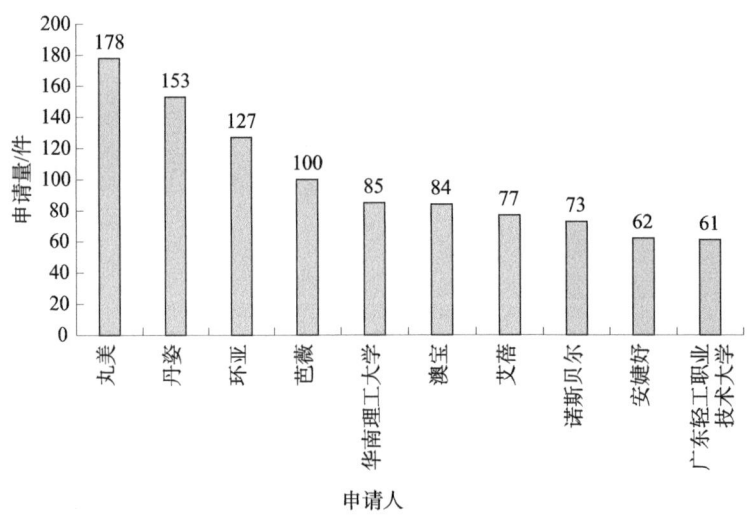

图 4-12　皮肤用化妆品领域排名前 10 位的广东省专利申请人

从图 4-11 所示的皮肤用化妆品领域国内申请人排名中可以看出，该领域的国内专利申请量在申请人方面集中度不高，国内各化妆品企业/高校均有涉足，申请量分布均衡，但是区域分布相对集中，且创新主体以企业、高校为主。国内排名前 10 位的申请人中，广东省的申请人有丸美、丹姿、环亚、芭薇、华南理工大学、澳宝，上海家化、上海应用技术大学、伽蓝位于上海，江南大学位于江苏省。这表明皮肤用化妆品领域国内重要申请人主要分布在广东省以及上海市，国内主要创新主体已具备较强的专利保护意识。

广东省排名前 10 位的申请人中，广州市的申请人有丸美、丹姿、环亚、芭薇、华南理工大学、艾蓓、安婕妤、广东轻工职业技术大学，澳宝位于广东省惠州市，诺斯贝尔位于广东省中山市。可以看出，皮肤用化妆品领域广东省内重要申请人主要分布在广州市，表明广州市内化妆品龙头企业已具备较强的专利保护意识。而其他日化企业在该领域的专利申请量均不多，一方面与企业自身技术创新意识不强有关，另一方面也与企业的专利保护意识不强有关。很多中小企业研发实力弱，对专利制度不熟悉，也不了解专利保护能够带来市场价值和经济价值。政府可以适当加大对中小企业创新主体的扶持力度，加大研发投入，鼓励创新，提高创新成果专利权保护的意识。

4. 创新主体类型分析

图 4-13 至图 4-15 展示了皮肤用化妆品领域中国、广东省、广州市专利申请的申请人类型分布情况。可以看出，在该领域，企业为最主要的创新主体，尤其是广州市的专利申请中企业占比高达 87%，高于全国水平。一方面，说明在皮肤用化妆品领域，企业的专利保护意识相对较强，企业申请人作为该领域的技术创新主体，其技术发展水平基本代表了广州市整个产业的发展现状；另一方面，说明广州市集聚了省内化妆品产业规模较大且技术处于领先地位的多家龙头企业，企业作为市场竞争的主体，积极通过专利布局的方式抢占市场份额。此外，广州市拥有多个化妆品产业集聚区，如广州市白云区的"白云美湾"、广州市黄埔区的"南方美谷"、广州市花都区的"中国美都"，集聚了在该产业中产业规模最大、技术水平领先的研发与生产企业。可以看出，产业集群效应有利于帮助企业高质量发展。

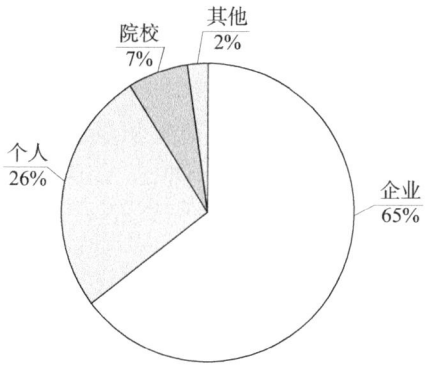

图 4-13　皮肤用化妆品领域中国专利申请人类型

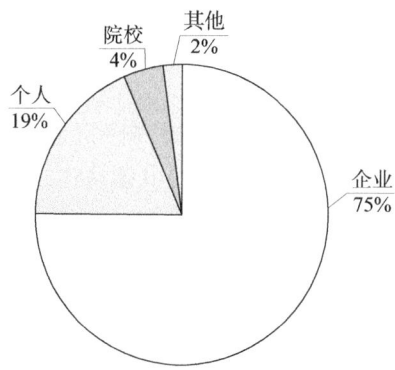

图 4-14　皮肤用化妆品领域广东省专利申请人类型

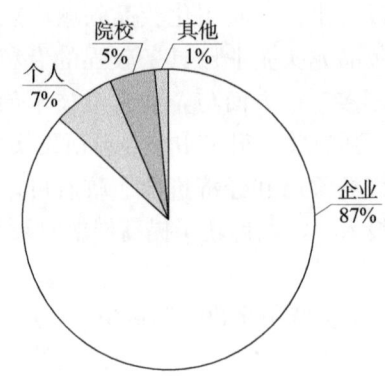

图 4-15　皮肤用化妆品领域广州市专利申请人类型

皮肤用化妆品领域专利申请模式的分布与化妆品的行业特色相关，化妆品为日用快消品，市场需求量大，为抢占市场份额，企业之间的市场竞争也比较激烈，如海外有资生堂、花王、宝洁、强生、欧莱雅、联合利华、爱茉莉太平洋，而国内也有丸美、丹姿等。专利保护作为赢得市场竞争的重要手段，使得行业内的生产企业更加注重通过专利申请获得专利保护。通过关注该领域主要企业的技术创新动态、研发重心等即可了解整个化妆品产业整体发展情况。

院校及科研机构申请量占比较低，一方面与目前国内专门设置化妆品专业的高校数量并不多有关，据统计，截至2021年，仅有18所院校设置了化妆品专业，缺少人才培育创新基地，化妆品人才培养机制不成熟；另一方面是缺乏化妆品专项课题，院校及科研机构开展化妆品课题研究经费不足，研发积极性不强，创新活跃度不高，产教融合、校企合作不紧密，项目成果实施转化困难。

4.2.3　产业发展水平区域对比

1. 国内专利申请量分布

专利申请量在一定意义上反映出该区域的科技发展水平和经济竞争力，也是衡量该区域产业发展水平的重要指标。皮肤用化妆品领域的专利申请量分布不仅与区域内化妆品企业的产品研发现状有一定关系，而且也受到个人、院校和科研机构在该领域的研发热度、专利申请情况的影响。

从图4-16来看，皮肤用化妆品领域的国内申请人主要集中在广东省、江苏省、山东省、上海市、浙江省，这五个区域的专利申请量占皮肤用化妆品领域国内专利申请总量的61%。其中，广东省的专利申请量最多，达到10955件，占比28%，反映出广东省对于皮肤用化妆品的创新水平和专利保护意识在国内处于领先地位。究其原因，一方面主要与广东省集聚了国内化妆品产业规模较大且技术领先的多家企业有关，如丸美、环亚、丹姿、芭薇等；另一方面，也与广东省经济发展水平及地理位置优越相关，化妆品属于时尚快消品，在经济发达地区，居民对化妆品的消费欲望强烈，化妆品普及率高,且广东属于南方沿海城市,地理位置优越,与世界各国贸易联系密切,有利于国内化妆品出口海外。

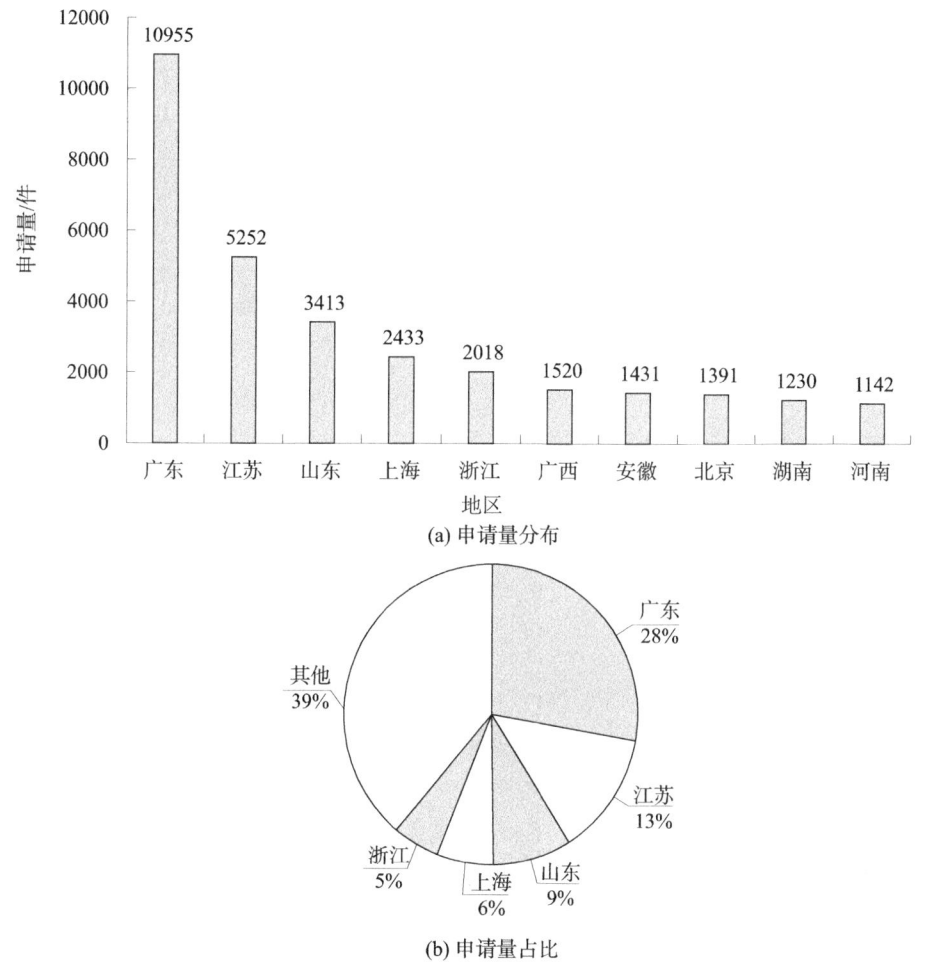

图4-16 皮肤用化妆品领域国内专利申请量分布

2. 国内地区横向对比

图4-17和图4-18展示了皮肤用化妆品领域不同地区的专利申请量分布情况。可以看出,广州市的申请量占广东省专利申请总量的56%,在国内、省内都处于明显的领先地位。广州市有多个化妆品产业集聚区,如白云区的"白云美湾"、黄埔区的"南方美谷"、花都区的"中国美都",集聚了在该产业中规模最大、技术水平领先的研发与生产企业,且其中大部分企业建立了自己的研发机构,还形成了广东省化妆品学会以及各区的化妆品行业协会等,这均促成了广州市在该领域专利申请量的领先优势。

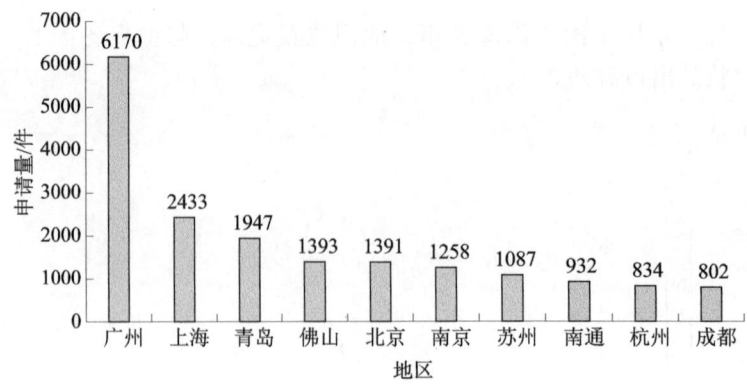

图 4-17 皮肤用化妆品领域不同城市专利申请量对比

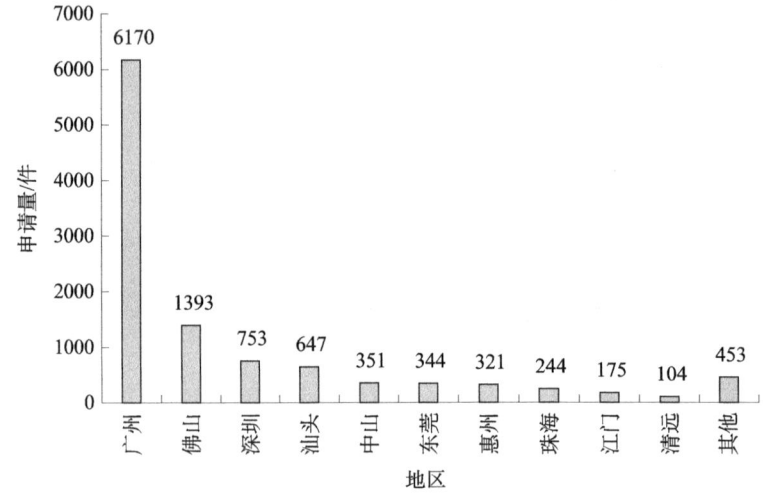

（a）申请量分布

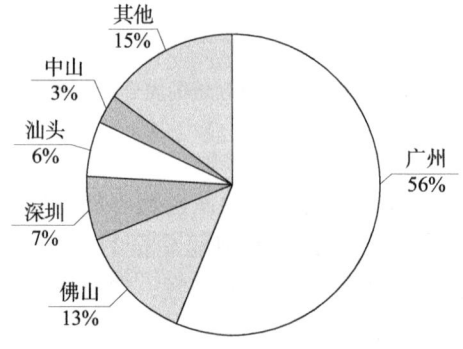

（b）申请量占比

图 4-18 皮肤用化妆品领域广东省专利申请量区域分布

3. 广州市专利申请各区分布

以广州市为研究主体，结合图 4-19 可以看出，广州市的皮肤用化妆品领域专利申请主要集中在白云区、天河区、花都区，白云区申请量占比最大，占比为31%，共1786件。白云区的化妆品产业集聚区"白云美湾"，集聚了广州市内该产业中规模大、技术水平领先的研发与生产企业，如芭薇等，其中大部分企业建立了自己的研发机构，重视申请专利保护，产业集群效应促成了白云区在该领域专利申请的领先地位。

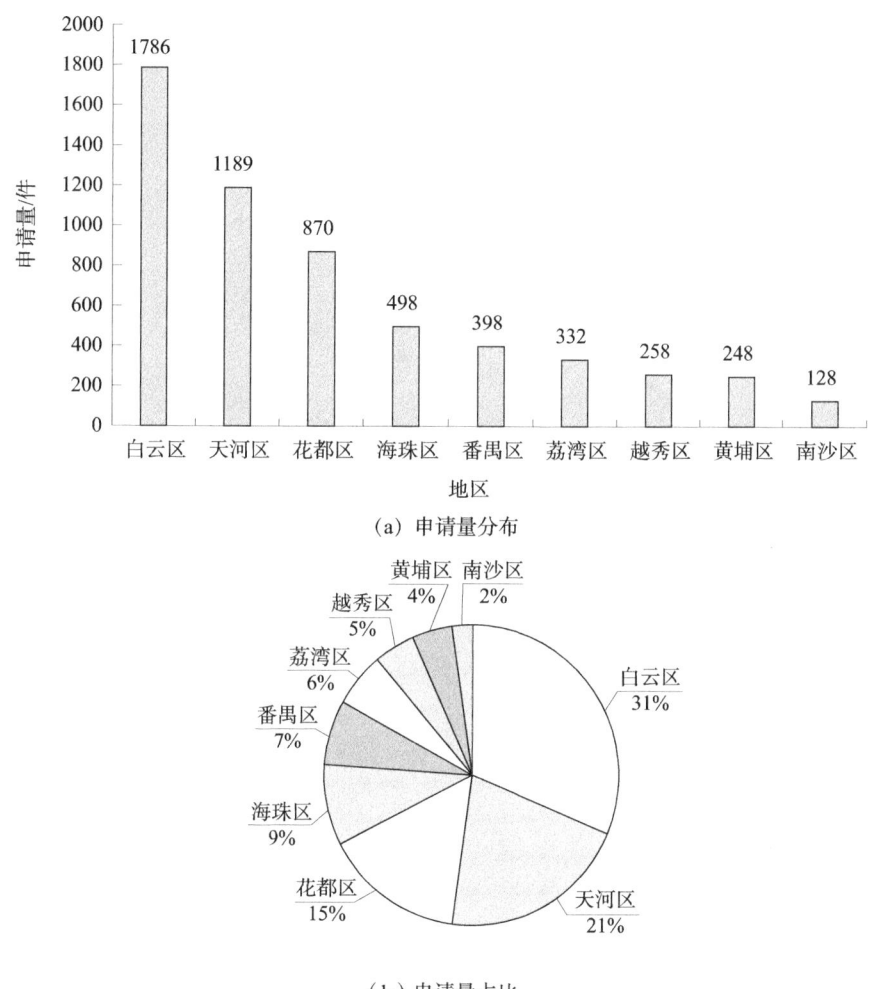

图4-19 广州市皮肤用化妆品领域专利申请各区分布

4.2.4 技术研发热点方向

皮肤用化妆品按技术功效分解，可以分为保湿、抗衰抗皱、美白祛斑、防晒、洁肤、抗菌消炎、抗敏舒缓、控油祛痘、抑汗除臭等九个技术分支。各分支之间相似度不高，检索重合度较小，因此采用总分的检索方式进行，选取合适的中英文关键词，构建适当的检索式对专利信息进行检索，得到各分支的检索结果。

1. 各技术分支申请量分布情况

图 4-20 和图 4-21 展示了皮肤用化妆品领域全球专利申请各技术分支分布情况。图 4-22 和图 4-23 展示了皮肤用化妆品领域全球专利申请各技术分支申请趋势、来源地域分布情况，来源地域是指专利申请的最早优先权国别。

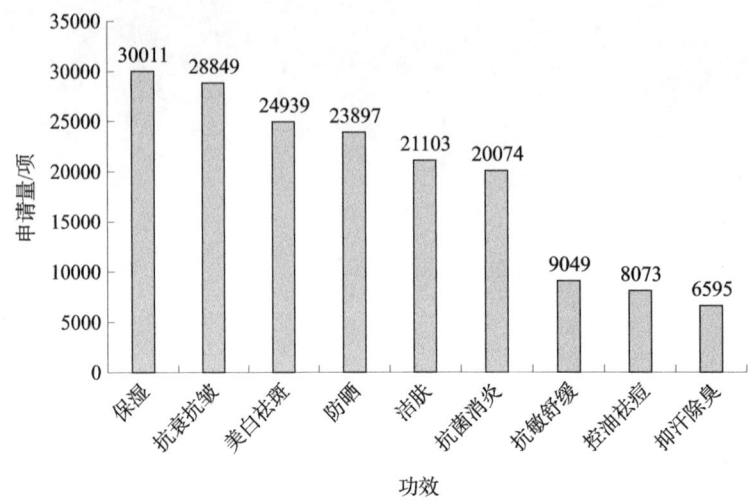

图 4-20　各技术分支全球专利申请量分布

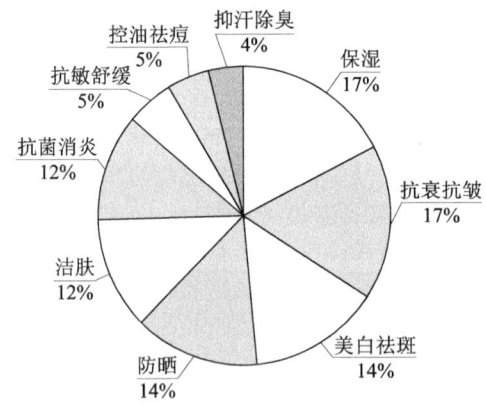

图 4-21　各技术分支全球专利申请量占比分布

由图 4-20 和图 4-21 可以看出，皮肤用化妆品领域全球专利申请主要集中在保湿、抗衰抗皱、美白祛斑、防晒四个领域，占比总和超过全球皮肤用化妆品专利申请量的 60%。可知，保湿、抗衰抗皱、美白祛斑、防晒等功效为全球创新主体在皮肤用化妆品领域的研发重点。

由图 4-22 可以看出，保湿、抗衰抗皱、美白祛斑、防晒四个领域全球专利申请趋势发展过程相似度高。1902—1980 年，申请量较少，发展缓慢；1981—2010 年，随着生活水平的提高，人们对化妆品的关注度越来越高，申请量平稳增加；2011 年以后，申请量呈指数式增长，快速发展。图 4-23 显示了国内外皮肤用化妆品领域专利申请量数据对比情况，可以看出在保湿技术分支方面，国内的申请量略大于国外的申请量，抗衰抗皱、美白祛斑、防晒三个技术分支则相反，尤其是防晒，国内申请量约为国外申请量的一半。可以看出，国内申请人重视保湿化妆品的研发，而国外申请人更注重美白祛斑、防晒化妆品的专利布局。

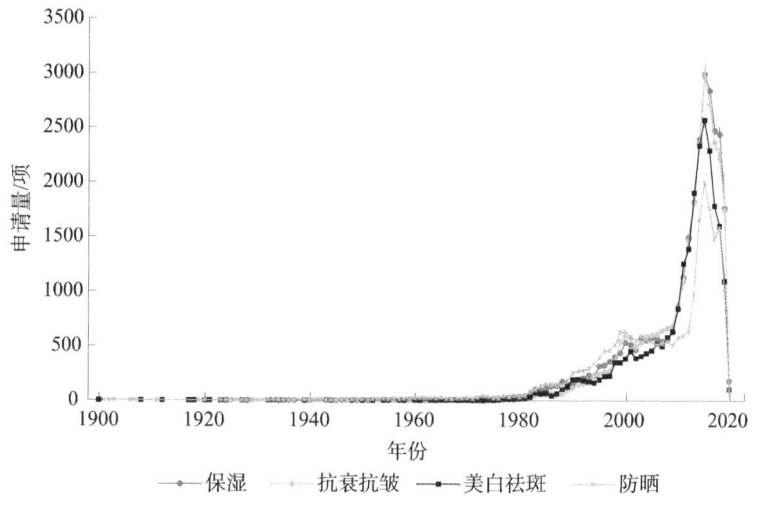

图4-22 重点技术分支全球专利申请趋势

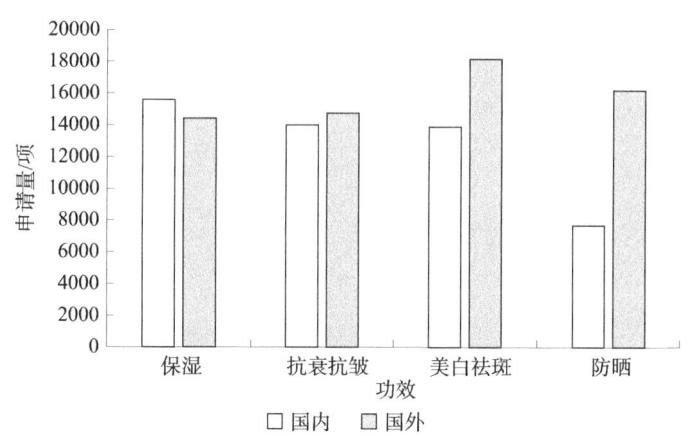

图4-23 皮肤用化妆品领域重点技术分支全球专利申请来源地域分布

2. 皮肤用保湿化妆品

人体皮肤存在天然的保湿系统，由水、天然保湿因子和脂类等物质组成，充分的皮肤水含量对维持皮肤光滑、柔软和富有弹性是很重要的，尤其是保持皮肤角质层的含水量处于最佳范围值非常关键。正常的皮肤角质层的含水量通常为20%左右，以维持皮肤的柔软和弹性，若皮肤老化或受到损伤导致水分散失至低于10%，肌肤张力与光泽就会逐渐消失，角质层容易脱落，皮肤外观就会干燥、粗糙，甚至破裂。因此，皮肤的持水能力主要和角质层有关，一方面角质层通过产生脂质与其他来源的脂质共同在皮肤表面形成皮脂膜防止水分过快蒸发；另一方面由于皮肤角质层中存在天然保湿因子，天然保湿因子不仅能保持皮肤角质层中水分稳定，还有助于皮肤从空气中吸收水分。

在化妆品中添加保湿剂就是为了要保持皮肤处于良好状态，补充或保持皮肤角质层中水分含量，使之处于理想范围内，防止皮肤干燥、粗糙、失去弹性。保湿剂在化妆品中处于非常重要的地位，对于保持皮肤水分、修复皮肤屏障、提升皮肤美白、防止皮肤衰老等方面有着举足轻重的作用。

图4-24展示了申请日在2012—2022年的皮肤用保湿化妆品全球专利申请重要原料的使用分布情况。经统计，透明质酸、神经酰胺、泛醇、角鲨烷、甜菜碱、葡聚糖、芦荟提取物、吡咯烷酮羧酸（PCA）、藻类提取物为皮肤用保湿化妆品领域的重要原料。可以看出，含透明质酸、芦荟提取物、甜菜碱的专利申请量较高，尤其含透明质酸的专利申请量最高，为6977项。可见，透明质酸在保湿化妆品中占据重要地位，透明质酸作为一种理想的天然保湿因子，广泛存在于化妆品中，具有良好的保湿性、润滑性和成膜性，涂于皮肤后，可在皮肤表面形成一层薄膜，使皮肤光滑，保护肌肤。芦荟提取物对皮肤有良好的保湿作用和相容性，来源于天然植物原料，能和常用的化妆品原料相容，因而可以把它用于很多化妆品中。含有甜菜碱的专利申请也不少，甜菜碱为一种生物碱，广泛存在于动植物中，具有优良的天然保湿性能。含有神经酰胺、吡咯烷酮羧酸（PCA）、藻类提取物的专利申请量相对较少，但是它们均是具有良好保湿功效的活性原料，企业可关注这些方面的研发，增加专利布局。

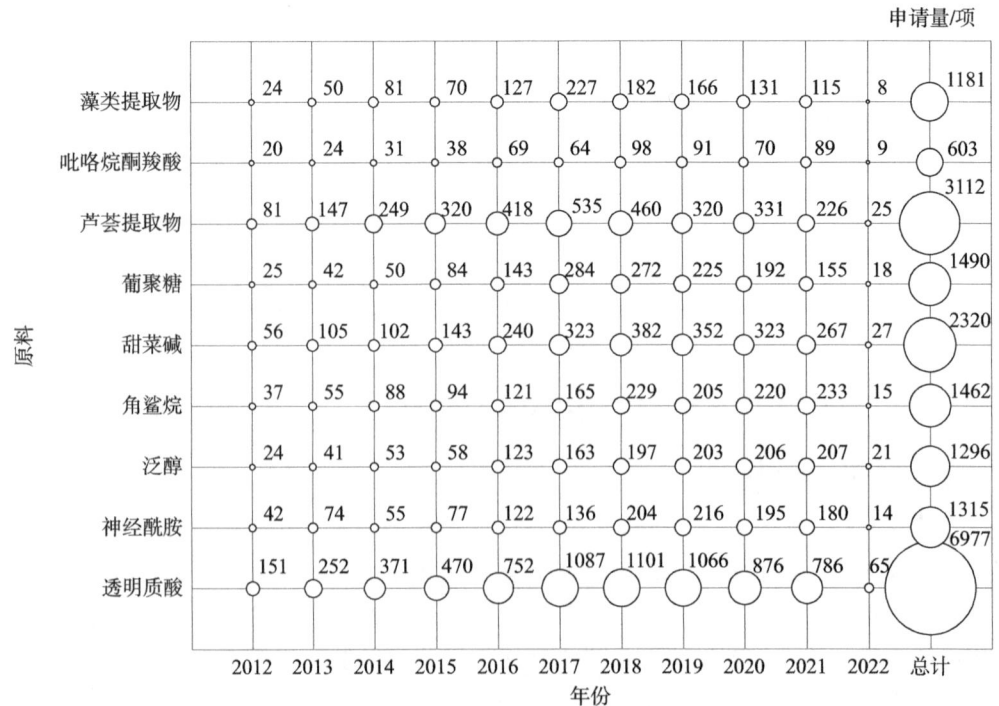

图4-24 皮肤用保湿化妆品重点原料全球专利申请量趋势

为研究国内保湿技术近年来的技术发展脉络，本书筛选了国内保湿化妆品领域申请量排名靠前的重点企业，包括华熙生物、丹姿、芭薇、丸美、湖南御家、艾蓓、环亚、睿森生物、高姿等，统计了这些企业2017—2022年授权专利的保湿技术研发状况，对涉及的具体保湿机理归纳如表4-2所示，2017—2022年保湿机理对应的申请量如图4-25所示。此外，进一步筛选了重点企业使用量靠前的原料与保湿机理对应的申请量，如图4-26所示。

表4-2 2017—2022年授权专利保湿机理

机理	主要内容
防止水分蒸发	皮肤表皮直接与外界环境接触，容易在高温等条件下蒸发散失部分水分造成皮肤含水量下降，在皮肤表层添加能够成膜的保湿剂可将水分锁住在皮肤中，避免散失
吸收外界水分	皮肤中含水量来源主要靠人体内部提供和外部环境供给，在人体含水量摄入较少的情况下，可从外部空气中通过吸湿作用补充水分，提高皮肤含水量
结合亲水成分	皮肤表面上的皮脂膜等油质性成分能与天然保湿因子中的亲水性物质结合或包围天然保湿因子，起到防止亲水性物质流失并进一步防止水分挥发的作用，通过结合稳定亲水性物质和皮脂膜等成分有助于皮肤含水量的维持
修复角质细胞	角质层结构若受到伤害或破坏就无法维持皮肤中正常的含水量，通过修复受损的角质层细胞可使之维持正常功能

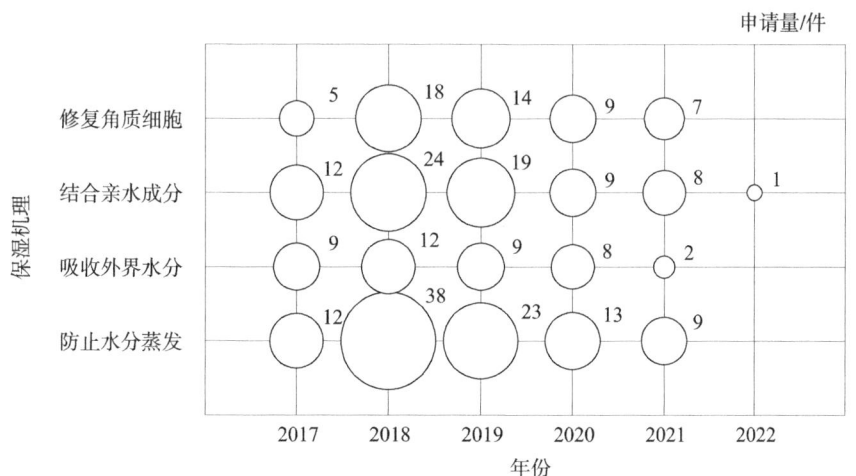

图4-25 2017—2022年授权专利保湿机理申请量分布

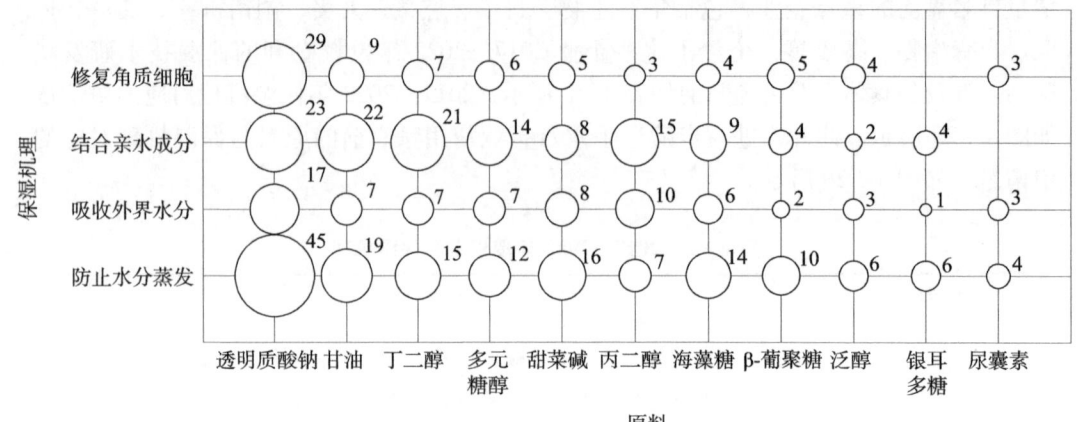

图 4-26　原料与保湿机理对应的申请量分布

根据表 4-2，2017—2022 年授权专利保湿机理主要包括防止水分蒸发、吸收外界水分、结合亲水成分、修复角质细胞；根据图 4-25，从涉及的保湿机理来看，申请量从高到低依次是防止水分蒸发、结合亲水成分、修复角质细胞、吸收外界水分，其中防止水分蒸发为 95 件，其余分别为 73 件、53 件、40 件。可见，目前国内保湿化妆品领域的研发热点在于如何防止皮肤水分蒸发，达到提高皮肤锁水效果；而研发相对较少的为修复角质细胞和吸收外界水分。

根据图 4-26，被统计企业 2017—2022 年授权/有效发明专利中使用量靠前的保湿原料从高到低依次为透明质酸钠、甘油、丁二醇、多元糖醇、甜菜碱、丙二醇、海藻糖、β-葡聚糖、泛醇、银耳多糖、尿囊素。但是在不同保湿机理下，保湿原料使用量有所不同，对于防止水分蒸发功效排名前 6 位的是透明质酸钠、甘油、甜菜碱、丁二醇、海藻糖、多元糖醇，对于吸收外界水分功效排名前 6 位的是透明质酸钠、丙二醇、甜菜碱、甘油、丁二醇、多元糖醇，对于结合亲水成分功效排名前 6 位的是透明质酸钠、甘油、丁二醇、丙二醇、多元糖醇、海藻糖，对于修复角质细胞排名前 6 位的是透明质酸钠、甘油、丁二醇、多元糖醇、甜菜碱、β-葡聚糖。可以很明显地看出，透明质酸钠在防止水分蒸发、吸收外界水分、结合亲水成分、修复角质细胞各个机理中的专利数量占比最高，应用较广，是目前保湿领域原料的研发热点。

从原料性质看，这些原料均为亲水性原料；从结构看，透明质酸钠、海藻糖、β-葡聚糖、银耳多糖均为多糖类，甘油、丁二醇、多元糖醇、丙二醇均为多元醇类，甜菜碱为氨基酸类，泛醇为维生素类，尿囊素为尿素衍生物。

透明质酸钠具有较强的吸湿和保湿作用，还易与水分子结合形成黏稠凝胶，具有较强的成膜和润滑性能，在皮肤表皮形成薄膜，能较好地将水分锁在皮肤中，避免挥发散失。此外，天然保湿因子的组成如氨基酸、吡咯烷酮羧酸钠、乳酸、尿酸及其盐类等都是亲水性物质。从化学结构方面而言，天然保湿因子和透明质酸钠都具有极性基团，极易与水分子以不同形式形成化学键而发生作用，使得水分挥发度降低，起到保湿作用。此外，透明质酸钠可通过修复受损屏障来提高角质层完整性。可见，透明质酸钠出色的成膜性、较强的极性和吸水性、提高角质层完整性是其目前应用最为广泛的原因。海藻糖在成膜性和吸湿性方面都远远优于β-葡聚糖和银耳多糖，因此，海藻糖在防止水分蒸发和结合亲水成分等机理中的使用量都多于β-葡聚糖和银耳多糖。

甘油又称丙三醇，触感滑腻，延展性好，能够在皮肤表皮形成一层薄膜，以此来隔绝空气的侵入让皮肤的水分不易蒸发，将皮肤中的水分锁住，将水分留在角质层，不让它流失，还可吸收空气中的水分来滋润皮肤，保持皮肤柔软，能有效防止皮肤干裂。虽然浓度过高的甘油有刺激性，在一定程度上限制了其使用范围，但低廉的成本仍然使其无法被完全取代。丁二醇、多元糖醇、丙二醇与甘油性质相似，也因成本低廉而应用广泛。因此，甘油等多元醇类依靠出色的成膜性和吸湿性在防止水分蒸发、吸收外界水分和结合亲水成分等机理方面应用较广。

甜菜碱是一种氨基酸保湿剂。在外界高渗透压力下，如皮肤表层脱水和紫外线照射会引起皮肤细胞内渗透质的大量流失，从而造成细胞凋亡，而甜菜碱能明显地抑制这一过程，在低浓度下依然可以达到持久保湿的效果。因此，甜菜碱在各个机理中使用量均处于前列。

此外，泛醇为维生素类保湿剂。维生素 B5 的前体，分子量较小，能够有效渗透皮肤角质层，滋润皮肤表面，具有极强的吸湿性，外用可增加角质层含水量，减少水分经皮流失。尿囊素是尿素的衍生物，可促进皮肤表层的吸水能力，软化角质蛋白，提高皮肤弹性、光泽，减少干燥粗糙。虽然泛醇和尿囊素吸水能力较强，但成膜性等方面较差，在一定程度上限制了其应用范围。

综上所述，保湿剂对于各机理的应用范围是由成膜性、吸湿性、修复屏障和原料成本等因素综合决定的。

为分析皮肤用保湿化妆品技术分支发明专利中重点技术热点及创新主体分布等情况，下文将在该分支检索结果中按照一定指标筛选出相关重要专利，获得相应专利技术信息。重要专利为较为独特、能够有效阻止他人非法使用的专利，本文中重要专利的筛选，主要参考了如下指标。

（1）根据被引用次数选取。专利文献的被引用次数与公开时间的年限成正比，公开越早被引用的次数就可能越高；被引用次数相同的专利文献，公开时间越晚，重要性越高；同一时期的专利文献，被引用次数越高，重要性越高。

（2）根据同族专利数量选取。具有相同数量级别引用次数的专利文献，如果同族专利数量越多，那么该专利文献重要性越高。

（3）根据同族国家数量选取。具有 5 个以上同族国家的专利，说明需要在多个国家进行专利布局，该专利也更重要。

（4）根据法律有效性选取。具有相同数量级别引用次数的专利文献，如果法律有效性为有效或期限届满，代表该专利文献技术方案获得了审查机构认可，那么该专利文献重要性越高。

（5）根据重要申请人选取。具有相同的被引用次数的专利，如果其申请人属于重要申请人，更值得关注。

表4-3为根据前述重要专利选取标准筛选出来的皮肤用保湿化妆品领域的重要专利。

表4-3 皮肤用保湿化妆品领域重要专利

序号	公开（公告）号	标题	申请人
1	US3755560A	NONGREASY化妆品乳液	陶氏
2	US4217344A	含有脂质球水分散体的组合物	欧莱雅
3	US5800816A	化妆品成分	露华浓
4	US6013270A	护肤套装	宝洁
5	EP0007785B1	皮肤治疗组合物，其制备方法和包含这些组合物的涂抹器	联合利华
6	US20030152528A1	用于牙齿美白的水凝胶组合物	Corium制药公司
7	US5221534A	健康和美容辅助组合物	鹏斯产品公司
8	US5622692A	面部粉底产品定制方法及装置	联合利华
9	US20030165550A1	微晶换肤装置、组合物和方法	德美乐嘉护肤品公司
10	US5674511A	具有凝胶形成聚合物、脂质和结晶乙二醇脂肪酸酯的存储稳定的皮肤清洁液	宝洁
11	US6753000B2	用于治疗皮肤病痛的羟基芪/抗坏血酸组合物	欧莱雅
12	US4919934A	化妆棒	理查森-维克斯有限公司
13	US7078026B2	基于硅油的结构化组合物，尤其适用于化妆品	欧莱雅
14	US20020028223A1	无水化妆品组合物	诺艾克赛尔公司
15	US10117812B2	结合极性溶剂和疏水性载体的可发泡组合物	FOAMIX公司
16	US9439857B2	含过氧化苯甲酰的泡沫	FOAMIX公司
17	US4956170A	皮肤保湿/调理抗菌酒精凝胶	约翰逊父子公司

续表

序号	公开（公告）号	标题	申请人
18	US6440437B1	对皮肤健康有益的湿巾	金伯利－克拉克环球有限公司
19	US6042815A	水油乳液固体化妆品组合物	露华浓
20	US5073372A	免洗面部乳液组合物	理查森－维克斯有限公司
21	US4983382A	含有稳定抗坏血酸的化妆品制剂	雅芳
22	US5624663A	含有UV－A滤光剂和取代的亚苄基丙二酸二烷基酯的光稳定化妆品滤光剂组合物、取代的亚苄基丙二酸二烷基酯在化妆品中作为宽带太阳能滤光剂的用途和新型取代的丙二酸二烷基酯	欧莱雅
23	US4826828A	用于减少皱纹的组合物和方法	雅芳

从表4-3可以看到，皮肤用保湿化妆品领域的重要专利几乎掌握在欧莱雅、宝洁、联合利华等跨国企业手中，尤其是法国的欧莱雅，作为化妆品产业巨头，其成立时间早，产品市场份额占比高，研发实力雄厚，长期保持着较高的研发热度，研发投入高，并且熟练掌握专利申请相关事务，早期申请的重点专利维持年限长，为企业带来了巨大的经济效益。

皮肤用保湿化妆品领域重要专利主要涉及的产品类型包括化妆品乳液、脂质体、凝胶、粉底、化妆棒、发泡组合物、湿巾等，还包括化妆品成分、护肤套装以及产品定制方法及装置等。

与跨国大企业相比，国内企业在皮肤用保湿化妆品领域的技术实力显得较为薄弱，具体主要表现为授权专利数量少，专利权维持年限短，被引频次低，缺乏研发的连续性，各项专利涉及的技术方案基本都是相互独立的，相关技术极少在海外进行专利布局，难以形成严密的专利保护网。因此，国内创新主体对于该技术领域的研发投入还有待加强。

3. 皮肤用抗衰抗皱化妆品

图4-27展示了申请日在2012—2022年的皮肤用抗衰抗皱化妆品全球专利申请重要原料的使用分布情况。

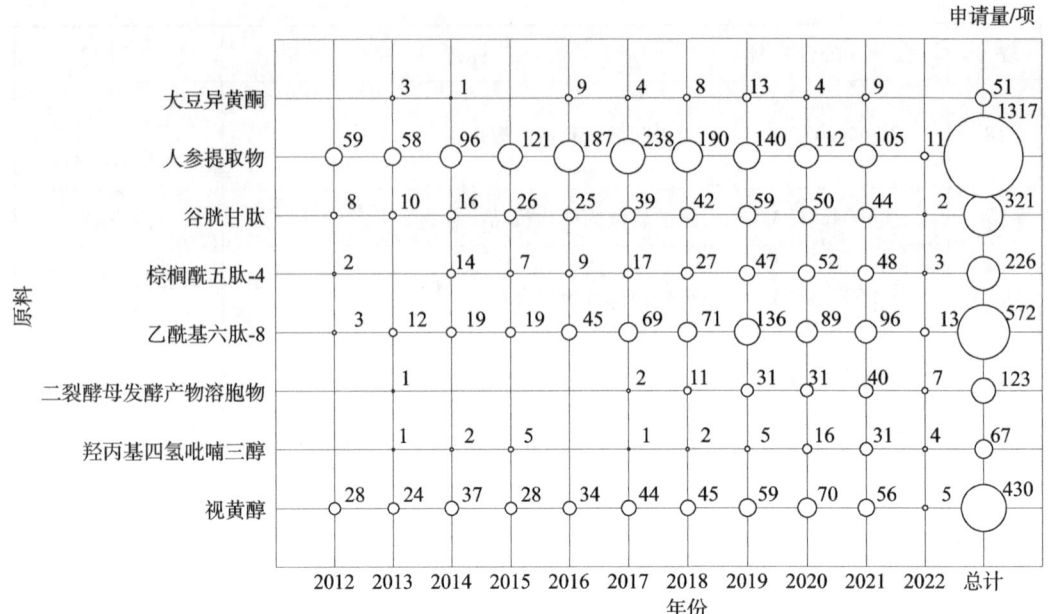

图 4-27　皮肤用抗衰抗皱化妆品全球专利申请重点原料申请量趋势

经统计，视黄醇、羟丙基四氢吡喃三醇、二裂酵母发酵产物溶胞物、乙酰基六肽-8、棕榈酰五肽-4、谷胱甘肽、人参提取物、大豆异黄酮为皮肤用抗衰抗皱化妆品领域的重要原料。由图4-27可以看出，包含人参提取物的专利申请量明显高于其他原料。可见，人参提取物在皮肤用抗衰抗皱化妆品领域中占据重要地位，人参提取物能够延缓皮肤衰老，增加皮肤弹性，起到保护皮肤、防止和减少皮肤皱纹的作用。近年来，乙酰基六肽-8、视黄醇、谷胱甘肽、棕榈酰五肽-4在皮肤用抗衰抗皱化妆品中也保持一定的研究热度。乙酰基六肽-8是一种生物活性多肽，既可以减少已有的面部皱纹，又可以有效防止新的皱纹产生，从而减少动态纹、表情纹的产生；视黄醇又名维生素A，是一种有效的抗衰老成分，在抗衰类化妆品中有重要的作用；谷胱甘肽有广谱的抗氧能力，具有抗衰老的作用；棕榈酰五肽-4促进皮肤基质的胶原蛋白的合成，达到抗衰老的效果。包含二裂酵母发酵产物溶胞物、羟丙基四氢吡喃三醇、大豆异黄酮的发明申请相对较少，二裂酵母发酵产物溶胞物是经双歧杆菌培养、灭活及分解得到的代谢产物、细胞质片段、细胞壁组分及多糖复合体，可有效保护皮肤不受紫外线损伤，帮助和预防表皮及真皮的光老化，具有抗衰老的功能，2017年之前的申请量较少。

为了进一步分析国内涉及抗衰抗皱功效的皮肤用化妆品近年来的技术发展情况，本书对国内涉及皮肤抗衰抗皱化妆品的发明专利进行了检索，筛选其中申请量排名靠前的申请人在2017—2021年申请的已获授权的有效专利，对专利中说明书记载的涉及抗衰抗皱功效的原料及其机理进行标引、统计分析。申请人主要包括丸美、丹姿、芭薇、环亚、珀莱雅、华熙生物、华南理工大学、高姿、睿森生物、无限极、上海应用技术大学、艾蓓、伽蓝集团等。

如图4-28所示，涉及抗衰抗皱且出现频率在2次及以上的原料共有15大类，该频率是以一篇专利中出现的原料大类的次数计算的。例如，一篇专利中涉及抗衰抗皱的原料出现了植物/中药提取物，不管其涉及多少种具体的植物/中药提取物，其出现频率均计为1次。

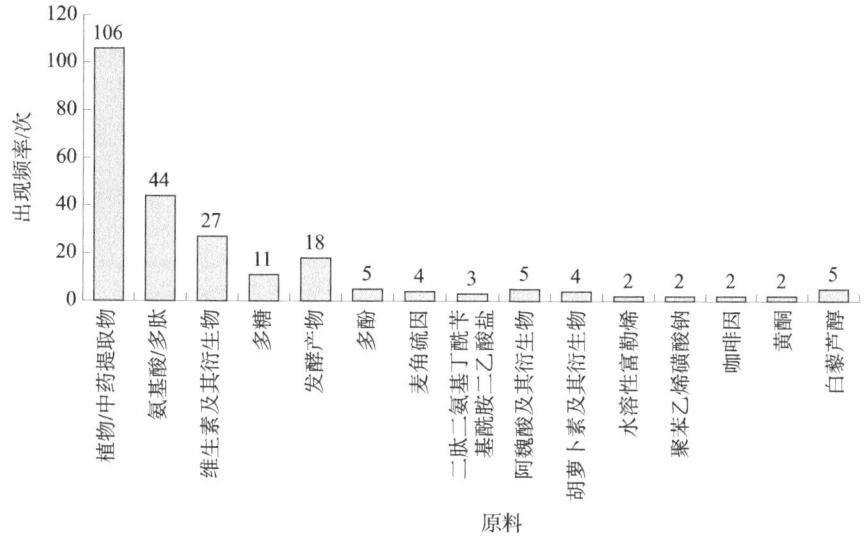

图4-28　2017—2021年涉及抗衰抗皱化妆品授权专利中原料出现频率

在15个大类的原料中，植物/中药提取物出现频率最高，为106次，充分说明目前国内化妆品企业对绿色、天然原料的重视。使用或开发合适的天然化妆品，可以将植物资源优势转化成天然化妆品的商品优势和经济优势，目前这已成为化妆品企业的产品研究发展趋势。植物/中药提取物作为活性成分配制的化妆品与传统化妆品相比，具有很多优点：功效更为全面，克服了传统化妆品化学合成品的缺点，使产品的安全性能更高；天然组分更容易被皮肤吸收，使产品的作用效果更显著；产品更温和、功能性更突出等。

氨基酸/多肽也为较常使用的抗衰抗皱原料，其出现频率为44次。氨基酸/多肽为化妆品中常见的抗衰老成分，其具有以下的优势：活性多样，不同结构的多肽解决不同的皮肤问题；皮肤易吸收，小肽分子量小，透皮易于吸收，活性稳定；具有针对性，多肽被誉为皮肤细胞衰老问题的解药。

维生素及其衍生物是抗衰界元老级的物质。1980年前后，雅芳出品了使用维生素C的抗衰产品。1986年，维A酸可以减少皮肤皱纹的功效就已经得到了临床证实，而由于维A酸的刺激性，化妆品中广泛使用的是维A醇，即视黄醇。一直到现在，维生素及其衍生物仍然是抗衰老化妆品中常用的活性成分。这一现象也在专利中得到了体现。维生素及其衍生物的出现频率为27次，为出现频率排名第三的物质。

图4-29显示了这些抗衰抗皱原料在2017—2021年授权专利的使用频率分布。可

以看出，植物/中药提取物、氨基酸/肽以及维生素及其衍生物在2017—2021年授权的涉及抗衰抗皱化妆品专利中均有出现，此外还有多糖和发酵产物。专利中涉及的发酵产物包括植物/中药的发酵产物或者菌种的发酵产物滤液，例如，酵母菌/大米发酵产物滤液、嗜热栖热菌发酵产物、红景天和当归发酵组合物等。多糖是以单糖通过糖苷键连接构成的一类高分子的总称。其在化妆品中熟知的应用是能够起到优良的保湿效果。实际上，多糖还具有抗衰抗皱的功效，化妆品中最有名的多糖类抗衰活性成分为玻色因。而通过对国内授权专利分析发现，国内化妆品企业常用的多糖为植物多糖，例如白芨多糖、白芍多糖、茯苓多糖、灵芝多糖、玉米多糖、麦冬多糖、杏仁多糖等，或是改性的植物多糖，如采用含硫氨基酸或羟基氨基酸改性的植物果实多糖。

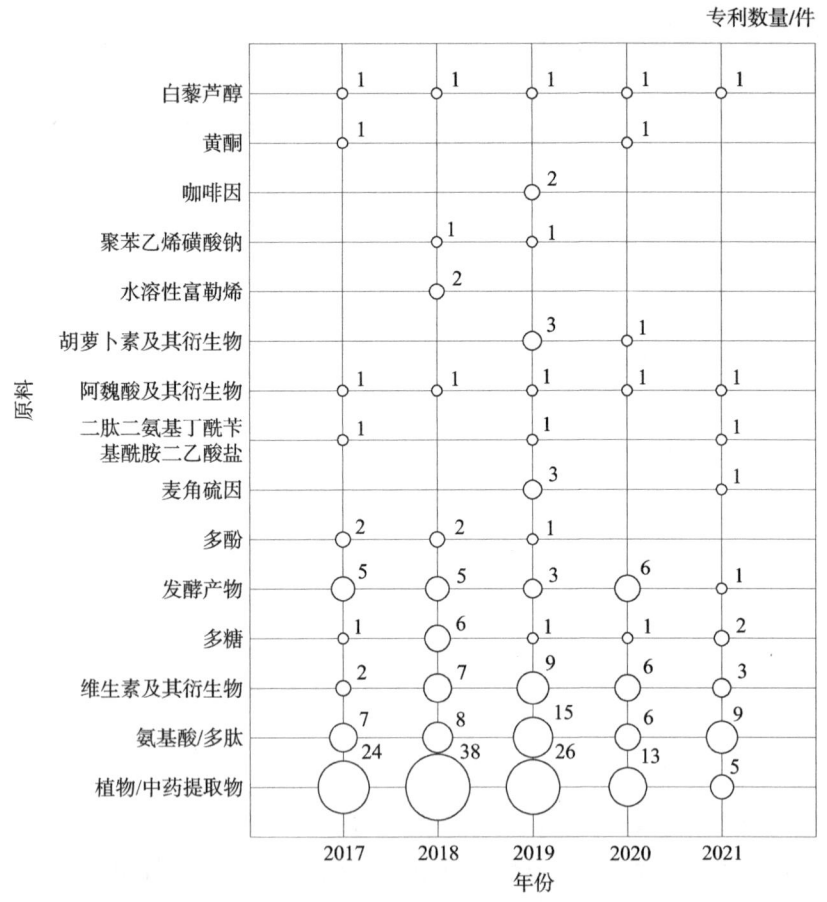

图4-29　2017—2021年涉及抗衰抗皱化妆品授权专利中原料分布

根据专利说明书中记载的各抗衰抗皱原料的机理及功效，对上述抗衰抗皱原料的进一步细分功效进行了标引。如果某种原料在一篇专利中出现了多个功效，则这些功效均计为出现一次。统计出这些原料在专利中记载的功效及其出现频率，如图4-30所示。

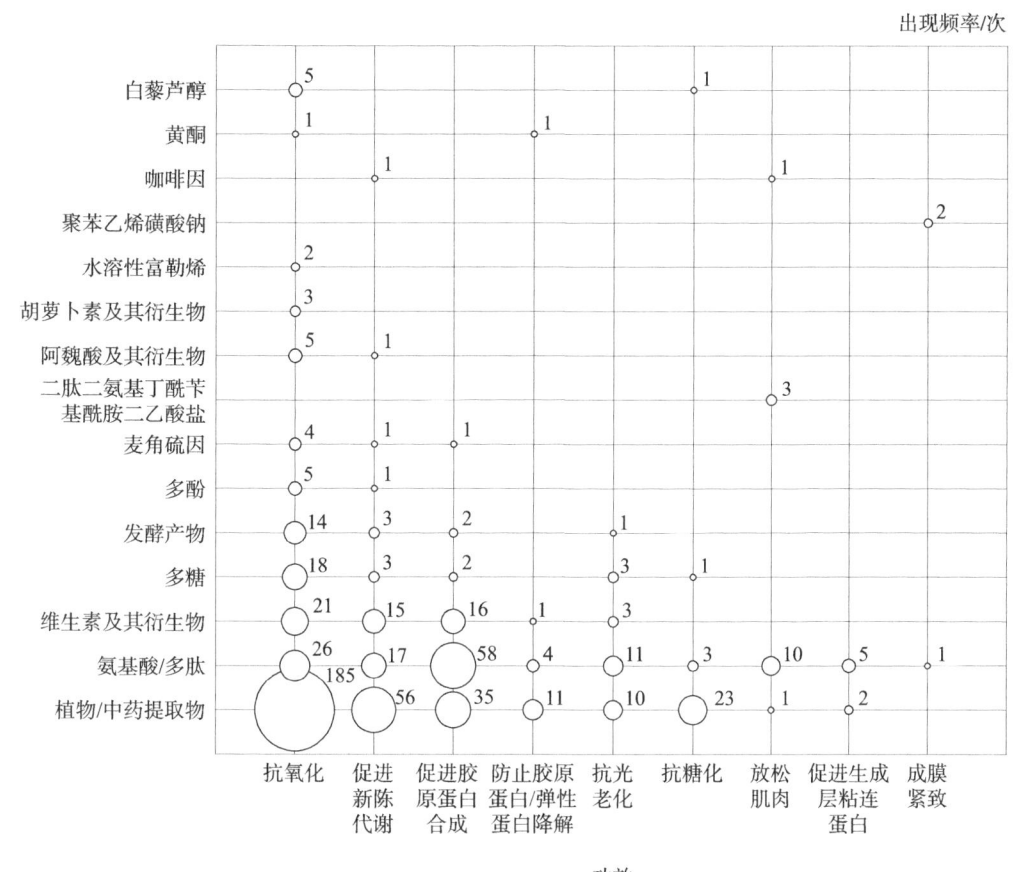

图 4-30 2017—2021 年涉及抗衰抗皱原料的技术—功效矩阵图

从图 4-30 可以看出,这些抗衰抗皱原料的细分功效涉及以下 9 种。
（1）抗氧化。清除体内多余的自由基,延缓皮肤衰老。
（2）促进新陈代谢。促进细胞或机体新陈代谢,促进细胞增殖。
（3）促进胶原蛋白合成。补充胶原蛋白。
（4）防止胶原蛋白/弹性蛋白降解。
（5）抗光老化。保护细胞免受紫外线损伤,改善光老化引起的皮肤问题。
（6）抗糖化。防止糖和蛋白质结合。
（7）放松肌肉。通过放松肌肉神经组织,淡化皱纹,即时去皱。
（8）促进生成层粘连蛋白。维持基底膜的稳定性。
（9）成膜紧致。在皮肤表面成膜,紧致肌肤,即时去皱。

由图 4-30 可知,在上述 9 种细分功效中,抗氧化是最主要的功效。可见,在国内化妆品抗衰抗皱的赛道上,抗氧化是关注的热点。许多科学研究均认为,发生衰老的根本原因是活性氧自由基的作用,自由基攻击细胞膜和细胞器膜,造成膜脂质过氧化,使多种生理功能发生障碍。另外,随着机体的老化,细胞内自由基清除酶系的活力下降，为自由基反应提供了便利条件。累积性的自由基作用最终导致衰老症状的出现。

从图 4-30 中还可以看出，除了需要长期使用才能达到抗衰抗皱效果的原料，国内化妆品企业还针对短效即时去皱方式进行了研究，通过添加二肽二氨基苄基酰胺二乙酸盐，放松脸部肌肉神经组织，起到即时的明显提拉紧致效果，使用聚苯乙烯磺酸钠在皮肤表面成膜，即时紧致去皱。

而在 15 种大类的原料中，植物/中药提取物涉及 8 种细分功效，充分说明植物/中药提取物具有非常全面的抗衰功效，有着广阔的研究前景。氨基酸/多肽涉及 9 种细分功效，维生素及其衍生物涉及 5 种细分功效。多糖同样涉及 5 种细分功效，而其主要功效为抗氧化，例如岩藻寡糖、麦冬多糖或灵芝多糖等植物多糖，均具有抗氧化的功能。此外，可溶性蛋白多糖具有促进胶原蛋白生成的作用，岩藻寡糖、胡颓子多糖具有促进新陈代谢的作用，改性裂褶菌多糖、枸杞多糖、杏仁多糖能够起到抗光老化的功效，而蛋白酶葡聚糖还具有抗糖化的功能。发酵产物的主要功效为抗氧化，但也有一些发酵产物例如发酵乳酸、酵母菌/大米发酵产物滤液、人参花复合发酵物具有促进新陈代谢的功能，杜仲发酵提取物以及红花、丹参、水和灵芝液态菌种经发酵制得的发酵产物能够促进胶原蛋白的合成，嗜热栖热菌发酵产物则能够抗光老化。

由于植物/中药提取物、氨基酸/多肽和维生素及其衍生物为出现频率占比最大、涉及的细分功效最多的抗衰抗皱原料，并且这三大类原料涉及的具体种类繁多，因此下面针对这三种原料进行进一步的分析。

2017—2021 年被统计企业的国内授权的抗衰抗皱化妆品中所使用的植物/中药提取物种类多且杂，涉及 200 余种植物/中药来源，可见植物/中药资源的丰富性。但是，这些植物/中药大多以简单的植物原料提取物作为功效成分，专利中并没有记载这些提取物的有效活性成分单体。

图 4-31 显示的是出现频率排名前 10 位的植物/中药提取物及其具体的细分功效。排名前 10 位的植物/中药原料为：密罗木、山茶花/叶/籽、藻类、积雪草、可可籽、茶、海茴香、葡萄籽/果皮、密蒙花、光果甘草。这些植物/中药原料的提取物共涉及 5 种细分功效。从图上可以看出，山茶花/叶/籽、葡萄籽/果皮、光果甘草仅涉及抗氧化功效，其余的原料均涉及多个不同的功效。茶作为中国文化的一部分，在国内消费者心中接受度是较高的，市面上以茶为主体的化妆品种类繁多。在 2017—2021 年抗衰抗皱类化妆品授权专利中，茶提取物的使用主要是基于其活性成分中茶多酚带来的抗氧化功效，对茶的其余活性成分（如茶皂素、茶氨酸等）和种类（如绿茶、白茶、普洱茶、红茶等）并没有进行深入研究。光果甘草作为热门的植物原料，在国内授权专利中的出现频率并不高，并且涉及的功效也仅为抗氧化。

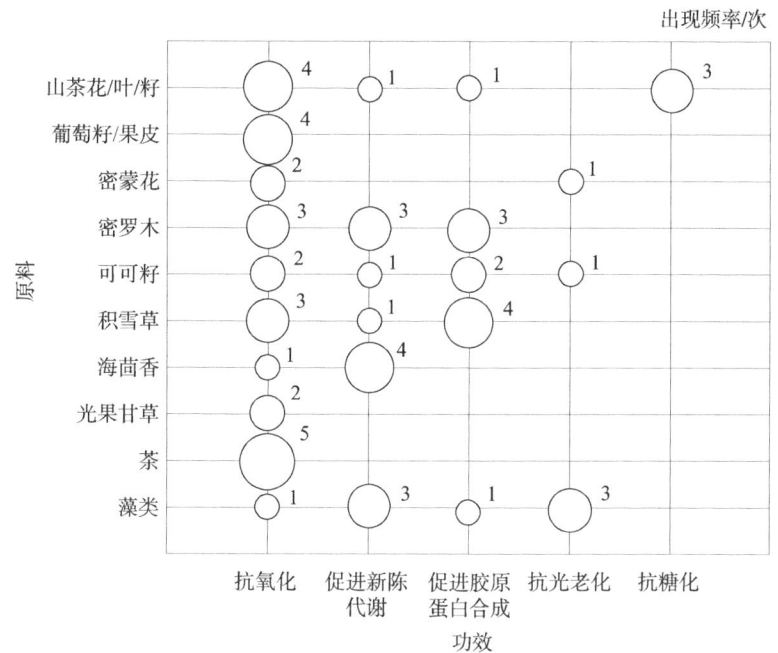

图 4-31　2017—2021 年涉及抗衰抗皱重要植物/中药提取物的技术—功效矩阵图

专利中出现的藻类主要来源有：枝管藻、长心卡帕藻、雨生红球藻、极地雪藻、杜氏藻、黄金海藻、小球藻、罗布斯塔红藻、南极洲丛梗藻、勃那特螺旋藻、伊朗席蓝藻。上述藻类涉及 4 种细分功效，其中枝管藻、长心卡帕藻、雨生红球藻、杜氏藻、罗布斯塔红藻、勃那特螺旋藻的提取物均涉及抗氧化的功效，极地雪藻、小球藻、伊朗席蓝藻的提取物具有促进新陈代谢、促进细胞更新和修复的功效，小球藻提取物还能够促进胶原蛋白的合成，而南极洲丛梗藻、伊朗席蓝藻提取物显示出优异的抗光老化的功效。

此外，专利中还出现了许多具有中国特色的中药原料，如艾叶、藏红花、川芎、丹参、当归、枸杞、葛根、藁本、红参、红景天、黄芩、栝楼、灵芝、黄芪、三七、桑黄、人参、徐长卿、紫芝、紫檀芪等，显示出国内化妆品企业对挖掘中国特色中药提取物方面做出的努力。

由于植物/中药提取物通常为多种活性成分的混合物，成分相对复杂，因而可能带来多种功效，同时植物来源、产地不同也会导致其提取物中活性成分有差异。国内化妆品企业可针对这些植物/中药提取物中活性成分的单体种类和含量，以及其对功效的影响进行进一步细化研究，使其在化妆品中的使用更有针对性，同时也确保了化妆品配方功效明确、成分明确、质量可控，更易于被消费者认可。

在皮肤自然老化的防御和护理过程中，氨基酸/多肽起着独特而重要的生理作用，并且在抗衰老方面的应用效果明显。

图 4-32 为出现频率排名前 7 位的氨基酸/多肽及其具体的细分功效。其中，肌肽是由 β-丙氨酸和组氨酸组合而成的一种物质，其在专利中功效出现频率最高的是抗氧

化,此外还包括促进新陈代谢、促进胶原蛋白合成、抗光老化和抗糖化。其余的氨基酸/多肽出现频率最高的功效则为促进胶原蛋白合成。专利中出现的寡肽的主要种类为寡肽-1,其余还有寡肽-2、寡肽-4、寡肽-5、二肽-2、五肽-1、九肽-1;水解蛋白主要有水解大麦蛋白、水解燕麦蛋白、水解弹性蛋白;乙酰基六肽为乙酰基六肽-8,其功效还涉及抗氧化和有目的性地阻断神经细胞到肌肉细胞的信息传递,减少并阻止肌肉细胞收缩,显著改善表情纹;乙酰基四肽为乙酰基四肽-2和乙酰基四肽-5;棕榈酰三肽具体为棕榈酰三肽-1和棕榈酰三肽-5;棕榈酰四肽则主要为棕榈酰四肽-7。这些氨基酸/多肽均为目前化妆品中常见的种类。

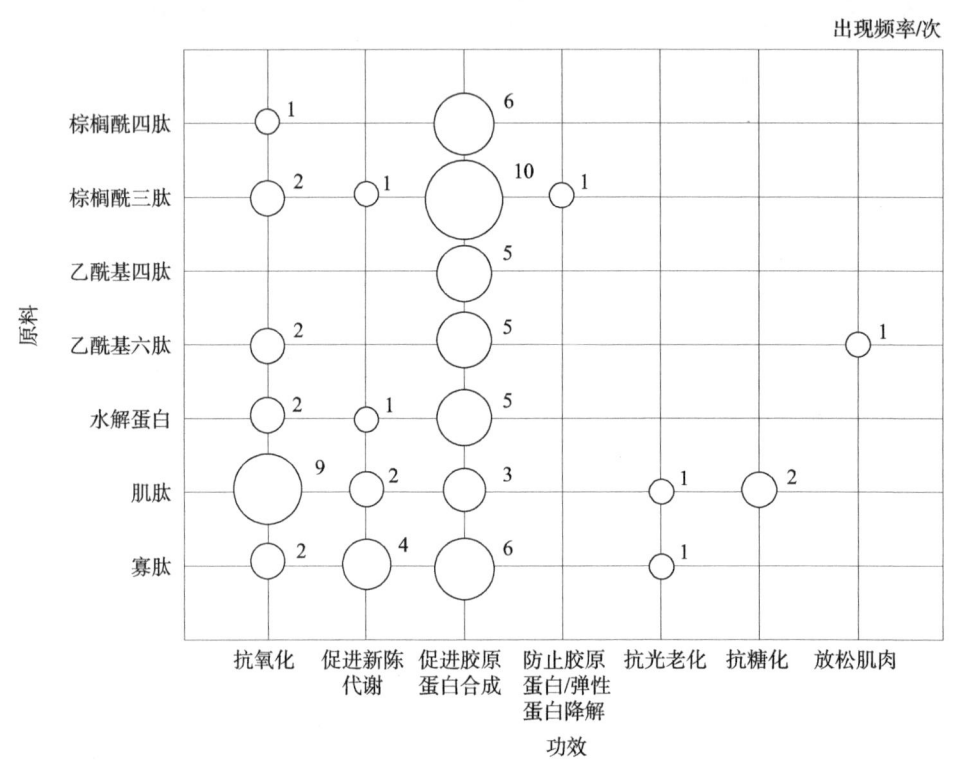

图4-32　2017—2021年涉及抗衰抗皱氨基酸/多肽技术—功效矩阵图

此外,专利中还出现了一些不太常见的类型,如红蝎毒素和芋螺毒素肽。红蝎毒素为由26个肽组成的SNAP-25的C端仿生肽,与SNAP-25蛋白竞争其在突触前段的SNARE复合物种的结合部位,从而高效竞争性抑制SNARE复合物的形成,减少乙酰胆碱的释放,从而实现面部肌肉放松来达到淡纹效果;芋螺毒素肽是一种生物模拟芋螺毒素的μ型芋螺毒素仿生肽,主要作用于神经突触后端,通过限制神经肌肉电流传导,自然地让面部肌肉放松,从而达到淡化皱纹的效果。

专利中还出现了植物多肽,但出现频率不高,例如在一篇专利中出现了小米多肽和核桃多肽,在另一篇专利中出现了甘薯多肽、牛膝多肽、芝麻多肽,均起到抗氧化的功效。专利中另一种出现频率不高的多肽为三肽-1铜,其涉及的细分功效包括抗氧化、促进新陈代谢以及抗光老化。

从专利整体来看，国内新型生物活性氨基酸/多肽的开发和研究方面明显不足，化妆品配方中使用的大多为发现、应用较早的类型。随着国内基因科学、分子生物学、生物化学等方面的技术进步，企业可以通过多学科、产学研的结合，研究和开发新型功能性生物活性氨基酸/多肽，开发出用途更多、效果更好的美容氨基酸/多肽。

图4-33显示了专利中所有出现的维生素及其衍生物种类的具体细分功效。这些维生素及其衍生物为生育酚及其衍生物、视黄醇及其衍生物、抗坏血酸及其衍生物、辅酶Q10、烟酰胺及其衍生物、生物素，其涉及的功效为抗氧化、促进新陈代谢、促进胶原蛋白合成、防止胶原蛋白/弹性蛋白降解、抗光老化。

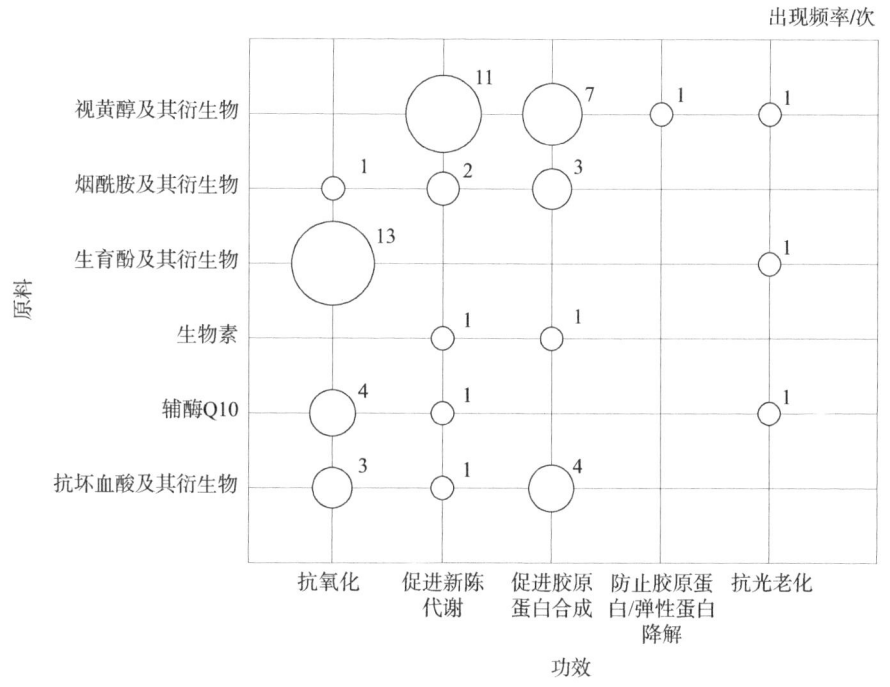

图4-33　2017—2021年涉及抗衰抗皱维生素及其衍生物技术—功效矩阵图

国内专利中除了使用这些维生素及其衍生物达到相应功效，还对其使用方式及剂型进行了研究，如制备负载脂溶性维生素（如生育酚乙酸酯）的皮克林乳液，其为通过溶剂置换法制备得到稳定的生物相容性和具有良好润湿性的PLGA/PSS纳米粒子，负载于皮克林乳液中的活性成分的细胞吸收未受影响，但其胞内生物活性显著提升，同时乳液还表现出良好的稳定性和生物相容性；通过环糊精的疏水/亲水作用，超分子缔合剂的分子间作用缔合形成超分子制剂，结构与性质稳定，具有缓释能力，解决视黄醇及其衍生物应用中的稳定性及刺激性问题，进而更好地发挥抗衰抗皱作用。

为分析皮肤用抗衰抗皱化妆品技术分支发明专利中重点技术热点及创新主体分布等情况，下文将在该分支检索结果中按照一定指标筛选出多篇重要专利，获得相应专利技术信息。

表4-4为根据前述重要专利选取标准（同表4-3筛选指标）筛选出来的皮肤用抗衰抗皱化妆品领域的重要专利。

表4-4 皮肤用抗衰抗皱化妆品领域重要专利

序号	公开（公告）号	标题	申请人
1	US5939082A	用维生素B3化合物调节皮肤外观的方法	宝洁
2	US8795635B2	基本上非水性的可发泡凡士林基药物和化妆品组合物及其用途	FOAMIX公司
3	US5686082A	含有多酚和银杏提取物的组合的化妆品或药物组合物	欧莱雅
4	US5652228A	局部脱屑组合物	宝洁
5	US10117812B2	结合极性溶剂和疏水性载体的可发泡组合物	FOAMIX公司
6	US5618522A	乳液组合物	宝洁
7	US20110045037A1	含有过氧化苯甲酰的泡沫	FOAMIX公司
8	US4826828A	用于减少皱纹的组合物和方法	雅芳
9	US8551508B2	化妆品、个人护理、清洁剂和营养补品组合物及其制备和使用方法	肖特股份有限公司
10	US6932963B2	使用多烯基磷脂酰胆碱和链烷醇胺治疗皮肤伤口	裴礼康公司
11	WO2007023396A2	血管活性剂和成分及其用途	FOAMIX公司
12	US20030144160A1	含有被一个或多个包装隔层隔开的清洁相和皮肤活性相的个人清洁组合物	宝洁
13	US6328987B1	含有α干扰素的美容护肤组合物	珍·玛丽妮皮肤研究有限公司
14	US4938969A	治疗老化或光损伤皮肤的方法	贝德玛公司
15	EP0378936B1	水杨酸酯在治疗皮肤衰老中的用途	欧莱雅
16	US5776917A	用于调节皮肤皱纹和/或皮肤萎缩的组合物	宝洁
17	US5665367A	含有柚皮素和/或槲皮素和类视黄醇的护肤组合物	联合利华
18	WO2005044219A1	包含羟基乙酸和护肤活性物质的护肤组合物	宝洁
19	EP0749746B1	包含聚合物颗粒分散体的化妆品组合物	欧莱雅

续表

序号	公开（公告）号	标题	申请人
20	KR20110001538A	具有抗氧化和增白活性的花混合物提取物，其提取方法以及含有该花混合物提取物的化妆品组合物	韩国科玛
21	WO2004078158A3	六胺成分对哺乳动物角质组织的调节	宝洁

从表4-4可以看到，皮肤用抗衰抗皱化妆品领域重要专利大部分掌握在欧莱雅、宝洁、FOAMIX公司等跨国企业手中，尤其是法国的欧莱雅和美国的宝洁，作为化妆品产业的龙头企业，其成立时间早，产品市场份额占比高，研发实力雄厚，长期保持着较高的研发热度，研发投入高，并且熟练掌握专利申请相关事务，有较多专利获得授权，早期申请的重点专利维持年限长，被引频次高，相关专利为企业带来了巨大的经济效益。

皮肤用抗衰抗皱化妆品领域重要专利主要涉及的技术主题包括用维生素B3化合物调节皮肤外观的方法、含有多酚和银杏提取物的组合的化妆品、天然植物提取物组合物及其在化妆品中的应用、含有过氧化苯甲酰的泡沫、用于减少皱纹的组合物和方法、含有α干扰素的美容护肤组合物、水杨酸酯在治疗皮肤衰老中的用途、含有柚皮素和/或槲皮素和类视黄醇的护肤组合物、六胺成分对哺乳动物角质组织的调节等。

4. 皮肤用美白祛斑化妆品

图4-34展示了申请日在2012—2022年的皮肤用美白祛斑化妆品全球专利申请重要原料的使用分布情况。

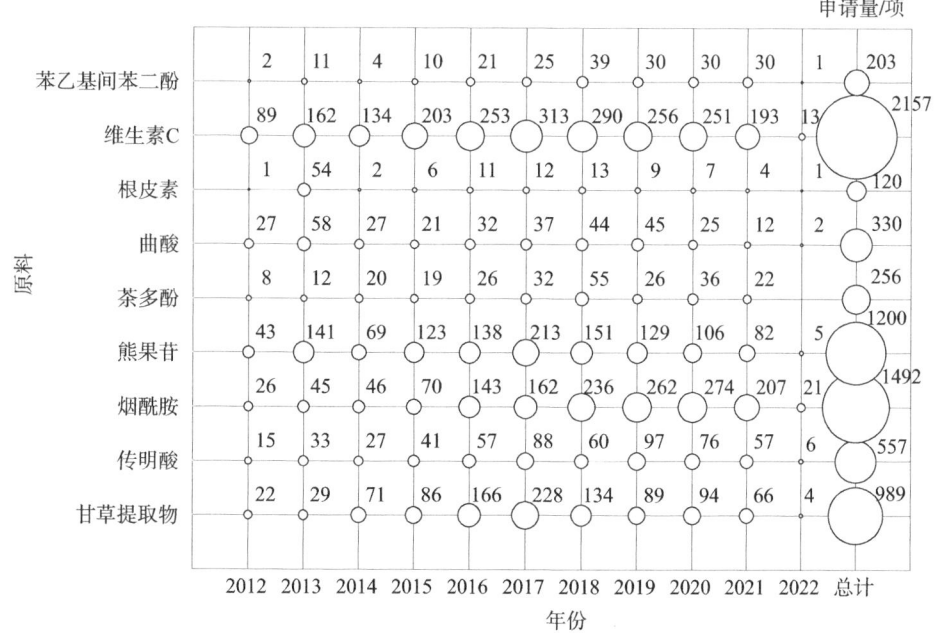

图4-34　2012—2022年皮肤用美白祛斑化妆品全球专利申请重点原料分布

经统计，甘草提取物、传明酸、烟酰胺、熊果苷、茶多酚、曲酸、根皮素、维生素C、苯乙基间苯二酚为皮肤用美白祛斑化妆品领域的重要原料。由图4-34可以看出，维生素C、烟酰胺、熊果苷的使用频率相对较高。维生素C又称L-抗坏血酸，具有美白祛斑、抗衰老等功效，在美白祛斑方面的研究较早，技术成熟，得到广泛使用。烟酰胺在抑制黑色素沉着、抗炎等方面有很好的疗效，具有很好的美白效果。熊果苷是一种源于绿色植物的天然活性皮肤脱色成分，具有很好的美白祛斑功效，应用广泛。而传明酸、曲酸、苯乙基间苯二酚、根皮素的使用量相对较低，它们同样具有良好的美白祛斑功效，可进一步增加原料复配、功效协同等方面的研究。

为分析皮肤用美白祛斑化妆品技术分支发明专利中重点技术热点及创新主体分布等情况，下文将在该分支检索结果中按照一定指标筛选出重要专利，获得相应专利技术信息。

表4-5为根据前述重要专利选取标准（同表4-3筛选指标）筛选出来的皮肤用美白祛斑化妆品领域的重要专利。

表4-5 皮肤用美白祛斑化妆品领域重要专利

序号	公开（公告）号	标题	申请人
1	US6024942A	光保护组合物	宝洁
2	US8795635B2	基本上非水性的可发泡凡士林基药物和化妆品组合物及其用途	FOAMIX公司
3	US20030207776A1	皂条多组分控制输送系统	萨尔沃那有限公司
4	US10117812B2	结合极性溶剂和疏水性载体的可发泡组合物	FOAMIX公司
5	EP0487404A1	外部皮肤病学成分	株式会社林原生物化学研究所
6	US5980904A	含有熊果提取物和还原剂的皮肤美白组合物	捷通国际有限公司
7	US20030144160A1	含有由一种或多种包装屏障隔开的清洁和皮肤活性相的个人清洁组合物	宝洁
8	US20050233920A1	固化基质黏合剂	生态实验室股份有限公司
9	US5997890A	护肤组合物和改善皮肤外观的方法	宝洁
10	US5665367A	含有柚皮素和/或槲皮素和类视黄醇的护肤组合物	联合利华
11	WO2005044219A1	包含羟基乙酸和护肤活性物质的护肤组合物	宝洁
12	US7763576B2	使用聚羧酸聚合物的固化基质	生态实验室股份有限公司

续表

序号	公开（公告）号	标题	申请人
13	KR20110001538A	具有抗氧化和增白活性的花混合物提取物，其提取方法以及含有该花混合物提取物的化妆品组合物	韩国科玛
14	WO2004078158A3	六胺成分对哺乳动物角质组织的调节	宝洁
15	US5391373A	护肤霜成分	香奈儿
16	WO2007012977A2	类固醇包和易发泡成分及其用途	FOAMIX 公司

从表 4-5 可以看到，皮肤用美白祛斑化妆品领域重要专利大部分掌握在宝洁、FOAMIX 公司等跨国企业手中，尤其是美国的宝洁公司，作为化妆品产业的龙头企业，其成立时间早，研发实力雄厚，长期保持着较高的研发投入，并且熟练掌握专利申请相关事务，有较多专利获得授权，早期申请的重点专利维持年限长，专利布局良好。

5. 皮肤用防晒化妆品

图 4-35 展示了申请日在 2012—2022 年的皮肤用防晒化妆品全球专利申请原料种类的使用分布情况。

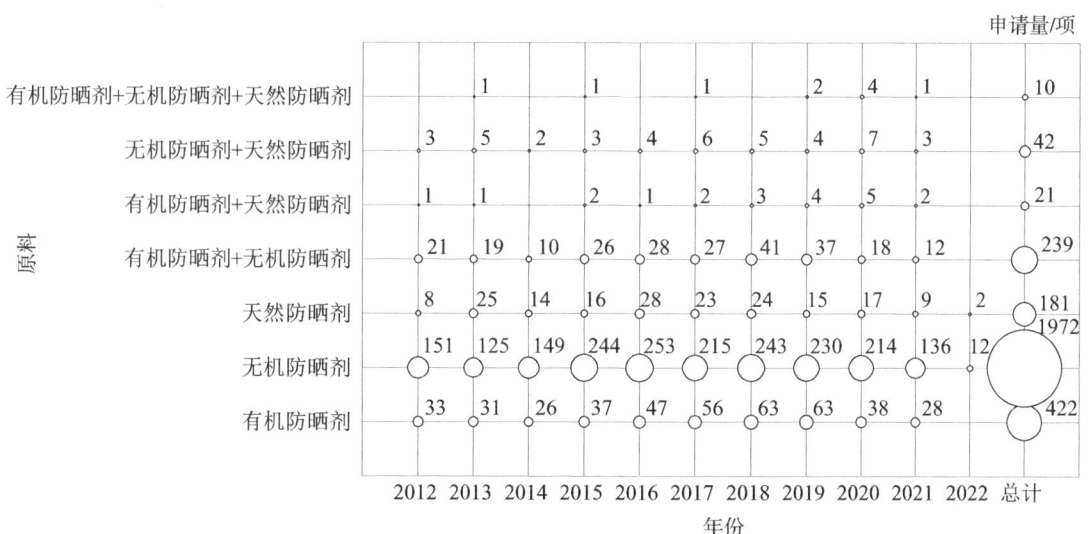

图 4-35　2012—2022 年皮肤用防晒化妆品全球专利申请原料分布

目前市场上的防晒产品用到的防晒剂主要包括有机防晒剂、无机防晒剂、天然防晒剂。由图 4-35 可以看出，其中以包含无机防晒剂的发明专利申请量最多，用于皮肤上能反射和散射紫外线，对紫外线起到物理屏蔽作用，并且不会被皮肤吸收，可减少皮肤过敏。我国《化妆品安全技术规范》（2015 年版）列出了允许使用的防晒剂共 27 种，包括 25 种有机防晒剂和 2 种无机防晒剂，允许使用的无机防晒剂只有二氧化钛和氧化锌。此外，将多种防晒剂组合使用可实现广谱防晒功效，达到超长波段防护能力,尤其在有机防晒剂与无机防晒剂复配方面,近几年都有一定数量的专利布局。传统的有机防晒剂、无机防晒剂对皮肤存在一定程度的副作用和刺激性。近年来,各大企业加大了对天然防晒剂的研究力度。天然防晒剂主要以植物原料为主,通过阻断光老化、色素沉着等生物学反应,实现天然低刺激的防晒效果,并同时形成晒后修复功效。例如资生堂于2020年在中国提交的专利申请CN202080026840.9,含有紫外线波长转换物质的水包油型乳液组合物,通过添加"藻蓝蛋白+氧化锌荧光体"作为紫外线波长转换物质,将紫外线转换为对人体有益的可见光。其中,藻蓝蛋白转化出的可见光波长较长,可以激活真皮层细胞,进而促进皮肤内胶原蛋白和透明质酸的生成,发挥抗衰老的效果。氧化锌荧光体转化出的可见光波长较短,主要激活皮肤表皮层的细胞,抑制紫外线对表皮细胞活性的影响,通过两者的复配取得了意想不到的技术效果。

为分析皮肤用防晒化妆品技术分支发明专利中重点技术热点及创新主体分布等情况,下文将在该分支检索结果中按照一定指标筛选出多篇重要专利,获得相应专利技术信息。

表4-6为根据前述重要专利选取标准(同表4-3筛选指标)筛选出来的皮肤用防晒化妆品领域的重要专利。

表4-6 皮肤用防晒化妆品领域重要专利

序号	公开(公告)号	标题	申请人
1	US5221534A	健康和美容辅助组合物	露华浓
2	US5219560A	化妆品成分	小林制药株式会社
3	EP0847752B1	包含氟硅化合物的局部无转移组合物	欧莱雅
4	US5804168A	用于保护和治疗晒伤皮肤的药物组合物和方法	联合利华
5	US5468477A	化妆品和个人护理产品中的乙烯基有机硅聚合物	宝洁
6	US3740421A	聚氧乙烯-聚氧丙烯水溶液	巴斯夫
7	US5939082A	用维生素B_3化合物调节皮肤外观的方法	宝洁
8	US6024942A	光保护组合物	宝洁
9	US4956170A	皮肤保湿/调理抗菌酒精凝胶	约翰逊父子公司
10	US5622692A	面部粉底产品定制方法及装置	联合利华
11	US5143722A	包含含有颜料的油包水乳液的化妆组合物	露华浓
12	US5093109A	化妆品成分	香奈儿
13	EP0928608B1	化妆品成分	日本味之素公司
14	US5618522A	乳液组合物	宝洁
15	US5306486A	含有绿茶和防晒剂的美容防晒组合物	联合利华

从表4-6可以看到,皮肤用防晒化妆品领域重要专利大部分掌握在宝洁、联合利

华、欧莱雅等跨国企业手中，尤其是美国的宝洁公司，作为化妆品产业的龙头企业，其成立时间早，研发实力雄厚，长期保持着较高的研发投入，并且熟练掌握专利申请相关事务，有较多专利获得授权，早期申请的重点专利维持年限长，专利布局良好。例如，宝洁公司在1997年申请的专利US6024942A，于2000年获得授权，涉及一种光保护组合物，其包含：（a）0.1%~30%的防晒活性物质，（b）0.5%~20%的疏水性结构剂，（c）0.2%~10%的亲水性表面活性剂，（d）0.1%~5%的增稠剂，（e）0.1%~25%的亮肤剂和（f）水。这些组合物可用于提供（i）保护人类皮肤免受紫外线辐射的有害影响和（ii）亮肤益处。该专利被引用了199次，在全球11个国家都有专利布局。

皮肤用防晒化妆品领域重要专利主要涉及的技术主题包括含有1-取代氮杂环庚烷-2-酮的载体组合物、包含氟硅化合物的局部无转移组合物、聚氧乙烯-聚氧丙烯水溶液、用维生素B_3化合物调节皮肤外观的方法、含有二苯甲酰甲烷衍生物、EG、parsol®1789和萘二甲酸的二酯或聚酯、光稳定剂和防晒因子（SPF）增强剂的光稳定防晒组合物、含有绿茶和防晒剂的美容防晒组合物等。

4.2.5 国内重点企业分析

1. 重点企业基本专利概况

针对广州市化妆品领域的企业在当前产业转型升级方面面临的困境，研究广州市重点申请人和对标申请人在皮肤用化妆品领域的技术演进路线，对比分析两者的区别，找出广州市皮肤用化妆品领域企业未来产业转型升级发展的方向。

表4-7和图4-36分别展示了对标申请人在皮肤用化妆品领域的专利总体情况和申请趋势。

表4-7 重点企业皮肤用化妆品专利申请概况

申请人	发明专利申请总量/件	皮肤用化妆品专利					
		申请量/件（在发明专利申请总量中的占比）	涉外申请量/件	合作申请量/件	有效量/件	有效量占比	专利运营情况
上海家化	195	157（80.5%）	26	21	63	40.1%	转让4件 许可0件
华熙生物	173	119（68.8%）	7	19	45	37.8%	转让4件 许可0件
贝泰妮	59	35（59.3%）	1	18	17	48.6%	转让7件 许可0件

续表

申请人	发明专利申请总量/件	皮肤用化妆品专利					
		申请量/件（在发明专利申请总量中的占比）	涉外申请量/件	合作申请量/件	有效量/件	有效量占比	专利运营情况
丸美	217	178（82.0%）	10	12	79	44.4%	转让3件 许可1件
丹姿	201	153（76.1%）	2	18	77	50.3%	转让59件 许可0件

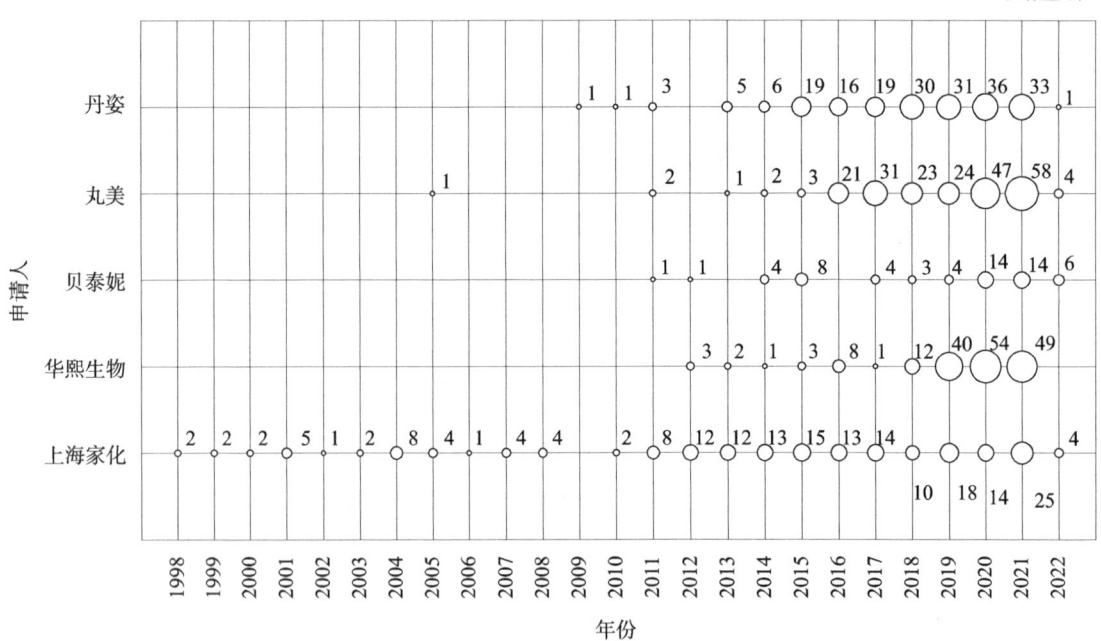

图 4-36 重点企业皮肤用化妆品专利申请趋势

由表 4-7 可知，从专利申请总量来看，除贝泰妮申请量较少外，其他四家企业申请量相差不大，丸美、丹姿的申请总量稍高，均超 200 件。五家企业的化妆品专利申请均主要集中在皮肤用化妆品领域，其中丸美、上海家化、丹姿占比较高，分别为 82.0%、80.5%、76.1%。从涉外专利申请量来看，上海家化在皮肤用化妆品领域的涉外专利申请有 26 件，申请量超过其他四家企业涉外专利申请量的总和。相比之下，贝泰妮、丹姿在国外的专利布局相对较弱。贝泰妮在皮肤用化妆品领域的专利申请量虽然较少，仅 35 件，但其中合作专利申请有 18 件，数量超过总量的一半，反映出贝泰妮注重与其他企业、高校或科研机构合作。五家企业的有效专利占比中，丹姿相对较高，占比为50.3%，反映出该企业专利申请稳定性较高。从专利运营情况来看，五家企业均存在专利转让的情况，丹姿表现较为活跃，丸美有1件专利发生许可。

由图4-36可知，在专利申请趋势方面，五家企业表现存在差异。上海家化在化妆品领域的起步最早，专利申请量分布跨度比其他四家企业大，第一件专利申请于1998年。上海家化是中国美妆日化行业历史最悠久的企业之一，其前身是成立于1898年的香港广生行。丸美在2005年提交了第一件化妆品专利申请，其他三家企业在2009年之后开始发展。上海家化整体表现平稳，2011年之后申请量保持稳定。华熙生物2019—2021年的申请量较大，申请量占比为82.7%，反映出企业创新能力强劲。贝泰妮年均申请量相对较少，创新水平有待提升。丸美、丹姿起步虽然晚于上海家化，但是从2016年开始发展迅猛，创新能力显著提升。

总体来看，丸美在皮肤用化妆品领域的专利申请总量最高；上海家化起步早，注重国外专利布局；丸美、丹姿、华熙生物后劲足，近几年发展迅猛；贝泰妮注重与其他企业、高校或科研机构的合作。广州市重点企业与上海家化相比，虽起步晚，但发展迅猛，申请量、有效专利占比具备优势，较为注重专利运营，但是海外专利布局相对不足。

2. 重点企业专利技术发展路线分析

通过对前文的主要申请人的专利维度分析，包括专利申请量、有效量、专利运营，结合企业市场情况和申请人的相关产品等，可以发现上海家化、华熙生物是皮肤用化妆品领域中创新能力、重点方向研发能力处于前沿的企业。上海家化在中草药提取物方面布局了较多的专利，华熙生物则是重点研发透明质酸方向，且代表性专利"酶切法制备寡聚透明质酸盐的方法及所得寡聚透明质酸盐和其应用"获得了中国专利金奖。贝泰妮虽然专利数量不多，但目前其市值在化妆品领域企业中排在第一位，且拥有排名靠前的品牌薇诺娜，该产品的核心成分源自云南特色植物马齿苋提取物，在植物提取物方向技术研发实力较为雄厚，并着手从6500多种特色植物中筛选与皮肤相关的植物活性成分。比如关于马齿苋提取物的专利申请，就包括马齿苋提取物的制备方法和用途、马齿苋提取物的腺嘌呤核苷定量方法、马齿苋低温提取方法、马齿苋植物提取的多段恒温提取设备等有针对性的专利申请；另外，还将其应用于护臀霜、护肤制剂、化妆品防腐剂、屏障修护功效等方面。因此，本书选择上海家化、华熙生物、贝泰妮作为广州市化妆品企业的对标申请人。

丸美、丹姿是广州市在皮肤用化妆品领域申请量或授权量靠前的企业，技术和产品实力都具有一定的代表性和前端性。因此，把广州市的重点申请人丸美、丹姿与该领域的重点申请人上海家化、华熙生物和贝泰妮进行对标分析，通过专利技术的深度对比，了解各自的研究现状和当前的技术研究热点，为广州市化妆品产业未来的技术发展方向及产业转型升级提供经验借鉴及指引。

（1）上海家化。

图4-37展示了上海家化在皮肤用化妆品领域的重点技术发展路线。

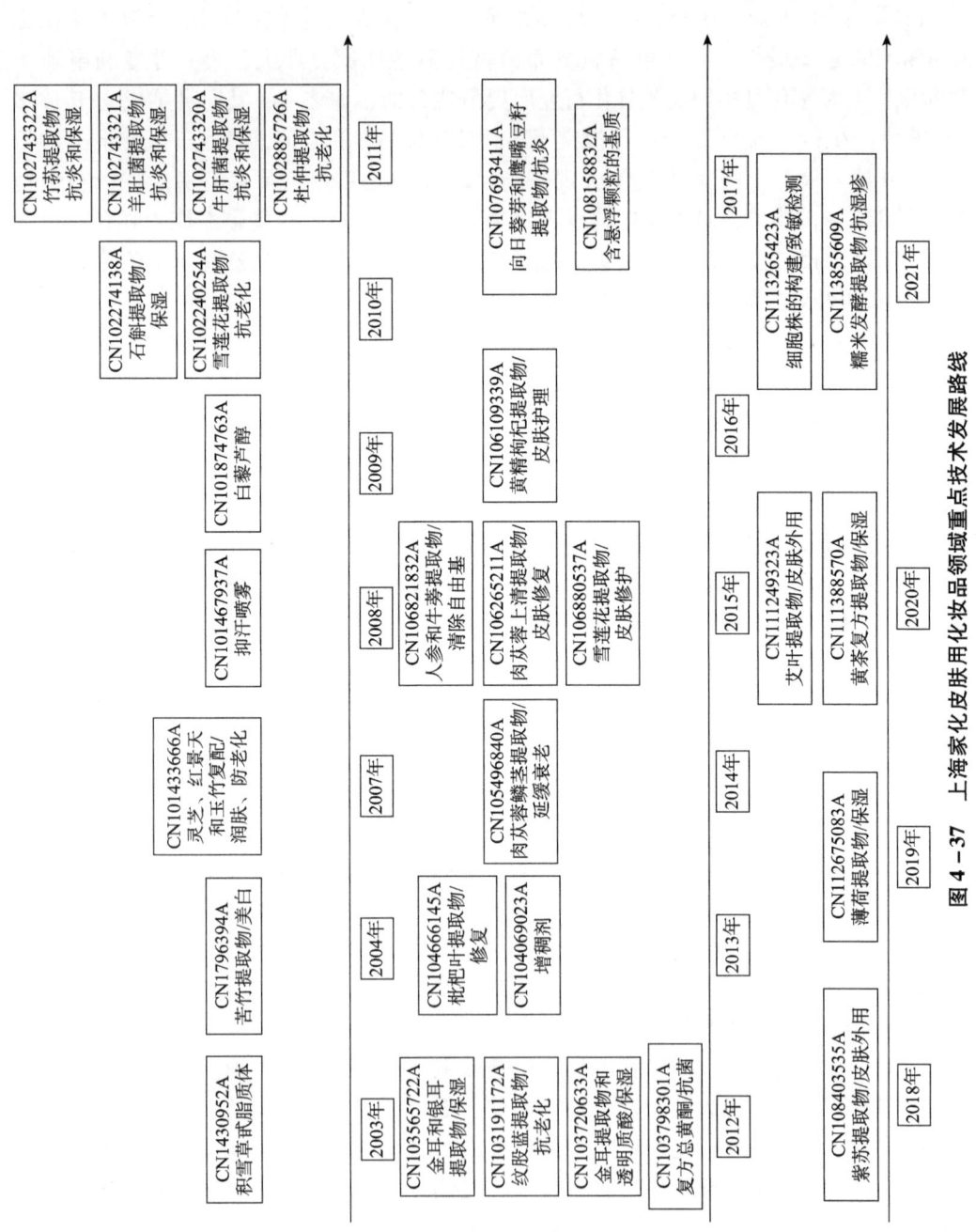

图 4-37　上海家化皮肤用化妆品领域重点技术发展路线

从图 4-37 可以看出，上海家化较早就已开始研究中草药提取物在护肤领域的应用，2003 年研究积雪草甙脂质体的用途，从积雪草中提取的三萜皂甙成分能防护皮肤避免因紫外线照射引起的红斑，将积雪草甙与脂质成分通过加热熔融或有机溶剂溶解后，旋转薄膜蒸发，水溶液水合，振荡，制成脂质分散水溶液，再经超声、均质乳化、微射流、挤压过滤等技术处理，将积雪草甙包裹于脂质体的脂质双分子层中间，形成亲水性积雪草甙脂质体，提高积雪草甙稳定性、透皮性能和亲水性。

2004 年公开号为 CN1796394A 的专利，研究苦竹的有效成分在美白方面的应用，分析其主要有效成分为 2R-β-D-吡喃葡萄糖基-2-对羟基苯乙腈，十分适合用于肤色增白的化妆品。2007 年公开号为 CN101433666A 的专利，用于抗衰老的中草药组合物、其制备方法以及应用，组分为灵芝、玉竹、红景天的提取物，具有润肤、增加皮肤弹性、防止皮肤老化、对抗辐射等作用，对皮肤无刺激。

后续持续挖掘中草药在化妆品领域的应用，上海家化在 2010 年申请了涉及雪莲花提取物、石斛提取物相关的专利，用于化妆品的保湿、抗老化等功效。2011 年申请了涉及牛肝菌、羊肚菌、竹荪等相关的专利，开展在保湿等方面的研究。后续专利涉及绞股蓝、金耳提取物等中草药植物提取物在化妆品方面的应用。2019—2021 年上海家化申请了包括薄荷提取物、黄茶复方提取物和糯米发酵提取物等相关专利。

可以看出，上海家化在中草药提取物方面的研究比较深入，其申请的专利多为单一组分提取物的提取方法、应用等，从较早的积雪草到黄茶复方提取物等，在深入挖掘中草药提取物方面技术明显领先国内其他企业。上海家化部分涉及复方组合的专利申请组分也较小，比如金耳提取物和银耳提取物的组合，金耳提取物和透明质酸的组合，灵芝、玉竹和红景天的组合等，也仅是 2~3 个提取物的组合，较少出现较多组分的组合，授权的专利权利要求保护范围适当。该公司 2017 年的专利申请（CN108158832A），发明名称为"含悬浮颗粒的基质组合物"获评中国专利奖，该基质组合物能够在固体或半固体基质（例如凝胶）体系中形成肉眼可视、粒径可控的大颗粒油脂微珠。该油脂微珠具有很好的涂抹肤感和很好的稳定性，优选能够承载多种功效性物质。

另外，上海家化的研究具有较好的连续性，比如在 2010 年了申请了雪莲花提取物预防皮肤老化的相关专利，在 2015 年又进一步申请了雪莲花提取物抗损伤的专利，对于植物提取物研究比较深入。上海家化定位明确，专利布局以中草药提取和植物复配为主，在多种植物提取物、中草药提取物等方面积累了众多专利。

（2）华熙生物。

华熙生物是国内非常具有代表性的医药、化妆品领域深耕技术研发的国际集团企业，专注于透明质酸研发、生产，且华熙生物的微生物发酵技术、酶切技术和分子量精准控制技术已达到全球领先水平，目前已是全球最大的透明质酸原料生产企业。

透明质酸（Hyaluronic acid，HA），又名玻璃酸、玻尿酸，是由 N-乙酰氨基葡糖和 D-葡糖醛酸双糖单位重复连接而成的高分子酸性黏多糖，分子量范围为 1kDa~

3MDa。1934年，美国哥伦比亚大学眼科教授Weissmann等首先从牛眼玻璃体中分离出该物质，证明该物质具有特殊的保水作用，是目前发现的自然界中保湿性最好的物质，被称为世界上最理想的保湿分子。

华熙生物专注于透明质酸的研究和生产，且能够精准控制透明质酸的分子量范围。在2019年，酶切法制备寡聚透明质酸盐的方法及所得寡聚透明质酸盐和其应用获得了中国专利金奖。

根据图4-38的华熙生物重点技术发展路线可以看出，华熙生物专注于透明质酸及其衍生物的研究，2005年就申请了专利"一种透明质酸钙的制备方法"（CN1748569A）、"提供粉末状透明质酸锌的制备方法"（CN1760214A），在醇溶液中将透明质酸钠固体用锌盐或钙盐以直接离子交换方式生成透明质酸盐。在2006—2008年，又进一步地通过浓缩应用的生产方法（CN1944469A）和根据产酸量流加糖的方式提高产率（CN101532040A）。

由于原有的透明质酸的生产方式是化学降解法，含透明质酸酶的动物组织来源有限，有文献记载的微生物来源透明质酸酶发酵液单位酶活较低，不可能大规模制备透明质酸酶，也就不可能用酶法大规模生产寡聚透明质酸或其盐。到2012年，华熙生物申请了酶切法制备寡聚透明质酸盐的方法及所得寡聚透明质酸盐和其应用（CN102876748A），利用芽孢杆菌产生的透明质酸酶降解透明质酸或其盐，经过除酶、醇或酮沉淀、脱水干燥而成。此法操作简单，条件温和，对产品结构无破坏，无环境污染，而且发酵来源的透明质酸酶成本低，适合大规模工业化生产，制备的寡聚透明质酸盐具有透皮吸收性好、纯度高、无细胞毒性、抗氧化能力强等优点。该专利获得了中国专利金奖，率先在全球实现了微生物酶切法大规模生产寡聚透明质酸，极大地促进了透明质酸在医药、食品和化妆品产业的应用。

华熙生物继续致力于透明质酸的制备及应用，油分散透明质酸钠的制备及其在化妆品中的应用（CN104510631A），解决了透明质酸钠不易添加至化妆品油相的问题。专利CN104771331A将透明质酸与交联剂反应，获得透明质酸弹性体。透明质酸弹性体，具有优异的流变学性能，可作为化妆品原料，用于物理性抚平皱纹、保持皮肤水分、缓释功效、改善使用感觉等。固液双相酶解与超滤联用制备超低分子量透明质酸寡糖及其盐的方法（CN108220364A）获得小于3KDa的超低分子量透明质酸寡糖和盐；乙酰化透明质酸钠的制备方法（CN109206537A）则进一步提升透明质酸钠的活性。华熙生物又进一步研究透明质酸在化妆品领域的应用，包括涉及透明质酸和依克多因在面膜的应用（CN111012694A），专利CN111557863A、CN111588652A分别涉及透明质酸和多元醇的组合物在提高水溶性维生素皮肤透过性以及透明质酸和多元醇的组合在护肤品中的应用等。专利CN114288248A通过透明质酸组合物的添加和短链醇的合理复配提高了醇质体的稳定性，减少了增稠剂的加入对醇质体粒径的影响，同时显著提高了醇质体中活性成分的皮肤渗透量。

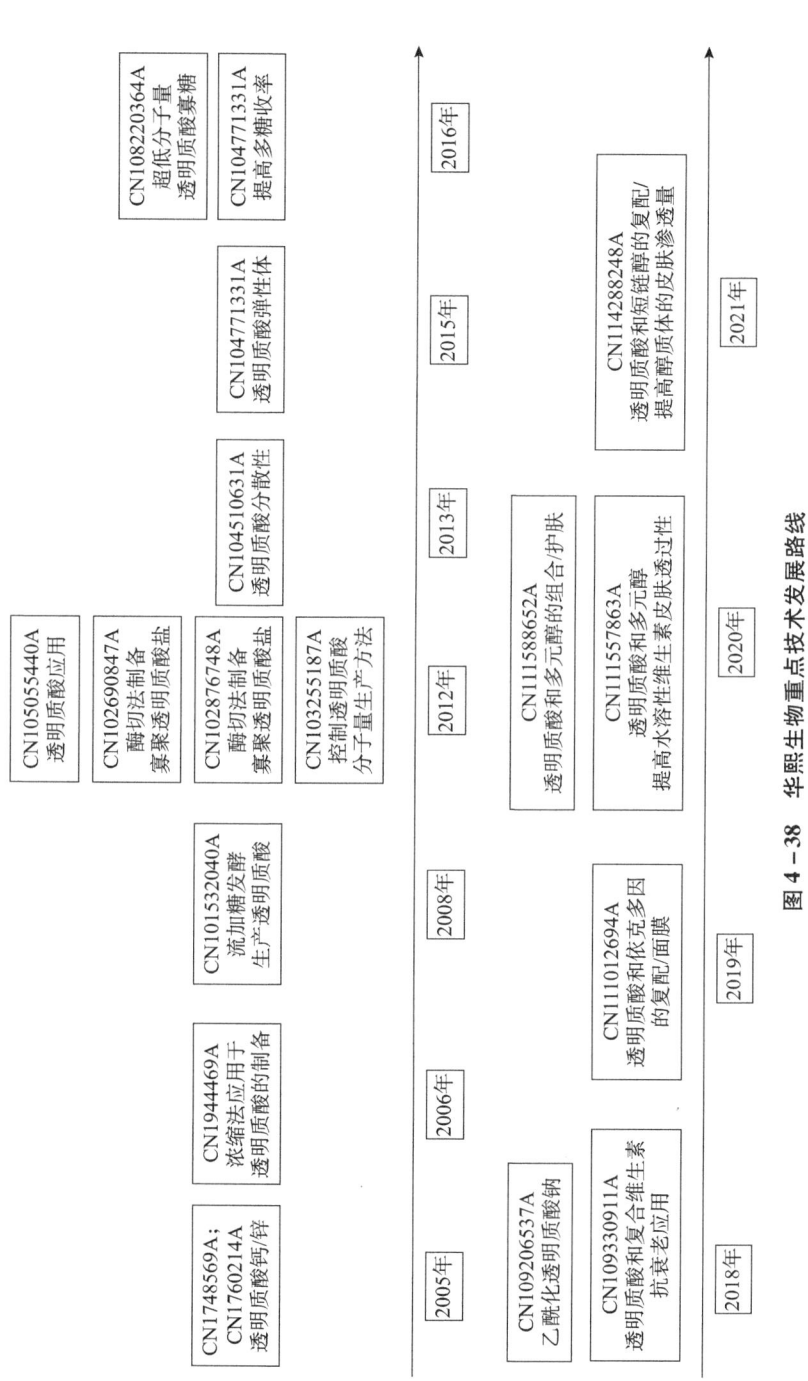

图4-38 华熙生物重点技术发展路线

从上述分析可以看出，华熙生物拥有透明质酸生产的核心专利技术，且以全球领先的微生物发酵技术、酶切技术、分子量精准控制技术、交联技术为核心技术，较好地保护了核心发明产品和方法。

（3）贝泰妮。

图4-39为贝泰妮重点技术发展路线图，可以看出，贝泰妮主要侧重点在于植物提取物的研发。比如马齿苋提取物，就分别有专利申请"一种马齿苋提取物的制备方法及用途"（CN110201012A）、"一种马齿苋提取物的腺嘌呤核苷定量方法"（CN110243979A）、"一种马齿苋低温提取方法"（CN110251540A）、"一种用于马齿苋植物提取的多段恒温提取设备"（CN110270127A），在单一植物提取物方面深入研究其提取方法、提取设备、定量方法等，并将马齿苋提取物成功应用在多件专利申请上，如护臀霜、护肤制剂、化妆品防腐剂、具有屏障修护功效的活性粒子等领域。

另外，"一种槲皮素-3-龙胆二糖苷的制备方法及用途"（CN110776541A）、"一种重楼果壳提取物的制备方法及用途"（CN110787107A）也分别研究了重楼的活性成分以及其提取方法。

专利CN108553527A研究青刺果仁总黄酮提取物的制备方法，通过提取、分离纯化等工艺，富集得到含有总黄酮30wt%以上的提取物。山茶皂苷A的应用（CN107280993A）将山茶用常规方法处理得到山茶皂苷A。山茶皂苷是生态化合物，成本低，具有抑制黑色素合成和提高对UVB照射细胞的抗氧化能力，用于制备护肤美白剂及抗氧化剂。高稳定青刺果油脂质体的制备工艺及其在化妆品中的应用（CN109589278A），采用高低温交变和高压均质复合工艺制备青刺果油脂质体，这样可解决青刺果油在稳定性、包封率、缓释效果及方便地添加到水中等方面的问题，有效提高了青刺果油的包封率，包封率大于98%。一种八角茴香植物防腐抑菌组合物及其制备工艺与应用（CN112970787A），将八角茴香植物防腐抑菌组合物添加于膏霜和润肤水中，可以通过美国药典规定的防腐挑战测试，具有广谱杀菌效果，拥有良好的化妆品市场应用前景。

在植物提取物复配方面，贝泰妮也有多件专利申请使用了马齿苋提取物作为活性成分，包括"一种油包水婴儿护臀霜及其制备方法"（CN104906553A），活性成分包括马齿苋提取物、姜根提取物。"一种美白祛斑复方制剂及其制备方法"（CN104958228A），包括胡椒提取物、青刺果油、滇山茶叶提取物、艾叶提取物、七叶树提取物，实现美白祛斑、美化肌肤的效果。

近年来，贝泰妮除了植物提取物的研究，还申请了多件涉及筛选方法、评价方法、皮肤模型的专利，包括"一种化妆品舒敏原料的筛选方法"（CN113136360A），为皮肤护理产品舒敏活性原料的前期验证及筛选提供快捷可靠的评价方法，为舒敏原料的复配方案提供参考依据，也为护肤品行业动物替代实验、皮肤护理产品开发和功效验证的进一步研究提供有效依据。"一种含油敷料中重组胶原蛋白SDS-PAGE鉴别的前处理方法"（CN113030228A），通过该含油敷料中重组胶原蛋白SDS-PAGE鉴别的前处

第四章 化妆品产业技术发展方向分析 | 127

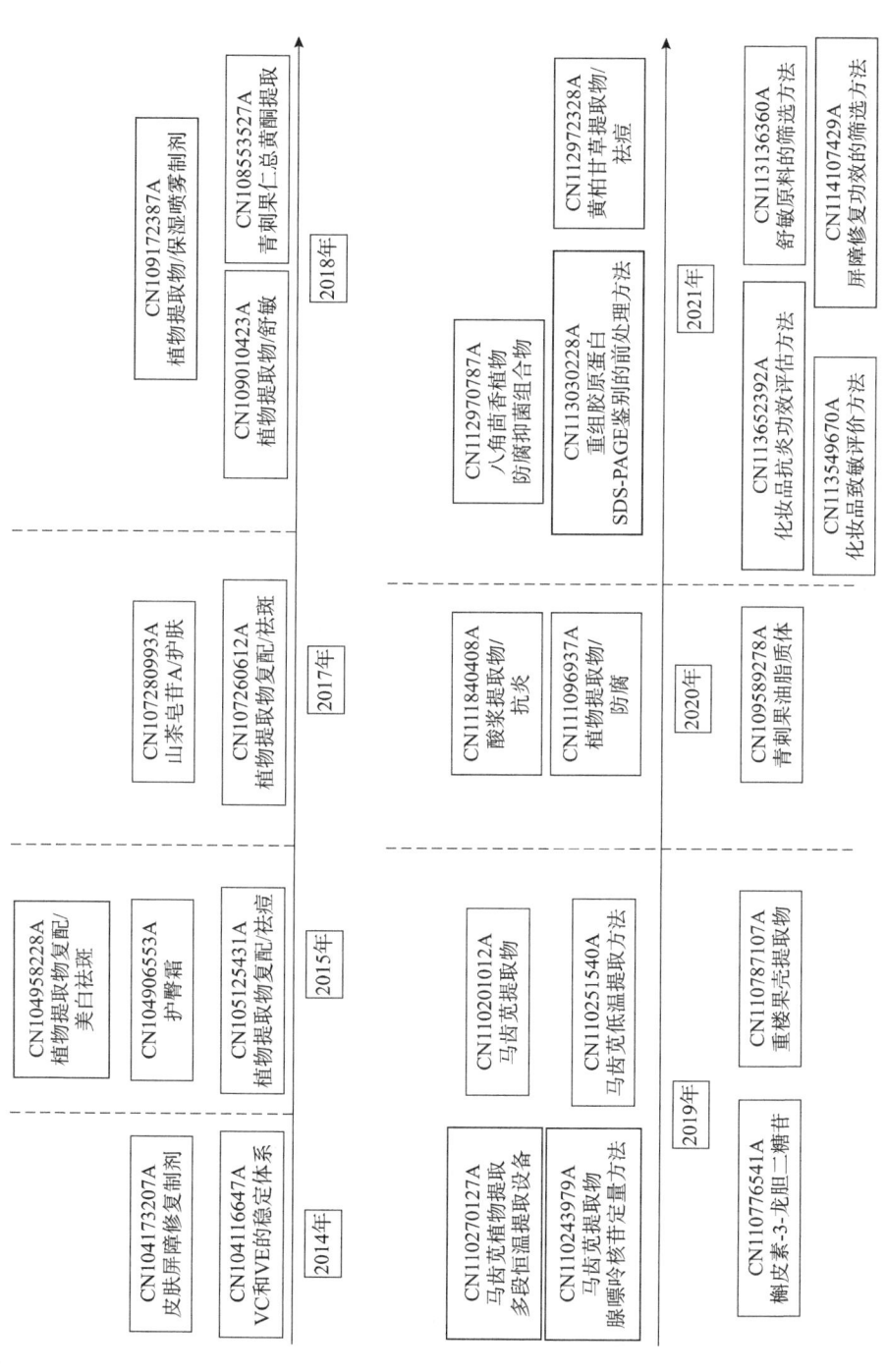

图 4-39 贝泰妮重点技术发展路线

理方法，用含钠离子的溶液将含油敷料稀释，在破坏大分子增稠剂的同时不对重组胶原蛋白结构和性状造成影响，且操作简单安全，重复性较好。"一种体外细胞与3D表皮模型共培养的化妆品致敏评价方法"（CN113549670A），结合细胞模型和3D表皮模型检测结果，将待测物作用于所建立的致敏模型中，筛选能够抑制或促进目标分子表达的物质，从而对产品的致敏安全性进行评价，具有快速、高效的优势。"一种基于体外巨噬细胞与3D皮肤模型共培养的化妆品抗炎功效评估方法"（CN113652392A），将体外巨噬细胞与3D皮肤模型共培养，使得化妆品原料及成品模拟皮肤真实使用情况，检测皮肤表皮层立体细胞结构到真皮层免疫细胞对应炎症指标，构建了体外化妆品立体化综合评估模型。"一种化妆品原料体外3D皮肤模型屏障修复功效的筛选方法"（CN114107429A），结合正常3D皮肤模型、SDS损伤3D皮肤模型和SDS持续损伤3D皮肤模型，对目标原料的屏障修复活性进行筛选，构建化妆品原料的屏障修复功效评价方法。

从专利角度可以看出，贝泰妮在基础理论研究、应用开发、关键技术开发等方面都有一定的技术积累。由贝泰妮牵头建设，云南省药物研究所、云南大学、云南农业大学参与建设，成立了云南特色植物提取实验室，聚焦云南特色植物的功效性化妆品和解决关键基础问题，具有很好的借鉴意义。

（4）丸美。

丸美主营业务包括各类化妆品的研发，拥有多个中高端、大众化护肤品和彩妆品牌。自主创新研发实力较强，专利以护肤类为主，并延伸到化妆品类的各个方面，包括获得中国专利奖的"一种盒装化妆品成批包装出场设备"（CN106742424A），该专利涉及化妆品包装加工设备；"一种护肤原料抗皱淡纹活性的检测方法及其应用"（CN113332456A），该专利涉及护肤原料抗皱淡纹活性的检测方法。图4-40为丸美在护肤领域的重点技术发展路线。

由图4-40可以看出，在2014年，公开号为CN104523476A的专利，涉及改善眼袋、黑眼圈的眼霜，主要包括透明质酸钠、类脂质体神经酰胺、齿叶乳香提取物、欧洲七叶树提取物、肽类等组合，更易吸收，能够增加肌肤的平滑度。2016年申请的专利"一种具有保湿和抗衰老功效的护肤基质及其制备与应用"（CN106236675A），主要通过木槿树皮提取物、可溶性蛋白多糖、透明质酸钠、β-葡聚糖、长角豆籽提取物的组合，提供快速长效的保湿效果和抗衰老效果。2016年申请了专利"一种具有修护皮肤屏障和抗衰老功效的基质及其制备方法和应用"（CN106265348A），获得广东专利奖，该技术选择了透明质酸钠、密罗木叶/茎提取物、棕榈酰寡肽的抗衰老剂、茶提取物、胜肽、藻提取物等，该技术作为护肤基质，具有较为广泛的应用前景，且修护皮肤屏障和抗衰老效果显著，应用面较为广泛，包括精华素、乳液、保养液、精华乳、膏霜等弹力蛋白系列的化妆品。该专利形成了皮肤修复和抗衰老的核心技术，后续在此核心技术基础上又进行了延续性的创新，形成了一系列专利组合，从"美白+护肤""修复+护肤""保湿+护肤""保湿+抗衰老""保湿+美白""保湿+抗敏"等方面进行全方位布局，如图4-41所示。

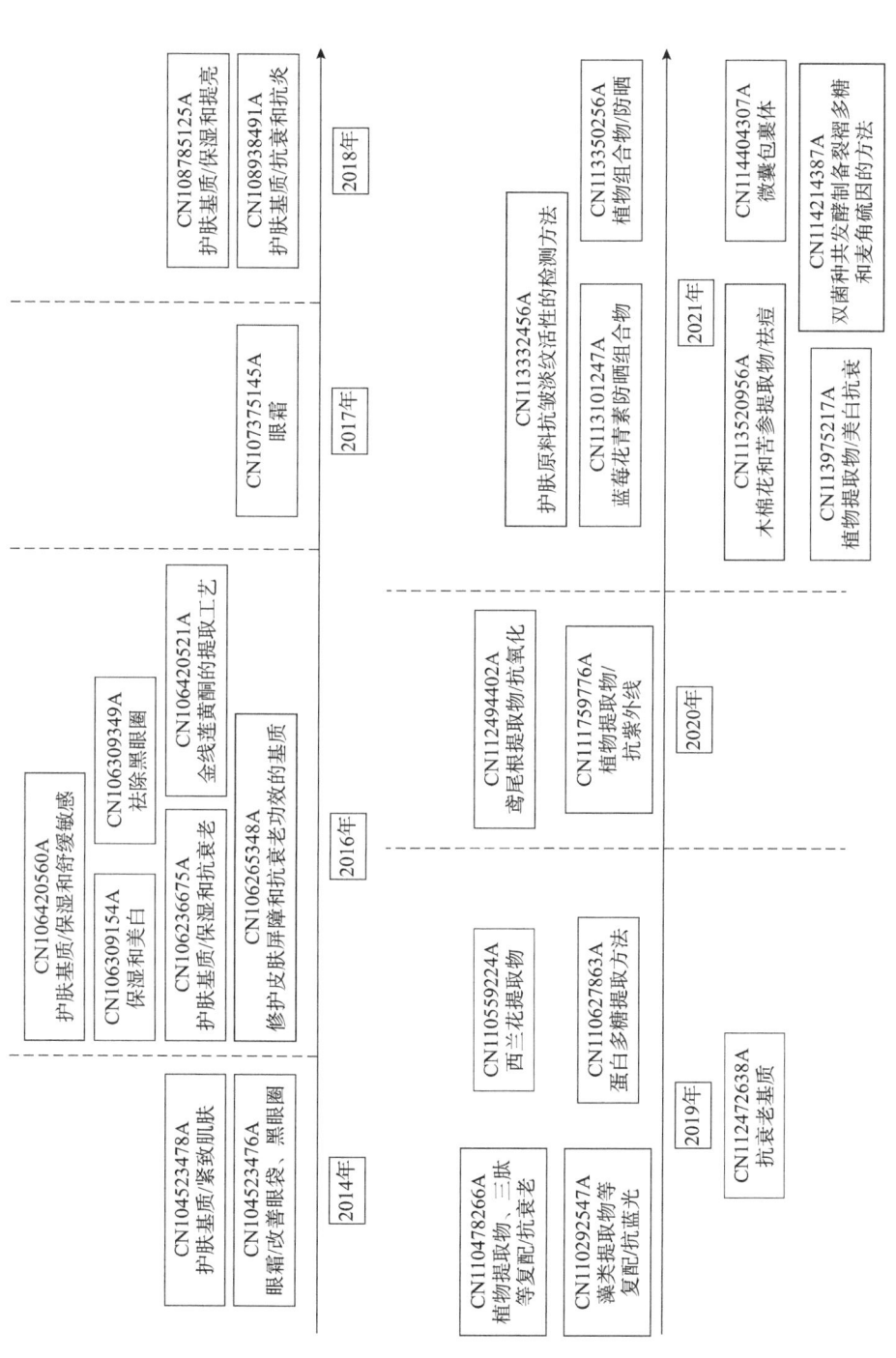

图4-40 丸美公司重点技术发展路线

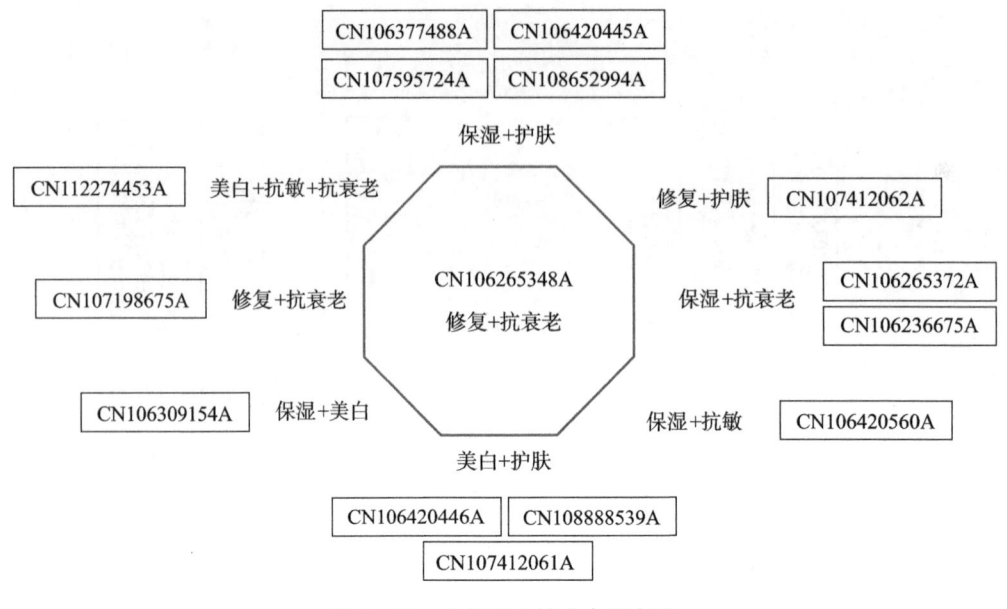

图 4-41 丸美核心技术专利布局

丸美在研究植物提取物应用于化妆品护肤领域也有较多的专利布局。如 2016 年申请的专利"一种金线莲黄酮的提取工艺及其在护肤产品中的应用"(CN106420521A),通过打浆、冷冻干燥、粉碎、粗提、富集等提取金线莲黄酮提取物,该工艺具有较高的提取率(金线莲黄酮提取物具有较好的抗氧化活性和抑制酪氨酸酶活性)。"具有保湿和舒缓敏感肌肤功效的护肤基质及其制备与应用"(CN106420560A),通过选择高山火绒草提取物、β-葡聚糖、卤虫提取物等制备得到具有保湿和舒缓敏感肌肤功效的化妆品基质。2018 年申请的专利"具有即时紧致、长效抗衰和抗炎功效的护肤基质及制备方法和应用"(CN108938491A),通过脱羧肌肽 HCL、马齿苋提取物、透明质酸钠、齿叶乳香树脂提取物等复配,实现长效抗炎、抗衰老的功效,减少皱纹的生成及皮肤的弹性损失,改善肌肤细纹,抗氧化,抑制黑色素的生成,预防肌肤的光致老化和损伤,增强皮肤的屏障。2019 年申请的专利"富含胶原三肽的化妆品组合物、护肤化妆品及应用与制备方法"(CN110478266A),提供富含胶原三肽的化妆品组合物,包括胶原三肽、葡萄籽提取物、水解大米提取物、小球藻提取物等,发挥保湿抗氧化的效果,能够显著延缓细胞衰老。2020 年申请的专利"一种鸢尾根提取物及其制备方法与应用"(CN112494402A),采用含浸出助剂的溶液对鸢尾根进行提取,促进鸢尾根中黄酮类化合物的浸出,有效提高了鸢尾根中黄酮类成分的浸出率,制得的鸢尾根提取物具有较好的抗氧化作用、美白作用和胶原蛋白酶抑制作用,在化妆品中具有良好的应用前景。2021 年的专利申请"一种以木棉花提取物和苦参提取物为活性成分的祛痘膜及其制备方法"(CN113520956A),组分包括木棉花提取物、苦参提取物,显著提高了单一成分的功效,对皮肤温和且有较强的祛痘能力。

可以看出,丸美的专利申请涉及较多的化妆品具体领域,比如保湿和抗衰老、眼霜、改善眼袋和黑眼圈、保湿和舒缓敏感肌肤、抗衰老和抗炎、抗蓝光、防晒、美白抗衰老、抗敏抗紫外线、祛痘等,这说明丸美具有较强的研发实力,且围绕核心专利也有较多的专利布局,技术研发和专利布局结合度较高。另外,从该公司的专利申请类型来看,涉及单一植物提取物的提取、植物提取物的复配、植物提取物和胜肽/透明质酸钠等化妆品原料的组合、护肤原料的检测等,专利维度多,涉及层面广,专利整体的价值较高。

(5)丹姿。

由图4-42所示的丹姿重点技术发展路线可以看出,丹姿的专利申请主要呈现两个特点:其一为天然护肤,重点研究方向为海洋产物;其二为工艺和原料的创新,不断改善护肤效果和产品性能。

天然护肤是目前热门的发展潮流,海洋天然产物具有优良的生物相容性,其成分与人体皮肤细胞较为接近,是理想的仿生护肤原料。海洋藻类富含矿物质、维生素和抗氧化物,是化妆品向天然、健康发展的重要原料。海洋藻类的功效包括保湿美白、抵御紫外线、抗光老化、抗菌消炎、防过敏、祛斑防皱、抗衰老等。目前,微型海藻的资源还未充分开发,具有较大的市场前景。丹姿在海洋产物功效领域研发较为深入,其专利申请中,与藻类有关或活性成分包含藻类的发明占到48%。

丹姿在产学研方面与高校和科研机构等有一定的合作,包括与中国科学院南海海洋研究所共同申请了5件专利,与暨南大学共同申请了2件专利,与中山大学共同申请了1件专利等。

在海藻类的研发中,比较具有代表性的专利是丹姿与中国科学院南海海洋研究所合作研发的。2016年提交的公开号为CN106754389A的专利申请,发明名称为"一种培养微藻的方法"。该方法通过将微藻接种到培养基中培养,在培养过程中流加或分批补加无机磷至培养结束,充分考虑了微藻生长以及油脂积累特性,提出一种低磷流加培养微藻获得油脂的方法,能够保证微藻油脂含量快速增加的同时,获得较高的生物量产率,有效解决了微藻细胞含油量、生物量与油脂产率之间的矛盾,大幅提高了微藻油脂的生产效率,可以应用在微藻的规模化养殖过程中,获得的藻泥可广泛应用于化妆品领域。2017年提交的公开号为CN108265014A的专利申请,发明名称为"一株通过太空育种获得的高品质海水螺旋藻及其用途"。经过太空育种的海水螺旋藻藻株—海水螺旋藻H11株系,具有生长速率快,可同时积累高含量的藻蓝蛋白、螺旋藻多糖、β-胡萝卜素等特点,可应用在高品质螺旋藻藻粉的生产、藻蓝蛋白的生产、螺旋藻多糖以及富含β-胡萝卜素的螺旋藻油的生产等方面。丹姿将太空藻技术运用开发出高保湿、强修护、敏感肌可用的产品,能够快速舒缓干敏,高效保湿。2020年进一步申请

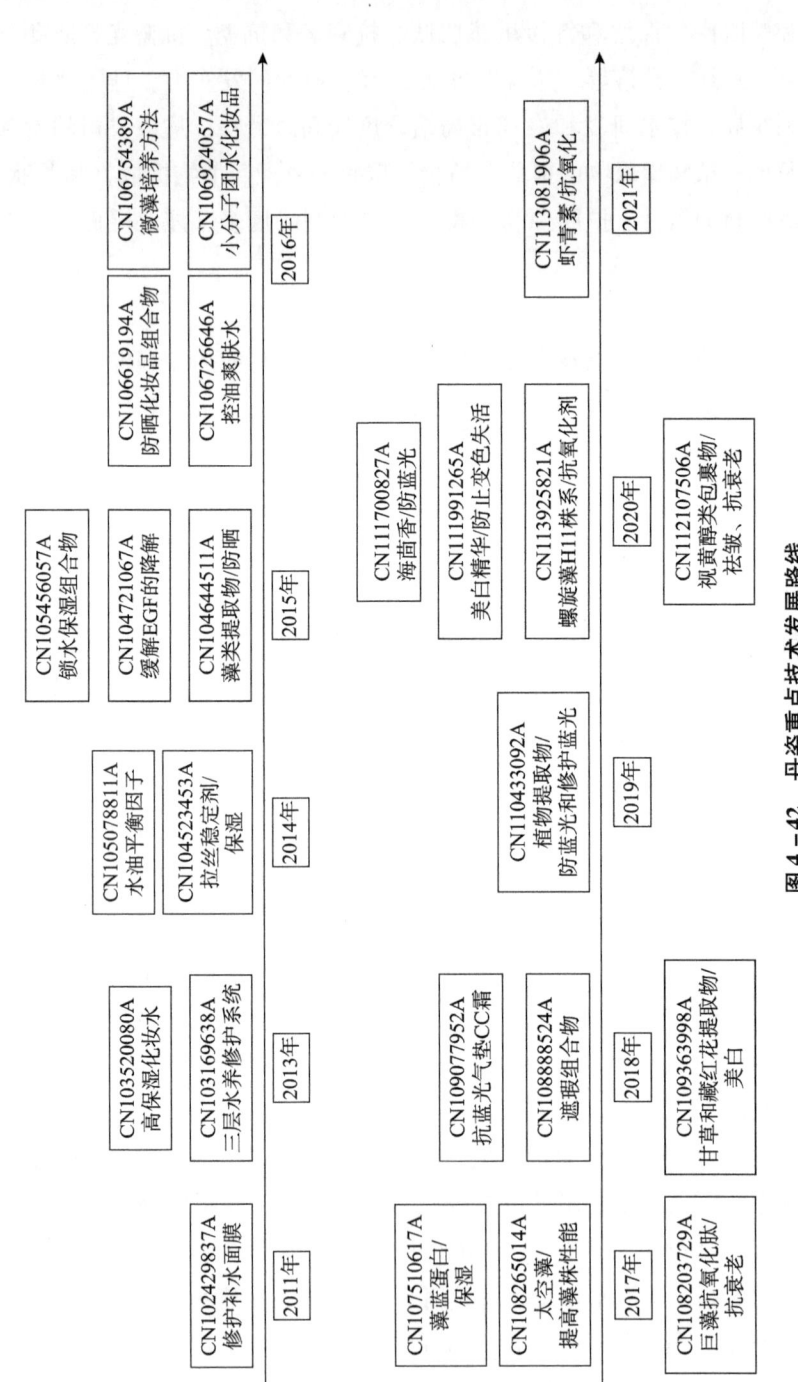

图 4-42 丹姿重点技术发展路线

了公开号为 CN113925821A、发明名称为"螺旋藻 H11 株系提取物作为抗氧化剂的应用及其护肤品"的专利申请，提供螺旋藻 H11 株系提取物在抗氧化作用方面的应用，螺旋藻 H11 株系提取物的强自由基清除能力，能够有效地清除自由基，减少和避免自由基对皮肤的损伤。其同样也是太空藻，搭载"实践十号"返回式卫星，在轨运行 12 天后返回地面，具有强自由基清除能力、遗传稳定的特性，其多酚产率显著提高，抗氧化能力显著增强。

除了上述与中国科学院南海海洋研究所的合作，丹姿还有多件涉及藻类开发的专利，如公开号为 CN104644511A 的专利，发明名称为"防晒化妆品组合物及其海藻防晒成分的制备方法"，其有效成分包括脐形紫菜提取物、盐生杜氏藻提取物和雨生红球藻提取物，具有较好的皮肤亲和性。公开号为 CN108203729A 的专利，发明名称为"一种巨藻抗氧化肽的制备方法"，采用发酵制备巨藻抗氧化肽的方法，通过液态发酵工艺，将巨藻经处理后用枯草芽孢杆菌、地衣芽孢杆菌和米曲霉的混合菌种发酵，提纯制得巨藻抗氧化肽。制备得到的抗氧化肽可应用于化妆品中，清除自由基，提高皮肤抗氧化能力，达到抗衰老效果。公开号为 CN109077952A 的专利，发明名称为"抗蓝光气垫 CC 霜及其制备方法"，有效成分选用了南极冰海褐藻提取物，该抗蓝光气垫 CC 霜既能解决紫外线对皮肤的伤害，又能抵御蓝光对皮肤的伤害，并且能够取得多效修复的功能。

在工艺和原料创新方面，从技术路线图可以看出，丹姿在 2011 年就提出了公开号为 CN102429837A 的专利申请"一种夜间修护补水面膜及其制备方法"，利用植物吸水酯的长效保湿性使该睡眠面膜在夜间充分修护干燥暗哑的亚健康肌肤。2013 年提出了公开号为 CN103169638A 的专利申请"24 全时水润三层水养修护系统"，以巨藻提取物、深层海泉水、三色堇提取物以及"捕水因子"构成三层水养修护系统，通过表层锁水、深层活水和外层"捕"水的三层水养修护系统，使该发明所提供的护肤品能够给肌肤带来持久保湿的效果。2014 年提出了申请号为 CN104523453A 的专利申请，发明名称为"一种拉丝稳定剂、具有稳定拉丝效果的组合物及其制备方法"，有效解决了含有拉丝的产品在存放及使用过程出现拉丝效果降解的问题，经测试，比普通产品有更好的补水保湿效果，具有良好的发展前景。2015 年提出了公开号为 CN104721067A 的专利申请，发明名称为"用于长期保存表皮生长因子活性的组合物"，提供一种长期保存 EGF 活性的组合物（EGF 作为一种具有生物活性的多肽分子，理论上可以作为生物功效性原料添加到保健品和化妆品中，但在实际的应用过程中发现 EGF 比较难储存）。2016 年提出了公开号为 CN106619194A 的专利申请，发明名称为"包含复合固体粉末和高分子成膜剂的防晒化妆品组合物"，通过将物理防晒剂复配肤感改善剂和粉体表面处理剂以及特殊的制备方法，改善了二氧化钛或/和氧化锌等组成的复合固体粉末的触感粗糙和结块等缺陷，所制备的防晒组合物能够自然紧密地覆盖皮肤表面并具有光滑柔软的触感而不积聚。2017年提出的公开号为CN107510617A的专利申请，发明名称为"藻蓝蛋白保护剂及其制备方法和藻蓝蛋白组合物与保湿化妆水"，一方面可以防止蛋白质聚集，从而减少藻蓝蛋白在溶液中沉淀；另一方面可以有效抑制细菌生长，从而使得藻蓝蛋白在溶液中能够保持原有的亮蓝色。2018年公开号为CN109363998A的专利申请"美白化妆品添加剂和美白精华原液及其制备方法"，通过甘草提取物、藏红花提取物的配伍，能够有效抑制酪氨酸酶的活性，从而起到美白的作用。2019年公开号为CN110433092A的专利申请，发明名称为"一种防蓝光和修护蓝光损伤的组合物"，修护蓝光损伤组合物包括蔓越莓提取物、睡茄根提取物、地中海柏木叶提取物和艾叶提取物，既能抵御散射蓝光，降低蓝光的透射率，又能修护蓝光引起的线粒体DNA损伤、减少蓝光照射下产生的自由基，同时也能解决由蓝光产生的色素沉着以及皮肤老化的问题。2020年提出了公开号为CN112107506A的专利申请，发明名称为"视黄醇类包裹物及其制备方法和应用"，视黄醇类包裹物能够形成对视黄醇类化合物的稳定包裹，实现视黄醇类化合物的缓释，且不会造成对视黄醇类化合物的破坏，应用于护肤品中，可提高视黄醇类化合物在护肤品中的利用率，使护肤品实现有效去皱、抗衰老的效果。2021年提出公开号为CN113081906A的专利申请，发明名称为"虾青素组合物及其制备方法和应用"，包括微藻油、燕麦仁油、虾青素，相比现有技术，该发明的有益效果至少在于：该虾青素组合物，将微藻油和燕麦仁油复配用于含虾青素抗氧化护肤产品中，使得虾青素具有良好的光稳定性和热稳定性，保持虾青素在护肤品中的抗氧化活性。

可以看出，丹姿在化妆品产品研发方面较为重视知识产权，且与中国科学院南海海洋研究所在藻类原料的合作较为成功，获得了核心的技术，"水密码天然海藻类护肤品"获选2021年广东省名优高新技术产品，在天然护肤方面具有明确的研发方向和较强的科研实力。

在专利布局研发方面，对涉及藻类研发与资生堂的藻蓝蛋白研发进行对比，图4-43展示了丹姿和资生堂在藻类专利布局研发的情况。

从图4-43的对比分析可以看出，资生堂围绕其核心专利进行了一系列专利申请，比如乳液组合物、水包油型组合物、化妆品制剂等，以及在透明质酸生产促进剂、光老化抑制剂、抗氧化剂等方面的具体应用，且都有国际专利，进行全球布局。丹姿围绕核心专利进行挖掘、布局较少。

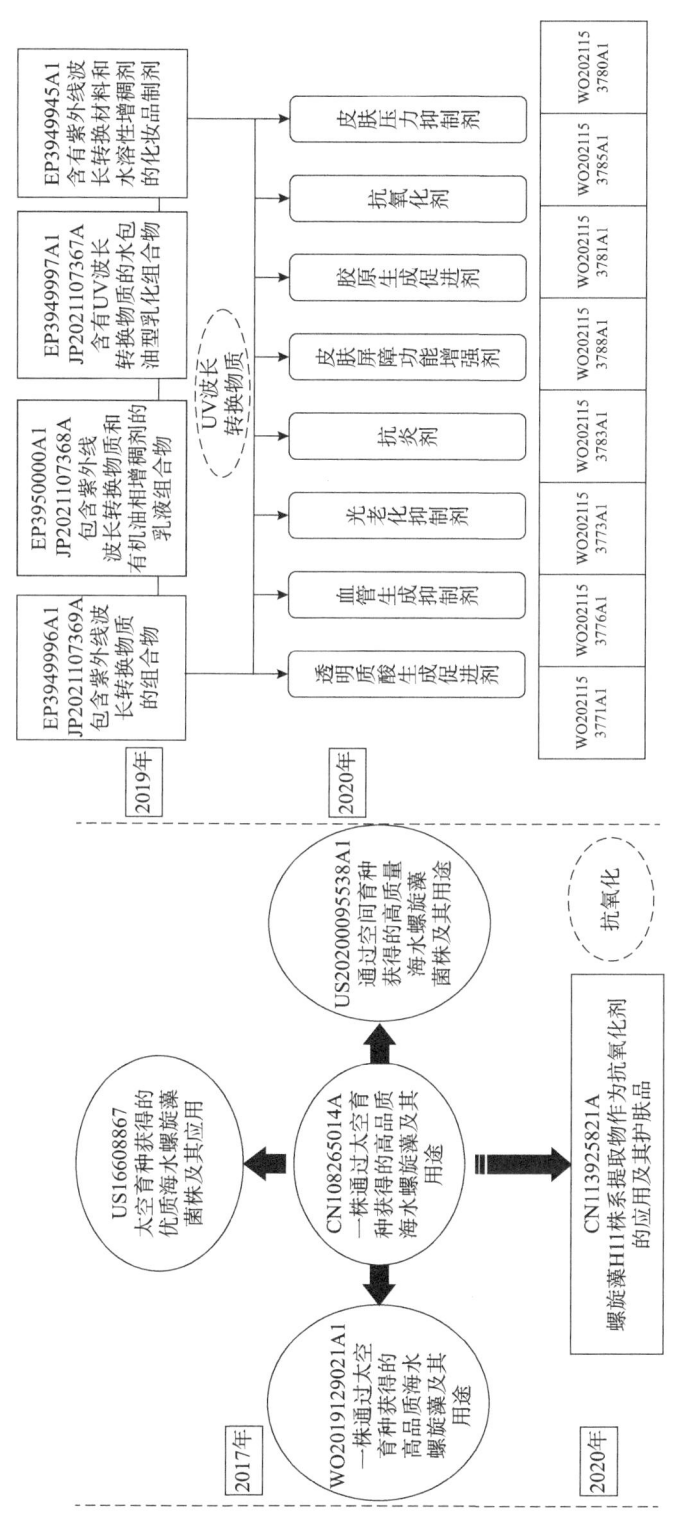

图 4-43 丹姿（左）和资生堂（右）的藻类专利布局情况

4.3 彩妆化妆品

彩妆主要包括面部彩妆、眼部彩妆、唇部彩妆、甲部彩妆等。本节的数据去重合并后,最终获得的样本如表 4-8 所示,包括全球专利申请 36674 项、中国专利申请 7848 件、广东省专利申请 1658 件、广州市专利申请 1021 件,主要涉及彩妆原料制备与应用、彩妆组合物及其制备方法以及彩妆组合物的应用。

表 4-8 彩妆化妆品领域专利检索结果统计

统计指标	全球/项	中国/件	广东省/件	广州市/件
申请量	36674	7848	1658	1021
授权量	17715	819	384	299
有效量	7983	674	346	265

4.3.1 产业布局

1. 专利申请量趋势分析

彩妆化妆品领域在华专利申请总量为 7848 件,广东省的彩妆化妆品专利申请总量为 1658 件,占在华申请总量的 21%,而广州市彩妆化妆品专利申请总量为 1021 件,占全省申请总量的 62%,可见,广州市彩妆化妆品专利申请数量超过广东省内其他城市的专利申请数量的总和,广州市在广东省甚至在全国彩妆化妆品领域占有非常重要的地位。

由图 4-44 可以看到,从历年的申请趋势来看,广州市在彩妆化妆品领域的专利申请趋势与广东省的趋势基本一致。稍有不同的是,广州市在 2017 年出现了申请量下滑,但在 2018 年申请量快速上涨,并于 2019 年达到历年的申请量峰值 192 件。从目前已公开的申请量来看,虽然 2020 年和 2021 年的申请量小于 2019 年,但绝对量也并不算低,考虑到后续可能还有部分申请进行公开,可以预测 2020 年和 2021 年的专利申请量同样可达到较高的水平。

2. 法律状态分析

从图 4-45 可以看出,彩妆化妆品领域广州市专利申请有效率为 26%,高于广东省整体有效率的 21%。由此可见,广州市彩妆化妆品领域专利申请质量及专利运营水平在广东省处于较为领先的地位。

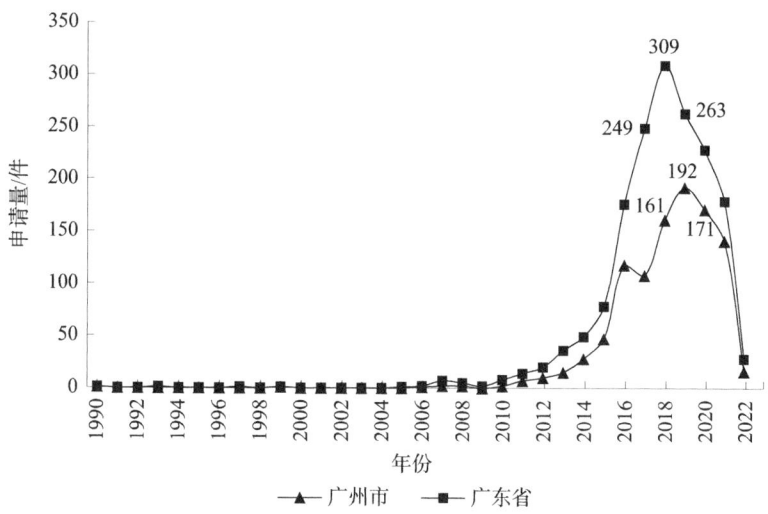

图 4-44　1990—2022 年广州市彩妆化妆品领域专利申请趋势

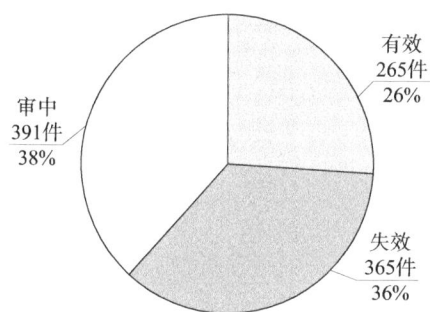

图 4-45　彩妆化妆品领域广州市专利申请法律状态分布

3. 创新主体

广州市彩妆化妆品领域专利申请量排名靠前的申请人分别为艾蓓、花安堂、丹姿、环亚、神采、集妍、澳希亚、芭薇、丸美，专利申请量分别为 57 件、31 件、30 件、29 件、20 件、19 件、16 件、15 件、14 件，详见图 4-46。

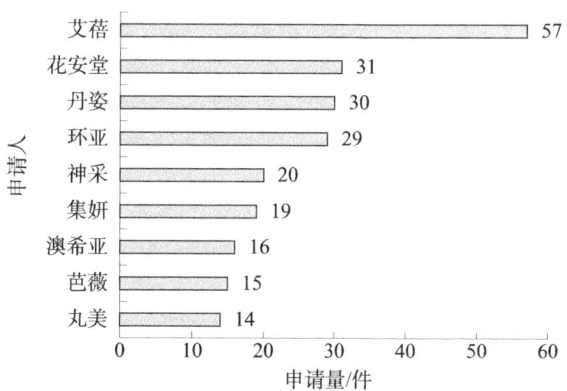

图 4-46　广州市彩妆化妆品领域申请人排名

从图4-47所示的申请趋势来看，上述申请人的申请时间均较为分散，进入彩妆化妆品领域的时间也不尽相同。丹姿最早于2011年开始申请彩妆化妆品领域专利。环亚紧随其后，于2013年开始申请相关专利，其后基本每年都有不同数量的专利申请，具有较好的连续性。艾蓓虽然开始专利申请的时间稍晚，2016年才拥有首个彩妆化妆品领域专利申请，但2018—2020年，该公司的彩妆化妆品领域专利申请量快速增长，目前为广州市彩妆化妆品领域专利申请量最大的申请人。神采开始申请彩妆化妆品领域专利的时间同样较早，但其仅在2014年、2015年及2017年有专利申请，2018年以后未新增专利申请。另外，从申请人在专利申请总量中的占比情况可以看出，技术集中度不高，这与彩妆化妆品细分领域较多、单个申请人难以覆盖较多细分领域有关。

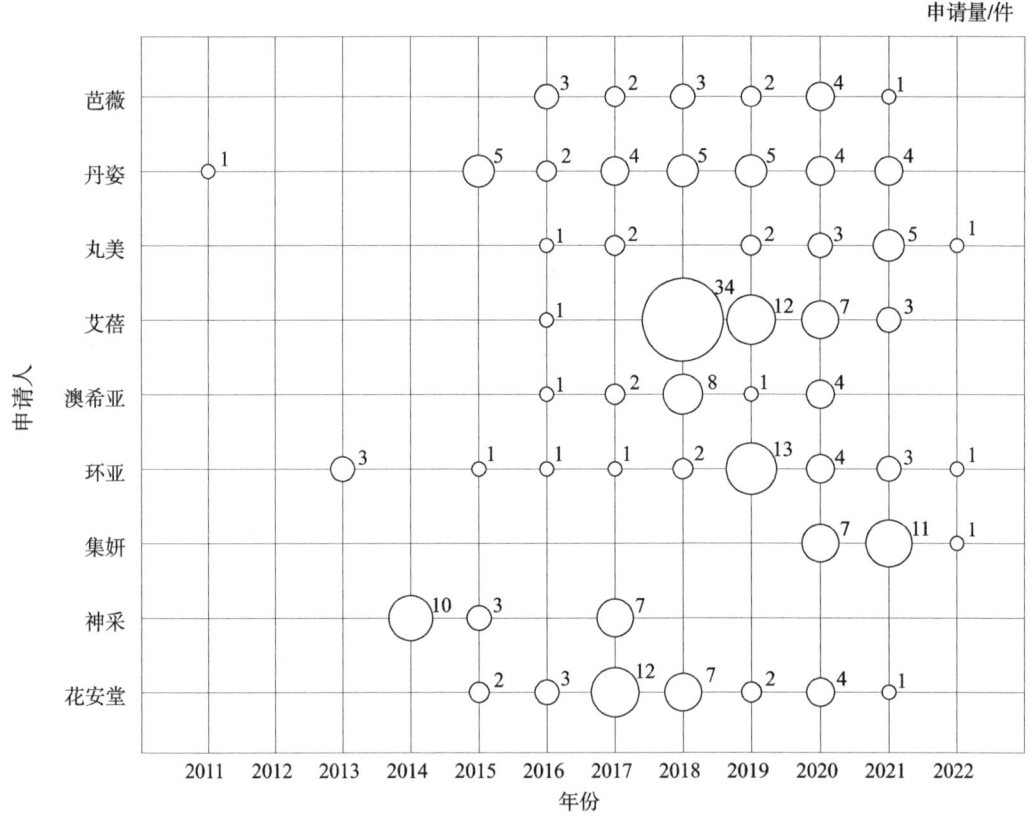

图4-47 广州市彩妆化妆品领域专利申请人申请趋势

图4-48所示为广州市彩妆化妆品领域专利申请第一申请人类型。可以看到，广州市彩妆化妆品领域专利申请的第一申请人主要为企业，占到申请总量的91%；个人申请次之，占6%；院校申请数量最少，占3%。

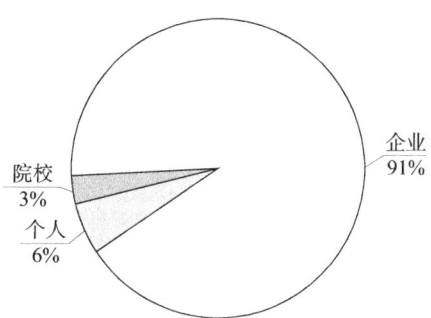

图 4-48 广州市彩妆化妆品领域专利申请第一申请人类型

4.3.2 技术主题分布及技术发展

1. 彩妆化妆品技术主题分布

彩妆化妆品主要指用于面部、眼部、唇部、指甲等部位的美容化妆品,其主要作用是利用色彩变化,赋予皮肤色彩,修整肤色或加强眼、唇等部位的阴影,以增加立体感,从而使之更具魅力。同时,也可用于遮盖雀斑、伤痕、痣之类的皮肤缺陷。根据彩妆化妆品施用部位及用途,可将彩妆化妆品分为唇部用彩妆化妆品、眼部用彩妆化妆品、面部用彩妆化妆品、指甲用彩妆化妆品、卸妆用彩妆化妆品五大类别。其中,面部用彩妆产品主要包括粉底、散粉、粉饼、打底霜、BB 霜、CC 霜、腮红、修容粉等;眼部用彩妆产品主要包括眼线、眼影、睫毛膏、眉笔、眉粉等;唇部用彩妆产品主要包括口红、唇彩、唇线笔、唇膏等;指甲用彩妆产品主要包括指甲油、指甲油除去液、指甲抛光剂、指甲漂白剂等;此外,卸妆类产品用于清除皮肤表面附着的彩妆,从而让肌肤恢复自然状态,因此卸妆类产品也属于彩妆产品。

从图 4-49 可以看到,五个彩妆化妆品技术分支中,唇部美容专利数量最多,占整个彩妆化妆品领域专利数量的 27%;其次是眼部美容,占比为 23%;面部美容及指甲美容数量相当,分别占 19% 及 18%;卸妆制剂数量最少,占整个彩妆化妆品领域专利数量的 13%。

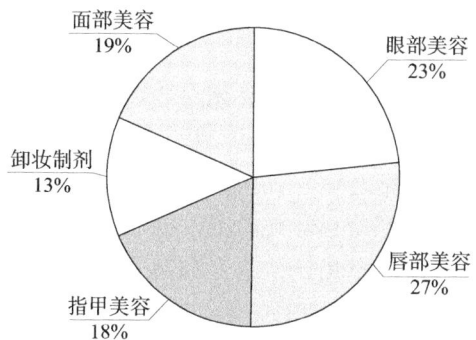

图 4-49 全球彩妆化妆品领域各技术分支专利申请量占比

2. 各技术分支专利申请趋势

从图4-50可以看到,彩妆化妆品领域在20世纪80年代以前经过了漫长的缓慢发展阶段,各分支年申请量均在50项以下。从20世纪80年代开始,唇部用彩妆化妆品与眼部用彩妆化妆品率先进入快速发展阶段,年申请量突破50项大关。指甲用彩妆化妆品紧随其后,面部用彩妆化妆品与卸妆用彩妆化妆品则分别于20世纪80年代末及90年代中期步入快速发展阶段。

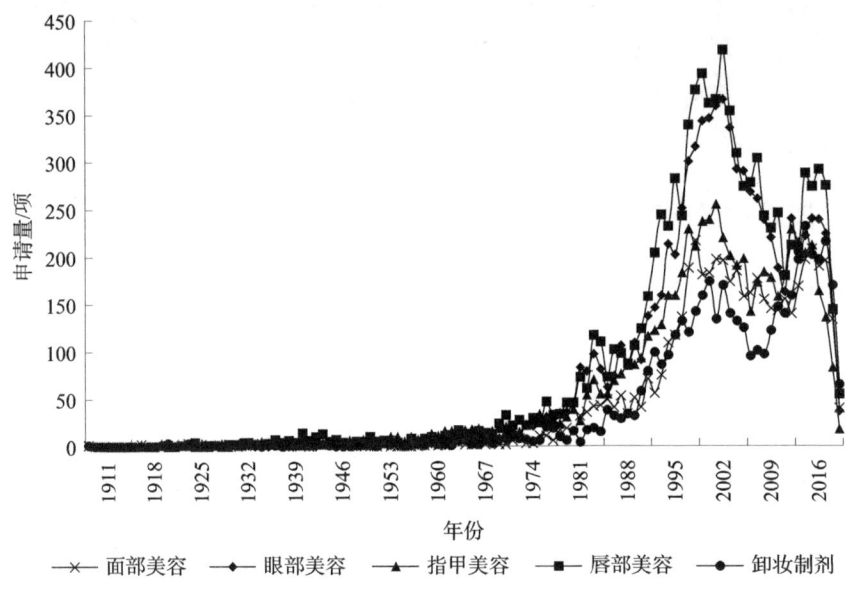

图4-50 全球彩妆化妆品领域各技术分支专利申请趋势

20世纪90年代至21世纪初,随着全球经济高速发展,人们对于美丽外表的追求越发强烈,彩妆化妆品领域专利申请量在这一时期突飞猛进,尤其是唇部用彩妆化妆品及眼部用彩妆化妆品,峰值年申请量达到400项左右,反映出人们对于这两类彩妆产品的需求极为旺盛。随后,世界经济出现一定程度下滑,彩妆化妆品等消费品市场萎缩,彩妆化妆品领域专利申请量也出现明显下降,至2015年前后,经济水平得到恢复,彩妆化妆品各技术分支专利申请量也出现大幅反弹,但仍未恢复到2005年前后的峰值水平。

3. 各技术主题专利区域分布

图4-51展示了彩妆化妆品领域五个技术分支专利申请的来源地域。五个技术分支中,专利来源区域的前四名被日本、美国、中国、法国包揽,韩国与德国紧随其后,英国、意大利等国家也占有一席之地。其中,除指甲用彩妆化妆品外,唇部用彩妆化妆品、眼部用彩妆化妆品、面部用彩妆化妆品、卸妆用彩妆化妆品最大的专利来源国均为日本,并且与排名第二的国家相比,其专利数量具有明显优势。可见,专利数量与国家/地区经济发展水平基本呈正相关关系。中国目前已成长为世界第二大经济体,经济水平和居民生活水平不断提高,彩妆化妆品作为解决温饱等基本需求之后的改善

型消费品,其消费量持续攀升,彩妆企业也因此投入了更多的研发力量。中国彩妆化妆品领域专利数量虽与日本、美国等彩妆大国还存在一定差距,但在全球范围内仍然占据重要地位。

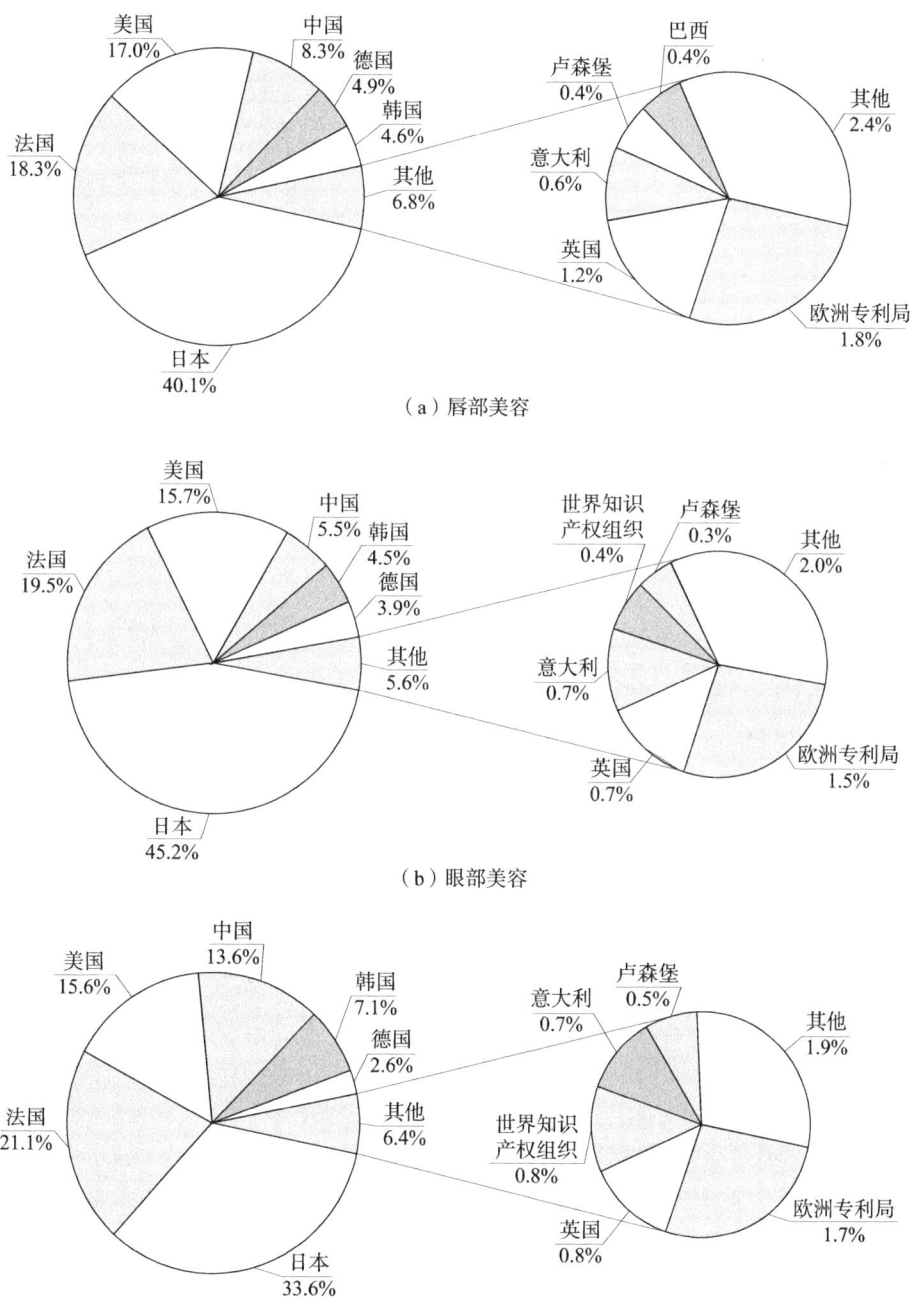

图 4-51　全球彩妆化妆品领域各技术分支专利申请来源区域分布

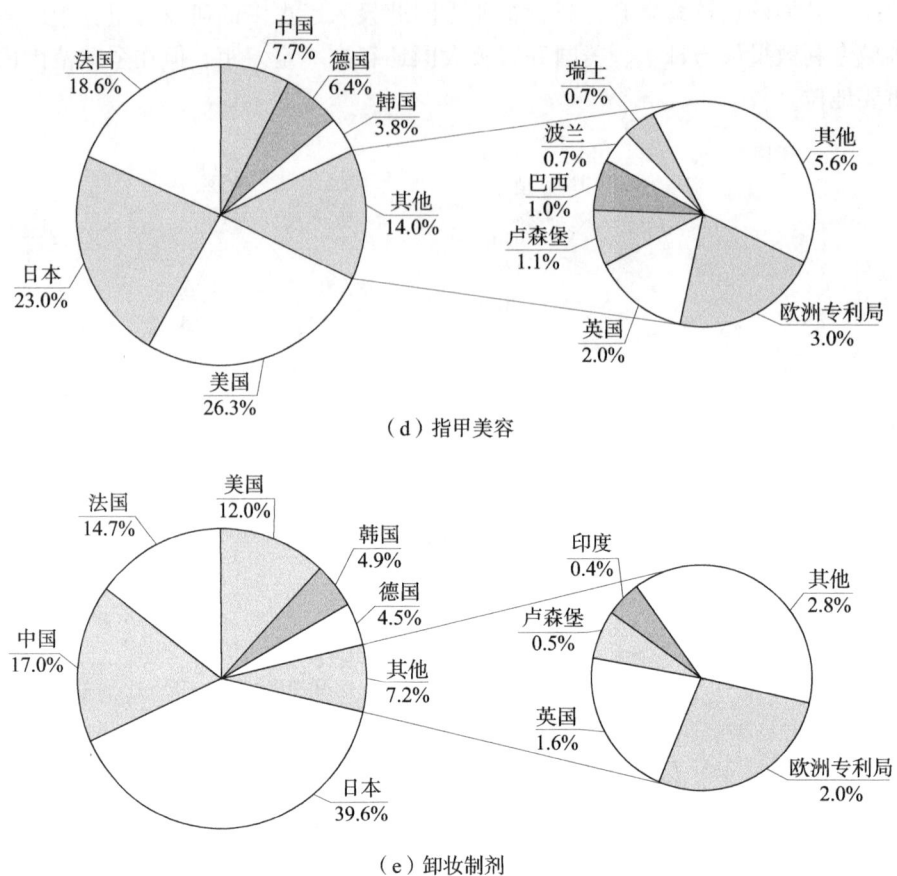

图 4-51　全球彩妆化妆品领域各技术分支专利申请来源区域分布（续）

4. 各技术分支专利申请人分布

从图 4-52 中可以看出，全球唇部用彩妆化妆品专利申请量的申请人均为全球著名日化产品生产企业。其中，日本企业有 5 家，为资生堂、花王、高丝、宝丽、信越化学工业。资生堂为亚洲最大的化妆品企业，成立时间为 1872 年，其专利申请总量达 12000 多项。美国企业有 1 家，宝洁创始于 1837 年，是世界上最大的日用消费品企业之一，其业务范围非常广泛，除化妆品之外，宝洁在洗涤剂、个人护理等领域也占据重要地位。德国企业有 1 家，拜尔斯道夫成立于 1882 年，主营业务为化妆品，除此之外还涉足工业胶带、医疗用品等业务，其产品行销全球 100 多个国家。韩国企业有 1 家，爱茉莉太平洋成立于 1945 年，为韩国最大的化妆品集团公司，其进入中国市场已超 30 年。法国企业有 1 家，欧莱雅成立于 1907 年，为美妆行业领导者之一，同时也是化妆品产业专利申请量最大的企业，累计专利申请量超 18000 项。

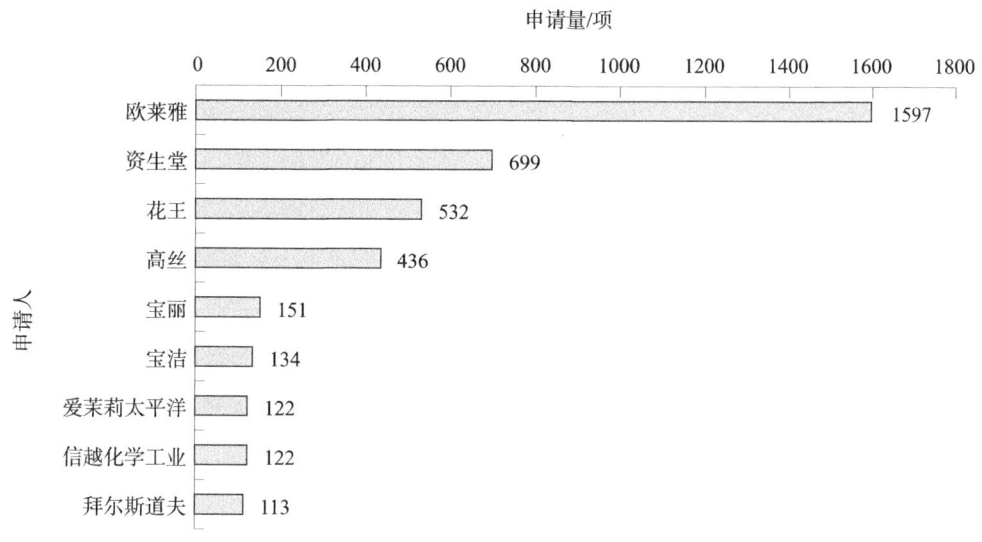

图4-52 全球唇部用彩妆化妆品专利申请人分布

可见，日本、韩国、欧洲、美国的企业在唇部用彩妆化妆品领域掌握了较多的核心技术，其国际地位显著，全球专利申请量超过100项的化妆品企业均集中在上述地区。前述9家企业，均具有成立时间早、研发实力雄厚的特点，在唇部用彩妆化妆品领域深耕多年，有着非常深厚的技术积累。相比之下，国内彩妆企业起步较晚，唇部用彩妆化妆品的技术研发实力相对薄弱，专利申请量与前述9家企业差距显著，在全球唇部用彩妆化妆品领域中仍处于相对弱势的地位。

图4-53展示了全球唇部彩妆化妆品专利主要申请人的专利申请趋势，图中数据显示各申请人历年专利申请量。全球专利申请量排名前9位的申请人中，欧莱雅最早进行唇部用彩妆化妆品发明专利申请，并于1965年至20世纪80年代末期基本保持了每年2~4项的专利申请。自20世纪90年代以来，欧莱雅一直保持着相当高的专利申请量，有的年份甚至申请量超过了100项，较其他申请人具有较大优势。资生堂、高丝、花王也具有较好的技术研发连续性，三家企业的年申请量较为相近。宝洁、拜尔斯道夫、爱茉莉太平洋、信越化学工业在开始进行唇部用彩妆化妆品专利申请时具有相对较高的年申请量，但后期申请量出现下降，有的年份甚至没有相关专利申请。宝丽的专利申请趋势可分为两个阶段，20世纪70年代后期至2005年前后，宝丽保持了较好的专利申请连续性，虽然年申请量并不太大，但一直有相关专利申请，2005年以后，宝丽在唇部用彩妆化妆品领域偶有发明专利申请。

从图4-54中可以看出，与唇部用彩妆化妆品相似，全球眼部用彩妆化妆品排名靠前（申请量大于100项）的专利申请人均为全球著名日化产品生产企业。其中，日本企业有5家——资生堂、花王、高丝、宝丽、信越化学工业，美国企业有1家——宝洁，韩国企业有1家——爱茉莉太平洋，法国企业有1家——欧莱雅。

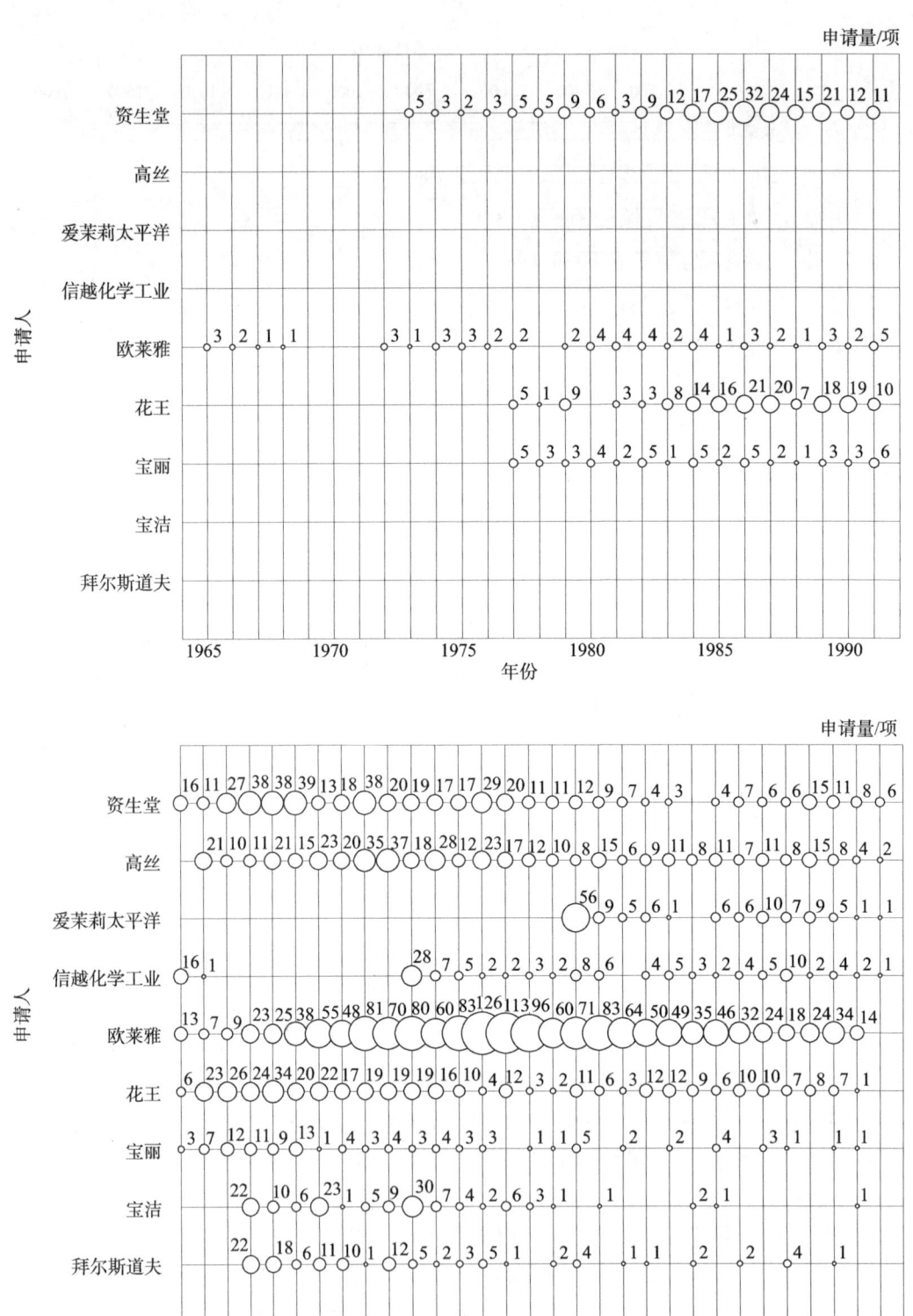

图 4-53　全球唇部用彩妆化妆品专利主要申请人申请趋势

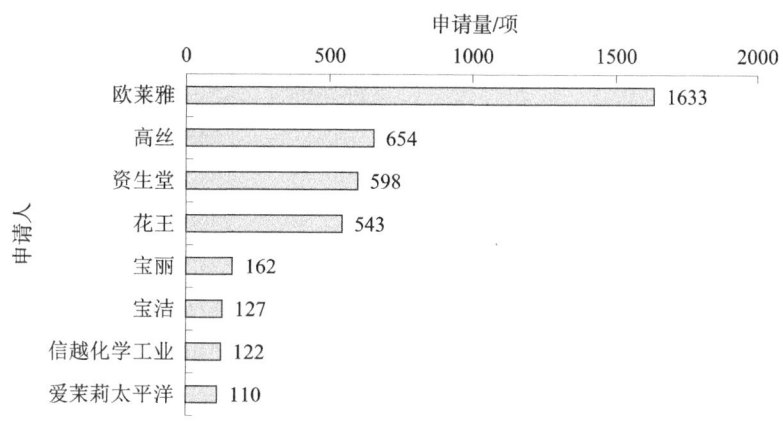

图4-54 全球眼部用彩妆化妆品专利申请人分布

可见，日本、韩国、欧洲、美国的企业在眼部用彩妆化妆品领域投入了较多的研发力量，其国际地位显著，全球专利申请量超过100项的化妆品企业均集中在上述国家。相比之下，国内彩妆企业起步较晚，眼部用彩妆化妆品的技术研发实力相对薄弱，专利申请量与前述8家国外企业具有较大差距。

图4-55展示了全球眼部用彩妆化妆品专利主要申请人的专利申请趋势，图中数据显示了各申请人的专利申请量。全球申请量排名前8位的申请人中，资生堂最早进行眼部用彩妆化妆品发明专利申请，但1962年提交第一件专利申请之后，有十余年未出现相关专利申请；从1974年开始，资生堂一直在进行眼部用彩妆化妆品的研发，几乎每年都有专利申请。同为日本化妆品巨头的高丝和花王，也有较好的专利申请连续性。高丝进入眼部用彩妆化妆品领域稍晚，1990年开始进行专利申请。花王于20世纪80年代开始眼部用彩妆产品的研发，此后一直保持了较高的年申请量，但自2013年开始，其专利申请量出现较为明显的下降。

欧莱雅虽然不是最早进行眼部用彩妆化妆品研发的企业，但其从1970年开始，在长达50多年的时间里保持了较高的专利申请量，特别是自20世纪90年代以来，专利年申请量较其他申请人优势明显，有的年份甚至申请量超过了100项。在眼部用彩妆化妆品领域，欧莱雅拥有全球知名的眼妆品牌——巴黎欧莱雅，产品类别涵盖眼影、眉笔、睫毛膏、眼线笔等，全球市场占有率较高。

宝丽、宝洁、信越化学工业、爱茉莉太平洋在眼部用彩妆化妆品领域的专利申请总量相差不大，但宝丽与宝洁近年来专利申请较少，信越化学工业、爱茉莉太平洋则保持了每年数件的专利申请势头。

全球范围内，面部用彩妆化妆品领域专利申请量在100项以上的申请人共有6个，如图4-56所示。其中，日本企业有3家——资生堂、花王、高丝，美国企业有1家——宝洁，韩国企业有1家——爱茉莉太平洋，法国企业有1家——欧莱雅。从申请量来看，欧莱雅具有绝对优势，其申请量超过了其他5个申请人的总和。

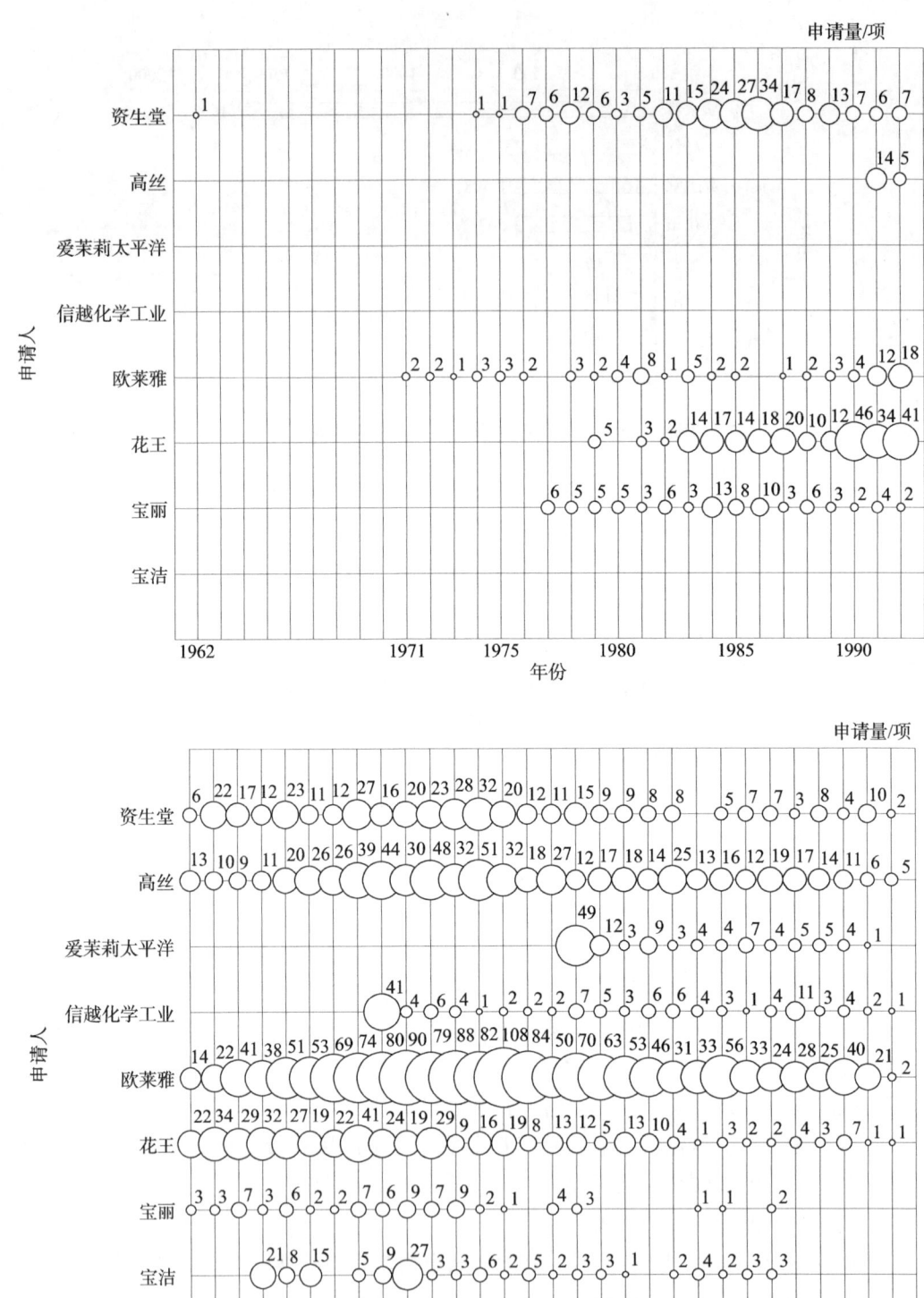

图4-55 全球眼部彩妆化妆品专利主要申请人申请趋势

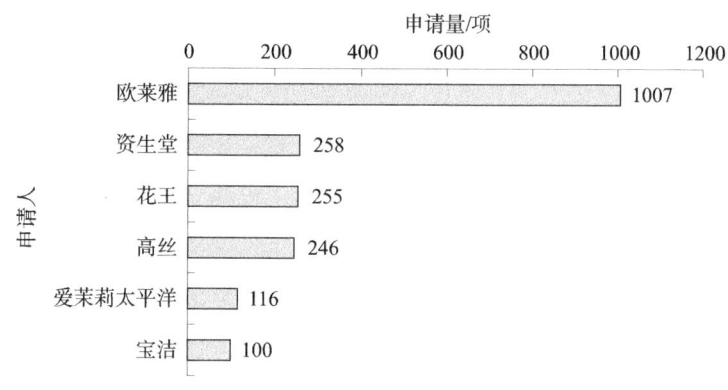

图 4-56　全球面部彩妆专利申请人分布

与唇部用彩妆和眼部用彩妆化妆品相同，日本、韩国、欧洲、美国的企业在面部用彩妆化妆品领域优势明显，全球申请量超过 100 项的化妆品企业均集中在上述地区。国内彩妆企业起步较晚，面部用彩妆化妆品的技术研发实力相对薄弱。国内申请人中，面部用彩妆化妆品专利申请量最大的是艾蓓，共有 15 项相关专利申请。可以看到，尽管艾蓓申请量已排名全国第一，但其专利申请量与前述 6 家企业差距显著。

图 4-57 展示了全球面部用彩妆化妆品专利主要申请人的专利申请趋势，图中数据显示了各申请人历年申请量。全球申请量在 100 项以上的申请人中，欧莱雅最早进行面部用彩妆化妆品发明专利申请，并且自 1965 年第一件专利申请出现开始，至 20 世纪 90 年代初，欧莱雅一直有面部用彩妆化妆品专利申请；20 世纪 90 年代初，欧莱雅面部用彩妆化妆品专利申请进入高速发展阶段，至 2016 年前后，几乎每年都有 10 项以上的专利申请，并且大部分年份的申请量都在 50 项左右；2016 年以后，欧莱雅的面部用彩妆化妆品专利申请数量有所减少，但与其他申请人相比，仍然处于领先地位。资生堂、花王进入面部用彩妆化妆品领域时间也较早，均是从 20 世纪 70 年代开始了相关专利的申请。宝洁、高丝进入该领域时间稍晚，分别于 20 世纪 80 年代末、20 世纪 90 年代初开始申请相关专利。爱茉莉太平洋开始申请面部用彩妆化妆品专利的时间最晚，21 世纪初才开始进入该领域，但其在此后近 20 年的时间内保持着每年多项的申请量，反映出该申请人的技术研发连续性较好。

从图 4-58 可以看到，与其他彩妆化妆品技术分支相比，指甲用彩妆化妆品的专利申请人分布比较特殊，在其他彩妆化妆品技术分支排名领先的欧莱雅，在指甲用彩妆化妆品技术分支依然领先，专利申请总量超过了 1000 项。然而，其他申请人关于指甲用彩妆化妆品的申请量明显减少，除欧莱雅之外，仅有资生堂和花王申请量超过 100 项，而申请量为 50~100 项的申请人也仅有宝洁、高丝、宝丽、默克，说明在全球范围内，对于指甲用彩妆化妆品的研究并不广泛，专利申请量还有较大的提升空间。

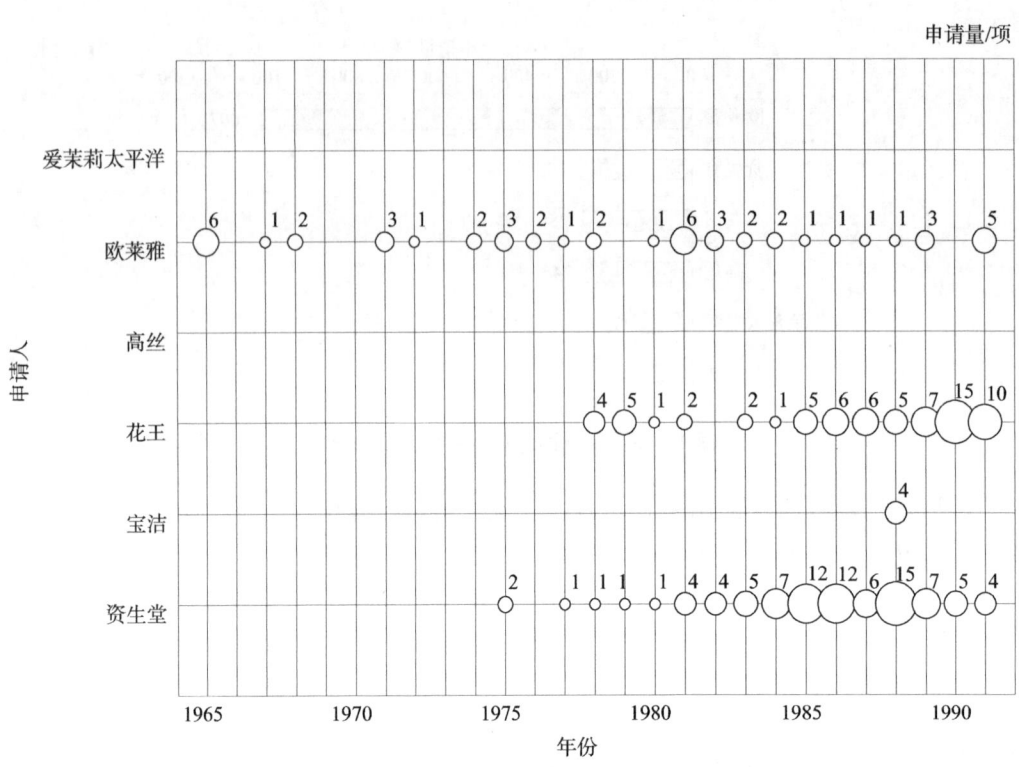
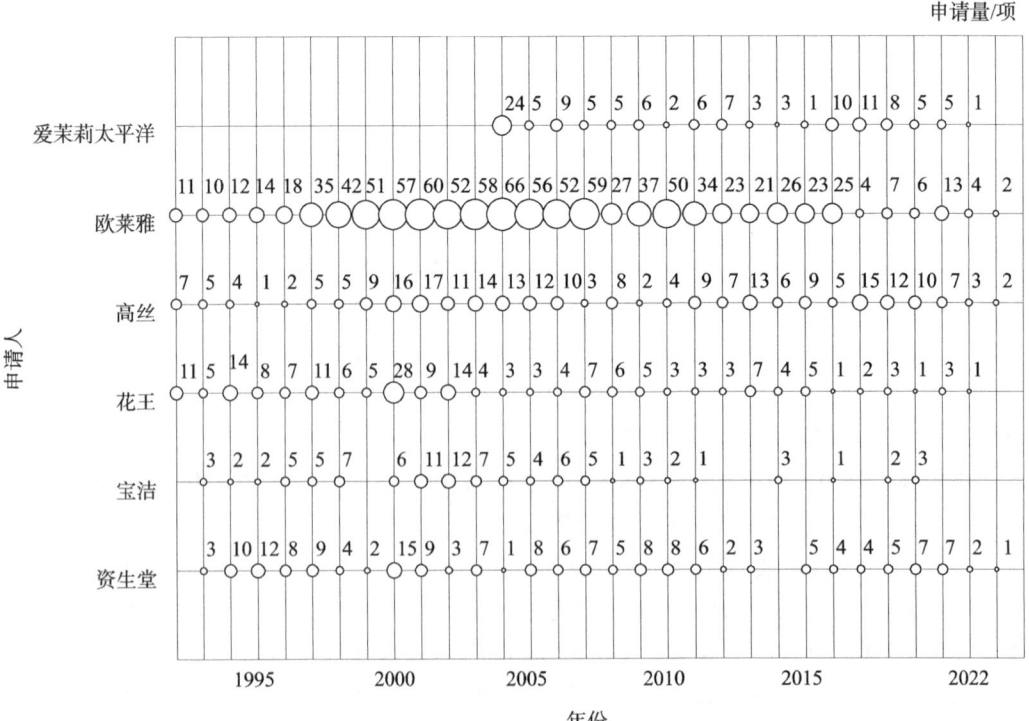

图 4-57 全球面部彩妆化妆品专利主要申请人申请趋势

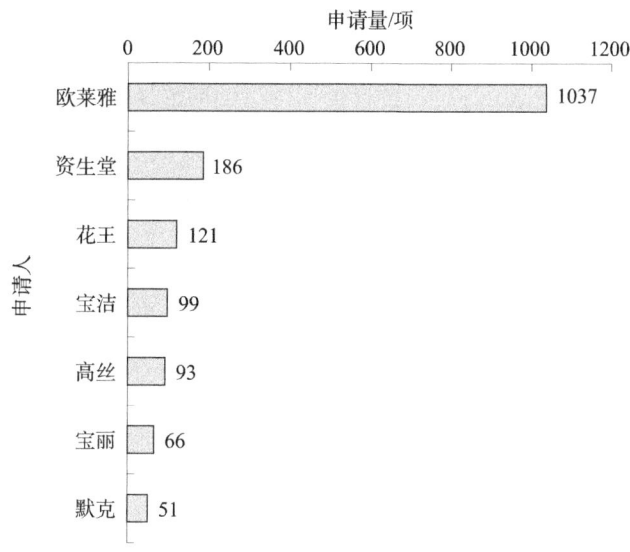

图 4-58　全球指甲用彩妆化妆品专利申请人分布

可以看到，指甲用彩妆化妆品专利申请量排名前7位的申请人均为国外企业，国内彩妆企业起步较晚，对于指甲用彩妆化妆品的技术研发实力相对薄弱。国内申请人中，指甲用彩妆化妆品专利申请量最大的是金华市科维思日化有限公司，共有15件相关专利申请，与前述国外申请人相比还存在较大差距。

图4-59展示了全球指甲用彩妆化妆品专利主要申请人的专利申请趋势，图中数据显示了各申请人历年申请量。申请量在50项以上的申请人中，资生堂最早进行指甲用彩妆化妆品发明专利申请，但自1962年第一件专利申请出现至1975年前后，一直没有出现新的专利申请。从1976年开始，资生堂基本保持了较为连续的申请趋势，不过申请量超过10项的年份较少。与资生堂相比，欧莱雅进入指甲用彩妆化妆品领域的时间稍晚，于1965年开始进行该领域的专利申请，至20世纪80年代，欧莱雅一直有少量的指甲用彩妆化妆品专利申请；到20世纪90年代初，欧莱雅的指甲用彩妆化妆品专利申请进入高速发展阶段，至2015年前后，几乎每年都有20项以上的专利申请，并且大部分年份的申请量都在40项以上；从2016年开始，欧莱雅的指甲用彩妆化妆品专利申请数量有所减少，但与其他申请人相比，仍然处于领先地位。花王于20世纪70年代末进入指甲用彩妆化妆品领域；宝丽于20世纪80年代末进入指甲用彩妆化妆品领域；高丝和宝洁进入该领域时间稍晚，分别于20世纪90年代初、20世纪90年代末开始申请相关专利；默克自2002年开始申请指甲用彩妆化妆品专利，此后年申请量基本在5项以下。

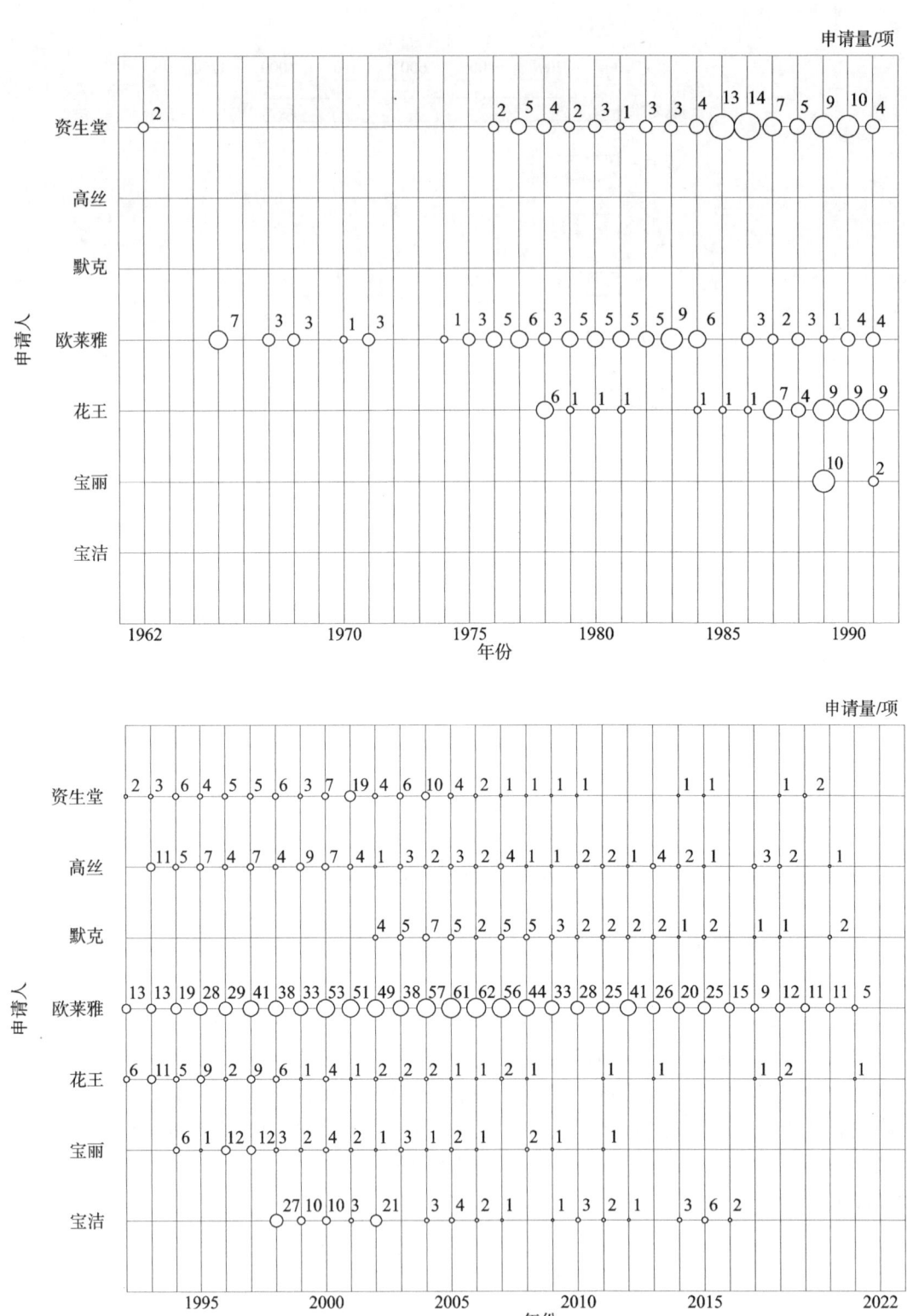

图4-59 全球指甲用彩妆专利主要申请人申请趋势

从图 4-60 可以看到，卸妆用彩妆化妆品领域共有 6 个申请人申请总量在 100 项以上。其中，欧莱雅仍然排名第一，共有 597 项卸妆用彩妆化妆品专利申请；其余 5 个申请人中，4 个为日本申请人，1 个为美国申请人。与其他彩妆化妆品技术分支相比，卸妆用彩妆化妆品领域的专利申请量相对较小，主要是由于彩妆产品多为改善皮肤外观的修饰类化妆品，卸妆用彩妆化妆品作为从皮肤上去除化妆品的产品，市场需求量较其他彩妆产品小，相应地，企业在此领域也不会投入过多的研发力量。

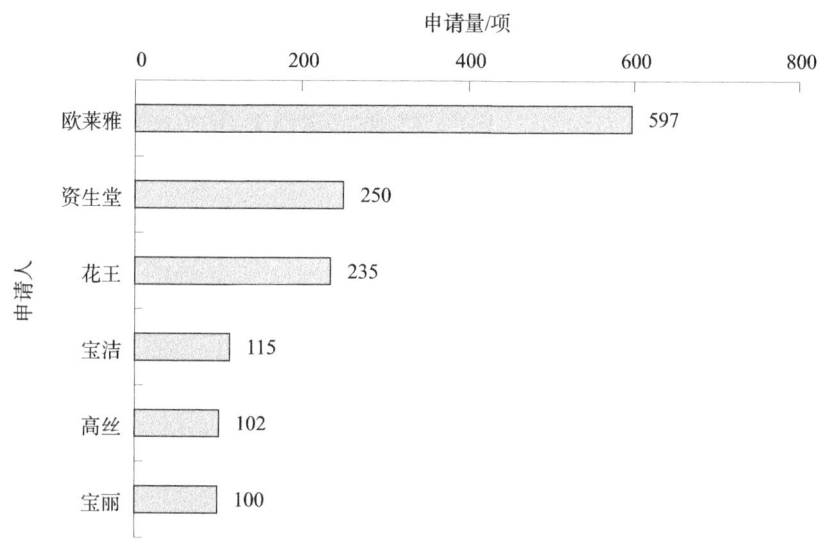

图 4-60　全球卸妆用彩妆化妆品专利申请人分布

图 4-61 展示了全球卸妆用彩妆化妆品专利主要申请人的专利申请趋势，图中数据显示出各申请人的历年专利申请量。全球申请量在 100 项以上的申请人中，欧莱雅于 1968 年最早进行卸妆用彩妆化妆品发明专利申请，并在此后 50 余年的时间内具有较好的技术研发连续性。资生堂、花王进入该领域的时间也较早，大体上保持了较为连续的申请趋势，但年申请量较少，超过 10 项的年份较少，在卸妆用彩妆化妆品领域的专利申请总量也相对较少。与资生堂和花王相比，宝丽进入卸妆用彩妆化妆品领域的时间较为相似，于 20 世纪 70 年代末开始进行该领域的专利申请，但此后申请量较小，并且较多年份没有相关专利申请。高丝和宝洁进入卸妆用彩妆化妆品领域时间相近，均是 20 世纪 90 年代以后开始进行相关专利申请，二者申请总量、申请趋势也较为相似。

综合彩妆化妆品五个技术分支专利申请人分布情况，可以很清楚地看到，彩妆化妆品领域占主导地位的均为国外申请人，其在彩妆化妆品领域拥有深厚的技术积累，专利申请数量领先于国内申请人，中国虽然为彩妆化妆品领域排名前 3 位的消费市场，但国内申请人在彩妆化妆品领域的专利申请数量与国外申请人相比还具有明显差距。

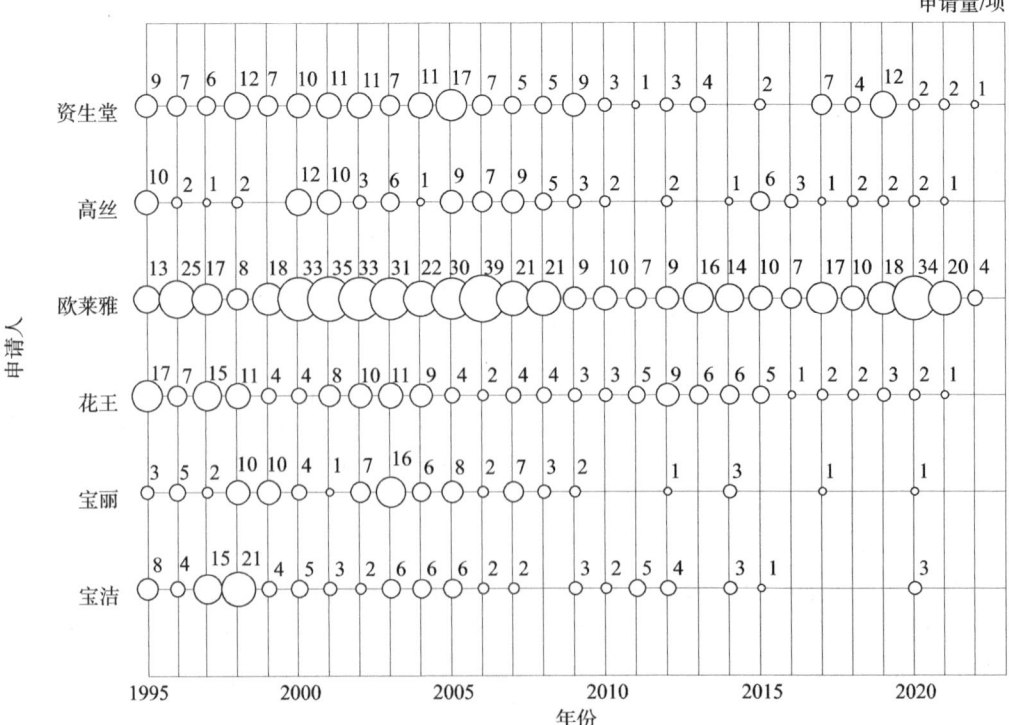

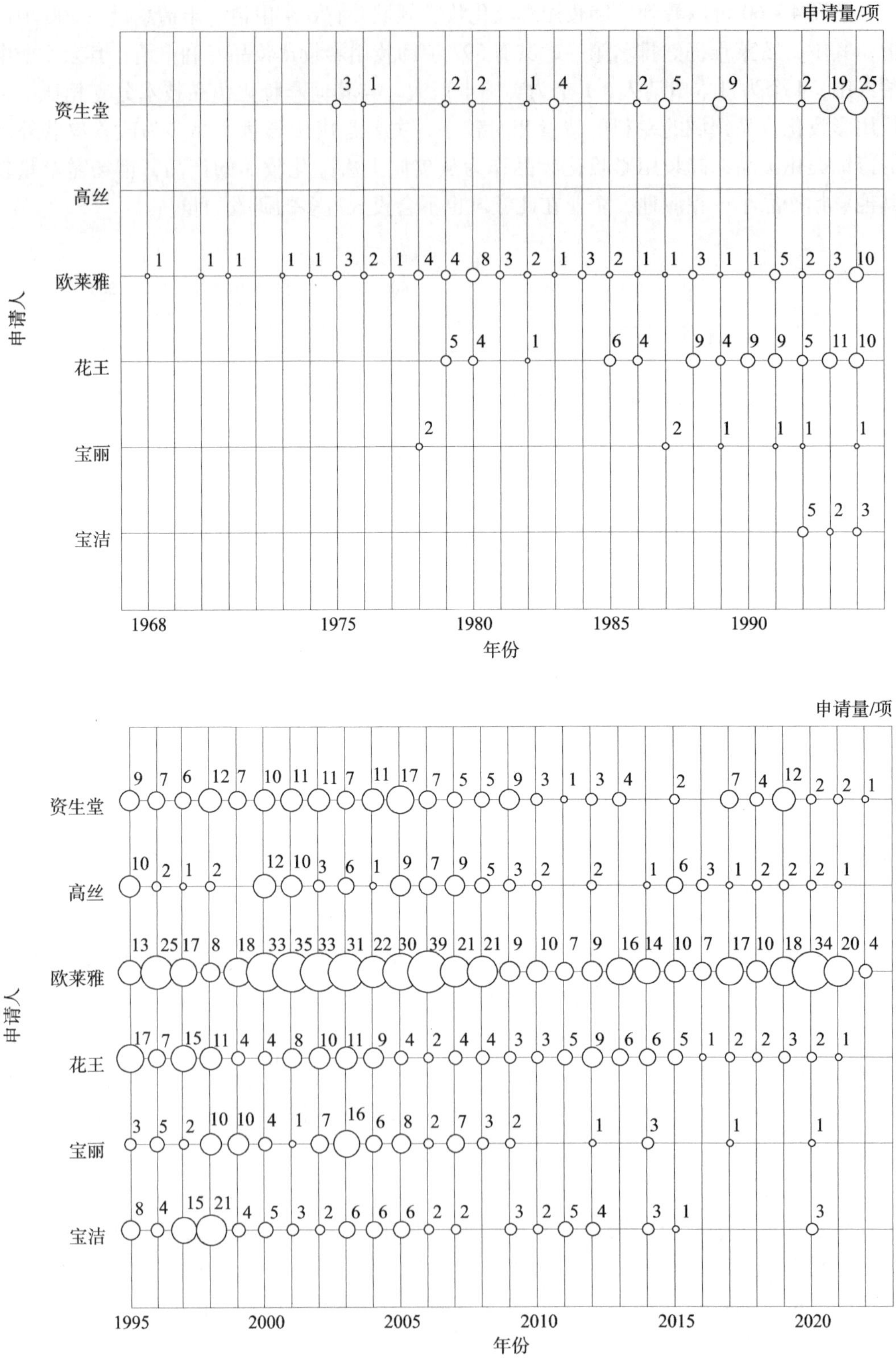

图 4-61 全球卸妆用彩妆化妆品专利主要申请人申请趋势

5. 专利技术功效—手段分析

图 4-62 所示为全球范围内彩妆化妆品领域申请量排名前 7 位的（彩妆化妆品专利申请总量超过 500 项）申请人技术分布情况。从专利申请数量上看，欧莱雅在全球范围内具有明显的领先地位，其在彩妆化妆品领域五个技术分支的申请量都排名第一，并且远超其他申请人。作为日本的老牌化妆品企业，资生堂、高丝、花王在彩妆化妆品领域的专利申请总量相差不大，在各技术分支的申请量上稍有不同。资生堂在唇部用彩妆化妆品领域申请量为三者中最多的，高丝在眼部用彩妆化妆品领域申请量超过其他两个企业，花王虽然没有在五个技术分支中的任何一个分支问鼎，但其每一分支的申请量均介于资生堂和高丝之间，并且申请量与排名靠前的申请人接近，因此其申请总量并不少。宝丽、宝洁与爱茉莉太平洋的申请总量在全球排名靠前，但与欧莱雅、资生堂、高丝、花王相比仍具有较为明显的差距，三者在五个技术分支中的申请量均没有超过 200 项，尤其是爱茉莉太平洋，其在指甲用彩妆化妆品领域有 12 项专利申请，而在卸妆类彩妆技术领域则尚无专利申请，这也是全球申请量排名前 7 位的申请人中，唯一存在专利布局技术分支空白的申请人。

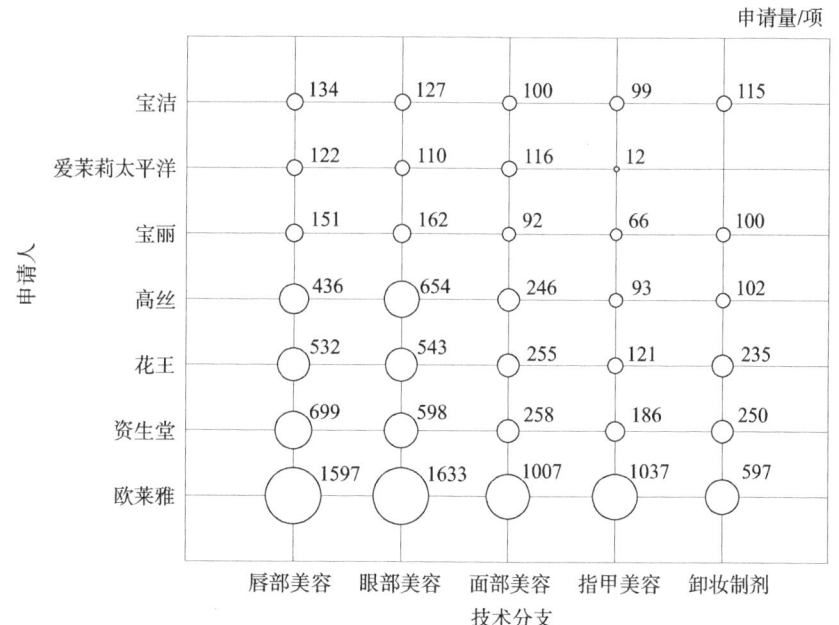

图 4-62 彩妆化妆品领域专利申请量排名前 7 位的申请人技术分布

为分析彩妆化妆品领域五个技术分支发明专利中面对的主要技术问题、采取何种技术手段、技术脉络如何发展等，下文将在各技术分支检索结果中按照一定指标筛选出重要专利，对相关技术信息进行人工标引，获得相应专利技术信息。

（1）唇部用彩妆化妆品。

表 4-9 为根据前述重要专利选取标准筛选出来的唇部用彩妆化妆品领域的重要专利。

表4-9 唇部用彩妆化妆品领域重要专利

序号	公开（公告）号	标题	申请人
1	US7879316B2	含有聚有机硅氧烷聚合物的化妆品组合物	欧莱雅
2	EP1411069B1	嵌段聚合物和含有这种聚合物的化妆品组合物	欧莱雅
3	US8119110B2	包含嵌段聚合物和非挥发性硅油的化妆品组合物	欧莱雅
4	FR2232303B1	用于化妆品组合物的脂肪组合物和所述化妆品组合物	欧莱雅
5	DE2313331C2	含有氧化铁的云母片状颜料	默克
6	US8025869B2	具有增强的耐磨性的化妆品组合物	欧莱雅
7	US20090022766A1	金属增强的荧光纳米粒子	马里兰大学
8	US20030108498A1	包含着色剂内相的有机硅弹性体乳液化妆品组合物	宝洁
9	JP2004256515A	油性基质和包含它的化妆品和皮肤外用剂	日本精化株式会社
10	US20030097965A1	彩色干涉颜料	默克
11	US8329200B2	化妆品或皮肤科棒	拜尔斯道夫
12	JP2001288233A	新型聚合物和使用它的化妆品	资生堂
13	EP1481660B1	化妆品	信越化学工业
14	JPH10226615A	包含天冬氨酸苯丙氨酸环状二肽衍生物的组合物	宝丽
15	CN102688162A	一种纯天然成分润唇膏	澳宝
16	JP2000327552A	外用皮肤药	高丝
17	JP2000345096A	颜料混合物	默克
18	JP2007238578A	唇部化妆品	高丝
19	CN102188332B	一种含有海洋贝类活性肽的化妆品及其制备方法和应用	中国科学院南海海洋研究所
20	US20060204460A1	唇彩组合物	日本醇工业株式会社
21	CN101524321A	一种中药防敏润肌唇膏及其制备方法	天津中医药大学
22	CN103142451B	一种含有油茶籽油的润唇膏	长沙理工大学
23	CN110302094A	一种高光泽的不沾杯唇釉及其制备方法	艾蓓
24	CN110638691B	一种漆光镜面持色唇釉及其制备方法	广州那比昂生物科技有限公司
25	CN109330905B	一种丝绒哑光唇釉及其制备方法	艾蓓
26	CN109044889B	一种莹润丝滑的雾面口红及其生产工艺	娇时日化（杭州）股份有限公司

续表

序号	公开（公告）号	标题	申请人
27	CN109125188A	一种具有丰唇效果的口红及其制备方法	艾蓓
28	CN105250159A	一种持久色唇彩及其制备方法	花安堂

从表4-9可以看到，唇部用彩妆化妆品领域重要专利的申请人大多为欧莱雅、资生堂、高丝、宝洁等跨国企业，尤其是法国的欧莱雅与日本的资生堂等化妆品企业巨头，其成立时间早，产品市场占有率高，研发实力雄厚，在较长时间范围内均保持着较高的研发水准，并且熟练掌握专利申请相关事务，除早期申请的专利期限届满外，其他授权专利均为有效状态。

与跨国大企业相比，国内企业在唇部用彩妆化妆品领域的技术实力显得较为薄弱，具体表现在专利数量少，缺乏研发连续性，专利申请涉及的技术方案基本都是相互独立的，难以形成严密的专利防护网。因此，国内申请人对于该技术领域的研发投入还有待加强。

国内申请人中，中国科学院南海海洋研究所于2011年提出专利申请"一种含有海洋贝类活性肽的化妆品及其制备方法和应用"（CN102188332B），通过海洋贝类活性肽与透明质酸和VC的协同复配，使其保湿、增加皮肤弹性、去除皱纹、祛除红斑/丘疹等瑕疵、改善肤色等作用得到显著增强，从而开发出适用于嘴唇的化妆品。该专利获评第十九届中国专利优秀奖。艾蓓于2019年提出专利申请"一种高光泽的不沾杯唇釉及其制备方法"（CN110302094A），该高光泽的不沾杯唇釉为水包油体系，包含以下重量百分比的组分：0.1wt%～10wt%的乙基纤维素A、0.1wt%～10wt%的乙基纤维素B以及0.1wt%～30wt%的聚二甲基硅氧烷和聚二甲基硅氧烷/乙烯基聚二甲基硅氧烷交联聚合物的混合物，能在唇部形成均匀、轻质、光滑、柔软、滋润、光泽度高、防水效果好的薄膜，并具有优异的不沾杯性能，再通过复配使用水溶性着色剂和变色的油溶性着色剂，使唇釉具有优异的上色持久性。此外，该发明专利涉及的高光泽的不沾杯唇釉制备工艺简单，易于工业化生产。娇时日化于2018年提出专利申请"一种莹润丝滑的雾面口红及其生产工艺"（CN109044889B），该专利文献中，采用的异十六烷不仅具有溶解其他成分的作用，还具有增添柔润的效果，并且有助于提高雾面口红的质感；二异硬脂醇苹果酸酯具有柔润皮肤的效果；聚二甲基硅氧烷具有防水性能，还可减少组分之间的起泡情况并起到柔润皮肤的作用，并且具有柔滑的丝绸感，有助于使口红在使用时能形成清爽、不黏腻的防水的薄膜，质地轻盈不厚重，还能达到滋润唇部皮肤的目的；三甲基硅烷氧基硅酸酯与二异硬脂醇苹果酸酯相互配合，进一步提高抑制气泡、去除气泡、清爽不黏腻的效果，使该口红不易出现沾杯等现象。

对表4-9中的专利按照活性组分进行分类，详见图4-63，大致可分为四类：油脂/改性油脂、有机硅、色料、天然原料。以下分别就包含上述四类活性组分的专利进行分析说明。

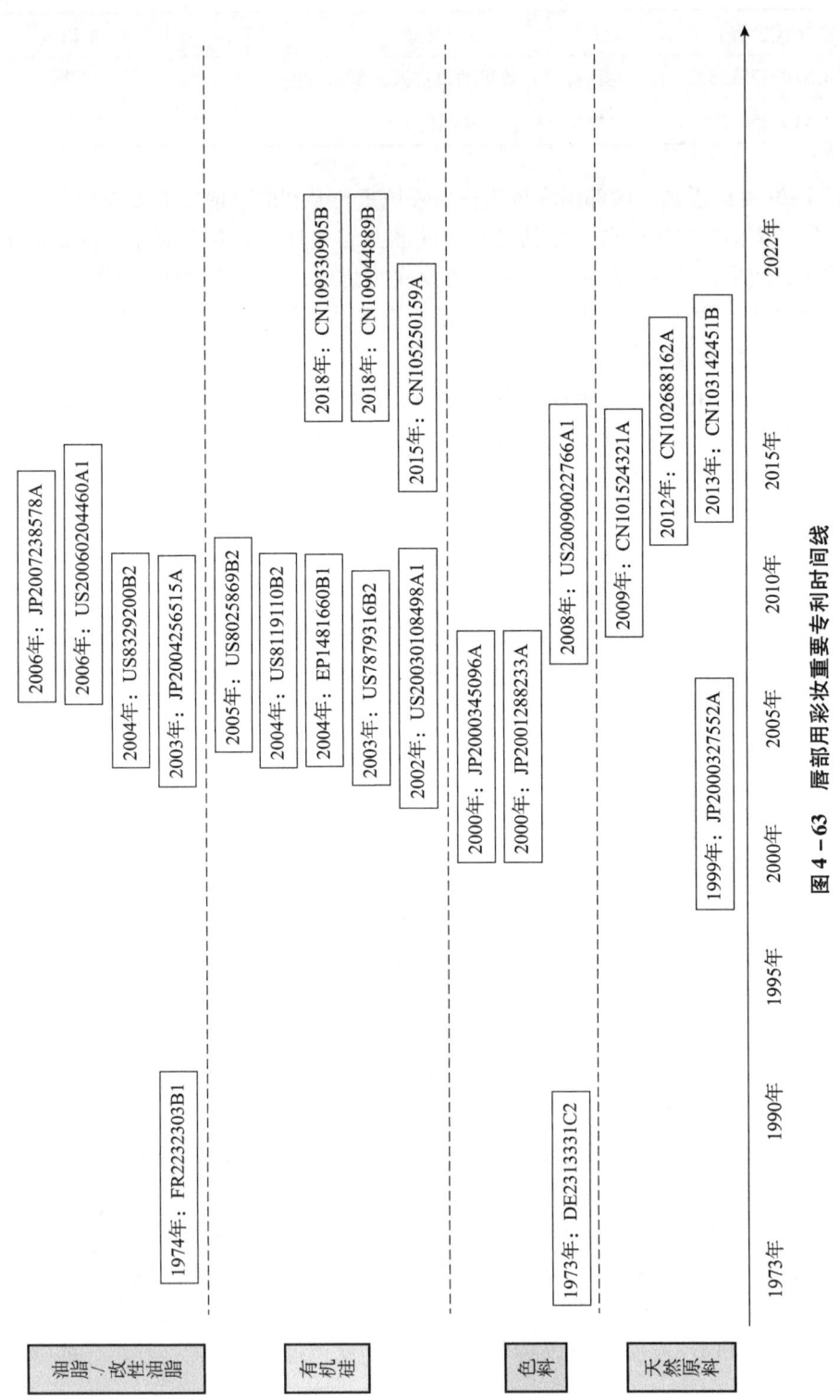

图 4-63 唇部用彩妆重要专利时间线

①油脂/改性油脂。

油脂原料根据其来源和化学成分不同,可分为植物性、动物性和矿物性油脂以及合成油脂等。油脂是不溶于水的疏水性物质,有形成润滑薄膜的能力(俗称"油性"),来源于植物、陆地动物和水生动物,主要由脂肪酸甘油酯组成。脂质的物理、化学性质在化妆品应用中很重要。无论是在乳化型的化妆品中,还是在非乳化型的配方中,油脂的熔点、油性、可铺展性、表面活性、在皮肤上油膜水相对可渗透性、流变特性及其随温度变化的特性、固—液和液—固的相变特性等对产品质量和稳定性来说至关重要。

油脂类具有各种性质、结构和组分,应用于化妆品中的目的各有不同,主要包括:(a)皮肤表面形成疏水性薄膜,赋予皮肤柔软、润滑和光泽性,同时防止外部有害物质的侵入和防御来自自然界因素的侵袭;(b)通过其油溶性溶剂作用而使皮肤表面清洁;(c)在干燥和寒冷气候条件下,抑制皮肤表面水分的蒸发,防止皮肤干裂;(d)作为特殊成分的溶剂,促进皮肤吸收药物或有效活性成分;(e)作为赋脂剂补充皮肤必要的脂肪,起到保护皮肤的作用;(f)按摩皮肤时减少摩擦,起润滑作用。

1974年,欧莱雅提出用于生产选自唇膏和睫毛膏的化妆品组合物的脂肪组合物的相关专利申请(FR2232303B1),包含至少一种化妆品脂肪体和至少一种无毒共聚物的混合物。脂肪体是指蜡或蜡的混合物或至少一种蜡和至少一种油的混合物,优选地,脂肪体由6%~100%的至少一种蜡和0~94%的至少一种油构成。蜡可以是地蜡、羊毛脂、羊毛脂醇、氢化羊毛脂、乙酰化羊毛脂、羊毛脂蜡、蜂蜡、小烛树蜡、微晶蜡等;油可以是石蜡油、全氢化角鲨烯、甜杏仁油、鳄梨油、海藻油等。采用该文献技术方案,可使棒状或糊状的唇膏或睫毛膏具有优异的坚固性,改善在嘴唇或眉毛上沉积的薄膜的亮度,以及提高化妆品粘附性和持久性。

2004年,拜尔斯道夫提出化妆品或皮肤用棒的专利申请(US8329200B2),具有高含量水和相对高含量的皮肤保湿剂的油包水乳液,该油包水乳液在室温下为固体并且包含具有至少一种油组分和至少一种蜡组分的脂肪相。所述蜡是链长为1~60个碳原子的饱和支链/直链烷羧酸与链长为1~60个碳原子的饱和非支链醇的酯,条件是蜡组分或蜡组分的全部在室温下为固体,油组分优选链长为1~44个碳原子且饱和或不饱和的、支链或非支链的烷烃羧酸的酯。即使没有进一步添加,该产品也可以仅通过施用就可以在皮肤上获得令人愉悦的凉爽效果,优选可用于护唇膏、装饰性唇膏、带防晒过滤剂的口红中。

2006年,高丝提出一种唇部化妆品专利申请(JP2007238578A),将组分(a)聚异丁烯、(b)10%~60%的苯基硅氧烷、(c)偏苯三酸酯和(d)油胶凝剂混合,可使该化妆品获得优异的光滑性和铺展性而不油腻或发黏,赋予嘴唇高光泽感,并具有美容效果,在高温下具有出色的稳定性。

油脂/改性油脂作为化妆品中重要基质成分,缺少修饰作用,因此近年来少有将油脂/改性油脂作为研发重点的发明专利。

②有机硅。

近二十多年来,聚硅氧烷及其衍生物已在化妆品和个人护理品方面获得十分广泛的应用，用于香波、护发素等各类护发品和彩妆化妆品。它们独特的物理性质对调理和保护头发及皮肤是非常有效的，并且还可改善产品的感观特性。聚二甲基硅氧烷（PDMS）是几百种改性聚硅氧烷的关键组分，这些改性聚硅氧烷代表当今市售的一些高级和高功能的化妆品原料。

2002年，宝洁提出一种包含着色剂内相的有机硅弹性体乳液化妆品组合物的专利申请（US20030108498A1），特别地，该化妆品组合物包含占组合物重量0.1%~10%的非乳化的交联硅氧烷弹性体，旨在以提供光滑且均匀的着色外观的方式将此类着色剂成分递送至使用者的皮肤。

2015年，花安堂提出专利申请"一种持久色唇彩及其制备方法"（CN105250159A），该唇彩由润肤剂、皮肤调理剂、增稠剂、抗氧化剂和着色剂制备而成，其中着色剂由聚甲基硅倍半氧烷和 CI 12490 组成，皮肤调理剂包括红没药醇和金合欢醇。该唇彩在经阳光、室内日照灯等光源照射后还能保持稳定不褪色，使产品的货架寿命更长，观感保持不变，质量更稳定。该唇彩只需要搅拌或低速均质便可分散到配方中，并且有耐热性能。

2018年，娇时日化（杭州）股份有限公司提出专利申请"一种丝绒哑光唇釉及其制备方法"（CN109330905B）。该唇釉包括以下重量份的成分：增稠剂27~40.5份、保湿剂0.1~1份、着色剂8.7~13.4份、柔润剂21~50份、抗氧化剂0.1~0.3份和肤感调节剂8~25份；所述肤感调节剂包括HDI/三羟甲基己基内酯交联聚合物/硅石、97.1%云母和2.9%氢化聚二甲基硅氧烷组成的复合物、锦纶-12。通过添加不挥发硅油配制的硅弹体，增稠的同时具有柔焦效果，再复配柔软顺滑且有弹性的粉体，使产品具有丝绒质感，膏体上妆柔顺自然，并且柔软贴肤而不易拔干，不含挥发性物质，膏体不会干缩，产品稳定。

③色料。

化妆品着色剂可分为两大类：染料和颜料。染料（Dye）是能溶于所使用的介质的着色剂，它能溶解在指定的溶剂中，是以溶剂为媒介，使被染物着色，根据其溶解性能分为水溶性染料和油溶性染料。颜料（Pigment）是不溶于所使用的介质的着色剂，不溶于指定的溶剂中，有良好的遮盖力，能使其他的物质着色。

按着色剂来源可分为：①合成着色剂，主要有焦油类着色剂、荧光着色剂和染发着色剂；②天然着色剂，主要有植物性着色剂、动物性着色剂和矿物性着色剂。

1973年，默克提出一种含有氧化铁的云母片状颜料的专利申请（DE2313331C2）。该颜料涂覆有 TiO_2、ZrO_2 和/或其水合物，其具有氧化铁化合物的均匀改性的顶层，其特征在于顶层中的均匀氧化铁化合物是/-FeOOH、/-Fe_2O_3 或磁铁矿，使用根据该发明的颜料，很容易在掺入的产品中实现彩虹色效果，并且可通过根据该发明的涂层显著改善其耐光性。

2008年，马里兰大学提出一种金属增强的荧光纳米粒子的专利申请（US20090022766A1），公开了一种用于皮肤或头发的化妆品组合物，其包含具有金属核的金属纳米颗粒和包围该金属核的涂层，其中所述涂层包含至少一种附着于所述涂层表面或浸渍于其中并与之间隔一定距离的荧光分子,与化妆品可接受的媒介物结合的足以增强分子荧光的金属核,可以增强化妆品中染料的颜色或发光度。

④天然原料。

当今已进入"绿色"时代,天然成分配制的化妆品大受人们青睐。目前市面上出售的实为复配型天然化妆品,是通过化工或生物化工技术,把动植物中具有某种生物活性的物质如可溶性弹力蛋白、肌肽、SOD(过氧化物歧化酶)、果酸、抗坏血酸等,分离提取出来作为基剂或添加剂,辅以其他助剂配制而成。由于天然原料性质温和、安全性好,符合当前消费者对于化妆品的性能期许,因此使用天然原料制成的产品越来越受到化妆品生产企业重视。

1999年,高丝提出一种含有凸轮提取物和保湿剂的皮肤外用剂的专利申请(JP2000327552A),通过组合凸轮提取物和保湿剂而具有优异的粗糙皮肤改善效果。

2009年,天津中医药大学提出专利申请"一种中药防敏润肌唇膏及其制备方法"(CN101524321A),其材料组成及重量份为:黄芩苷0.01~10份、紫草1~20份、油质20~100份、蜡质10~40份、助悬剂0.2~2份和防腐剂0.01~5份。该唇膏以中药为活性成分,无色素、刺激性小、毒性低、相容性好、防过敏、润肌唇,可用于预防慢性唇炎及改善唇部外观,同时对慢性唇炎有辅助疗效;制备方法采用了纳米技术使唇膏防过敏、润肌唇和对慢性唇炎有辅助疗效。

2012年,澳宝提出专利申请"一种纯天然成分润唇膏"(CN102688162A)。该润唇膏由如下质量百分比的成分组成:天然来源的油脂70%~90%、天然来源的蜡质10%~25%、天然来源的辅料0~5%。所述天然来源的油脂选自辛酸/癸酸甘油三酯、氢化椰油甘油酯、甘油辛酸酯、葵花籽油、霍霍巴油、乳木果油、澳洲坚果油、橄榄油、大豆油、C10-30酸胆甾醇/羊毛甾醇混合酯、葡萄籽油中的至少一种。所述天然来源的蜡选自蜂蜡、小烛树蜡、巴西棕榈蜡中的至少一种。所述天然辅料选自纯净水、维生素E、戊二醇、芦荟提取物、洋甘菊提取液、透明质酸中的至少一种。该唇膏以天然来源的油脂、蜡为配方主体成分,天然健康、温和无刺激、无副作用、相容性好,避免了由石油化工产物、合成色素、香料以及防腐剂可能导致的人体皮肤湿疹样病变和变态性接触性皮炎,降低了产品对人身体造成伤害的风险;同时添加特有的保湿成分和天然植物提取物,可促进肌肤血液循环,抑制过敏,防止嘴唇干燥皱裂,延缓皮肤衰老,持久滋养舒缓肌肤和维护唇部肌肤健康。

(2)眼部用彩妆化妆品。

表4-10为根据前述重要专利选取标准筛选出来的眼部用彩妆化妆品领域的重要专利。

表4-10 眼部用彩妆化妆品重要专利

序号	公开(公告)号	标题	申请人
1	US6395265B1	在溶液中含有多嵌段可电离聚硅氧烷/聚氨酯和/或聚脲缩聚物的化妆品组合物及其用途	欧莱雅

续表

序号	公开（公告）号	标题	申请人
2	US4801445A	含有改性粉末或颗粒材料的化妆品组合物	资生堂
3	US5925337A	用于覆盖睫毛的防水组合物及其制备方法	欧莱雅
4	EP0749746B1	包含聚合物颗粒分散体的化妆品组合物	欧莱雅
5	JP2002179798A	多元醇改性的有机硅和含有该有机硅的化妆品	信越化学工业
6	JP2004256515A	油性基质和包含它的化妆品和皮肤外用剂	日本精化株式会社
7	US5874072A	包含水不溶性聚合物材料和水溶性成膜聚合物的睫毛膏组合物	宝洁
8	EP1068856A1	不含蜡的化妆品组合物，由聚合物制成刚性形式	欧莱雅
9	JP2001288233A	新型聚合物和使用它的化妆品	资生堂
10	US20130084256A1	包含乳胶薄膜成型剂的化妆品成分	欧莱雅
11	US8920787B2	含有聚氨酯水分散体和丙烯酸成膜剂的睫毛膏	欧莱雅
12	JP3107891B2	含水粉末化妆品	高丝
13	EP0815836B1	含有（甲基）丙烯酸氟烷基酯共聚物的油基固体化妆品组合物及其用途	花王
14	JP2000345096A	颜料混合物	默克
15	JP2004203788A	固体水乳化化妆品	高丝
16	JP2007055990A	化妆品粉的制造方法	资生堂
17	US20130216597A1	颜料	默克
18	JP5766981B2	睫毛膏和眼线膏的化妆品组合物	高丝
19	KR102022455B1	眉毛或睫毛的化妆品组合物	爱茉莉太平洋
20	US9744116B2	高色彩强度和易于去除的睫毛膏	欧莱雅
21	CN105326649A	一种变色胶囊	重庆小丸生物科技股份有限公司
22	CN1036894C	菘蓝眼部化妆品及其制备方法	新疆维吾尔自治区药物研究所
23	JP2014208636A	假睫毛胶	高丝
24	JP2017155034A	低分子量有机硅替代油	日本精化株式会社
25	KR101975850B1	眼妆化妆品成分	科丝美诗
26	KR101823401B1	睫毛膏成分	LG生活健康
27	KR20200001029A	无蜡眼部化妆品的化妆品组合物	科丝美诗

续表

序号	公开（公告）号	标题	申请人
28	KR20200132547A	具有改善的化妆持久力的睫毛膏化妆品组合物	LG生活健康
29	CN85104157A	一种眼部美容化妆品	天津市轻工业化学研究所有限公司

从表4-10可以看到，眼部用彩妆化妆品领域重要专利绝大部分掌握在欧莱雅、资生堂等跨国企业手中。与跨国大企业相比，国内企业在眼部用彩妆化妆品领域的技术实力显得较为薄弱，重点专利数量以及被引频次都较少，国内企业对于该技术领域的研发投入还有待加强。

国内申请人中，天津市轻工业化学研究所有限公司于1985年提出专利申请"一种眼部美容化妆品"（CN85104157A），由40%~50%重量比的聚丙烯酸盐、5%~15%的异丙醇、1‰~3‰的香精、1%以下的抗氧剂、30%~45%的水所组成。该化妆品含有一种高分子材料，其黏度很高，通过在人们的眼皮上使用，形成一层薄膜，它不仅能把单眼皮叠合成双眼皮，而且还有很好的延展性及良好的透气性能。新疆维吾尔自治区药物研究所于1992年提出一种菘蓝眼部化妆品及其制备方法的专利申请（CN1036894C）。该化妆品主要采用菘监鲜叶汁与黑种草籽、诃子、侧柏叶、何首乌四味药配制而成，既可制成液体眉笔，也可制成膏状硬笔使用。经过卫生部门的检验完全符合国家标准，无毒、无害、无刺激性，该化妆品色泽自然，易于清洗，色泽以蓝黑色基调为主，同时该化妆品含有促进眉毛发育的天然鞣酸活性成分，以弥补毛囊细胞中SOD的不足，长期使用有助于眉毛生长。

对表4-10中的专利按照活性组分进行分类，详见图4-64，大致可分为三类：硅组分、聚合物、其他。以下分别就包含上述三类活性组分的专利进行分析说明。

①硅组分。

高丝于1992年提出一种含水粉末化妆品的专利申请（JP3107891B2），含有0.1%~7%重量比的表面积为$80m^2/g$或更大的疏水性二氧化硅，当用这种形式的化妆品擦拭时，水可连续地液化，形成一种全新的形式，这种松散的含水粉末化妆品可由此获得。

LG生活健康于2019年提出一种具有改善的化妆持久力的睫毛膏化妆品组合物的专利申请（KR20200132547A），其包含三甲基甲硅烷氧基硅酸酯和氨基二甲基硅油作为活性成分。该发明的睫毛膏化妆品组合物对角蛋白纤维（头发/睫毛）具有高黏附性，形成均匀的表面，具有高卷曲保持性和较少的涂抹性，并且可以提供易于清洁的睫毛膏。

②聚合物。

聚合物是化妆品工业中广泛使用的一类原料。聚合物在化妆品的应用是多方面的，除了作为包装材料，主要应用于不同目的和功能的配方。一般说来，聚合物使用浓度较低，不同聚合物具有不同的功能，如增稠、皮肤和头发调理、成膜、包囊等。在化妆品应用中，主要使用水溶性聚合物和水分散性聚合物、少量的油溶性和油分散性聚合物、少量溶剂可溶的聚合物（如指甲油用的硝化纤维）。

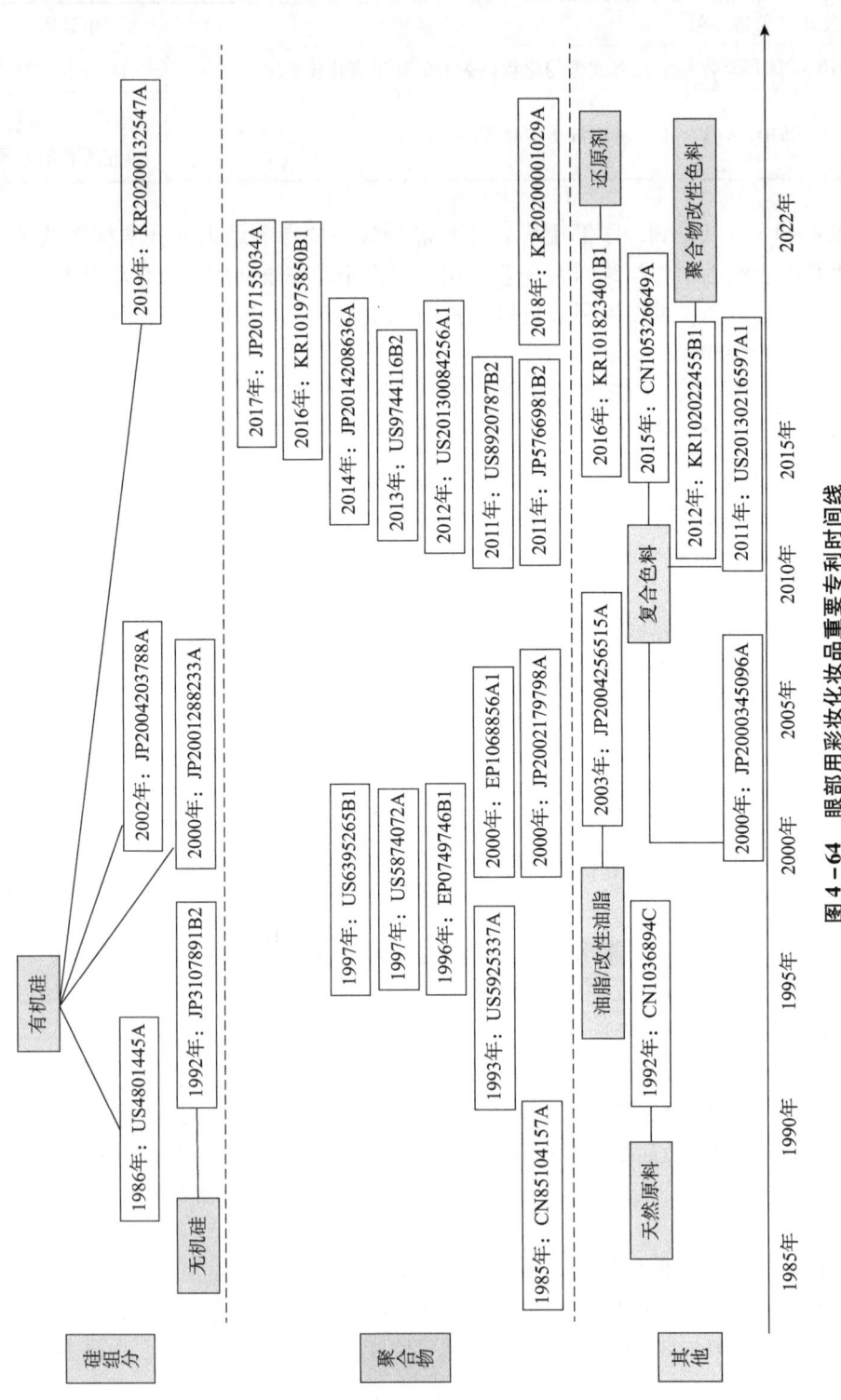

图 4-64 眼部用彩妆化妆品重要专利时间线

水溶性聚合物的亲水性来自其结构中的羧基、羟基、酰胺基、胺基、醚基等亲水性基团。这些基团不但使高分子具有亲水性，而且使它们具有许多重要的特性和功能，如增稠、加溶、分散、润滑、缔合和絮凝等功能。水溶性聚合物的聚合度可以控制，相对分子质量由几百至几万；其所含的亲水基团等活性基团的强弱和数量可以按要求加以控制和调节；通过接枝、共聚、调和等方法可生成具有特定功能的化合物，这样使水溶性聚合物具有多种多样的品种和各种特定的性能。水溶性聚合物已成为化妆品工业中的一类重要的功能添加剂。

欧莱雅于1993年提出一种用于覆盖睫毛的防水组合物及其制备方法的专利申请（US5925337A），特征在于该组合物含有至少一种水溶性成膜聚合物（角蛋白、甲壳质、壳聚糖或纤维素衍生物、丙烯酸聚合物、聚乙烯吡咯烷酮和乙烯基共聚物、天然聚合物、乙烯聚合物和氧乙烯化硅酮等）的水溶液。这种睫毛膏的独创性在于通过将水溶性物质的水溶液引入无水配方中来增加产品的防水性，并且该体系中不含乳化剂。

欧莱雅于2000年提出一种不含蜡的化妆品组合物的专利申请（EP1068856A1），其包含至少一种着色材料和液态脂肪相，其由至少一种平均分子量为1000~30000，特别是1000~10000的聚合物构成。该组合物用于护理和/或治疗和/或化妆包括人的头皮和/或人的嘴唇的皮肤，该组合物含有液态脂肪相，其被特定的聚合物胶凝。该组合物可为彩妆棒（如口红）的形式，使用后会产生具有光泽且不迁移的沉积物。

高丝于2014年提出一种假睫毛胶的专利申请（JP2014208636A），其中包含不溶于水的成膜聚合物，该非水溶性膜形成的聚合物是含有（甲基）丙烯酸烷基酯作为单体构成单元的聚合物或共聚物。在充分跟随眼睑运动并涂抹假睫毛胶后形成薄膜，并向假睫毛黏合剂中添加着色剂，其可以使涂覆的部分着色，并且不会引起假睫毛脱落或使眼睑感到负担。

科丝美诗于2018年提出一种无蜡眼部化妆品的化妆品组合物的专利申请（KR20200001029A），该组合物包含支链淀粉，具有改善黑度、长时灭菌和不含蜡而持久的效果，并且具有通过含有支链淀粉而改善体积和卷曲度的化妆效果。此外，该组合物具有剥离作用，从而当与温水接触时易于清洗。因此，该组合物可用于具有优异性能的眼部化妆产品，例如睫毛膏、眉笔、眼线笔等。

③其他。

默克于2000年提出一种颜料混合物的专利申请（JP2000345096A），其包含基于云母、SiO_2薄片、玻璃薄片、Al_2O_3薄片或聚合物薄片的多层颜料和板状、针状或球形着色剂和/或填料。该颜料混合物可获得所需的变色效果，即使在散射光下，颜色变化也非常显著。

爱茉莉太平洋于2012年提出一种眉毛或睫毛的化妆品组合物的专利申请（KR102022455B1），包含具有高黑度和优异的体积和黏合持久性的炭黑，与未涂覆的原始炭黑相比，通过使用涂有阳离子聚合物和黏结聚合物的炭黑，通过与阴离子性毛发、眉毛和睫毛的静电结合，可以提高附着力持久性，并且可使黑色增加十倍以上，涂层量增加，体积效果极佳。

LG生活健康于2016年提出一种睫毛膏成分的专利申请（KR101823401B1），含有还原剂以及用于防止还原剂氧化的氧化稳定剂，其中所述氧化稳定剂是锌化合物、锡化合物、金化合物、银化合物或其混合物。该睫毛膏具有睫毛熨烫效果以提供优异的卷曲能力和卷曲保持能力，并且直接对睫毛产生作用以在卸妆时提供卷曲能力。

（3）面部用彩妆化妆品。

表4-11为根据前述重要专利选取标准筛选出来的面部用彩妆化妆品领域的重要专利。

表4-11 面部用彩妆化妆品重要专利

序号	公开（公告）号	标题	申请人
1	US7879316B2	含有聚有机硅氧烷聚合物的化妆品组合物	欧莱雅
2	EP1411069B1	嵌段聚合物和含有这种聚合物的化妆品组合物	欧莱雅
3	JP2005206573A5	二酯和油剂以及化妆品和皮肤外用制剂	日本精化株式会社
4	US20030108498A1	包含着色剂内相的有机硅弹性体乳液化妆品组合物	宝洁
5	US20030097965A1	彩色干涉颜料	默克
6	US6946518B2	包含至少一种第一半结晶聚合物和至少一种第二成膜聚合物的组合物	欧莱雅
7	EP1333021B1	包含茉莉酸衍生物的组合物，以及这些衍生物用于促进脱皮的用途	欧莱雅
8	US20040091440A1	亲水化粉末和包含其的组合物	信越化学工业
9	JP2001288233A	新型聚合物和使用它的化妆品	资生堂
10	EP1481660B1	化妆品	信越化学工业
11	FR2528699A1	打算在化妆品中使用的基于阳离子聚合物、阴离子聚合物和蜡的组合物	欧莱雅
12	JP2013103885A	矫正不均匀的化妆品	高丝
13	JP2008115358A	有机聚硅氧烷，其制造方法以及含有该有机聚硅氧烷的化妆品组合物	信越化学工业
14	JP5508209B2	化妆品	信越化学工业
15	EP1772138A3	用于粉末表面处理的有机聚硅氧烷组合物	信越化学工业
16	US20080199417A1	包含糖—硅氧烷共聚物的化妆品和皮肤护理组合物	陶氏
17	JP2009137900A	油包水型固体乳化化妆品及其制造方法	资生堂

续表

序号	公开（公告）号	标题	申请人
18	CN104688558B	一种自发泡化妆品组合物及其制备方法	上海上美化妆品股份有限公司
19	CN102670438B	一种抗衰老美容护肤品及其制备方法	珠海市时代经典化妆品有限公司
20	CN104983656B	一种CC霜及其制备方法	广州科玛生物科技股份有限公司
21	CN104173265A	气垫粉凝BB霜及其生产方法	蝶柔化妆品（浙江）有限公司
22	CN101780025A	美容美白防晒粉饼及其制备方法	天狮集团有限公司
23	CN104434719B	一种蜗牛分泌物滤液在提升彩妆类产品贴肤性能中的应用	广州卡迪莲化妆品科技有限公司
24	CN104771352A	一种气垫BB霜及其制备方法	广州源大生物科技有限公司
25	CN107737098B	一种光感亮白素颜霜及其制备方法	丹姿
26	CN108771635A	一种粉底组合物及其制备方法	艾蓓
27	CN103356441A	一种植物精粹防晒隔离粉底霜	娇时日化（杭州）股份有限公司
28	CN103027863B	一种含有牡丹提取物的微乳液及其制备方法和应用	伽蓝集团

对表4-11中的专利按照活性组分进行分类，详见图4-65，大致可分为三类：有机硅、聚合物、其他。以下分别就包含上述三类活性组分的专利进行分析说明。

①有机硅。

宝洁于2002年提出一种包含着色剂内相的有机硅弹性体乳液化妆品组合物的专利申请（US20030108498A1），该化妆品组合物包含占组合物重量0.1%~10%的非乳化的交联硅氧烷弹性体，旨在以提供光滑且均匀的着色外观的方式将此类着色剂成分递送至使用者的皮肤。

信越化学工业于2006年提出一种用于粉末表面处理的有机聚硅氧烷组合物的专利申请（EP1772138A3），该组合由具有不同功能的至少两种有机聚硅氧烷组成。例如（Ⅰ）有机聚硅氧烷或其缩合物和（Ⅱ）有机聚硅氧烷，（Ⅰ）与（Ⅱ）的重量比为95:5至5:95；（Ⅰ）有机聚硅氧烷或其缩合物与（Ⅲ）丙烯酸/硅氧烷共聚物，（Ⅰ）与（Ⅲ）的重量比为95:5至5:95。处理后的粉末具有优异的耐水性，并且随时间推移具有稳定性。包含粉末的化妆品对皮肤或头发具有良好的亲和力，并在皮肤或头发上持续很长时间。

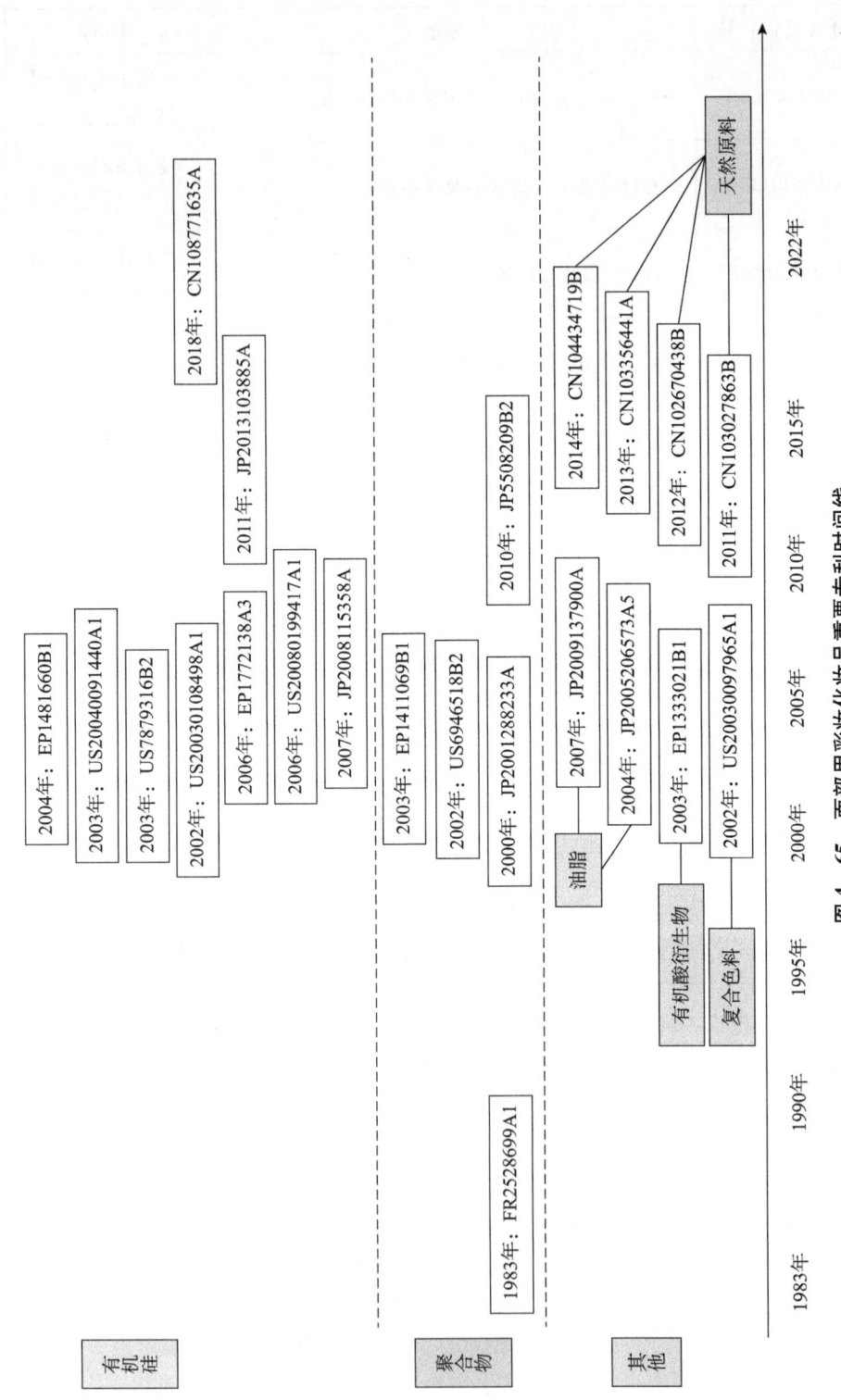

图 4-65 面部用彩妆化妆品重要专利时间线

高丝于2011年提出一种矫正不均匀化妆品的专利申请（JP2013103885A），包含（a）含苯基的部分交联的有机聚硅氧烷聚合物、（b）形成折射率为1.4~1.8的成膜有机硅树脂、（c）粉末。该化妆品在皮肤上具有良好的贴合性，并且具有柔软的化妆品膜。通过组合低折射率的粉末和部分交联的有机聚硅氧烷聚合物，进一步提高了凹凸校正效果和成膜性。通过共混有机硅树脂，可以牢固地形成膜并且可以提高耐久性，并且化妆品在皮肤上的适合度有所改善。

艾蓓于2018年提出一种粉底组合物及其制备方法的专利申请（CN108771635A），所述粉底组合物包括以下重量组分：10~70份异十二烷，0.1~3份抗氧化剂，1~15份成膜剂，1.52~21.9份着色剂，1.5~15份肤感调节剂，2.5~10份悬浮剂，1~12份增稠剂和2~10份燕麦仁油。该粉底组合物采用三甲基硅烷氧基硅酸酯和聚丙基硅倍半氧烷作为成膜剂，具有比二甲基硅油更突出的防水性，对粉体具有很强的黏合性，在皮肤上形成耐水洗、抗迁移的膜层，采用经硬脂酰谷氨酸二钠表面处理后的二氧化钛和氢氧化铁，使贴肤性和亲和性更佳，减少色粉迁移，采用挥发性较高的异十二烷作为配方的主油脂，产品涂抹到皮肤后异十二烷挥发较快，粉底在皮肤上迅速成膜，三重技术相互搭配在配方中达到持久不脱妆的效果。选用二甲基甲硅烷基化硅石复配多孔球形甲基丙烯酸甲酯聚合物珠（SUNPMMA-P），持续控油，减少因皮肤出油导致的脱妆，增强了妆效的持久性。且所述粉底组合物不含有水，使用时皮肤无油腻感，无刺激性。

②聚合物。

欧莱雅于1983年提出一种打算在化妆品中使用的基于阳离子聚合物、阴离子聚合物和蜡的组合物（FR2528699A1）的专利申请，包括至少一个蜡具有60~110℃的熔点，至少一个阳离子聚合物具有的分子量为1000~3000000，以及至少一种阴离子聚合物和通常使用的成分。该组合物最终可以用于口红、腮红、面霜，特别是用于使皮肤紧实和皱纹减少的产品。

欧莱雅于2003年提出一种嵌段聚合物和含有这种聚合物的化妆品组合物的专利申请（EP1411069B1），该聚合物包含至少一个批次不相容的第一嵌段和至少一个第二嵌段并且具有玻璃化转变温度 Tg。该聚合物可以高固含量掺入化妆品组合物中，固含量相对于组合物的总重量大于10%，且易于配制。该聚合物用于发制品中，可改善造型能力和柔韧性；用于指甲油中，可增强其抗冲击性；此外，还可改善化妆品组合物的保持力，而不会引起使用者不适。

信越化学工业于2010年提出一种化妆品的专利申请（JP5508209B2），其包含15%~50%的有机硅大分子单体，通过缩合（甲基）丙烯酸、（甲基）丙烯酸缩水甘油酯化合物和（甲基）卤代酸卤素化合物中的一种或多种而获得（甲基）丙烯酸酯单体或（甲基）丙烯酰胺单体；按重量计15%~50%的具有自由基聚合性基团的亲水性单体，其为一种或多种（甲基）丙烯酸羟烷基酯；按重量计0.1%~25%的具有自由基聚合性的疏水性单体，其具有10个烃基。该化妆品能够同时与各种油良好相容，疏水性强，安全性高，使用感良好，耐久性优异。

③其他。

欧莱雅于2003年提出一种包含茉莉酸衍生物的组合物以及这些衍生物用于促进脱皮的用途的专利申请（EP1333021B1）。该组合物包含茉莉酸衍生物，其中包含－COOH基团、1~18个碳原子的直链支链或环状/饱和或不饱和的烃基。该衍生物可为茉莉酸相应的盐。该组合物可促进皮肤脱皮，促进表皮更新，对抗皮肤衰老迹象，改善肤色的光泽和/或使面部皮肤光滑。

日本精化株式会社于2004年提出一种二酯和油剂以及化妆品和皮肤外用制剂（JP2005206573A5）。该化妆品包含具有6~9个碳原子的饱和支链二元醇和新戊烷酸的二酯，具有与硅酮类良好相容、臭味少、皮肤刺激性小、使用感优异、颜色淡的优点，并且即使在低温下该制剂也是液状。

伽蓝集团于2011年提出一种含有牡丹提取物的微乳液及其制备方法和应用的专利申请（CN103027863B）。其中该制备方法包括如下步骤：将牡丹提取物与水、氢化卵磷脂和油相混合，牡丹提取物与水的重量比为1:5~1:12；混合后氢化卵磷脂的浓度为1wt%~50wt%，油相的浓度为1wt%~50wt%；在50~500atm下以100~800米/秒速度剪切混合10~60分钟。这种含有牡丹提取物的微乳液与其他物质复配，可调节与黑色素形成的有关基因、与皮肤保湿能力的有关基因、与改善皮肤衰老程度的有关基因和与舒缓皮肤刺激的有关基因的表达水平。这种微乳液稳定性好，使用方便，用于制备化妆品和护肤品，可有效保湿、减少黑色素、改善皮肤衰老和舒缓皮肤刺激。该发明专利获评第十八届中国专利优秀奖。

珠海市时代经典化妆品有限公司于2012年提出一种抗衰老美容护肤品及其制备方法的专利申请（CN102670438B），含有植物干细胞活性物0.001wt%~3wt%和Dragosine肌肽0.01wt%~3wt%。所述植物干细胞活性物为PhytoCelltec™ Malus Domestica苹果干细胞、PhytoCelltec™ Solar Vitis葡萄干细胞、PhytoCelltec™ Alp Rose玫瑰叶干细胞、PhytoCelltec™ Argan坚果干细胞、Regenistem Rice Ap红米干细胞中的至少一种。该产品同时含有植物干细胞活性物和Dragosine肌肽，在这两种成分的协同作用下，产品可以明显改善肤质，提高皮肤的弹性和增生能力，效果明显高于单独添加植物干细胞活性物或Dragosine肌肽，可应用于各种形式的具有美容功效的产品，如按摩膏、乳液、营养霜、美容霜、粉底。该发明专利获评第二十届中国专利优秀奖。

广州卡迪莲化妆品科技有限公司于2014年提出一种蜗牛分泌物滤液在提升彩妆类产品贴肤性能中的应用的专利申请（CN104434719B），在彩妆类产品配方中添加蜗牛分泌物滤液，能够显著提升彩妆类产品的贴肤效果，有效改善粉类浮粉及脱妆的现象，具备较好的市场前景及经济效益。

可以看到，国外企业申请人的彩妆化妆品发明专利主要研发方向为聚合物等基础原料组分，通过化学改性、分子筛选等技术手段制备性能优异的化妆品原料，通常可用于多个彩妆化妆品技术分支领域，具有较为广泛的应用前景。相比之下，国内企业对于彩妆的研发主要限于组分之间的复配关系调整，涉及基础原料性能改进方面的研究尚不多。但国内申请人在天然原料的应用方面是较为领先的，特别是我国拥有丰富的动植物资源，将天然原料加入日化类产品中已有悠久的历史，因而在将天然原料应用于化妆品领域方面的研发力度较大。

（4）指甲用彩妆化妆品。

表4-12为根据前述重要专利选取标准筛选出来的指甲用彩妆化妆品领域的重要专利。

表4-12 指甲用彩妆化妆品重要专利

序号	公开（公告）号	标题	申请人
1	FR2383660B1	用聚合物处理角蛋白材料的组合物和方法	欧莱雅
2	FR2598611B1	包含阳离子聚合物和阴离子聚合物作为增稠剂的化妆品组合物	欧莱雅
3	EP1411069B1	嵌段聚合物和含有这种聚合物的化妆品组合物	欧莱雅
4	US20030097965A1	彩色干涉颜料	默克
5	JP2001288233A	新型聚合物和使用它的化妆品	资生堂
6	US20130084256A1	包含乳胶薄膜成型剂的化妆品成分	欧莱雅
7	JPH10226615A	包含天冬氨酸苯丙氨酸环状二肽衍生物的组合物	宝丽
8	US20020081323A1	有机硅树脂粉	信越化学工业
9	JPH10245315A	含有环二肽衍生物的组合物	宝丽
10	CN102552059A	一种低刺激指甲油	金华市科荣化工有限公司
11	CN104758195A	一种基于水性聚氨酯分散体的水性指甲油	万华化学集团股份有限公司
12	CN105125421B	一种UV固化水性可剥离甲油胶及其制备方法	上海应用技术大学
13	CN101164516B	弱紫外光固化组合物	湖南阳光新材料有限公司
14	CN104800125A	一种指甲油及其制作方法	上海万化科技有限公司
15	CN1803124A	γ-聚谷氨酸及γ-聚谷氨酸盐及其水凝胶的用途	东海生物科技股份有限公司
16	CN112294695B	一种基于聚多巴胺包裹水性聚氨酯分散体的水性指甲油	万华化学集团股份有限公司
17	CN113384489A	水性指甲油制备物的加工方法	宇虹颜料股份有限公司

续表

序号	公开（公告）号	标题	申请人
18	CN111939101B	一种美甲护甲可剥离底涂及其制备方法	广州至然科技应用有限公司
19	CN111925504A	蓖麻油基聚氨酯丙烯酸树脂及其制备方法和应用	广州佐晟化妆品有限公司
20	US20220192964A9	含有黏合剂、初级成膜剂和增塑剂的指甲组合物	欧莱雅
21	KR20210029640A	含有丙烯酸酯类共聚物的指甲底漆组合物	科丝美诗
22	FR3099033B1	指甲化妆和/或护理过程	欧莱雅

可以看到，欧莱雅拥有多项指甲用彩妆化妆品领域重要专利，其研发时间较早，并且在较长时间范围内均保持着较高的研发水准，除早期申请的专利已到期，其他授权专利均为有效状态。表4-12中大多数专利都有较高的被引频次，但近年获得授权的专利由于存在时间尚短，因此还未被引用。

与跨国大企业相比，国内企业在指甲用彩妆化妆品领域的技术实力显得较为薄弱，表现在专利数量少，缺乏研发连续性，对于该技术领域的研发投入还有待加强。

对表4-12中的专利按照活性组分进行分类，详见图4-66，大致可分为三类：丙烯酸酯/改性丙烯酸酯树脂、聚氨酯树脂、其他树脂。以下分别就包含上述三类活性组分的专利进行分析说明。

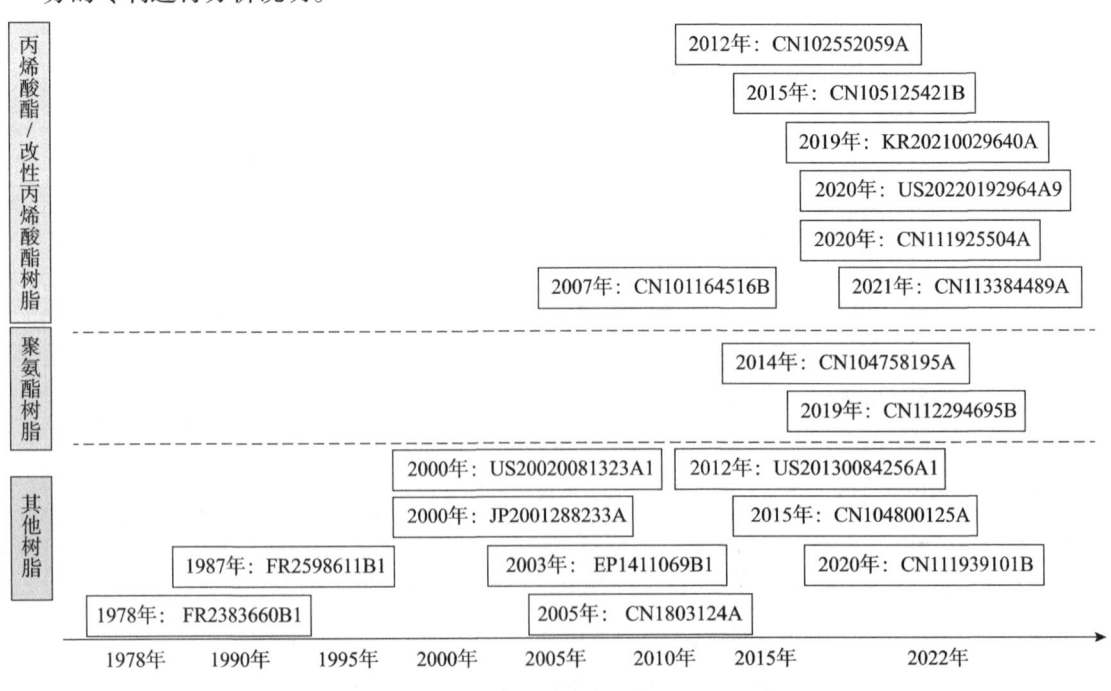

图4-66 指甲用彩妆化妆品重要专利时间线

①丙烯酸酯/改性丙烯酸酯树脂。

丙烯酸酯树脂有优异的丰满度、光泽、硬度、耐溶剂性、耐候性，在高温烘烤时不变色、不泛黄，但其成膜温度高、胶膜硬度低、抗回黏性差、耐水性不好、附着力较差。针对上述缺点，工业中通常对丙烯酸酯树脂进行改性，通过接枝、共聚等手段加入其他改性基团，以获得预期的产品性能。丙烯酸酯树脂的常见改性手段有：环氧树脂改性、聚氨酯改性、乙烯类单体改性、含氟基团改性等。

指甲用彩妆化妆品领域重要专利中，使用丙烯酸酯/改性丙烯酸酯树脂作为活性组分的专利最早出现于2007年，为湖南阳光新材料有限公司提出的弱紫外光固化组合物，该组合物含有按重量计5%~30%的至少一种含有烯类不饱和基因的丙烯酸酯类单体，可在小于50W的弱紫外光下固化，所得涂膜平整光滑，光泽度高，附着力好，可广泛应用于牙科及指甲美容等领域。

由于丙烯酸酯/改性丙烯酸酯树脂分子中含有活性双键结构，容易被紫外光打开从而发生自由基聚合反应，因此随着紫外光固化方式的兴起，近年来也出现了较多使用丙烯酸酯/改性丙烯酸酯树脂作为活性组分的指甲用彩妆化妆品专利。

2019年，科丝美诗提出一种含有丙烯酸酯类共聚物的指甲底漆组合物的专利申请，该指甲底漆组合物含有丙烯酸酯类共聚物和中和剂，因此在涂抹时干燥快，在保持指甲贴的持久力的同时具有优异的指甲保护效果。

2020年，欧莱雅提出一种含有黏合剂、初级成膜剂和增塑剂的指甲组合物，所述初级成膜剂为羧基官能丙烯酸酯，该指甲组合物对指甲表现出非常强的附着力、良好的耐磨性、抗损伤性和极好的光泽。

2021年，宇虹颜料股份有限公司提出一种水性指甲油制备物的加工方法的专利申请，该水性指甲油含有丙烯酸—苯乙烯低聚物树脂，该树脂具有优异的抗化学品能力以及抗腐蚀能力，可以帮助提高制备物的固含量，能提供低黏度、出色的清晰度、高光泽度和稳定持久度的产品。

②聚氨酯树脂。

聚氨酯由于其结构具有软、硬两个不同性质的链段，因此可以通过对分子链的设计，赋予材料高强度、高韧性、耐磨、耐溶剂等优异性能。

2014年，万华化学集团股份有限公司提出一种基于水性聚氨酯分散体的水性指甲油的专利申请，所述水性聚氨酯分散体为固含量为20wt%~50wt%的脂肪族水性聚氨酯分散体，优选以硅改性的$H_{12}MDI$与多元醇作为原料合成的阴离子型水性聚氨酯分散体。所述水性聚氨酯分散体的粒径为10~100nm，优选20~80nm，合成水性聚氨酯分散体的原料中的多元醇为聚酯多元醇和聚醚多元醇质量比为1:9~9:1的混合物。通过性能测试可知，该水性指甲油配方可以具备优异的光泽、铅笔硬度、附着力等性能。

2019年，万华化学集团股份有限公司提出一种基于聚多巴胺包裹水性聚氨酯分散体的水性指甲油的专利申请，多巴胺交联成为聚多巴胺，并在水性聚氨酯分散体粒子表面沉积，在包覆特定的时间后，采用酸将 pH 中和，此时由于在酸性的条件下游离的多巴胺不易聚合，一方面能保证体系中游离的多巴胺数目稳定，另一方面其氨基以电离的形式存在，在指甲油的使用过程中更容易与指甲上的角蛋白产生静电作用，进而增加附着性。由于该方法通过控制多巴胺的浓度、沉积时间及 pH 而使得聚多巴胺的包裹层特别薄，动态光散射测试包裹层厚度仅有 1~3nm，因此仍保持极高的透明度，成膜后具有透明度高、成膜性好、附着力好等特点。

③其他树脂。

由于树脂种类较为繁杂，很多难以具体划归为特定品类，从 1978 年以后不断有新的发明专利提出。

20 世纪 70 年代，指甲用彩妆化妆品专利还较少，欧莱雅于 1978 年提出一件专利申请，其所用活性组分为阴离子聚合物与阳离子聚合物，其中所述阴离子聚合物含有磺酸、羧酸和磷酸单元中的至少一种，所述阴离子聚合物具有 500~500 万的分子量，所述阳离子聚合物是含有伯、仲、叔或季氨基单元并且分子量为 500~200 万的聚合物。

21 世纪初期，欧莱雅提出一种包含至少一段第一嵌段和至少一段第二嵌段的聚合物，所述嵌段之间是互不相容的，其中第一嵌段的玻璃化转变温度 T_g 不低于 40℃，第二嵌段的玻璃化转变温度 T_g 不高于 20℃，所述第一嵌段和第二嵌段通过一个中间链段连接在一起，该中间链段包含至少一种第一嵌段的组成单体和至少一种第二嵌段的组成单体，所述聚合物的多分散指数大于 2。这些聚合物中的某些种类具有非常好的美容性能，通过向化妆品组合物中掺入这些新的聚合物，它们可增强指甲油的冲击强度以及提高各种化妆品组合物的耐久力，而不会引起使用者的任何不适，而且它们很容易进行配制。

2020 年，广州佐晟化妆品有限公司提出一种蓖麻油基聚氨酯丙烯酸树脂，利用蓖麻油和丙烯酸羟基酯上的羟基亲核攻击 NCO 基团中的正碳离子，蓖麻油和丙烯酸羟基酯的结构上与羟基相连的是推电子基烷基，能够提高反应活性，因此在蓖麻油基聚氨酯丙烯酸树脂的制备过程中不需要添加任何催化剂，不需要回收溶剂，符合环保要求。通过加入该蓖麻油基聚氨酯丙烯酸树脂制得的蓖麻油基光固化甲油胶储存稳定性良好，硬度适中，耐酸碱性、交联密度、拉伸强度等性能较好。

图 4-67 展示了全球指甲用彩妆化妆品专利 2018—2022 年的研究热点。指甲用彩妆化妆品领域的发明专利主要关注的技术问题是如何提高指甲用彩妆产品的环保性能，如何提升树脂类产品漆膜的附着力/耐水性/柔韧性，以及如何提高树脂类产品应用时的固化速度；面对上述技术问题，2018—2022 年发明专利主要采用复合引发剂、加入有机硅组分、使用特定树脂以及采用紫外光固化方式的技术手段。

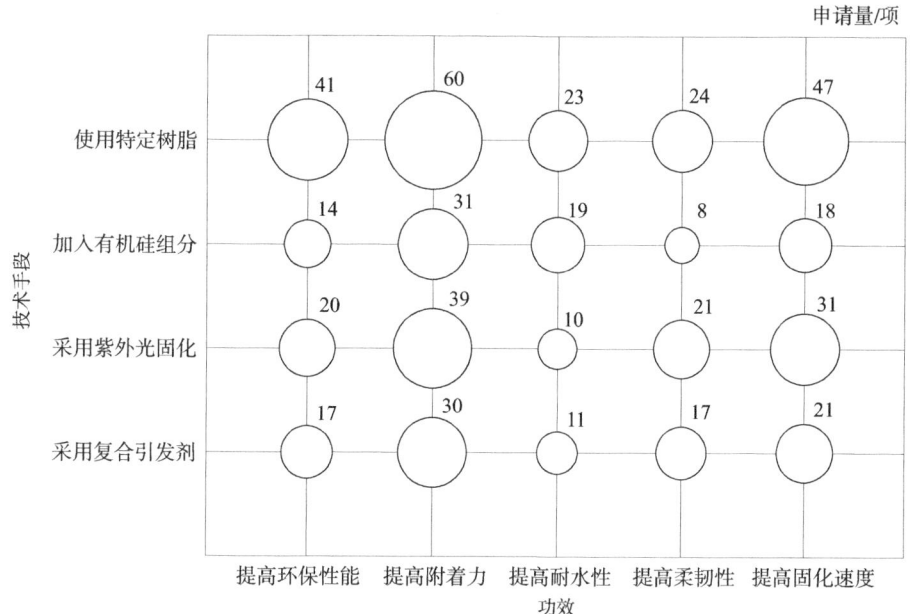

图4-67 2018—2022年全球指甲用彩妆化妆品专利研究热点

有机硅功效性能众多，在现代工业中具有广泛应用，而在指甲用彩妆产品中加入有机硅组分，可通过其拒水性、交联性等性能提高漆膜的耐水性、附着力、柔韧性。紫外光固化为树脂的新型固化方式，与传统热固化相比，紫外光固化具有固化速度快、不排放有机挥发物等突出特点，因此当消费者愈发关注指甲用彩妆产品的环保性、使用便利性时，紫外光固化便顺理成章成了当前指甲用彩妆产品的主流固化方式。

从图4-67中可以看到，提升附着力和提高固化速度是申请人最为关注的两个技术问题，采用上述四种技术手段均能在一定程度上解决前述两个技术问题，其中，使用特定树脂为研究最深入、最多发明专利采用的技术手段。指甲用彩妆产品多为指甲油，指甲油主要成分便是各类树脂，通过树脂固化附着于指甲表面，从而对指甲提供保护、修饰等功效。而树脂为高分子物质，可通过多种物理化学手段进行改性从而获得预期的产品性能，因此采用特定树脂作为指甲用彩妆产品的主要活性物，能够明显地改变产品性能，相比于其他技术手段，使用特定树脂也更为直接、有效。

（5）卸妆用彩妆化妆品。

表4-13为根据前述重要专利选取标准筛选出来的卸妆用彩妆化妆品领域的重要专利。

表4-13 卸妆用彩妆化妆品重要专利

序号	公开（公告）号	标题	申请人
1	US20010018068A1	包含热熔组合物的个人护理用品	宝洁
2	US5429815A	稳定单相自发泡洁面乳	旁氏

续表

序号	公开（公告）号	标题	申请人
3	US7262158B1	包含液体硅氧烷和酯混合物的清洁组合物	强生
4	JP2004256515A	油性基质和包含它的化妆品和皮肤外用剂	日本精化株式会社
5	US5885948A	结晶羟基蜡作为水包油稳定剂用于皮肤清洁液组合物	宝洁
6	EP0485299A1	气溶胶泡沫形式的无水化妆品组合物	欧莱雅
7	US6407044B2	含有低蒸气压推进剂的气溶胶个人清洁乳液组合物	宝洁
8	EP0370856B2	两相眼部卸妆液	欧莱雅
9	US6812192B2	起泡化妆品组合物，用于清洁或卸妆的用途	欧莱雅
10	US6537952B2	含低水不溶性润肤剂和泡沫分配器的泡沫抗菌洁肤产品	联合利华
11	US5165917A	具有两个独立阶段的眼部卸妆液	欧莱雅
12	JPH045213A	清洁成分	花王
13	JP2010280597A	皮肤清洁剂	花王
14	GB2158839B	无水成分清洁皮肤	欧莱雅
15	JP2006306780A	液体清洁剂组合物	花王
16	JP5461974B2	清洁化妆品	花王
17	CN107007492A	一种卸妆油及其制备方法	花安堂
18	JP4831609B2	清洁剂组合物	资生堂
19	CN104800100B	一种温和免洗卸妆膏及其制备方法	神采
20	JP2004204087A	清洁剂组合物	狮王
21	CN103202775A	一种双层卸妆液及其制备方法	上海应用技术大学
22	CN107510621B	一种用于卸妆的无水发泡气雾剂	珀莱雅
23	CN108030764A	一种双层卸妆液及其制备方法	花安堂
24	CN111096912A	一种双连续相型眼唇卸妆液及其制备方法	艾蓓
25	CN106511144A	一种眼唇卸妆水及其制备方法	丹姿
26	CN108175711A	一种泡泡卸妆乳及其制备方法	广州蜜妆生物科技有限公司
27	CN106511210B	一种多功能清洁膏霜	诺斯贝尔
28	CN109276477B	一种气泡感慕斯组合物及其在化妆品中的应用	丹姿

对表4-13中的专利按照活性组分进行分类，详见图4-68，大致可分为两类：表面活性剂和其他。以下分别就包含上述两类活性组分的专利进行分析说明。

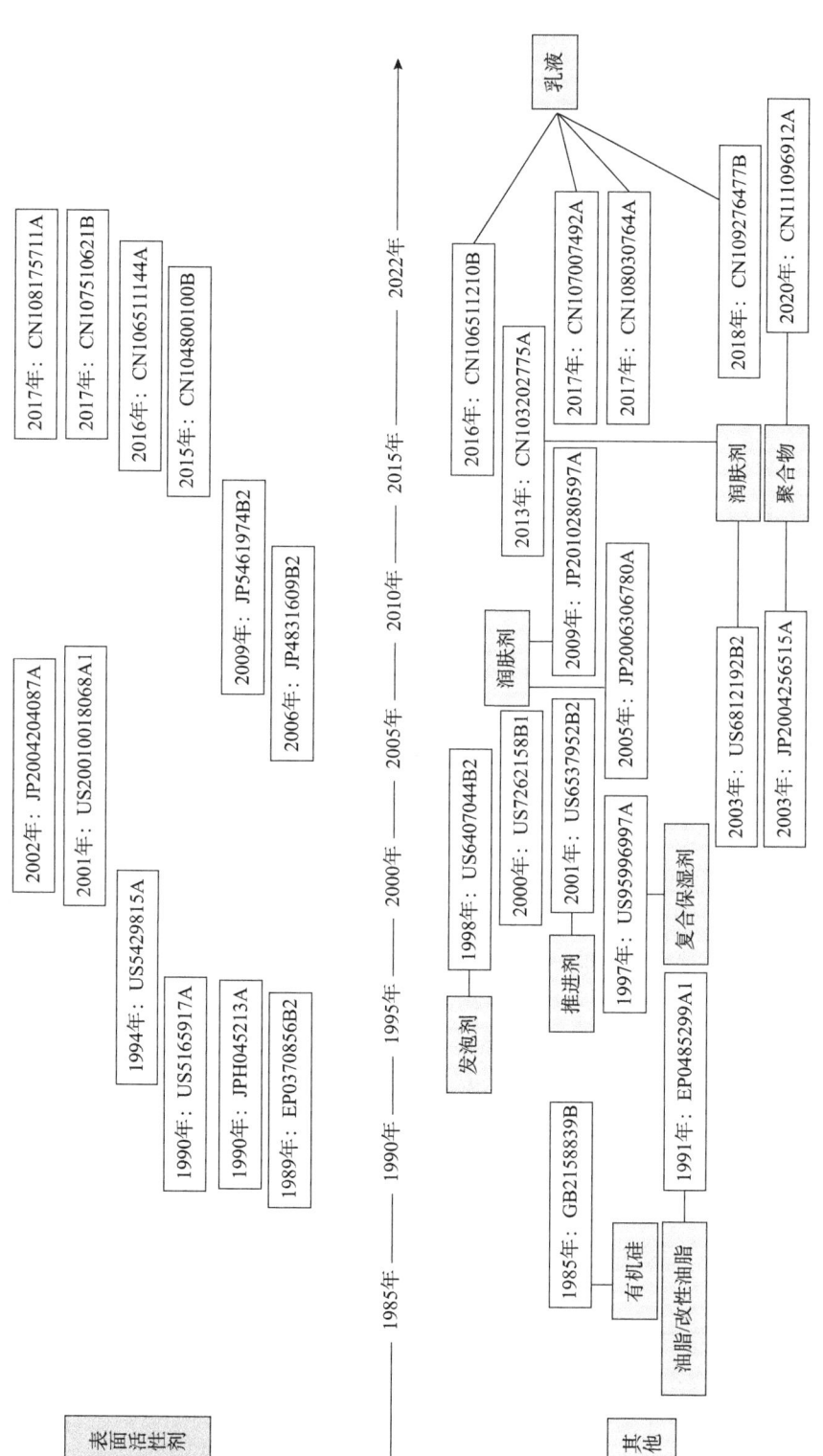

图4-68 卸妆用彩妆化妆品重要专利时间线

①表面活性剂。

欧莱雅于1989年提出一种两相眼部卸妆液的专利申请（EP0370856B2），由两个不同的相组成，包含至少一种表面活性剂的下层相或水相和包含至少一种化妆品油的上层相或油相，下层相和上层相之间的重量比在30/70至60/40之间，表面活性剂的浓度相对于组合物的总重量为0.1%~3%。该卸妆液能够以特别有效的方式消除防水（WP）和非防水（NWP）类型的眼部化妆品，并且不会造成皮肤干燥的缺陷。

旁氏于1994年提出一种稳定单相自发泡洁面乳的专利申请（US5429815A），包括（a）0.5wt%~20wt%的推进剂混合物，其由C1~C6烷基醚和C3~C6未取代的烃推进剂以10∶1~1∶10的相对重量比组成；（b）在水性介质中0.5wt%~40wt%的至少一种表面活性剂；（c）0.5%~20%重量的偶联剂，其中表面活性剂是C6~C20烷基多糖苷。该洁面乳具有改进的透明度、显著降低的浓缩物黏度和更好的泡沫美感。

花王于2009年提出一种清洁化妆品的专利申请（JP5461974B2），包含（a）极性油、（b）HLB值小于7的非离子表面活性剂、（c）HLB值大于7的非离子表面活性剂、（d）烷基改性的羧基乙烯基聚合物以及（e）氨基酸型表面活性剂试剂。该清洁化妆品在使用时具有优异的光滑度、在皮肤上的拉伸性、按摩性、漂洗性、良好的清洁效果以及稳定性。

广州蜜妆生物科技有限公司于2017年提出一种泡泡卸妆乳及其制备方法的专利申请（CN108175711A），该泡泡卸妆乳按质量百分比计包括以下组分：鲸蜡硬脂基葡糖苷1%~3%、聚甘油-3癸酸酯2%~5%、异壬酸异壬酯4%~8%、丙二醇二辛酸酯3%~8%、甘油5%~10%、癸基葡糖苷1%~6%、辛酰/癸酰氨丙基甜菜碱4%~10%和辅助成分0.5%~3%，余量为水。通过上述原料的结合和搭配，造就了独特的卸妆护理，能有效温和地去除妆容，并且采用具有泡泡按压头的包装瓶包装，直接按出来呈泡沫状态，涂抹于脸上即可使用，十分方便有效。

丹姿于2018年提出一种气泡感慕斯组合物及其在化妆品中的应用的专利申请（CN109276477B），该气泡感慕斯组合物按重量百分比计，包含丙烯酸（酯）类交联聚合物钠-2为10%~40%、稳定剂为5%~35%和分散剂多元醇为50%~70%。该气泡感慕斯组合物在化妆品中可提供轻盈柔软的质地，具有弹性的气泡触感，可形成稳定的慕斯沙冰状哑光外观，为化妆品提供细滑滋润清爽的肤感，在皮肤表层形成轻盈透气膜，无搓泥现象和封闭的油腻残留感。

②其他。

欧莱雅于1985年提出一种无水成分清洁皮肤组合物的专利申请（GB2158839B），该组合物包含油相、至少一种乳化剂和至少一种磨料，该组合物以无水形式存在，并且该磨料悬浮在油相中具有很高的水溶性，其平均粒径为50~1000微米，该组合物可通过去角质作用深层清洁皮肤。

联合利华于2001年提出一种含低水不溶性润肤剂和泡沫分配器的泡沫抗菌洁肤产品的专利申请（US6537952B2），以包装在非气溶胶泵分配器中的清洁组合物形式提供泡沫清洁产品。该分配器包括用于容纳液体组合物的容器、带有外壳的分配头，该外壳封闭泵机构和在流动路径中用于将液体组合物转化为泡沫的筛网材料。该清洁组合物包含阴离子表面活性剂，以及选自非离子和两性表面活性剂、阳离子聚合物和疏水性抗菌剂中的至少一种表面活性剂，并且含有小于 0.05wt% 的水不溶性润肤剂；通过泵分配器分配所述组合物以提供泡沫。该专利从即时泡沫递送中改进了抗菌剂的递送，并且增强了疏水性抗菌剂如三氯生在皮肤上的沉积。

上海应用技术大学于 2013 年提出一种双层卸妆液及其制备方法的专利申请（CN103202775A），所述的双层卸妆液包括水相层及油相层，其中水相层包括水溶性防腐剂、水溶性油脂、无机盐电解质、保湿剂及水；油相层包括非水溶性油脂、油溶性防腐剂和油溶性色素。该双层卸妆液具有清洁性能温和、瞬时乳化、快速分层且界限分明等优点。

花安堂于 2017 年提出一种卸妆油及其制备方法的专利申请（CN107007492A），包括如下组分：油脂 50~85 份、聚甘油乳化剂 5~30 份、植物甾醇/山嵛醇/辛基癸醇月桂酰谷氨酸酯 0.1~3 份、甘油山嵛酸酯/二十酸酯 0.1~4 份、水 0.1~5 份、抗氧化剂 0.01~0.2 份、皮肤调理剂 0.01~0.2 份、香精 0.01~1.0 份、植物提取液 0.001~2 份。通过将特定含量的植物甾醇/山嵛醇/辛基癸醇月桂酰谷氨酸酯、特定含量的甘油山嵛酸酯/二十酸酯添加到植物来源的聚甘油乳化剂和油脂中，提供优异的保湿滋润效果，但不会油腻，且不会引起皮肤过敏和刺激，同时具有触变性，从而在脸部皮肤按摩时能提供独特的贴肤感受。

艾蓓于 2020 年提出一种双连续相型眼唇卸妆液及其制备方法（CN111096912A）的专利申请，包括质量百分含量如下的组分：15%~35% PEG-20 甘油三异硬脂酸酯、5%~15% 山梨醇聚醚-30 四异硬脂酸酯、10%~25% 的润肤剂和 10%~35% 的去离子水；其中去离子水和润肤剂的质量比为 0.5~2。所述卸妆液成分简单，制备方便；通过调整乳化剂成分，将 HLB 值调整到 9 左右，使其能形成稳定的双连续型微乳液，得到的卸妆液具有稳定、铺展性好（黏度低）、外观透明、溶妆能力强——能同时溶解水溶性和油溶性色素的优点。另外，通过添加 EDTA 二钠和天然来源的保湿剂 1,3-丙二醇进行协同防腐，降低防腐剂的用量，将其刺激性降到最低，保护敏感的眼部和唇部肌肤。

（6）彩妆各分支重要专利对比。

将表 4-9~表 4-13 所列重要专利逐一比对，筛选出各表中重复专利，结果见表 4-14。

从表 4-14 可以看出，彩妆化妆品五个技术分支的重要专利中，共有 10 件可应用于两个及以上技术分支领域。其中，资生堂的专利 JP2001288233A 应用领域最广，可用于除卸妆制剂外的其他四个技术分支；欧莱雅、日本精化株式会社、默克各有一件专利可应用于三个不同的技术分支。表 4-14 中 10 件专利分属于 7 个不同国外申请人，其均为彩妆化妆品领域的大型跨国企业，国内申请人则普遍缺少通用型专利。与国内申请人相比，上述 7 个国外申请人在专利数量、被引频次等方面优势明显。

表 4-14 彩妆化妆品各技术分支重要专利多分支应用统计

指甲美容	唇部美容	面部美容	眼部美容	卸妆制剂	申请人
JP2001288233A	JP2001288233A	JP2001288233A	JP2001288233A	—	资生堂
EP1411069B1	EP1411069B1	EP1411069B1	—	—	欧莱雅
—	JP2004256515A	—	JP2004256515A	JP2004256515A	日本精化株式会社
US20030097965A1	US20030097965A1	US20030097965A1	—	—	默克
—	US7879316B2	US7879316B2	—	—	欧莱雅
—	US20030108498A1	US20030108498A1	—	—	宝洁
—	EP1481660B1	EP1481660B1	—	—	信越化学工业
US20130084256A1	—	—	US20130084256A1	—	欧莱雅
JPH10226615A	JPH10226615A	—	—	—	宝丽
—	JP2000345096A	—	JP2000345096A	—	默克

资生堂的专利 JP2001288233A，涉及一种新型共聚物和含有该共聚物的化妆品。使用含有聚乙二醇部分的嵌段共聚物以及含有特定亲水基团、疏水基团和两亲性基团作为构成单元的共聚物部分，以制备所述新型共聚物。由于该共聚物具有可用作增稠剂、乳化剂、成膜剂、颜料分散剂、透皮吸收促进剂等多种用途，因此该专利在彩妆四个技术分支中都具有较为重要的地位，但该专利申请日期较早，目前专利期限届满，处于已失效状态。

欧莱雅的专利 EP1411069B1，涉及一种嵌段聚合物和含有这种聚合物的化妆品组合物。该聚合物包含至少一个批次不相容的第一嵌段和至少一个第二嵌段并且具有玻璃化转变温度 Tg。该聚合物可以高固含量掺入化妆品组合物中，固含量相对于组合物的总重量计大于10%，且易于配制。该聚合物用于美发制品中，可改善造型能力和柔韧性；用于指甲油中，可增强其抗冲击性；此外，还可改善化妆品组合物的保持力，而不会引起使用者不适。

默克的专利 US20030097965A1，涉及一种彩色干涉颜料。采用多层涂覆的片状基材的有色干涉颜料，包含有色涂层、无色涂层以及外保护层，可用于印刷油墨、塑料、陶瓷材料、化妆品等多个领域。由于具有较高的颜色强度，该颜料特别适用于装饰化妆品。

日本精化株式会社的专利 JP2004256515A，涉及一种油性基质和包含它的化妆品和皮肤外用剂。通过将二聚酸和二元以上醇的低聚物酯与一元醇和/或一元羧酸酯化而获得酯类化合物加入化妆品基质中，可使该油性基质具有优异的安全性、稳定性、光泽、手感、保水性、气味、颜料分散性，并且该油性基质具有较低黏性，不仅可为液体，还可以为糊状。

可见，上述国外申请人在彩妆原料合成等方面有着较为深入的研究，尤其是对于聚合物、色料等原料研究，国外的跨国企业处于领先的地位；由于聚合物及色料等原料可通过物理/化学等手段进行改性，加入特定基团以获得相应功效，因此该类原料用途非常广泛，这也是国外申请人一件专利可应用于多个不同技术分支领域的重要原因。相比之下，国内申请人在彩妆化妆品领域的研究主要为已有原料的新用途开发，或是原料间的复配研究，涉及基础研究方面较少。

4.3.3 广州市技术发展定位

广东省为我国化妆品产业重要的生产、研发、消费大省，从图 4-69 可以看到，在彩妆化妆品领域专利申请量排名前 10 位的国内城市中，广州市、佛山市、汕头市、中山市来自广东省。其中，广州市在专利数量方面处于明显优势地位，其申请量、授权量、有效量均大幅领先于国内其他城市，三项数据均是排名第二位的城市的两倍以上，专利储备优势明显。

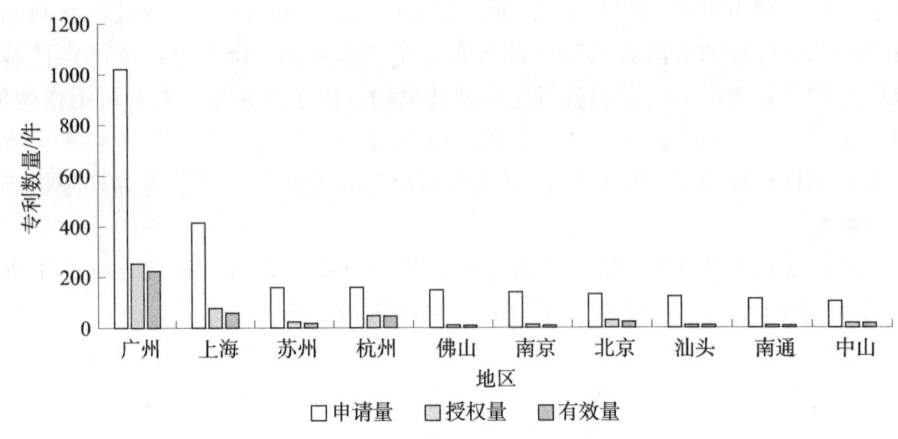

图4-69 国内彩妆化妆品领域主要城市专利数量

图4-70展示了彩妆化妆品领域专利申请主要分类号各申请量2002—2022年的变化情况。可以看到，全球范围内，产品形式方面，涉及分类号A61K8/97（含源于藻类、真菌类、地衣类、植物或其衍生物的化妆品或类似的梳妆用配制品）的专利数量在四个时间段内均排名第一，并且总量显著高于其他分类号，表明彩妆化妆品领域中，在组合物中包含源于藻类、真菌类、地衣类、植物或其衍生物的技术方案，长期占据了主流研发地位，这也符合消费者对于低刺激性、高安全性化妆品的期待。此外，应用领域方面，涉及A61Q19/08（作为抗衰老制剂的化妆品或类似梳妆用配制品的特定用途）的彩妆化妆品专利，申请量不断增加，成为数量仅次于A61K8/97的细分领域，表明消费者越来越关注彩妆化妆品除装饰修饰以外的其他功效，而抗衰作为化妆品中最为重要的护肤功效之一，自然也成为近年来彩妆化妆品的热门研发方向。

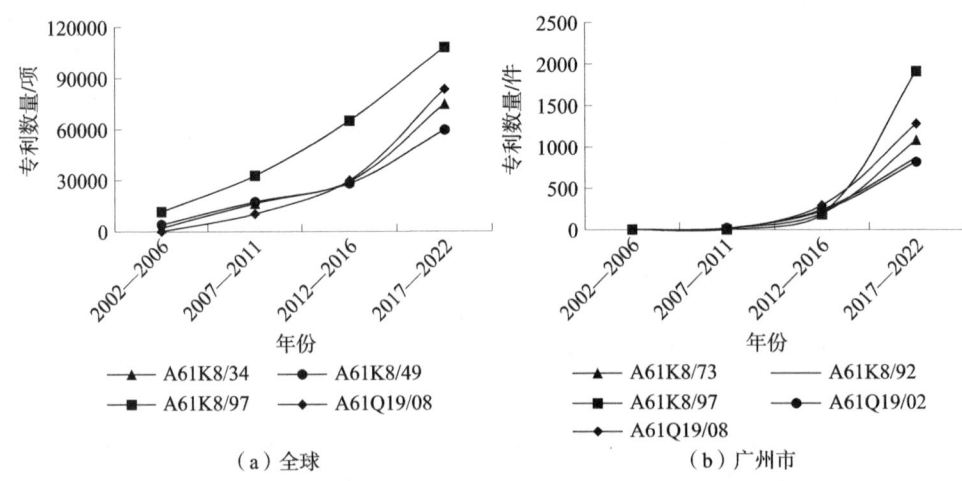

图4-70 彩妆化妆品领域专利申请主要分类号申请量变化对比

广州市的彩妆化妆品研发方向，基本上与全球趋势相同，A61K8/97及A61Q19/08为目前申请数量最多的方向。此外，广州市彩妆化妆品专利在涉及A61K8/73（含多糖有机高分子化合物的化妆品或类似的梳妆用配制品)、A61K8/92(含有油、脂肪或蜡类或其衍生物的化妆品或类似的梳妆用配制品)、A61Q19/02(用化学方法漂白或变白皮肤的护理皮肤的制剂)的领域也具有相对较大的数量。

虽然广州市彩妆化妆品专利数量较大,但多为原料的组合复配研究,或是已有原料的新用途开发,其专利可应用的领域相对有限。广州市拥有特色植物资源,物流条件也较为突出,广州市创新主体在植物活性成分提取、原料化学合成等方面加大研发投入,从产品的原料端发力,开发彩妆原料制备、提取等基础技术,可进一步提升广州市创新主体在基础原料方面的话语权。

4.4 其他化妆品

4.4.1 毛发用化妆品

毛发用化妆品是用来清洁、保护、营养和美化人的毛发的化妆品。毛发用化妆品种类繁多,按其功能分为香波、漂洗剂、营养发水、整发用品、烫发剂、剃须膏等。

1. 产业布局

从图4-71中可以看出,毛发用化妆品领域,法国企业欧莱雅的专利申请总量、授权总量、专利有效量均位于全球第一,与日本企业花王和德国企业汉高位于全球前3位,在全球专利申请总量排名前10位的申请人中,日本企业(花王、资生堂、狮王、朋友株式会社)的数量占到了将近一半,这说明了法国、日本、德国等外国申请人在该领域的技术领先地位。

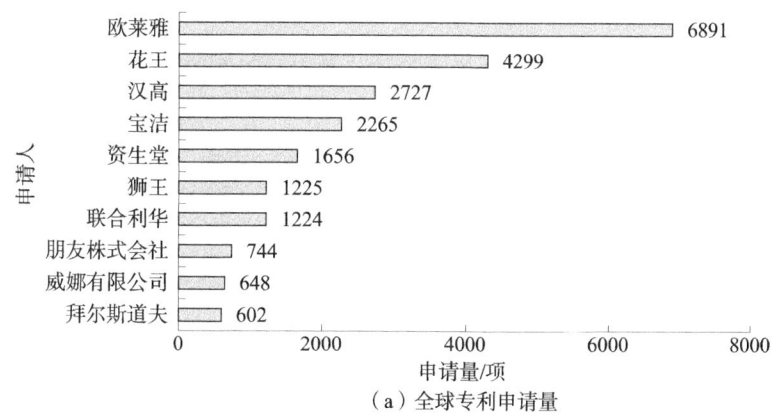

(a)全球专利申请量

图4-71 全球毛发用化妆品领域专利申请量、授权量、有效量排名前10位的申请人分布图

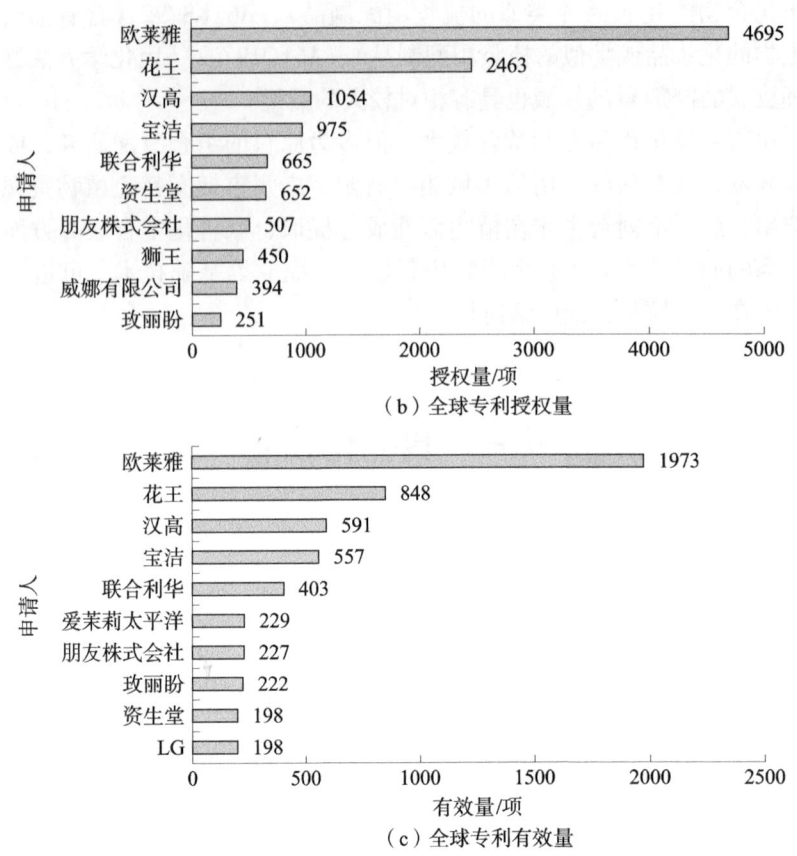

图4-71 全球毛发用化妆品领域专利申请量、授权量、有效量排名前10位的申请人分布图（续）

图4-72显示了毛发用化妆品领域全球专利申请国别/地区分布。可以看出，日本专利申请量最多（17648项），占据全球专利申请总量的28%。美国专利申请总量排名第二（9634项），占比15%。中国专利申请总量排名第三（8304项），占比13%。可见该领域技术分布地域集中，技术竞争主要集中在日本、美国、中国、法国和德国。

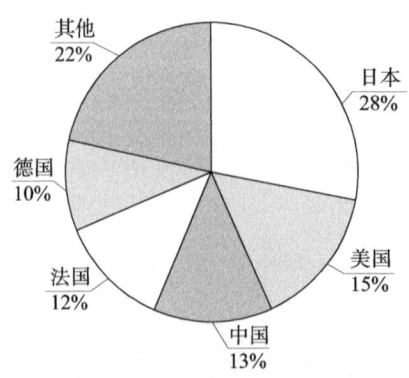

图4-72 毛发用化妆品领域全球专利申请国别/地区分布

企业在某个国家/地区的专利布局与企业对该国市场的重视程度密切相关。从图4-73中所示的毛发用化妆品领域国家/地区技术流向图可以看出，在本国专利申请量和海外申请量方面，日本分别为15212项、1483项；美国分别为4290项，1508项；中国分别为7649项，81项；欧洲分别为836项，568项；韩国分别为3890项，221项。欧洲是最大的技术输出地。

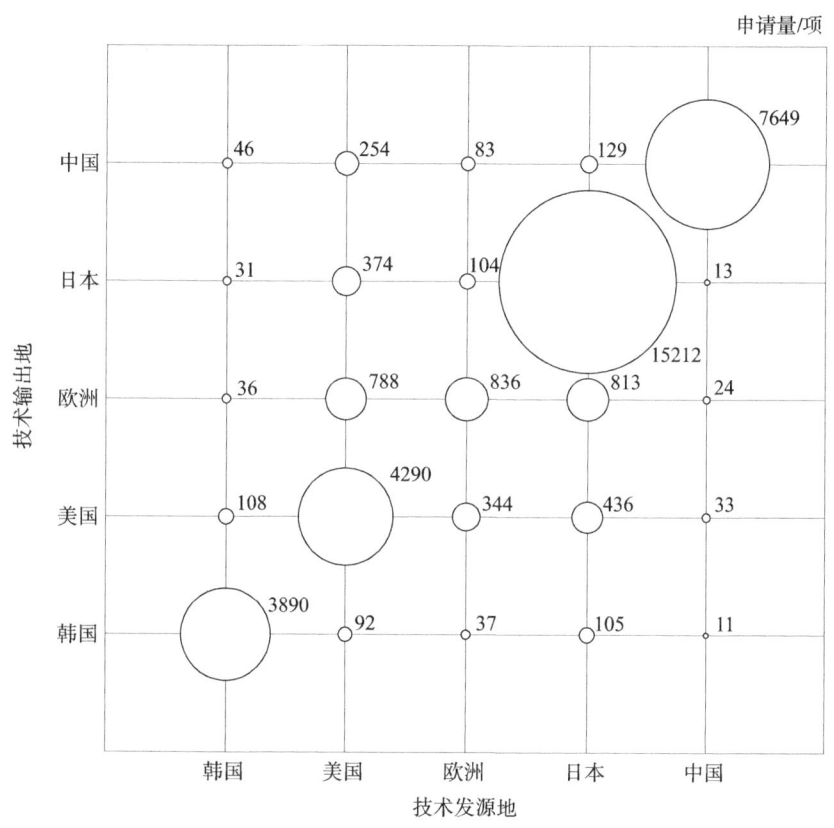

图4-73 毛发用化妆品专利申请目标国/地区和技术输出国/地区分布

中国企业的专利布局意识不断增强，在日本、美国均已形成较为严密的专利布局。海外申请人也很注重在中国的专利布局的情况下，中国企业海外布局较少，专利输出数量均小于他国专利输入数量，处于明显逆差地位，面临较大的竞争压力，需在技术上积极寻求突破，注重海外专利布局和专利侵权风险防范。

图4-74示出了毛发用化妆品领域中国专利申请国家/地区或组织分布图。可以看出，中国申请人的专利申请量位居第一，占比将近60%。美国在中国的专利申请量位居第二，占比14%。这说明在毛发用化妆品领域，国内申请人已经认识到申请专利保护的重要性；美国则依托其本土的宝洁等知名企业作为技术创新主体，创造了较高的专利申请量。此外，法国、日本等国家也均在中国进行了专利布局，说明随着中国专利制度的不断完善，以及毛发用化妆品市场的不断扩大，国外企业对中国市场越来越重视，通过在中国开展积极的专利布局，进而抢占市场。

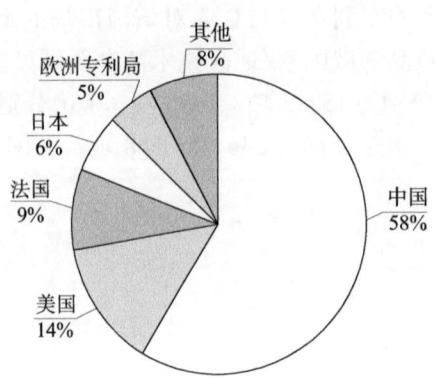

图 4-74 毛发用化妆品领域中国专利申请国家/地区或组织分布

2. 创新主体实力定位

图 4-75 为毛发用化妆品领域在华专利申请量排名前 10 位的申请人分布图，统计过程中将各子公司的申请量与其母公司的申请量进行了合并统计。从图 4-75 可以看出，毛发用化妆品领域在华专利申请总量排名前 10 位的申请人中，有 1 家法国企业（欧莱雅）、2 家美国企业（宝洁、强生）、2 家日本企业（花王、资生堂）、2 家德国企业（汉高、巴斯夫）、2 家中国企业（拉芳、澳宝）、1 家荷兰企业（联合利华）。其中，外国申请人在申请数量上占据了主导地位，这说明外国申请人在毛发用化妆品领域的研究热度或技术创新更为积极，且知识产权意识较高，而国内申请人在该领域自主创新能力和技术产出寻求专利保护的意识，还处于追赶者的位置。

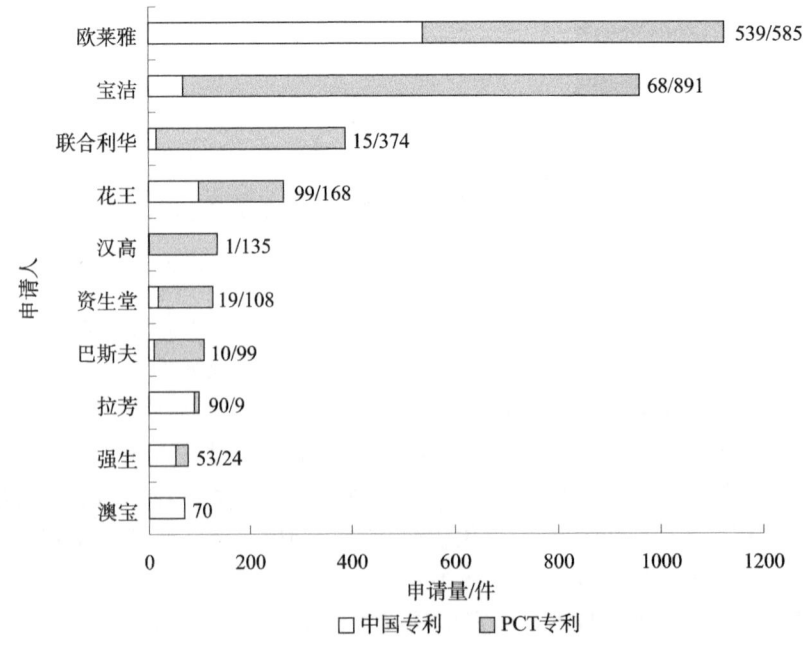

图 4-75 毛发用化妆品领域在华专利申请量排名前 10 位的申请人

图 4-76 展示了毛发用化妆品领域中国专利申请的申请人类型。可以看出，在毛发用化妆品领域，主要为企业申请，占申请总量的 70%；其次为个人申请，占申请总量的 24%；院校申请量占比 4%。

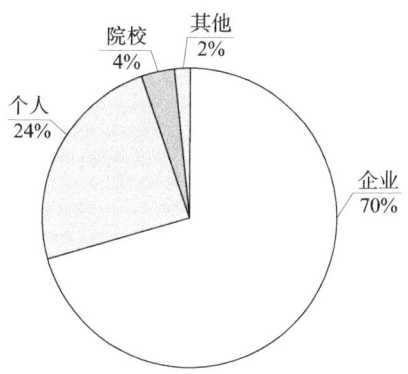

图 4-76　毛发用化妆品领域中国专利申请人类型

毛发用化妆品领域专利申请的申请人类型分布与毛发用化妆品产业特色有关，毛发用化妆品市场需求量较大，各企业之间的市场竞争也较为激烈，专利作为市场竞争和技术保护的重要武器，使得业内企业更加注重专利申请。同时，该领域个人申请较多，可以看出毛发用化妆品领域的技术准入门槛较低。企业作为毛发用化妆品领域各项技术中的创新主体，其技术发展水平基本代表了行业的整体发展水平，因此通过关注主要公司的技术创新动态可了解行业整体发展情况。

图 4-77 为毛发用化妆品领域广东省专利申请量排名前 10 位的申请人分布图，可以看出，拉芳以 99 件居榜首，澳宝以 70 件位于第二，其余申请人的申请量则均为 40 件以内，这说明广东省毛发用化妆品领域的申请人虽然多，但申请量的集中度相对较高，主要集中在拉芳和澳宝，而位于广州市的各企业的申请量较少，政府可以适当加大对本地企业创新主体的扶持力度，鼓励加大研发投入，鼓励技术创新。此外，广东省企业的 PCT 国际专利申请占比不高。

图 4-78 展示了毛发用化妆品领域广东省专利申请人类型分布。首先，企业是专利申请的主体，占比 73%。这一方面与企业作为市场的主体，是技术改进的主要力量有关；另一方面也与广东省集聚了国内化妆品产业规模最大且技术处于领先的多家企业相关，企业作为市场竞争的主体，积极通过专利布局的方式抢占市场份额。其次，个人申请的比重位居第二，占比 23%，说明了该领域存在研究起点较低的技术。而院校占比为 3%，这主要与院校选择的研发技术成果的保护形式有关。院校更加侧重基础理论和前沿技术的研究，且研究的成果也多采用论文的形式进行发表，采用专利权进行保护的意识相对薄弱。

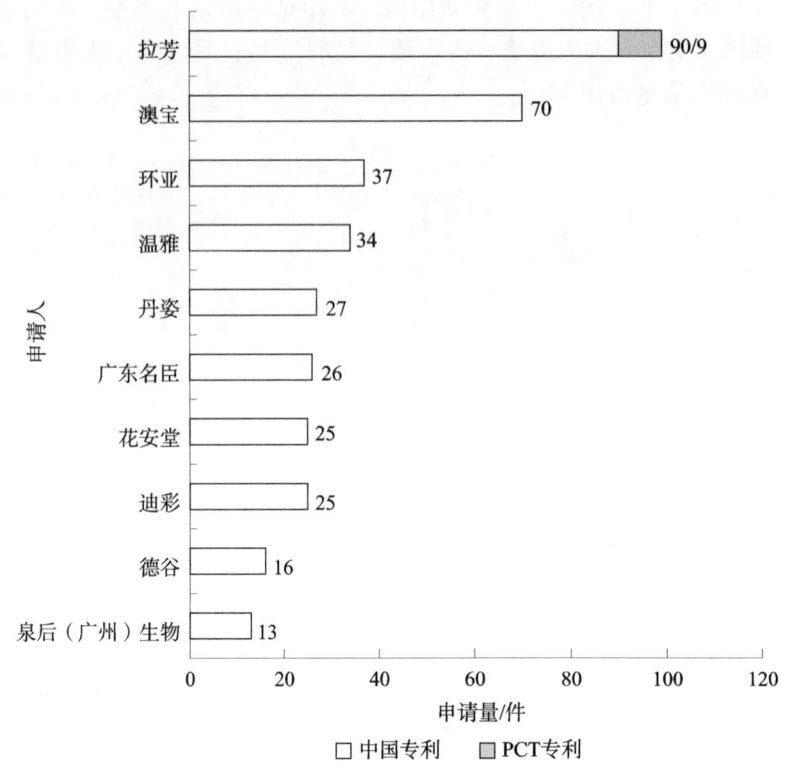

图 4-77　毛发用化妆品领域广东省专利申请量排名前 10 位的申请人

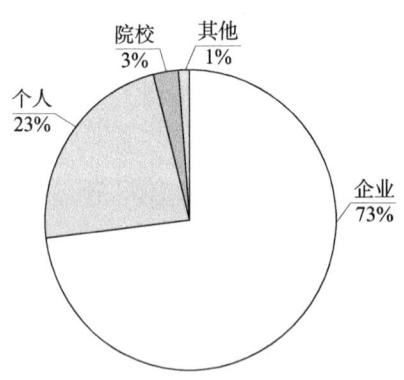

图 4-78　广东省专利申请人类型

图 4-79 为毛发用化妆品领域广州市专利申请量排名前 10 位的申请人分布图,可以看出,企业是专利申请的主体,这一方面与企业作为市场主体有关,企业更加注重市场需求与反馈,关注知识产权在市场竞争中的作用;另一方面,也与广州市集聚了国内化妆品产业规模最大且技术处于领先的多家企业相关,企业作为市场竞争的主体,积极通过专利布局的方式抢占市场份额。然而,广州市相关高校和科研机构的申请量较少,政府可加强引导企业与科研机构之间的产学研合作,充分依托相关高校和科研

机构在技术和资源储备方面的优势，提高专利的数量和质量。

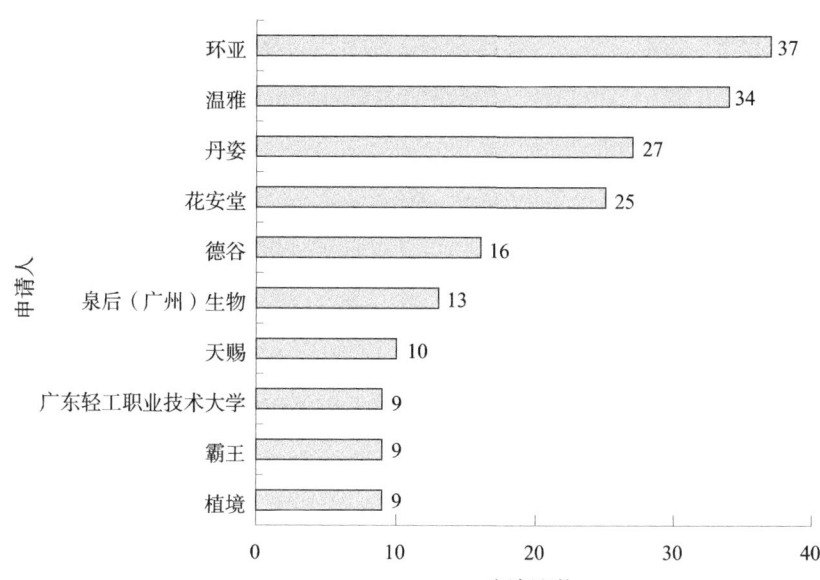

图 4-79　毛发用化妆品领域广州市专利申请量排名前 10 位的申请人

3. 产业发展水平区域对比

从图 4-80 展示的毛发用化妆品领域国内专利申请区域分布图来看，毛发用化妆品领域的国内申请人主要集中在广东省、江苏省和山东省，这三个区域的专利申请量占毛发用化妆品领域国内专利申请总量的 50%，其中尤以广东省的专利申请量为最多，占比 27%。从图 4-81 展示的毛发用化妆品领域国内专利申请城市分布图来看，广州市以较大优势位居全国第一，这反映出广东省对于毛发用化妆品的研发在国内处于领先地位。究其原因，一方面与广东省在毛发用化妆品领域的研发的起步较早，且经过长足发展，有了一定的技术积累有直接关系；另一方面也与广东省集聚了国内毛发用化妆品产业规模最大且技术处于领先的多家企业有关。

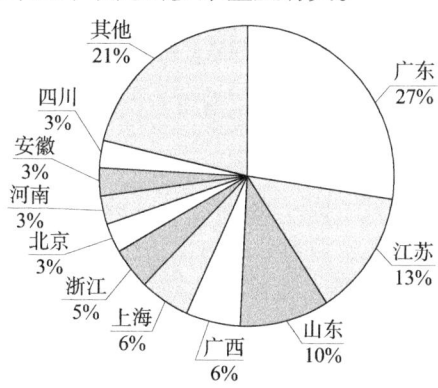

图 4-80　毛发用化妆品领域国内专利申请区域分布

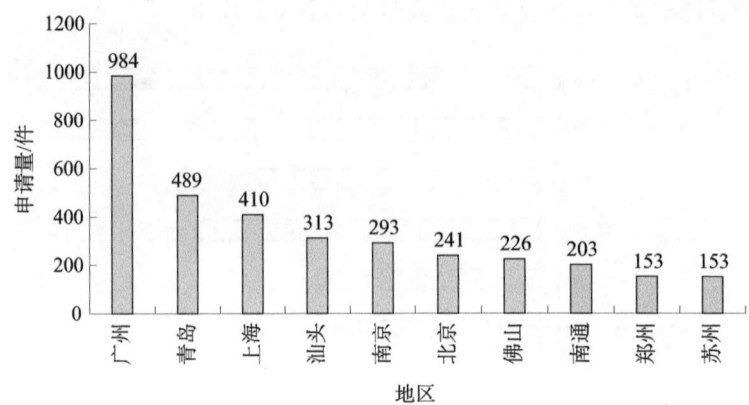

图4-81 毛发用化妆品领域国内专利申请主要城市申请趋势

图4-82展示了毛发用化妆品领域广州市专利申请区域分布图,可以看出,在广州市的专利申请中,申请量最大的区域集中在白云区、花都区、天河区,三者之和占广州市专利申请总量的60%。近年来,由于白云区"白云美湾"、花都区"中国美都"等产业基地相继孵化,以科技创新驱动产业转型升级,促进了白云区等在毛发用化妆品领域的专利申请处于领先地位。从图4-82还可以看出,其他区的专利申请量不高,创新保护意识还需加强。

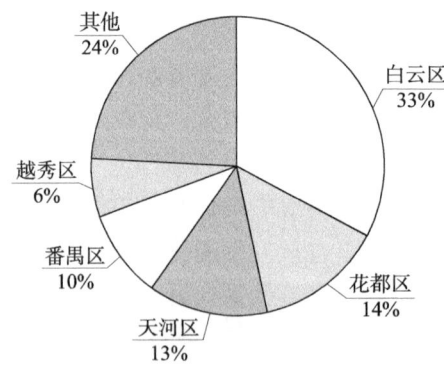

图4-82 毛发用化妆品领域广州市专利申请区域分布

4. 技术分支分布及关键技术

(1) 技术主题分布。

毛发用化妆品主要包括洗护产品、造型产品、烫染产品、影响毛发生长制剂四个技术分支。图4-83至图4-86分别为毛发用化妆品领域全球专利各技术分支申请量占比图、中国专利各技术分支申请量占比图、广东省专利各技术分支申请量占比图、广州市专利各技术分支申请量占比图。洗护产品的专利申请量占全球毛发用化妆品专利申请量的39%、占中国毛发用化妆品专利申请量的58%、占广东省毛发用化妆品专利申请量的73%、占广州市毛发用化妆品专利申请量的73%,即洗护产品的专利申请量占比均位居第一,这说明洗护产品的开发是目前最主要的技术主题,因此通过分析洗护产品的技术创新动态可从整体上了解行业发展情况。

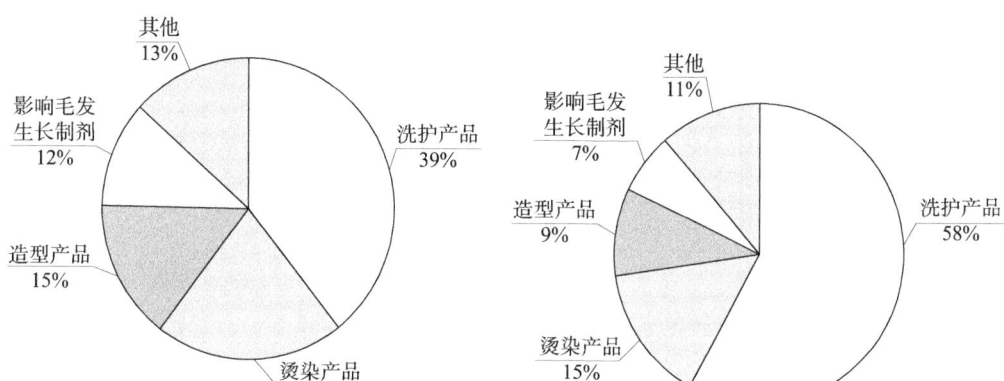

图 4-83　毛发用化妆品领域全球专利各技术分支申请量占比

图 4-84　毛发用化妆品领域中国专利各技术分支申请量占比

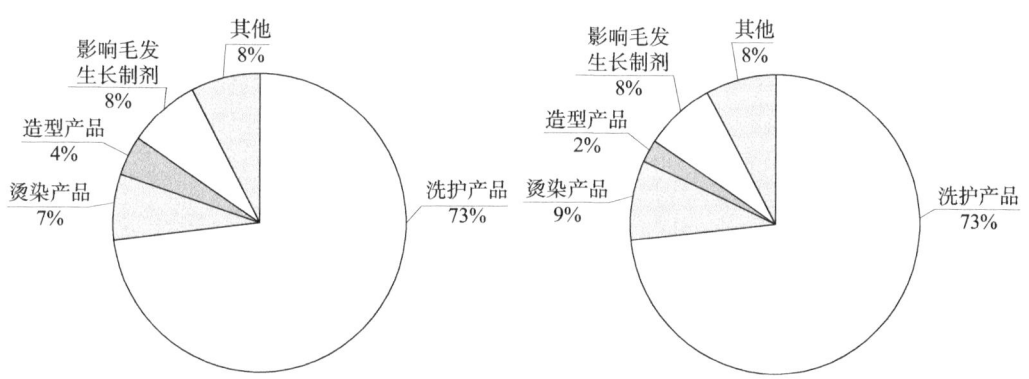

图 4-85　毛发用化妆品领域广东省专利各技术分支申请量占比

图 4-86　毛发用化妆品领域广州市专利各技术分支申请量占比

（2）关键技术分析。

市场上的洗护产品逐年增长，根据其使用性能方面的不同，洗护产品主要分为两大类。一类是洗去型产品，主要以头发清洁为主，头皮护理为辅，通过使用温和表面活性剂、特殊油脂、天然活性物等成分，使头发拥有较好调理性，对头皮也具有一定的护理作用；这类产品主要具有无硫酸盐、无硅油等特点，或主打天然原料等，作为更为健康时尚的生活方式应运而生。另一类是停留型产品，主要涂抹于头发和头皮，慢慢按摩至其吸收，进而改善头发和头皮问题，这类产品主要是通过添加具有功效的成分，来达到改善头发健康和头皮健康的目的。

图 4-87 至图 4-89 分别为毛发用化妆品领域国内重点企业（拉芳、澳宝、环亚）的洗护产品专利的技术发展导图。

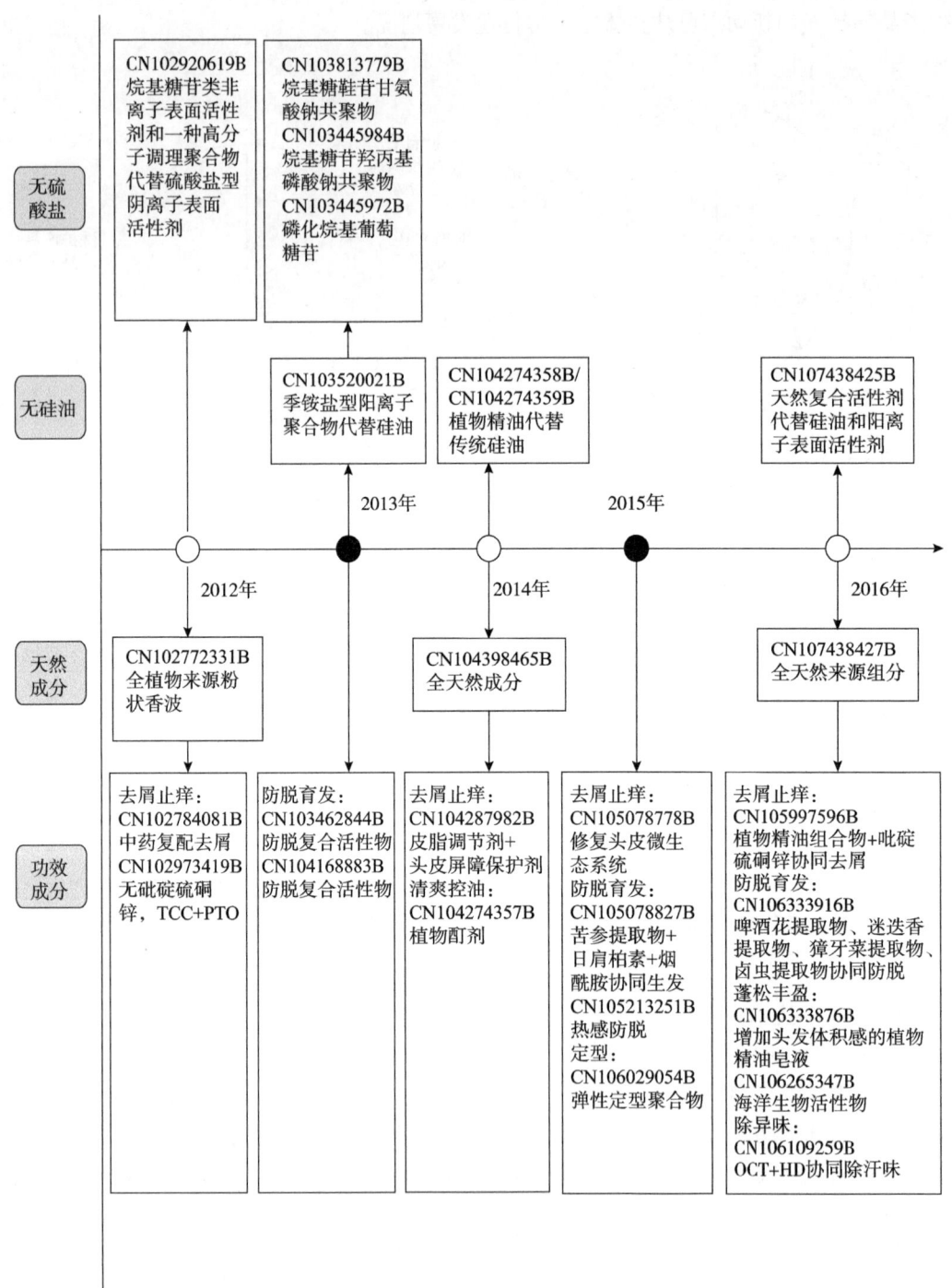

图 4-87 拉芳洗护产品专利的关键技术导图

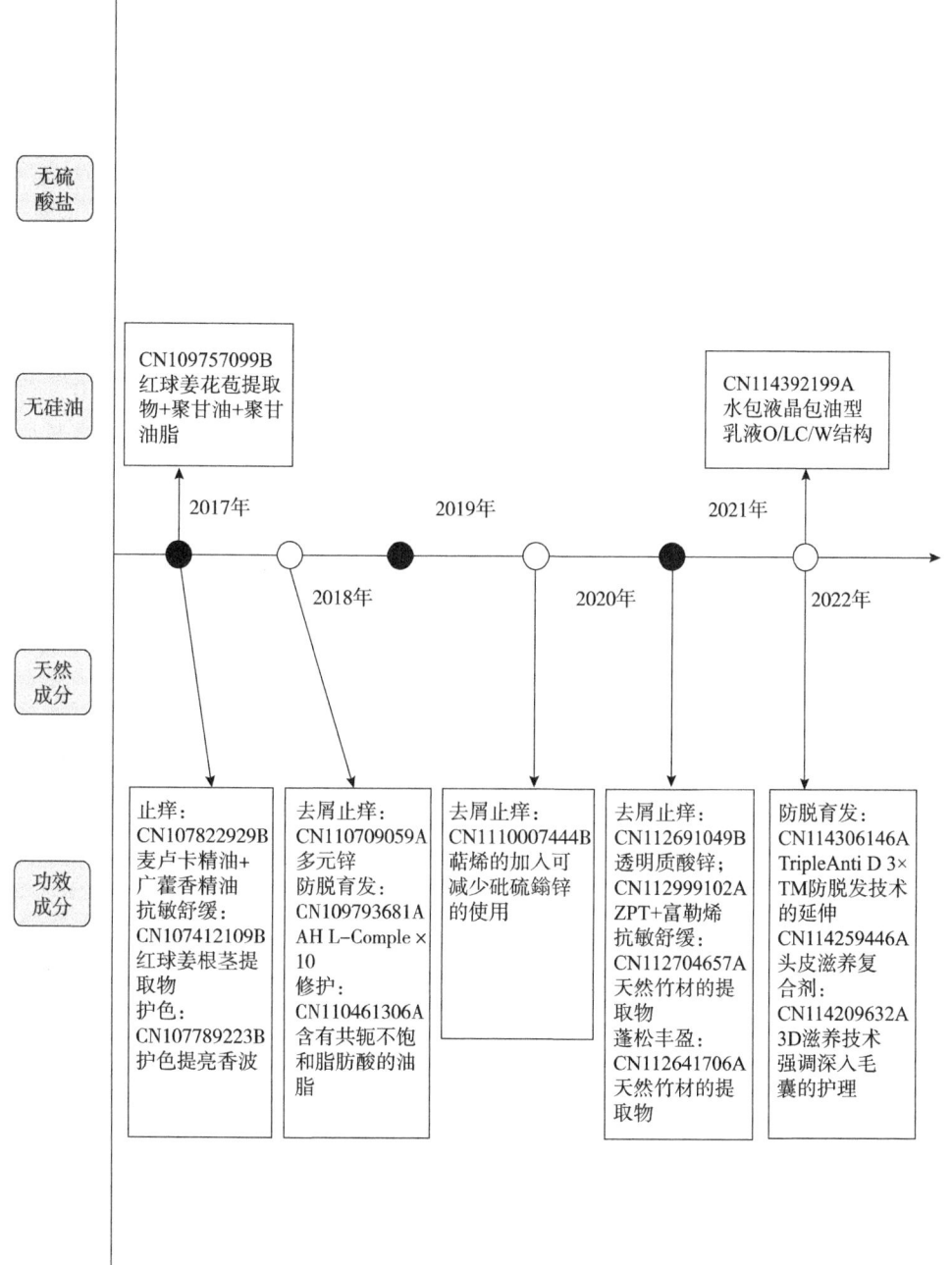

图4-87 拉芳洗护产品专利的关键技术导图（续）

从图 4-87 可以看出，拉芳主要研究了无硫酸盐技术、无硅油技术、天然成分的使用、功效成分的开发。对于无硫酸盐技术，拉芳采用烷基糖苷类非离子表面活性剂代替硫酸盐型阴离子表面活性剂，具有调理性好、泡沫丰富、温和性好等特点。对于无硅油技术，拉芳采用季铵盐型阳离子聚合物、植物精油、天然活性剂等代替硅油，具有较好的保湿调理效果。对于天然成分的使用，拉芳于 2012 年开发了全植物来源粉状香波，并分别于 2014 年、2016 年开发了使用全天然来源组分的产品。对于功效成分的开发，拉芳主要聚焦去屑止痒、防脱育发、清爽控油、抗敏舒缓、蓬松丰盈等功效成分的开发。其中，去屑止痒功效成分、防脱育发功效成分是主要的研究对象。对于去屑止痒功效成分，拉芳多采用不同去屑剂之间复配技术，如植物源去屑剂之间的复配技术（如 CN102784081B）、化学去屑剂之间的复配技术（如 CN102973419B）、化学去屑剂与植物源去屑剂之间的复配技术（如 CN105997596B）；对于防脱育发功效成分，拉芳多采用天然源防脱育发剂（如 CN106333916B）。

从图 4-88 可以看出，澳宝主要研究了无硫酸盐技术、无硅油技术、天然成分的使用、功效成分的开发、产品外观的改进。对于无硫酸盐技术，澳宝通过对于组合物体系架构的合理搭建以及对原料关键参数的限制，开发了一种调理性能良好的二合一透明无硫酸盐无硅油洗发组合物。对于无硅油技术，澳宝采用氨基酸表面活性剂和两性表面活性剂代替阳离子和硅油，无沉积，不会产生残留物，温和不刺激。对于天然成分的使用，澳宝采用了多种植物提取物，并通过熟化发酵工艺将大分子活性物质分解成小分子活性物质，对头发的渗透性更好，极易被头发吸收，提高了调理头发效果。对于功效成分的开发，澳宝主要聚焦去屑止痒、蓬松丰盈、修护、抗污染、洗发前养护等功效成分的开发，对于去屑止痒功效成分，拉芳通过改善去屑剂的沉积来提高去屑止痒效果。对于产品外观的改进，澳宝开发了双层产品，具有上下两层，外观时尚。

从图 4-89 可以看出，环亚主要研究了无硅油技术、天然成分的使用、功效成分的开发、产品外观的改进。对于无硅油技术，环亚采用植物油脂替代硅油，有效避免了因硅油积聚而引起的头皮问题，还通过采用温和表面活性剂解决了无硅油洗发水增稠困难和调理性与透明度不可兼得的问题。对于天然成分的使用，环亚通过采用天然皂苷和天然增稠剂，避免了在配方中引入有害化学合成物质的风险。对于功效成分的开发，环亚主要聚焦去屑止痒、防脱育发、修复、防晒、抗衰等功效成分的开发。对于去屑止痒功效成分，环亚多采用不同去屑剂之间复配技术，如植物源去屑剂之间的复配技术（如 CN103202786B）、化学去屑剂与植物源去屑剂之间的复配技术（如 CN105055199B）；对于防脱育发功效成分，环亚多采用天然源防脱育发剂（如 CN110075049B）。环亚通过改善去屑剂的沉积来提高去屑止痒效果。对于产品外观的改进，环亚开发了三层护发组合物、双层护发油，外观时尚。

通过分析洗护产品国内主要专利申请人的关键技术路线可知，洗护产品中国专利的关键技术主要集中在无硫酸盐技术、无硅油技术、功效成分的开发。

第四章 化妆品产业技术发展方向分析 | 193

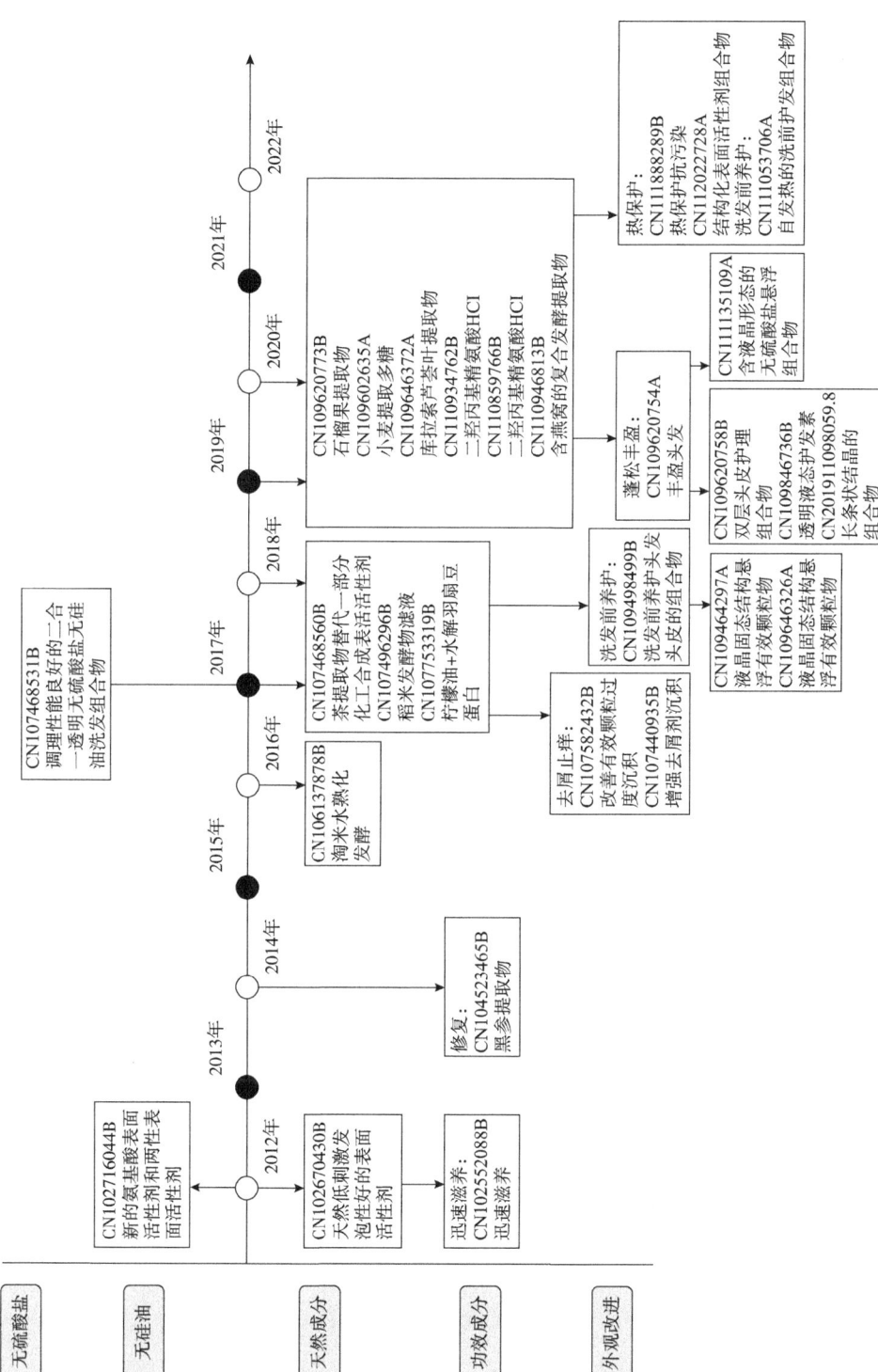

图 4-88 澳宝洗护产品专利的关键技术导图

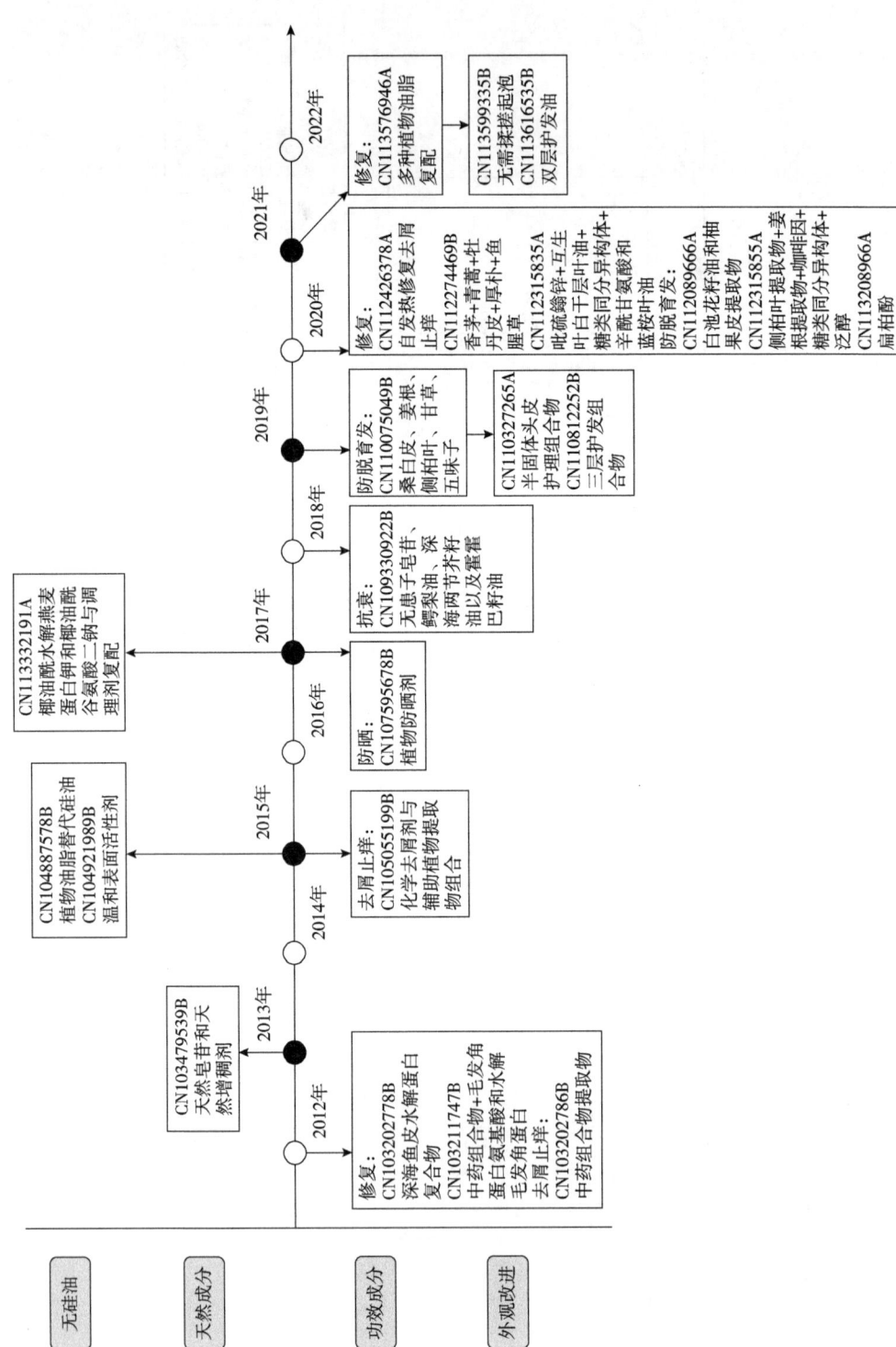

图 4-89 环亚洗护产品专利的关键技术导图

①无硫酸盐技术。

传统洗护产品中，硫酸盐表面活性剂具有泡沫丰富、易增稠、易复配的优点，但是传统的含有硫酸盐的洗护产品，硫酸盐表面活性剂容易引起头皮刺激，引发头皮过敏、发炎等问题。无硫酸盐技术通过设计不包含硫酸盐的产品来克服上述问题，同时又避免不使用硫酸盐导致产品的功效衰减。无硫酸盐技术中，配方的增稠、稳定性、流变性、发泡效果是主要需要解决的问题。表4-15展示了涉及无硫酸盐技术的重点专利。

表4-15 毛发用化妆品领域涉及无硫酸盐技术的重点专利

序号	公开（公告）号	标题	申请人
1	US20130284198A1	毛发清洁和调理组合物	欧莱雅
2	US20130143784A1	新型头发清洁成分	欧莱雅
3	US9480629B2	无硫酸盐结构化液体表面活性剂	罗地亚
4	US10039939B2	含增稠剂的无硫酸盐清洁组合物	欧莱雅
5	US20190105244A1	紧凑型洗发水成分	宝洁
6	US11116705B2	含有无硫酸盐表面活性剂的紧凑型洗发剂组合物	宝洁
7	US20190105243A1	不含硫酸盐表面活性剂的紧凑型洗发水组合物	宝洁
8	US20180318194A1	清洁成分	花王
9	WO2020052914A1	基于乳状液的无硫酸盐泡沫清洁剂的制备	拜尔斯道夫
10	CN111135109A	一种含液晶形态的无硫酸盐悬浮组合物	澳宝

②无硅油技术。

一些研究认为，长期使用含硅油洗发水，硅油会在头发上层层积聚，导致头发不自然、油腻、厚重、坍塌、干枯毛躁。因此，使用无硅油洗发水作为一种健康时尚的生活方式应运而生。天然无刺激是无硅油的基础特征，在自然健康环保的基础上替代含硅油产品并具备相似或者更好的调理性和功效性是无硅油洗护发产品的研发方向，其中，寻找替换材料、提高产品的调理效果是无硅油技术研发的主要方向。表4-16展示了涉及无硅油技术的重点专利。

表4-16 毛发用化妆品涉及无硅油技术的重点专利

序号	公开（公告）号	标题	申请人
1	JP6235214B2	美发化妆品	高丝
2	JP6211436B2	冲洗剂	漫丹
3	CN104739718B	一种无硅油香波组合物	隆力奇
4	CN104814880A	无硅油气溶胶洗发泡沫剂及其制备方法	宁波御坊堂生物科技有限公司

续表

序号	公开（公告）号	标题	申请人
5	ES2922810T3	减少摩擦的护发配方	禾大国际股份公开有限公司
6	US10292929B2	天然有机硅替代品，用于个人护理配方中的有机硅油	伊诺莱克斯投资公司
7	CN107468531A	调理性能良好的二合一透明无硫酸盐无硅油洗发组合物	澳宝
8	CN109044857A	一种无硅油洗发水调理剂组合物、无硅油洗发水及其制备方法	江南大学
9	CN109481352B	一种具有高调理性的无硅油无硫酸盐的香波及其制备方法	上海华银日用品有限公司
10	CN109771318A	一种糖脂的用途、糖脂无硅洗发液及制备方法	优牌生物科技有限公司

③功效成分的开发。

根据市场消费需求可知，洗护产品功能化趋势越来越明显，去屑止痒、防脱育发、清爽控油、抗敏舒缓等功能是当前主流方向。图4-90为不同功效洗护产品的全球专利申请量、中国专利申请量、广东省专利申请量、广州市专利申请量，可以看出，去屑止痒功效洗护产品在全球洗护产品专利申请量、中国洗护产品专利申请量、广东省洗护产品专利申请量、广州市洗护产品专利申请量中均位列第一，这说明去屑止痒是目前洗护产品最主要的功效需求。

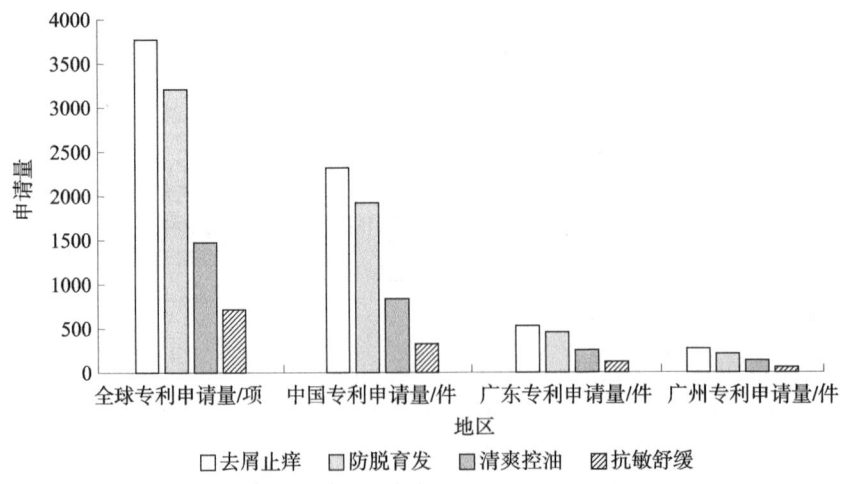

图4-90 不同功效洗护产品专利申请量

在现有洗护产品配制技术中，作为去屑止痒功效成分的一般化学药物，如早期使用的硫黄、水杨酸、二硫化硒等。其中，硫黄、水杨酸具有杀菌、促进角质剥离作用，但是实际去屑效果不太理想，同时刺激性比较大；二硫化硒具有抗皮脂溢出作用，并具有一定的抗真菌、抗细菌和杀寄生虫等作用，但是，二硫化硒使用后头发容易变得干涩，还有可能导致头发褪色，且味道不太好闻。目前主流的去屑止痒成分包括吡硫鎓锌（ZPT）、二吡啶硫铜硫酸镁（MDS）、氯咪巴唑（CLM，也称甘宝素）、吡罗克酮乙醇胺盐（OCT）。这类物质尽管有很好的去屑功能，但 ZPT、MDS、CLM 溶解性差，加大了洗护产品生产工艺的难度，且制得的洗护产品也不易稳定，难以沉积在头发或头皮上，同时对人体也有一定的副作用。除此之外还有新型温和去屑剂，比如己脒定二（羟乙基磺酸）钾、甘草酸二钾、茶树油等植物提取物也值得我们关注，其中，己脒定二（羟乙基磺酸）钾能促进皮肤脂质成分的合成基因表达，提高肌肤屏障功能，但也存在高成本和用久了产生耐药性的不足。

可见，现有的去屑止痒功效成分主要通过角质剥离、杀菌抑菌、控油脱脂、修复皮肤屏障等方面来达到去屑止痒效果。目前，申请人为了进一步提高去屑止痒功效成分的性能，分别从以下四个方面作出了改进：提高去屑剂的分散稳定性、改善去屑剂的沉积能力、改善去屑剂的持久有效性、组分之间复配协同。图 4-91 展示了去屑止痒技术—功效矩阵图，提高去屑剂的分散稳定性、组分之间复配协同、改善去屑剂的沉积能力是实现去屑止痒效果常见的技术手段。

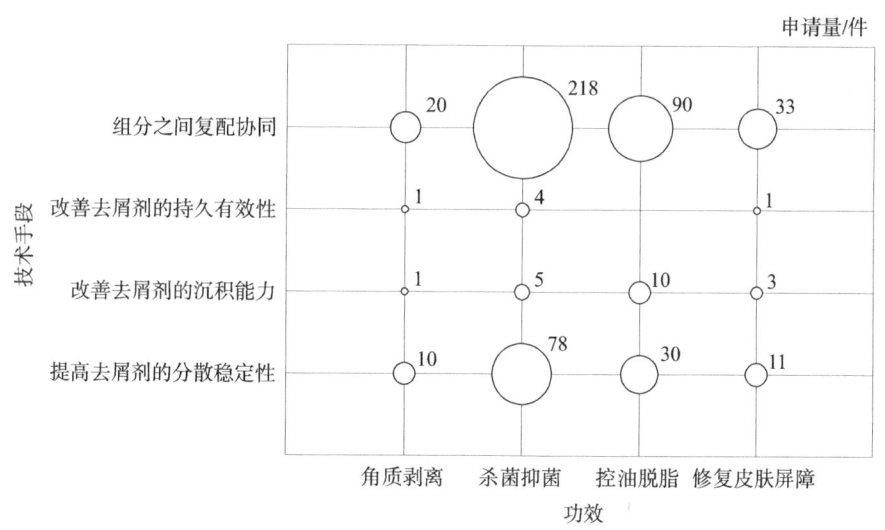

图 4-91　去屑止痒技术—功效矩阵

4.4.2　口腔护理品

口腔护理品是指以洗刷、含漱、涂擦、喷洒或者其他类似方法，施用于人体牙齿或口腔黏膜，以达到清洁、减轻不良气味、装饰、维护，使其处于良好状态为目的的产品。口腔护理品是清洁牙齿、维护口腔健康卫生的日用必需品。本节的数据去重合并后,最终获得样本数据如表4-17所示,其中包括全球专利申请量为23285项,中国专利申请量为6728件,广东省专利申请量为1016件,广州市专利申请量为402件。

表4-17 口腔护理品专利检索结果统计表

统计指标	全球/项	中国/件	广东省/件	广州市/件
申请量	23285	6728	1016	402
授权量	11191	1735	215	144
有效量	3883	1151	182	122

1. 产业布局

(1) 全球专利分析。

本节从专利申请整体发展趋势对口腔护理品技术领域的全球专利状况进行了系统分析。

①全球专利申请量趋势分析。

口腔护理品技术领域全球专利申请量随时间的变化趋势如图4-92所示。从该图可以看出,口腔护理品的全球专利申请量逐年稳步上升,其大致可以分为4个发展阶段。

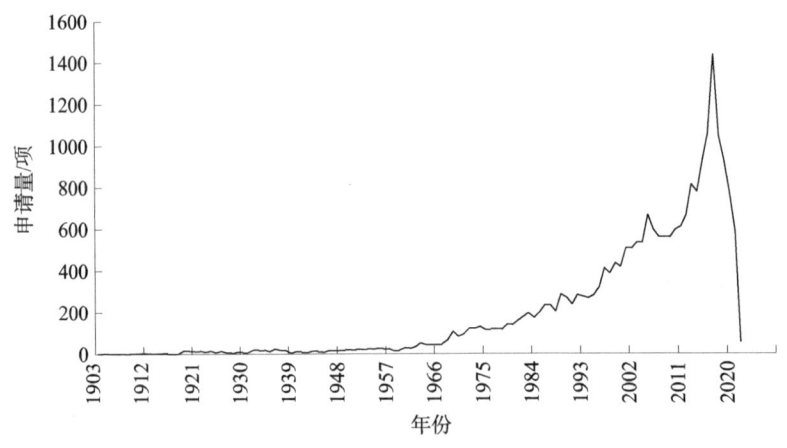

图4-92 口腔护理品全球专利申请量趋势

第一阶段(1903—1966年),为技术萌芽期。这一阶段口腔护理品技术发展缓慢,全球年申请量较低,在此之前口腔卫生和口腔预防医学还未建立,口腔护理产品主要是牙粉或牙膏,基本是满足个人清洁需要的,口腔护理品技术的技术研究活跃度不高,因此相关研究也就长期处于低速发展阶段。申请国家主要是法国和美国,这也与法国和美国的工业化程度较早有关。

第二阶段(1967—2005年),为快速成长期。此阶段专利申请量呈现快速增长的势头。这一阶段,随着口腔卫生项目和口腔预防医学的建立,口腔健康列为人体健康十大标准之一,且在1983年和1989年世界卫生大会上的决议案中,确认把口腔卫生保健纳入初级卫生保健途径。随着全球研究力度的加大以及普通民众的关注度提高,口腔护理品技术发展迅速。

第三阶段(2006—2017年),为爆发增长期,这一时期,全球专利申请量激增,一直到2017年,年申请量达到顶峰。这一阶段中,新材料、新产品的产生推动了口腔护理品技术的快速发展。

第四阶段(2018年以后)为技术成熟期,这一时期,专利申请量有明显回落,主要是由于主要申请人对口腔护理品技术的不断关注和研究的不断深入,技术发展进入了相对成熟期,相应地提高了该技术领域的准入门槛,此外受新冠疫情影响导致这一阶段的专利申请量的明显回落。

②全球专利申请人排名分析。

图4-93为口腔护理品领域全球专利申请量排名前10位的申请人分布图,统计过程中将各子公司的申请量与母公司的申请量进行了合并统计。可以看出,全球专利申请总量排名前10位的申请人中,有3家美国公司(高露洁、宝洁、沃尼尔·朗伯)、3家日本公司(狮王、花王、太阳星光)、1家韩国公司(LG生活健康)、1家荷兰公司(联合利华)、1家法国公司(欧莱雅)、1家德国公司(汉高)。从排名可以看出,国外公司在申请数量上占据了主导地位,尤其是美国的高露洁和宝洁有着雄厚的研发实力。此外,中国企业未能在口腔护理品领域跻身前10位,说明国内企业在口腔护理品领域的技术水平仍有待提高。因此,国内企业对该技术领域的认识、研发和创新力量还需进一步加强。

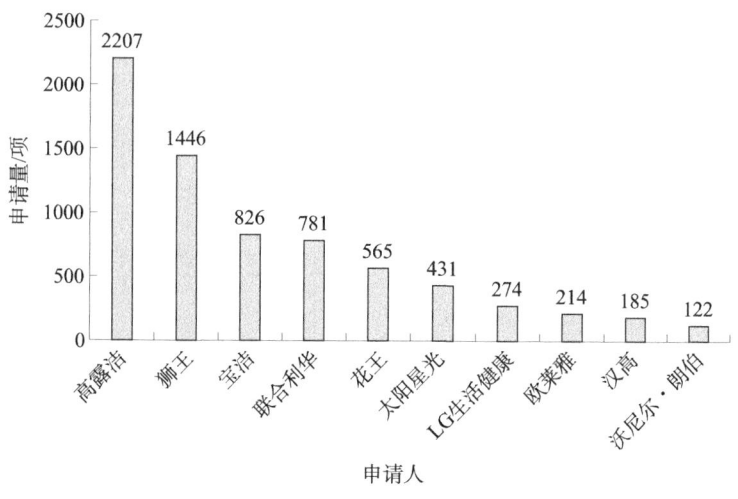

图4-93 口腔护理品领域全球主要专利申请人分布

③全球专利申请人国别分析。

由图4-94展示的口腔护理品领域全球专利申请国家/地区分布图可以看出,中国的专利申请量位居第一,占比达到27%,日本位居第二,美国排名第三。这三个国家的申请量约占据了口腔护理品领域全球专利申请的58%。可见，该领域的专利申请集中度一般，而结合前文的申请人排名可知，尽管中国总申请量排世界第一，但未有申请人能够跻身前10位，说明了国内口腔护理产品的研发与创新呈现百花齐放的状态，更加说明国内口腔护理市场以及技术研发和技术应用具有巨大潜力。

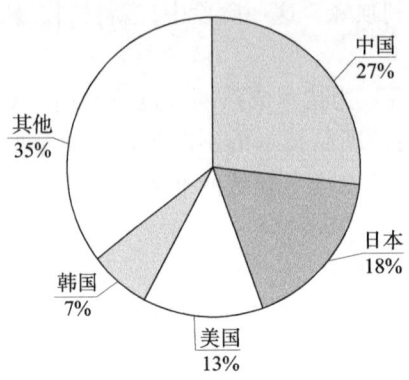

图4-94　口腔护理品领域全球专利申请国家/地区分布

图4-95显示了各主要国家的最早优先权国家为本国的专利数量与该国家公开专利数量的情况。从图中可以看出，中国依托百花齐放的创新态势，最早优先权国家为本国的专利在专利公开数量中的占比名列首位，说明国内企业后来居上的强劲势头，也侧面体现了国内企业创新的决心和研发投入的力度。日本、美国及韩国仍是口腔护理技术领域的强国，意味着我国企业的技术创新仍然面临门槛较高的问题，因而在市场调研和专利分析与布局上仍需做足准备。

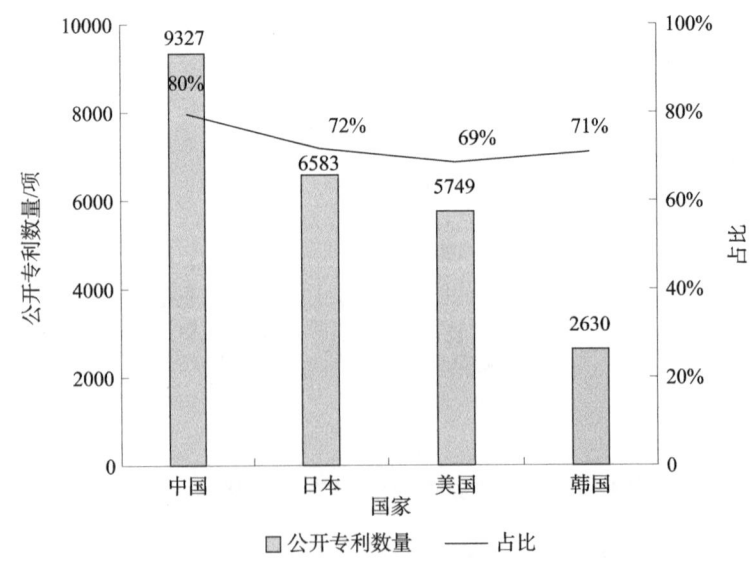

图4-95　口腔护理品领域主要国家专利公开国与来源国数量关系

从图 4-96 可以看出，美国从 20 世纪初期就开始在该领域申请专利，中国、日本和韩国从 20 世纪 60—80 年代开始申请该领域的专利，但中国、美国和韩国前期申请量和授权量都较少，日本则在初期就有一定量的布局。

由图 4-96（a）可以看出，虽然美国前期申请较早，可以追溯到 1918 年，但其接下来近 50 年间申请和授权量基本在 50 件以下，而进入 20 世纪 70 年代才有申请量和授权量的突破，这与全球专利申请趋势一致。

由图 4-96（b）可知，日本在口腔护理品领域起步虽然略落后于美国，但其布局迅速，自发展之初就保持了较高的申请量，有明显的布局意识，但以授权量与申请量相比，其授权率并未匹配其较高的申请量。

由图 4-96（c）可知，中国收专利制度建立较晚的影响，首件口腔护理领域的专利申请于 1985 年，并在接下来 25 年里，呈现稳步增长的态势，并进一步在 2008—2018 年 10 年间呈现井喷式发展的态势，基于此也可以判断该十年期间世界专利申请的爆发式增长阶段，中国作出了决定性的带头作用，显然在该领域，中国在研发热情上都远超国外，而受全球疫情的影响，近年来专利申请骤降也符合全球趋势，此外，授权率偏低也是值得关注的问题。

由图 4-96（d）可知，韩国首次出现口腔护理品专利申请的时间虽然早于中国，但在该领域的专利申请量发展整体处于平稳的状态，整体趋势符合全球申请趋势。

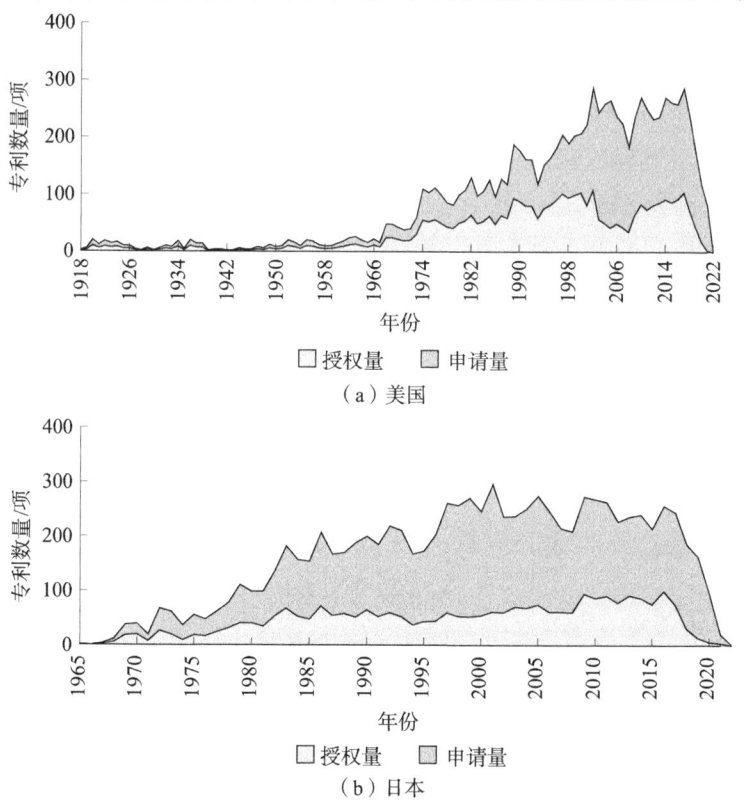

图 4-96　口腔护理品领域全球主要国家专利申请发展趋势

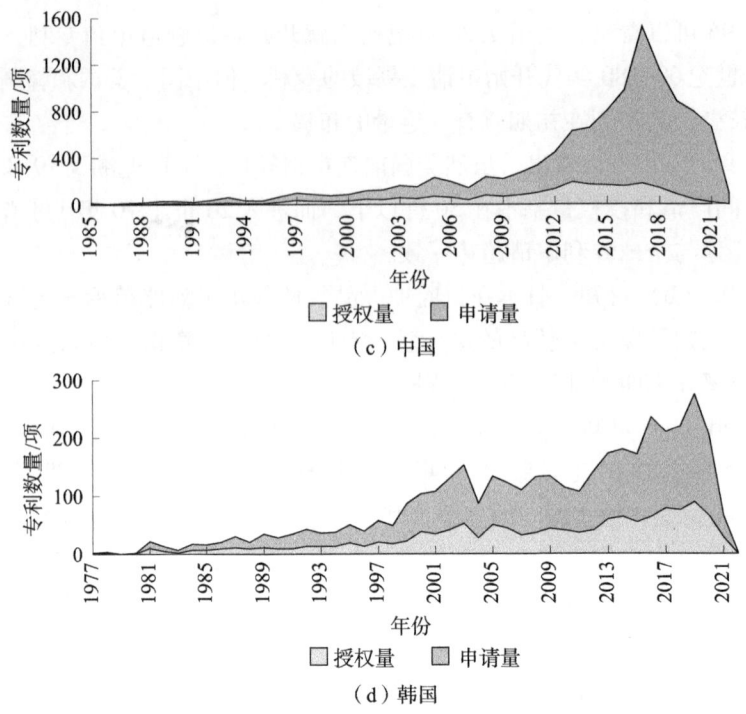

图 4-96　口腔护理品领域全球主要国家专利申请发展趋势（续）

④专利申请目的地分析。

企业在某个国家或地区的专利布局与企业对该国或地区市场的重视程度密切相关。从图 4-97 中所示的口腔护理品技术流向图可以看出，各国家或地区在本国或地区的专利申请量和在其他国家或地区的专利申请量，韩国为 1265 项、82 项，美国为 2743 项、666 项，欧洲为 199 项、181 项，日本为 3964 项、398 项，中国为 4811 项、70 项。可见，美国技术的输出能力最强，输出的重点国家或地区是欧洲、日本和中国。日本技术的输出能力紧随其后，输出的重点国家或地区是欧洲和美国。在专利输入国中，欧洲专利输入量最高，为 539 项，说明其他国家在欧洲的专利布局最多，其口腔护理品市场备受关注。

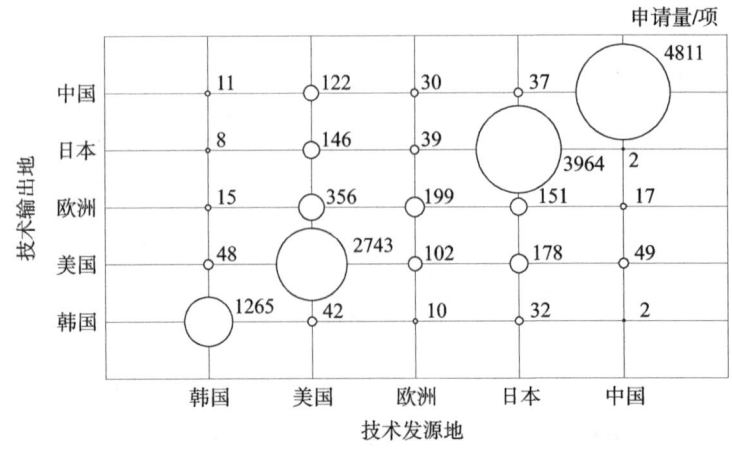

图 4-97　口腔护理品技术流向

各国或地区具体分析如下。

中国：过去数年，中国口腔护理品专利申请量占全球申请量的比重逐年上升，申请总量虽然最多，但技术的输出能力较弱，而其他国家也较为注重在中国的专利布局。原因主要是中国口腔护理品技术起步较晚，虽然近年来技术发展较快，专利申请数量增多，但在国际市场上缺乏竞争力，在全球进行专利布局的能力有待加强。

日本：在海外的申请量仅次于美国，且其他国家申请人对日本的输入比例较小，其对任一国家的专利输出数量均大于他国专利输入数量，处于顺差地位。日本企业提倡根据基础研究的成果，从源头上掌握新的思路，进而开发出自主知识产权的技术和产品；在长期的历史沉淀和经验积累中，日本口腔护理品产业已经发展成为一个具有较高科技水平的专业产业，其他国家考虑到进入日本国内市场难度太大，在日本的专利布局也较少。

欧洲：整体申请量较少，在其他地区的专利申请主要分布在美国。欧洲在其他地区的专利申请数量与在本地区的专利申请总量相近，说明欧洲较为注重海外专利布局。

美国：海外的申请量最高，输出的重点国家和地区是欧洲和日本、中国，各国向美国提交的专利申请量均较多。体现出美国是最受重视的市场，美国本土企业口腔护理品的技术发展也很充分，专利申请量较多。

韩国：口腔护理品专利申请主要集中在国内，海外专利布局主要集中在美国，欧洲和中国次之，在日本输出最少。

综上所述，中国企业海外专利布局较少，专利输出数量均小于他国专利输入数量，处于明显逆差地位，面临较大的竞争压力，需在技术上积极寻求突破，注重海外专利布局和专利侵权风险防范。

（2）中国专利分析。

①中国专利申请量趋势分析。

图4-98显示了口腔护理品领域中国专利申请总量随年代的变化趋势，从中可以看出，口腔护理品中国专利申请量从2008年开始增多，其变化大致经历了以下三个主要发展阶段。

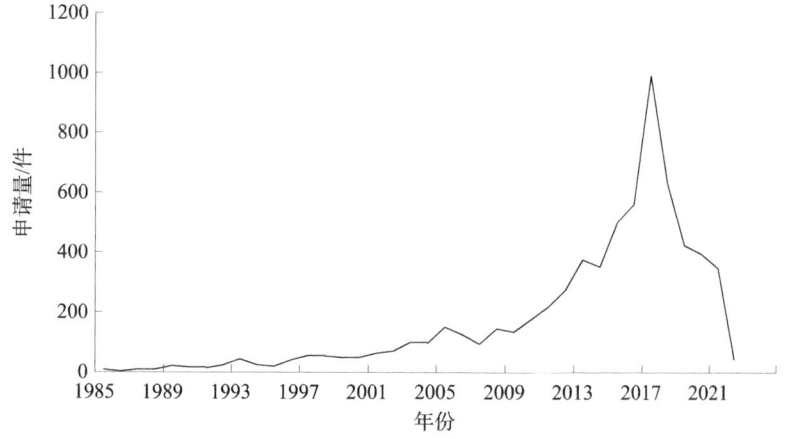

图4-98 口腔护理品领域中国专利申请量趋势

第一阶段（1985—2008年）是口腔护理品技术在中国的技术萌芽期。该阶段专利申请量较少但稳步增长，技术发展缓慢，年申请量在200件以下。第一件口腔护理的中国专利申请于1985年，但基于口腔护理品存在的必要性、市场的需求度等因素，口腔护理品技术的技术研究活跃度不高，因此相关研究也就长期处于低速发展阶段。

第二阶段（2009—2017年）为快速成长期。该阶段专利申请量呈现快速增长的势头，专利申请量在2017年达到峰值。中国企业开始对口腔护理品技术进行自主研究，呈现百花齐放的发展态势，竞争也较为激烈。

第三阶段（2018年以后）为技术调整期。这一时期，虽然专利申请量有所回落，但专利申请总量仍然增长。

②中国专利申请人排名分析。

图4-99展示了口腔护理品领域中国专利申请的主要专利申请人分布。可以看出，口腔护理品领域中国专利申请的主要申请人中，包括5家中国企业（分别为两面针、薇美姿、上海方木、立白、登康），2家美国企业（分别为高露洁、宝洁），2家日本企业（分别为狮王、花王），此外还有荷兰企业联合利华；从上述申请人的国别分布来看，中国5家企业进入前10名，数量占优。但高露洁和宝洁在专利申请量上拥有较大优势，在口腔护理品技术领域是主要的技术追踪对象、技术借鉴和学习对象，同时也是最大的竞争对手。

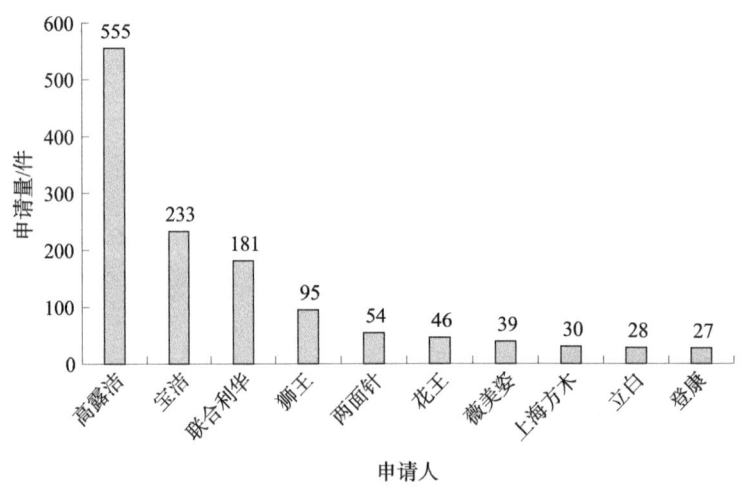

图4-99　口腔护理品领域中国专利申请主要申请人分布

③中国专利申请人类型及专利申请合作模式分析。

图4-100展示了口腔护理品中国专利申请的第一申请人类型。可以看出，企业为主要第一申请人，其次为个人和院校，科研机构数量比较少。

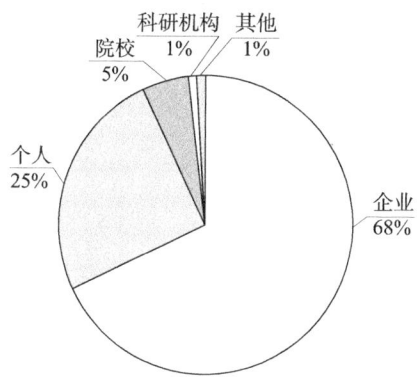

图 4-100　口腔护理品领域中国专利申请第一申请人类型

从图 4-101 中可以看出，口腔护理品领域的国内主要申请人企业独立申请所占份额最大，申请量占比为 98%。说明在口腔护理品技术领域，企业的专利保护意识相对较高，企业作为该领域技术创新的主体，其技术发展水平代表了整个行业的发展现状。合作申请的占比相对较低，为 2%。口腔护理品的合作申请模式主要有企业—企业、企业—院校、企业—科研机构以及企业—个人。

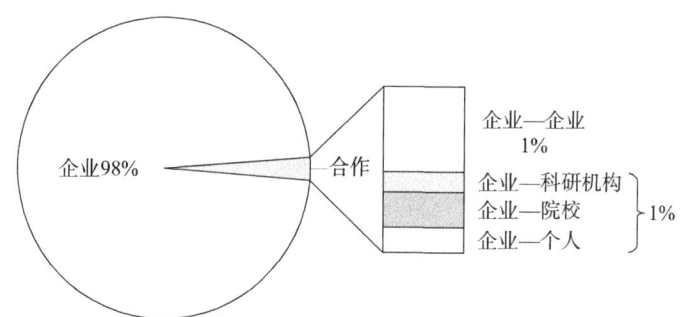

图 4-101　口腔护理品领域中国专利申请主要专利申请人合作模式

④中国专利申请国别分析。

图 4-102 展示了口腔护理品领域在中国的专利申请国家/地区分布图。可以看出，国内专利申请量位居第一，比例达到 73%，说明随着国内口腔护理品行业的发展，越来越多的企业注重相关专利布局；其次为美国，所占比例为 15%；此外，日本、欧洲、韩国等也均在中国有专利布局，说明中国口腔护理品市场很大，比较受到国外申请人的重视。因此，国外申请人在中的专利布局较多，尤其是美国企业高露洁、宝洁等，而日本在我国的专利申请占比也较多，主要申请人为狮王、花王等。

⑤中国专利申请法律状态分析。

图 4-103 展示了口腔护理品领域中国专利法律状态。可以看出，在口腔护理品领域中国专利申请中，维持有效的专利申请为 737 件、PCT 专利申请为 569 件，失效专利为 3420 件，失效 PCT 专利为 815 件。

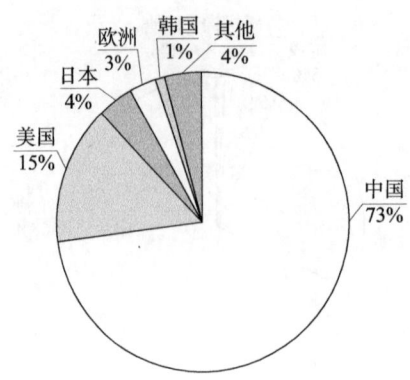

图 4-102 口腔护理品领域中国专利申请国家/地区分布

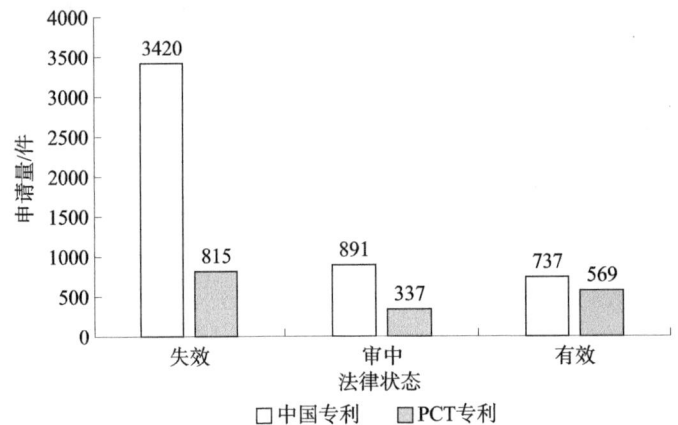

图 4-103 口腔护理品领域在华专利申请法律状态

图 4-104 展示了口腔护理品领域在华专利失效原因，可以看出，PCT 专利和中国专利失效的主要原因为视为撤回，其次是未缴年费、驳回等。

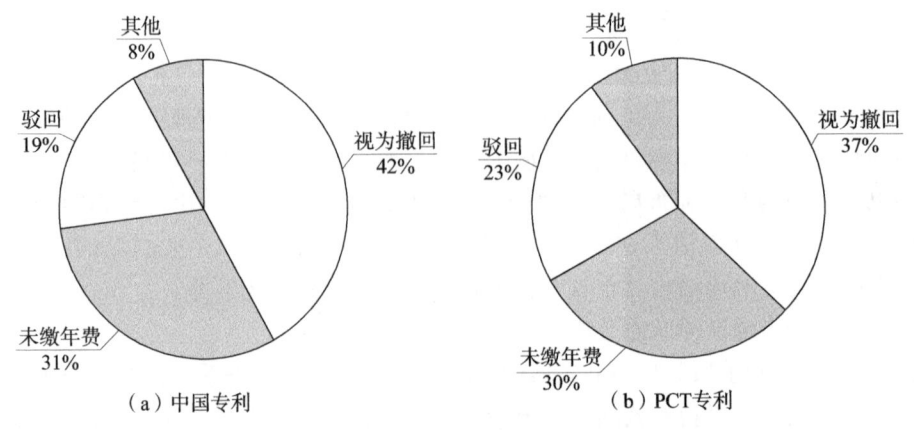

图 4-104 口腔护理品领域在华专利申请失效原因

(3) 国内申请分析。

①国内专利申请人排名分析。

图 4-105 展示了口腔护理品领域国内专利申请的主要申请人分布。可以看出,在主要的国内申请人分布中,两面针在专利申请数量上遥遥领先,反映出两面针在口腔护理品领域有一定的研发实力,对口腔护理品发展也发挥着一定的主导作用;薇美姿口腔护理品专利申请量为 39 件,位居第二;上海方木为 30 件,位居第三。

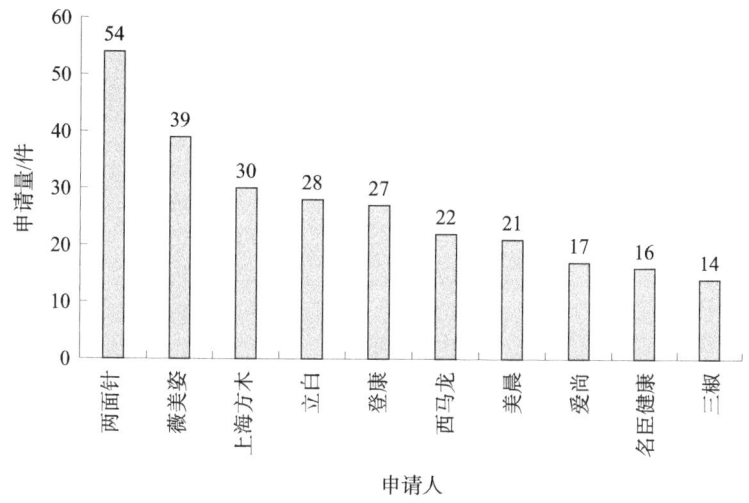

图 4-105　口腔护理品领域国内专利申请主要申请人分布

②国内专利主要申请人合作模式。

图 4-106 展示了口腔护理品领域国内专利主要申请人申请合作模式,从图中可看出,口腔护理品领域申请主体为企业,且合作申请的占比非常低。

③国内专利申请法律状态。

图 4-107 显示出口腔护理品领域国内专利申请的法律状态。可以看出,口腔护理品的国内专利申请的法律状态,有效为 14%,审中为 24%,失效为 62%。

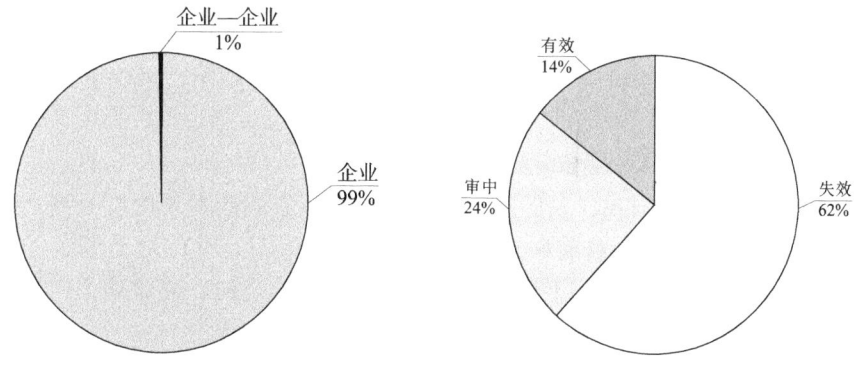

图 4-106　口腔护理品领域国内专利　　图 4-107　口腔护理品领域
　　　主要申请人合作模式　　　　　　　　国内专利法律状态

(4) 广东省专利分析。

①广东省专利申请量趋势分析。

口腔护理品领域广东省专利申请量变化趋势如图4-108所示。可以看出,口腔护理品领域广东省专利申请量的变化大致经历了以下几个主要发展阶段。

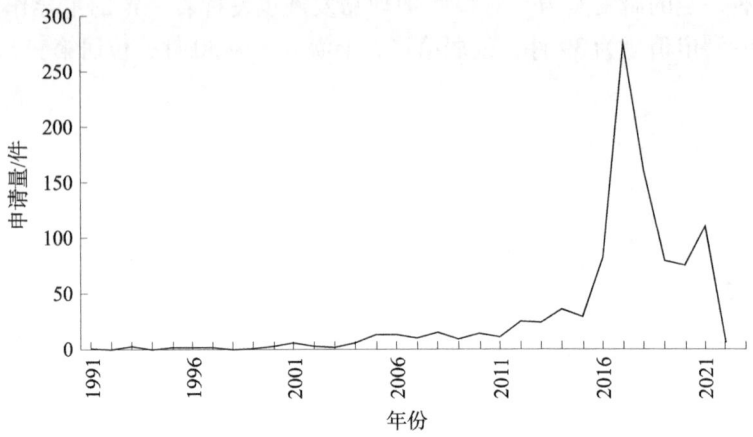

图4-108 口腔护理品领域广东省专利申请量发展趋势

第一阶段（1991—2015年）是技术萌芽期。广东省口腔护理品最早的专利申请于1991年提出,为珠海经济特区宁珠日用化学有限公司的专利申请CN1064406A,其涉及一种口洁雾,主要由乙醇、表面活性剂、薄荷脑、香精、丝肽液及蒸馏水组成的口洁雾液体和带有喷雾装置的瓶子组成,对口腔具有去污、除臭、杀菌和营养保健等作用,安全无毒无副作用,使用方便,喷入口腔的雾状液体不需吐出也不需漱口,保持时间长,效果好,是理想的口腔卫生保健用品。这一阶段的特点是从事该领域技术研究的申请人数量较少,申请人数量增长平缓,申请量同样增长缓慢。广东省企业对口腔护理品的技术研究处于初步阶段,技术活跃度并不高。

第二阶段（2016—2017年）为技术发展期。2016年以后,随着用户对于口腔护理品的关注度越来越高,口腔护理品逐渐成为研发热点。广东省有更多申请人逐渐开始投入力量研发并申请专利,专利申请量上升,于2017年达到峰值。

第三阶段（2018年以后）为技术调整期。虽受疫情影响,2019年后申请量下降明显,但总量仍较高。

②广东省专利申请人排名分析。

从图4-109可以看出,口腔护理品领域在广东省的技术集中度不高。广东省口腔护理品领域专利申请量排名前6位的申请人中,薇美姿以39件位于榜首,立白以28件位于第二,西马龙以22件位于第三。其中,薇美姿、立白、美晨均为广州企业,名臣健康、三椒为汕头企业。

③广东省专利第一申请人类型及专利申请合作模式分析。

从图4-110可以看出,口腔护理品领域广东省专利申请第一申请人类型企业占比70%。其次,个人申请占比25%,院校占比4%,而没有申请合作模式。

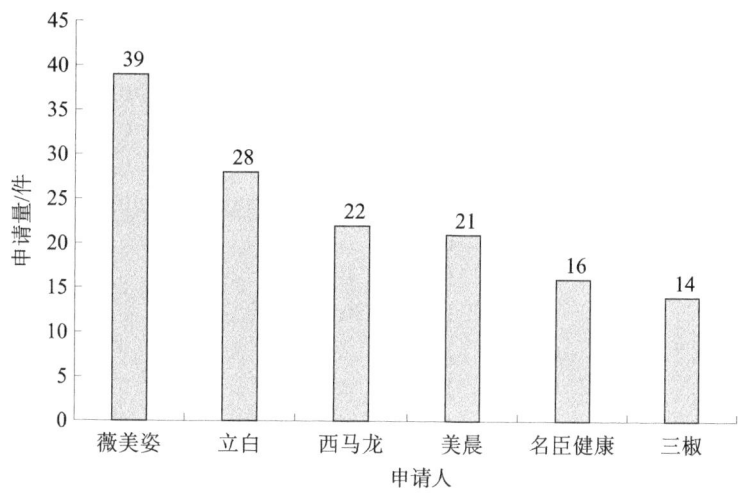

图 4-109 口腔护理品领域广东省专利申请人排名

④广东省专利申请区域分布分析。

图 4-111 展示了口腔护理品领域广东省专利申请区域分布图,图 4-112 展示了口腔护理品领域广东省各区域的专利申请量趋势发展图。从图 4-111 可以看出,广东省的专利申请中,申请量最大的城市是广州市,约占广东省专利申请总量的 40%。结合图 4-112 可以看出,2017 年广州市口腔护理品领域专利申请量达到峰值,为 64 件;广州市良好的交通条件、商业氛围、贸易环境为其口腔护理品行业发展提供良机,广州市白云区是全国口腔护理品生产企业数量最多、专业市场发展最早、产业链条最完整的区域,是中国主要的口腔护理品产业集聚区。

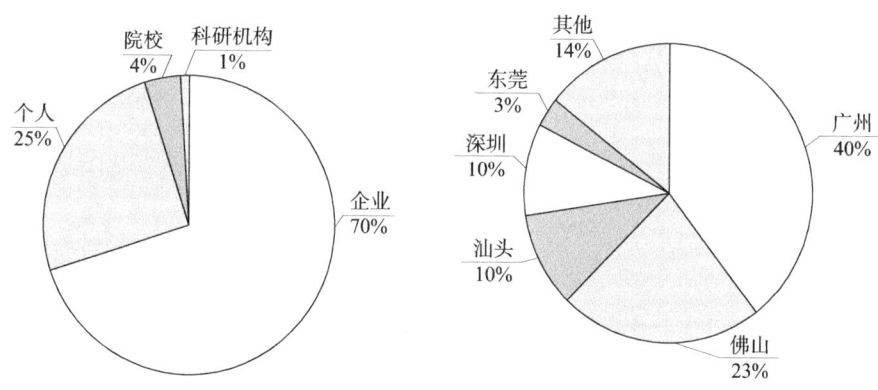

图 4-110 口腔护理品领域广东省专利申请第一申请人类型

图 4-111 口腔护理品领域广东省专利申请区域分布

佛山市在口腔护理品领域的专利申请量约占广东省专利申请总量的 23%。汕头市在口腔护理品领域的专利申请量占广东省专利申请总量的 10%,集中于 2017—2018 年申请,其他年份申请量不高。深圳市在口腔护理品领域的专利申请量占广东省专利申请总量的 10%,集中于 2021 年申请,其他年份申请量不高。可以看出,广东省的口腔护理品领域各项技术主要集中在广州市,佛山市、汕头市、深圳市略高于其他地区,部分原因是佛山市、汕头市、深圳市的经济发展快速,推动了口腔护理品企业的发展。

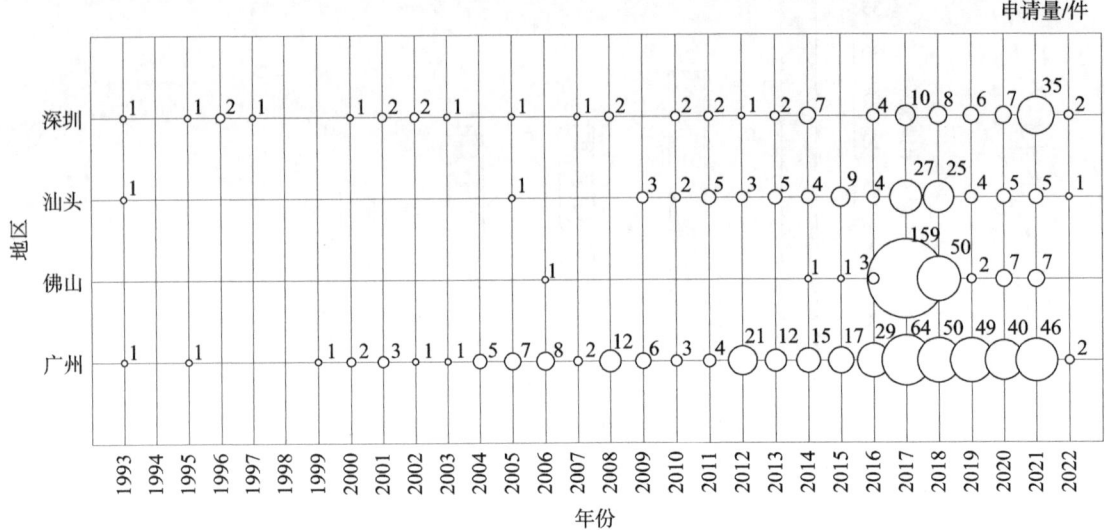

图4-112 口腔护理品领域广东省各区域的专利申请量趋势

(5) 广州市专利分析。

①广州市专利申请量趋势分析。

由图4-113可以看出口腔护理品领域广东省专利申请量的变化大致经历了以下几个主要发展阶段。

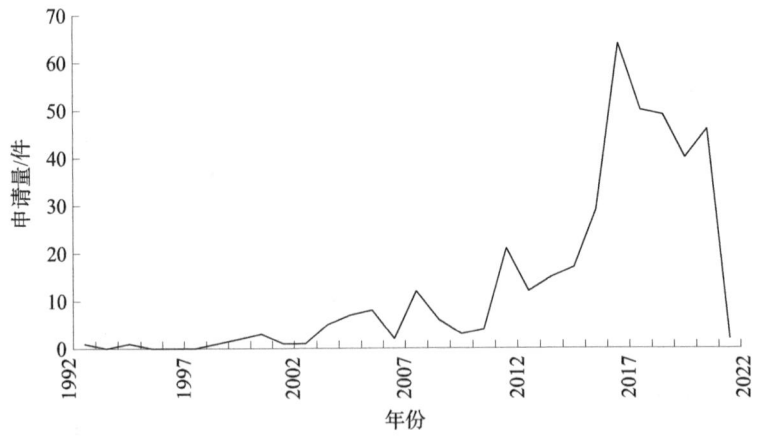

图4-113 口腔护理品领域广州市专利申请量趋势

第一阶段(1993—2013年)是技术萌芽期。这一阶段的特点是从事该领域技术研究的申请人数量较少,申请人数量增长平缓,申请量同样增长缓慢,而且波动也较大,化妆品领域的专利年申请量最高也只有20件左右,广州市企业对化妆品领域的技术研究处于初步阶段,技术活跃度并不高。

第二阶段（2014—2017年）为技术发展期。这一阶段，广州市有更多申请人逐渐开始投入力量研发并申请专利，专利申请量快速上升，2017年申请量达到峰值。

第三阶段（2018年以后）为技术调整期。这一时期，专利申请量有所下降。

②广州市专利申请人排名分析。

从图4-114可以看出，口腔护理品领域广州市专利申请量排名前5位的申请人中，薇美姿以39件位居榜首，立白以28件位于第二，美晨以21件位于第三。

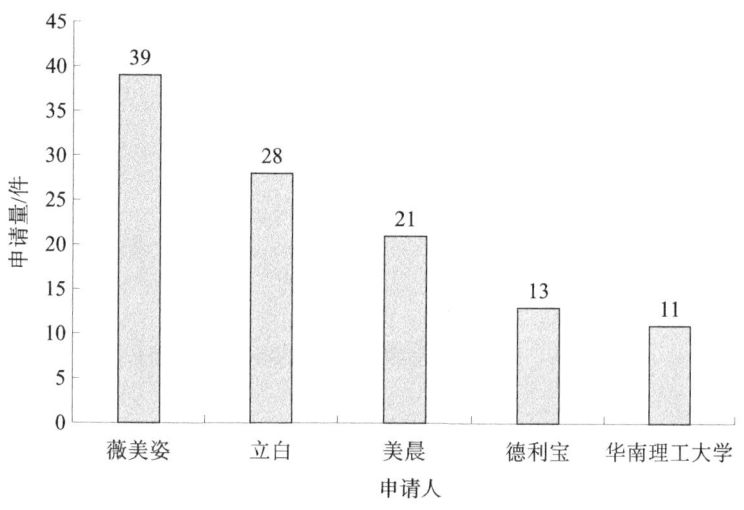

图4-114　口腔护理品领域广州市专利申请人排名分析

③广州市专利申请人类型及专利申请合作模式分析。

从图4-115可以看出，口腔护理品领域的广州市专利申请中，企业是主要第一申请人的主体，其次是个人、院校、科研机构。申请人并未开展合作申请模式。

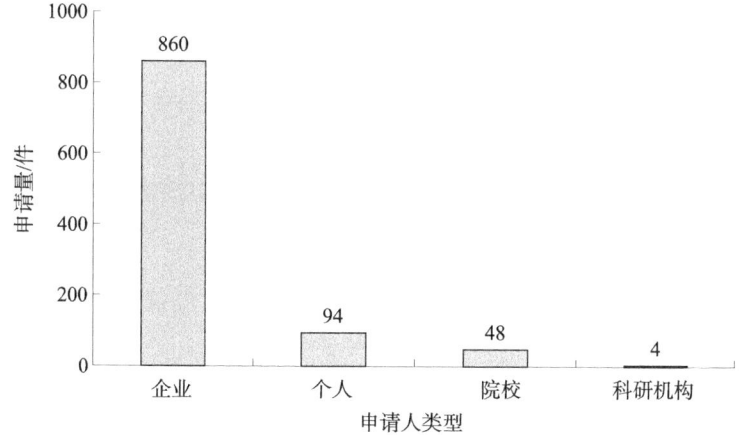

图4-115　口腔护理品领域广州市专利第一申请人类型

④广州市专利申请区域分布分析。

图4-116展示了口腔护理品领域广州市专利申请区域分布图，图4-117展示了口

腔护理品广州市各区域的专利申请量趋势图。可以看出，广州市的专利申请主要集中在天河区、荔湾区、白云区等，申请量最大的地区为天河区，约占广州市专利申请总量的29%，其次是白云区。广州市最早布局口腔护理品专利的区域是海珠区，于1993年申请了第一件专利；天河区的申请量于2017年达到峰值30件，但之后申请量就有所降低。

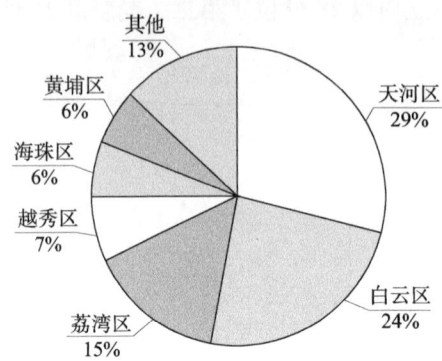

图 4-116　口腔护理品领域广州市专利申请区域分布

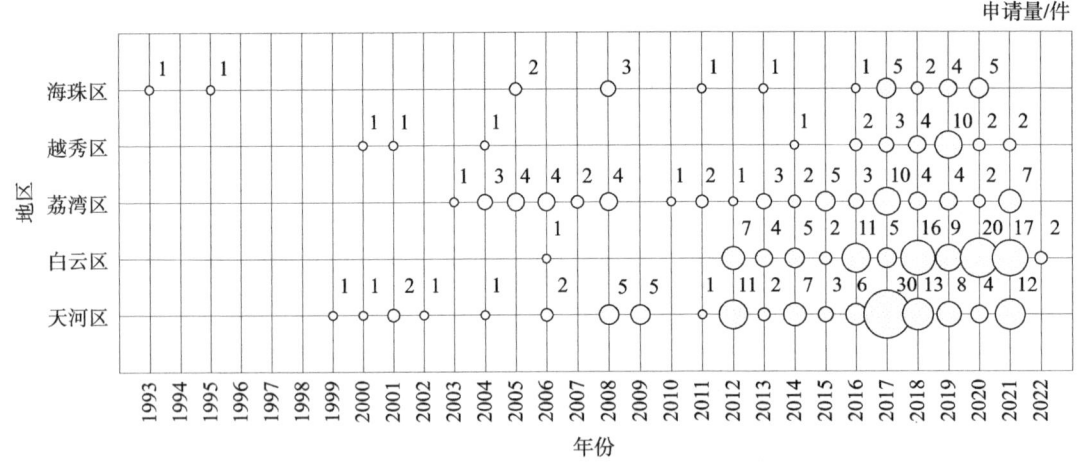

图 4-117　口腔护理品广州市专利各区域专利申请量趋势

2. 产业发展水平区域对比

从图 4-118、图 4-119 展示的口腔护理品领域国内申请人申请量区域分布及分布占比来看，口腔护理品领域的国内申请人主要集中在广东省、江苏省、山东省、浙江省、广西壮族自治区、上海市等地，占口腔护理品领域国内专利申请总量的59%，这6个区域的专利申请量均超过了200件，其中广东省的申请量最大，超过了1000件。

图 4-120 展示了口腔护理品领域各市专利申请横向对比情况。可以看出，广州市的申请量在全国各市中排名第一，且远超其他城市，在国内处于绝对领先地位。

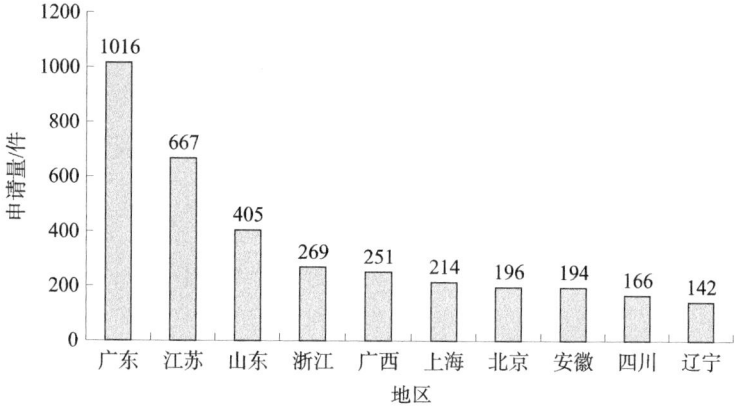

图4-118 口腔护理品领域国内申请人申请量区域分布

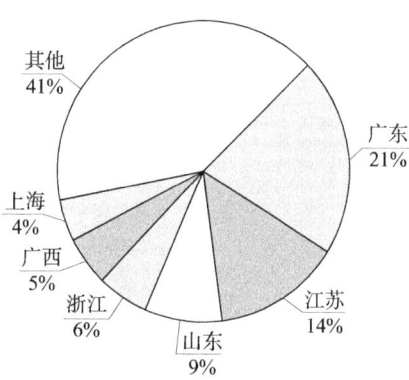

图4-119 口腔护理品领域国内申请人申请量区域分布占比

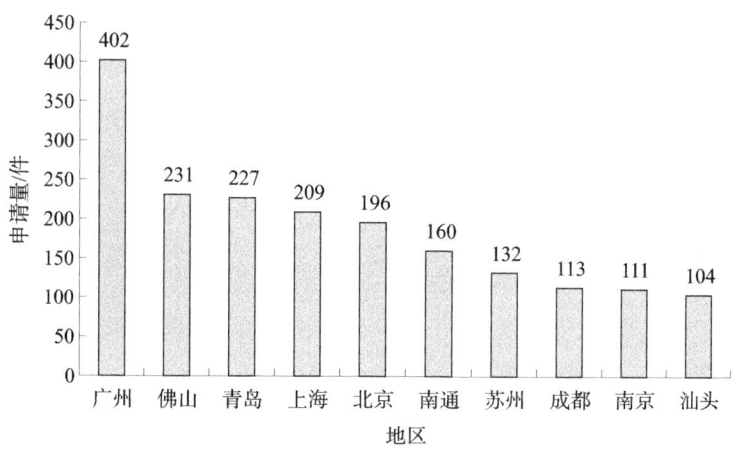

图4-120 口腔护理品领域各市专利申请横向对比

3. 技术主题分布及技术发展

口腔护理品是清洁牙齿、维护口腔健康的日用必需品。目前，口腔护理品行业的产品主要包括牙膏、漱口水、牙粉、牙贴、口喷剂、假牙清洁剂等。

（1）技术主题分布。

对全球市场口腔护理品专利的申请量进行统计分析，从图4-121、图4-122可以看出，口腔护理品专利技术分支中牙膏专利申请量最高，达到10151项，占比超过50%。可见，牙膏属于口腔护理品的研发热点，其次是漱口水，其他口腔护理品的申请量较低，一共占比24%。牙膏是在牙粉的基础上改进形成的，随着科学技术的不断发展，工艺设备的不断改进和完善，各种类型的牙膏相继问世，产品的质量和档次不断提高，牙膏也逐渐成为日常生活中最为普及和常用的口腔护理用品。随着人们生活水平的提高及口腔护理观念的加强，越来越多的口腔护理产品如漱口水、牙贴、口喷剂等出现在市场上。

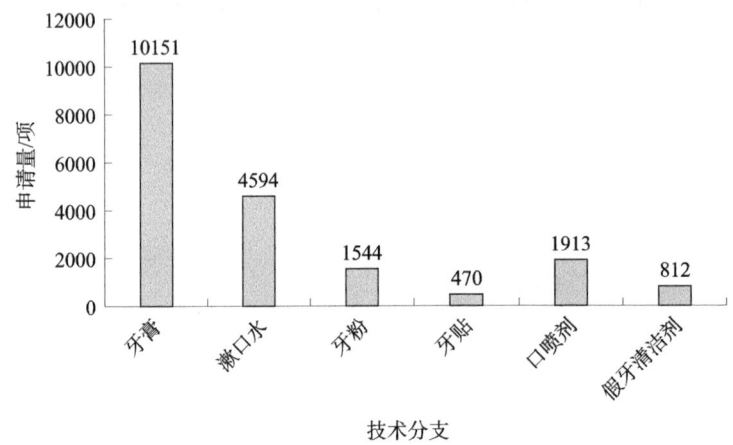

图4-121　全球口腔护理品领域专利技术分支申请量

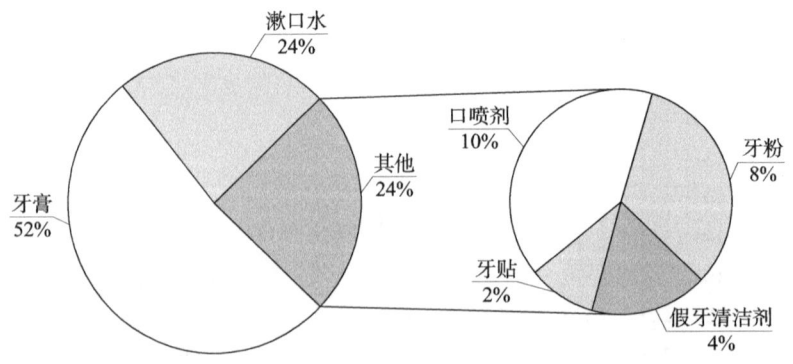

图4-122　全球口腔护理品领域专利技术分支申请量分布

前述口腔护理品领域全球专利申请量排名位于前列的申请人是高露洁、狮王、宝洁、联合利华、花王、太阳星光。为了研究全球口腔护理主要申请人专利技术分支的情况，对其不同专利技术分支的申请量进行统计，如图4-123所示。可以看出，六大申请人口腔护理品的技术均集中在牙膏和漱口水技术分支，牙膏占比50%~60%，说明牙膏技术分支的市场最大，研发方面投入的资金、人力也最高。高露洁、宝洁在牙粉技术分支中也有一定量的专利布局。

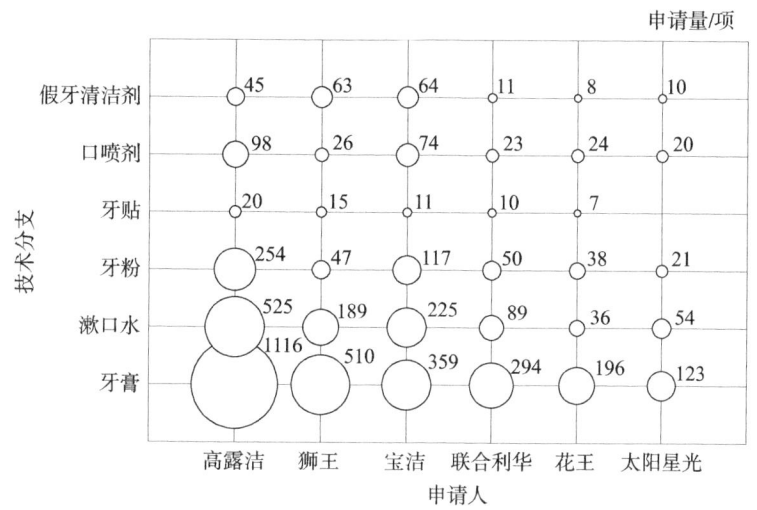

图4-123　全球口腔护理品领域主要专利申请人各技术分支分布

（2）技术发展。

本部分整理了全球口腔护理品的技术发展概况，如图4-124所示。

在牙膏方面，伍斯特盐业公司（WORCESTER SALT COMPANY）于1934年申请了一件牙膏专利GB434985A，该牙膏为皂基牙膏。PHILIP JOHN BREIVOGEL于1936年申请了包含过硼酸钠、液体凡士林、乳化剂等成分的牙膏专利GB476582，其乳化剂可为月桂基硫酸钠或十六烷基硫酸钠。

宝洁于1948年申请了含氟牙膏专利GB644339A，所述氟化物络合物包括氟钛酸钾、氟硼酸和氟锗酸钾、氟锆酸铵、氟锡酸钠和氟锆酸锂。

之后，高露洁于1957年申请了含氟牙膏专利US3227617A，包括一种抗菌剂，该抗菌剂是一种在水中释放氟离子的抗菌剂。高露洁于1966年申请了包含磷酸盐的牙膏专利US3634585A，1973年申请了包含氯己定的抗微生物牙膏专利US3937805A，1976年申请了一种预防和控制口腔异味的牙膏专利US4138477A，该组合物也可有效预防牙结石、牙菌斑、龋齿和牙周病，其主要成分是由锌化合物与阴离子聚合物反应或相互作用形成的锌聚合物组合物羧酸、磺酸和/或膦酸基团。

1980年，狮王申请了含有生物酶的牙膏专利JPS56123910A，通过将含葡聚糖酶的洁牙剂组合物与特定量的高级醇硫酸酯和N-（长链酰基）化合物混合，以减少葡聚糖酶的活性损失。

1989年，宝洁公司申请了专利US4885155A包含提供抗牙结石益处的特定焦磷酸盐的口腔组合物，如焦磷酸四钠、焦磷酸四钾，并申请了一种具有抗牙菌斑和抗牙龈炎特性的牙膏专利US5004597A，其包含在口腔可接受的载体中用葡萄糖酸亚锡稳定的氟化亚锡，基本上不含钙离子源。美国牙医协会申请了包含无定形钙化合物牙膏专利

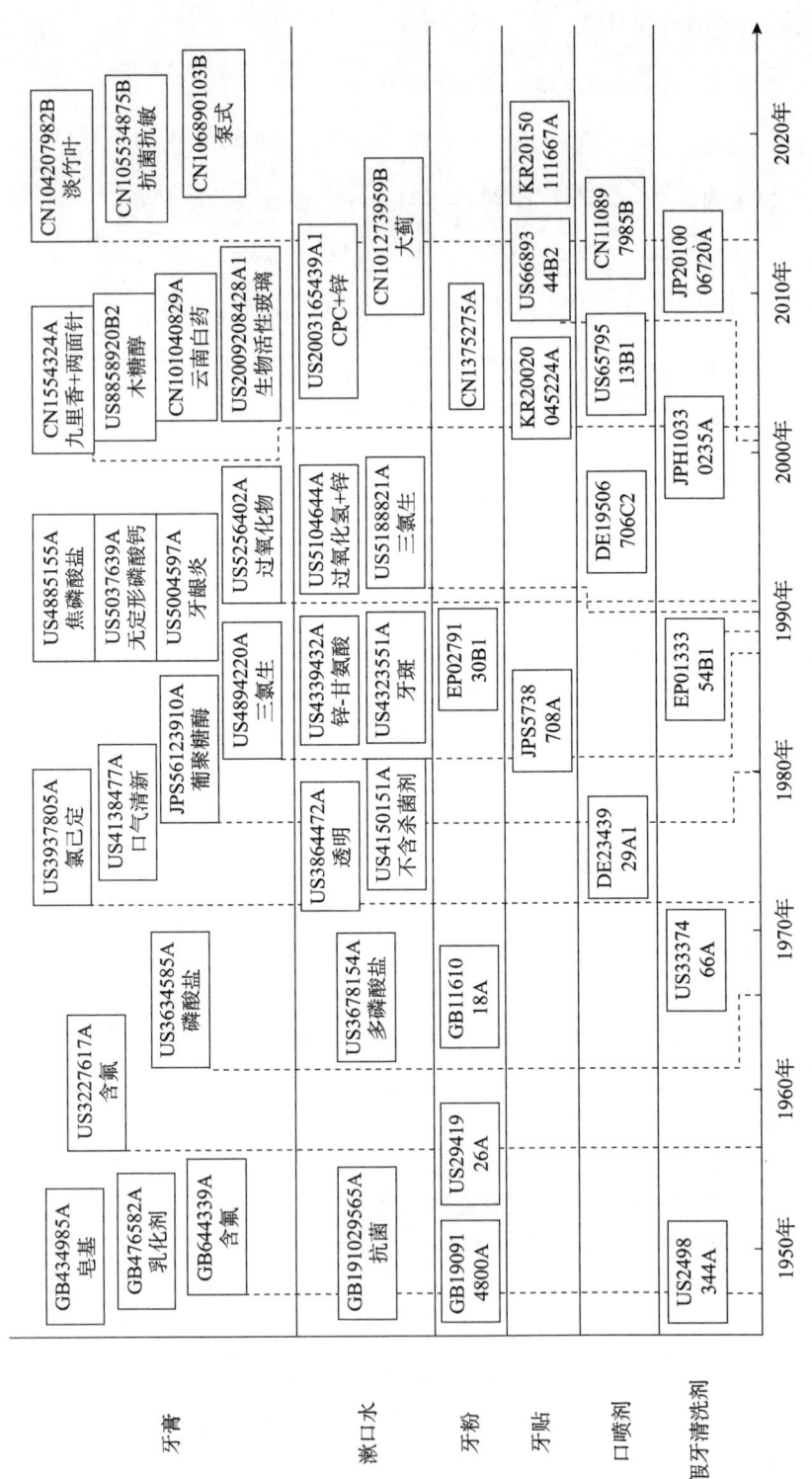

图 4-124　全球口腔护理品技术发展概况

US5037639A，例如无定形磷酸钙（ACP）、无定形磷酸氟化钙（ACPF）和无定形碳酸磷酸钙（ACCP）用于牙齿再矿化，可预防和/或修复牙齿弱点，例如龋齿、暴露的牙根和牙本质敏感性。

1991年，高露洁申请的专利US5256402A公开了一种含有过氧化物的水性磨料牙膏组合物，含有释放氧的增白化合物，表现出增强的和快速的牙齿增白和去污作用。

之后，牙膏行业很多企业积极摸索中草药在牙膏中的应用，开发了很多中草药牙膏。如2003年，两面针申请了一种中药牙膏专利CN1554324A，其包含由九里香和两面针两种中草药制得的浸膏，使用中具有较强的消肿解毒、行气止痛、散结逐瘀、通络祛风、利水杀虫的作用，对牙痛、牙龈出血、牙龈炎、牙周脓肿、冠周炎、口腔溃疡、咽喉炎等口腔及牙齿病症具有较显著的防治功效。2006年，云南白药申请的专利CN101040829A涉及云南白药的新应用，所述的云南白药在牙齿清洁用品中的应用包括在牙膏、漱口剂、牙粉、口腔喷雾剂、口腔贴膜剂等中的应用。2014年，立白申请的专利CN104207982B涉及一种预防口腔上火的中药组合物，并将其用于牙膏等口腔护理产品中，该中药组合物为淡竹叶、桔梗、甘草、薄荷中的三种或四种的混合，具有清热降火、消肿止痛的功效。

2015年，登康申请的专利CN105534875B公开了一种用于口腔用品的抑菌抗敏感组合物，包含抗敏感剂和益生菌，所述抗敏感剂包含钾盐和/或锶盐中的至少一种。

2017年，薇美姿申请了一种适用于泵式包材的牙膏及其制备方法的专利CN106890103B，所述牙膏具有良好的剪切变稀特性和触变性，在按压泵后，牙膏可以轻松排出，并在牙刷上保持其膏体形状，刷牙时可在口腔中快速分散，产品中的有效成分能够顺利到达口腔的各个表面和迅速深入牙齿的缝隙中，覆盖整个牙齿。

在漱口水方面，专利GB191029565A包括碳酸、薄荷油、茴香油、糖精、百里香酚、薄荷醇、冬青油、肉桂油、酚酞、氨水和酒精，使用时将几滴漱口水与水混合，产生粉红色抗菌溶液，然后冲洗口腔。

宝洁于1968年申请的专利US3678154A公开了包含多膦酸盐作为牙结石剂的口腔组合物，还包含水溶性氟离子源。

高露洁于1972年申请的专利US3864472A公开了一种透明的柠檬味漱口水组合物，其中含有水、酒精、柠檬油、选定的非离子表面活性剂和选定的抗菌剂。

1977年申请的专利US4150151A涉及一种生理上可接受的、不含杀菌剂的抗菌液体漱口水，并于1981年申请了含有生物活性锌离子的口腔漱口液组合物专利US5104644A，其涩味可通过向组合物中添加甘氨酸并将pH值调节至4.5~8而降低。

1981年，宝洁申请的专利US4323551A公开了一种漱口水，表现出牙斑控制作用，同时还具有降低的染色趋势，其包含季铵化合物、焦磷酸盐。

1990年，高露洁申请了一种口腔组合物漱口水或液体洁牙剂专利US5188821A，含有抗菌剂2,4,4′-三氯-2′-羟基-二苯醚（三氯生）和抗菌增强剂，增强所述抗菌剂向口腔表面的递送及其在口腔表面上的保留的试剂。同年，专利US5104644A含有

0.5%~3%的过氧化氢、氯化锌、十二烷基硫酸钠和柠檬酸钠，其量足以提供抗牙斑、抗菌、收敛和抗凝特性。

2003年，专利US2003165439A1公开了一种包含CPC和锌离子的漱口水，具有抗菌作用，可消除口腔中产生异味的细菌。

2008年，两面针申请的专利CN101273959B公开了一种漱口水，内含的中药成分为大蓟提取物，不仅对人体口腔具有明显消炎、止血作用，而且具有制备容易、成本低和安全可靠的优点。

在牙粉方面，专利GB190914800A公开了一种牙粉，由次硝酸铋、碳酸氢钠、硼酸、氯酸钾、明矾和樟脑溶液组成，所述牙粉不仅能清洁牙齿，而且同时能消毒口腔和牙齿。

高露洁于1954年申请的专利US2941926A公开了一种制备牙粉的方法，该牙粉包含混合的水溶性叶绿素化合物，并在牙科粉中掺入所说的经染色的彩色载体，以充分地赋予其绿色色调。其于1967年申请的专利GB1161018A公开了一种包含水溶性氟化物的牙粉。

1987年，牙粉专利EP0279130B1包含按重量计至少40%的碳酸氢钠和过碳酸钠的混合物，所述过碳酸盐的存在量足以在与水接触时释放出所述牙粉重量0.5%~5%的过氧化氢。

2002年，花王申请的专利CN1375275A公开了包含颗粒的牙粉，其中该颗粒主要由单一的碳酸钙组成，并且颗粒的平均粒径为50~500微米，抗压能力为1~20克/粒。所述颗粒通过黏合平均基本粒径为0.01~0.5微米的碳酸钙微粒而形成使得在几乎没有不舒服异物感的情况下体味出口腔中存在颗粒和达到清洁效果的感觉，在不磨损牙齿的前提下提高了清洁力，并且具有超强清新的感觉。

在牙贴方面，其专利申请较晚，早期如狮王于1980年申请的专利JPS5738708A，涉及含有选自狼牙棒、欧芹和生姜的油性树脂香料，从而抑制核梭菌和其他微生物的生长，从而有效防止口腔异味和牙周病。

LG生活健康于2000年申请了一种牙釉质用贴片专利KR20020045224A，其包含过氧化物作为增白剂，与过氧化物作为成膜剂的相容性差的大量聚合物和特定的表面活性剂，其在高温下的过氧化物稳定性以及牙齿增白效果优异。该牙齿增白贴剂包含不可渗透的支撑层和牙釉质附着层。LG生活健康于2002年申请了包含过氧化物作为牙齿美白剂的干式牙齿美白贴剂专利US6689344B2，公开了一种干式牙齿美白贴剂，其中过氧化物作为牙齿美白剂包含在基质型黏合剂层中，黏合剂层包括作为其基础聚合物的亲水性玻璃聚合物，当在潮湿的口腔中水合到牙齿的牙釉质层上时，其提供对牙齿的强黏合性同时释放牙齿美白剂，具有优异的附着力。LG生活健康于2014年申请的专利KR20150111667A，公开了一种黏附牙齿贴剂的凝胶组合物，其通过使用完全溶解在水和乙醇中的聚合物而胶凝，其中该凝胶组合物包含水和乙醇作为溶剂，形成凝胶。

在口喷剂方面，1973年申请的专利DE2343929A1公开了一种用二氧化碳喷洒漱口水的方法，其特征在于喷洒是借助喷雾罐进行的。

1995年，专利DE19506706C2公开了一种具有预防和保护龋齿作用的口腔喷雾剂，包含碳酸氢盐、磷酸氢盐、氟化物、比沙泊洛尔、甘菊提取物、尿素。

2002年，专利US6579513B1公开了一种口腔喷雾剂制剂，其可减少口腔细菌并有效对抗牙菌斑、牙龈炎和口腔异味，优选的制剂具有杀菌剂，含有氯化十六烷基吡啶鎓和溴化度米芬、醇、甜味剂组分和调味剂体系。

2011年，天津天狮生物发展有限公司申请的专利CN110897985B公开了一种口腔喷雾配方，包括木糖醇、五倍子提取物、忍冬花提取物、海盐、山梨酸钾、薄荷叶油、柚皮苷、黄芩提取物、白芨提取物等。

在假牙清洗剂方面，1944年申请的专利US2498344A公开了将含有过氧基团并且能够释放出活性氧的化合物用于假牙清洁粉组合物。1965年申请的专利US3337466A公开了假牙清洁剂剂，包含磷酸钾、硫酸钾、氢硫酸钾等。1984年申请的专利EP0133354B1公开了一种片剂形式的颗粒假牙清洁组合物，其包含过氧化合物和泡腾剂。

狮王于1997年申请的专利JPH10330235A公开了一种义齿清洁剂，能去除弱污渍和坚韧污渍，并具有颜色计时器功能，所述颜色计时器功能通过硫酸氢一钾、过硼酸钠、三聚磷酸钠和特定颜料来视觉确认洗涤和灭菌处理的完成。狮王于2008年申请了专利JP2010006720A，公开了一种用于清洁人造牙齿的浓缩型液体组合物，用水稀释并在使用时应用于人造牙齿，包含聚甘油脂肪酸酯、蛋白酶、杀菌剂等，可以通过化学方法有效地去除假牙生物膜并灭菌，并保持假牙清洁，即使在稀释状态下，也对假牙生物膜显示优异的去除力和杀菌力，使用时的假牙浸渍液杀菌力高。

4. 中国重点创新主体

牙膏是目前使用最多的口腔护理品，其申请量在口腔护理品中占有最高的比重。本部分针对国内重要申请人两面针和广州市重要申请人薇美姿、立白进行了分析。

（1）两面针。

两面针起源于1941年成立的亚洲梘厂等5家小型私营肥皂厂，1978年组建柳州市牙膏厂，致力于中草药的研究与运用，致力于提高人们的健康生活品质，是中药牙膏生产技术领先型企业。两面针牙膏是国内的驰名品牌，是国内第一个提出以中草药护牙的品牌，并在多年以来一直带领着中草药牙膏行业的发展。两面针的科研开发实力雄厚，拥有自治区级企业技术中心、博士后科研工作站以及两面针GAP种植基地，能为生产提供优质的两面针原材料及相应的开发技术。

由图4-125可以看出，两面针共申请54件牙膏相关发明专利，最早申请的专利是2003年9月24日申请的公开号为CN1554324A的中药牙膏专利，荣获中国专利优秀奖。2011年以前，两面针牙膏专利布局较少，间断性地进行专利申请，每年只有1~2件，2012—2013年专利申请量快速增加，在2013年申请量达到最高17件，之后申请量有所降低。

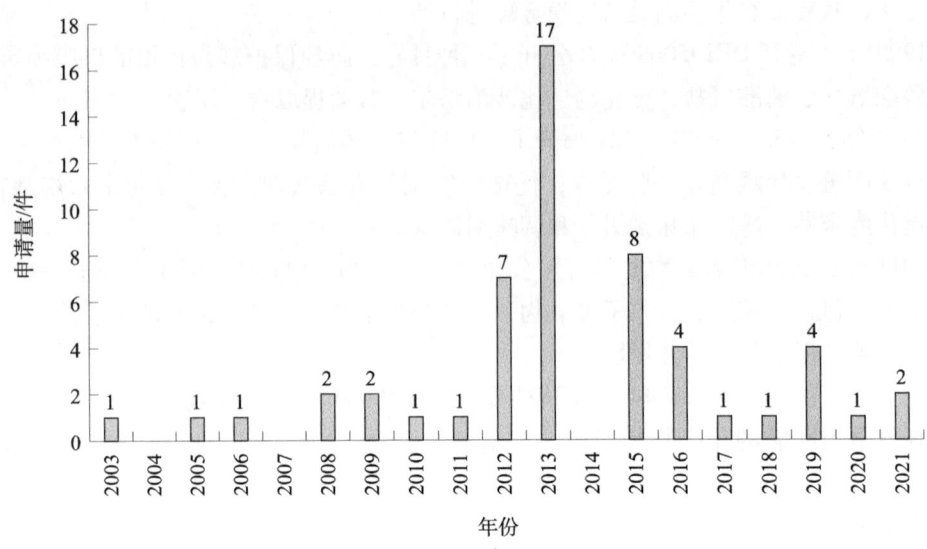

图 4-125 两面针牙膏专利申请趋势

通过检索,根据专利申请的法律状态、专利权保护期限、被引用频次、获奖情况等,筛选出两面针的重点专利,如表 4-18 所示,并根据两面针牙膏技术领域的专利数据,梳理了其牙膏领域技术发展路线,如图 4-126 所示。

表 4-18 两面针牙膏重点专利列表

序号	公开(公告)号	标题
1	CN1554324A	中药牙膏
2	CN102579305A	一种以雪莲为主料的天然药物牙膏
3	CN101244016B	柚皮苷在制备口腔护理保健品中的应用
4	CN103520052B	白芨提取物在制备口腔护理品中的应用
5	CN101273960B	药物牙膏
6	CN102579286A	中西药结合强效脱敏牙膏
7	CN102961318B	复方中药提取物在制备口腔护理保健品中的应用
8	CN103340797A	积雪草提取物在中药牙膏中的应用
9	CN102772342A	抗炎镇痛中药牙膏
10	CN103520049A	复方中药提取物在制备口腔护理保健品中的应用
11	CN102961295B	青风藤提取物在制备口腔护理保健品中的应用
12	CN1857192A	锌叶绿酸钠在口腔护理用品的制备工艺中的应用

续表

序号	公开（公告）号	标题
13	CN102579306A	一种含有菊花提取液复配矿物盐的牙膏
14	CN105534797B	一种止血抗菌的中草药牙膏

由表4-18和图4-126可以看出，两面针主要致力于中草药在牙膏中的利用研究，最早的专利是2003年申请的专利CN1554324A，牙膏中含有九里香和两面针两种中药成分，具有明显消炎、止血、抑菌、镇痛作用，并对口腔常见的牙痛、牙龈炎、牙周炎、牙龈出血等疾病有疗效。2006—2009年，两面针申请多件具有抗炎、止血、镇痛等功效的牙膏的相关专利，如专利CN1857192A添加锌叶绿酸钠作为活性成分；中草药活性原料方面，专利CN101244016B添加柚皮苷作为活性成分，专利CN101273960B添加大蓟作为活性成分，专利CN101623248B添加壮药山风作为活性成分，专利CN101708152A添加山风、山芝麻作为活性成分，以起到明显的消炎、止血功效。

2012—2013年，两面针申请的多件专利主要涉及消炎镇痛、抗敏、减轻牙龈问题等技术功效。消炎镇痛方面，专利CN102579305A公开了一种以雪莲为主料外加两面针、九里香以及一些特定的药物制作的天然药物牙膏，具有天然的消炎、镇痛、止血功能。专利CN102772342A公开了一种抗炎镇痛中药牙膏，所述抗炎镇痛功效成分为生姜提取物、两面针提取物以及盐，6-姜酚在牙膏膏体总组合物的重量百分比≥0.001%，新棒状花椒酰胺和氯化两面针碱在牙膏膏体总组合物的重量百分比≥0.005%，具有抗炎镇痛作用，能有效缓解牙龈出血、红肿发炎、疼痛且能满足消费者预防口腔问题。专利CN103520011A公开了在制备口腔护理品的工艺中将延胡索乙素与黄芩苷以复方形式作为镇痛作用的活性成分加入口腔护理保健品中，具有显著的镇痛作用。抗敏方面，专利CN102579286A公开了一种中西药结合强效脱敏牙膏，含有脱敏混合物氯化锶、硝酸钾和生姜油。减轻牙龈问题方面，专利CN102579306A公开了一种含有菊花提取液复配矿物盐的牙膏，可以起到清热、降火、消炎、除口臭等作用，特别针对牙龈红肿有良好的缓解效果。

2015年以后，两面针的专利申请量有所降低，又申请了添加其他中药原料的牙膏专利，功效除了抗炎、镇痛、止血、减轻牙龈问题等，还涉及抑菌等。如专利CN104606100A公开了一种含洋甘菊复配杭白菊提取物香精的牙膏，对牙痛具有良好的预防和治疗效果。专利CN110859790A公开了口腔护理产品制备过程中加入了青蒿素、两面针和叶绿素铜钠盐作为活性成分的原料，不仅使用安全，而且具有明显的消炎镇痛作用。抑菌方面，专利CN105534797B公开了一种止血抗菌的中草药牙膏，所述中草药由侧柏叶、艾叶、当归、丹参按重量比为（1~2）:（1~3）:（2~5）:（2~3）组成，具有止血、杀菌、消炎、镇痛等功效，能够在牙龈上形成保护膜，长期保护牙龈，提高牙龈的抗敏感性，从而从根本上治疗和防治牙龈炎症。专利CN110507572A公开了一种抑菌除臭牙膏，柿提取物、刀豆提取物、蒙脱石组合使用能抑制口腔中的致病细

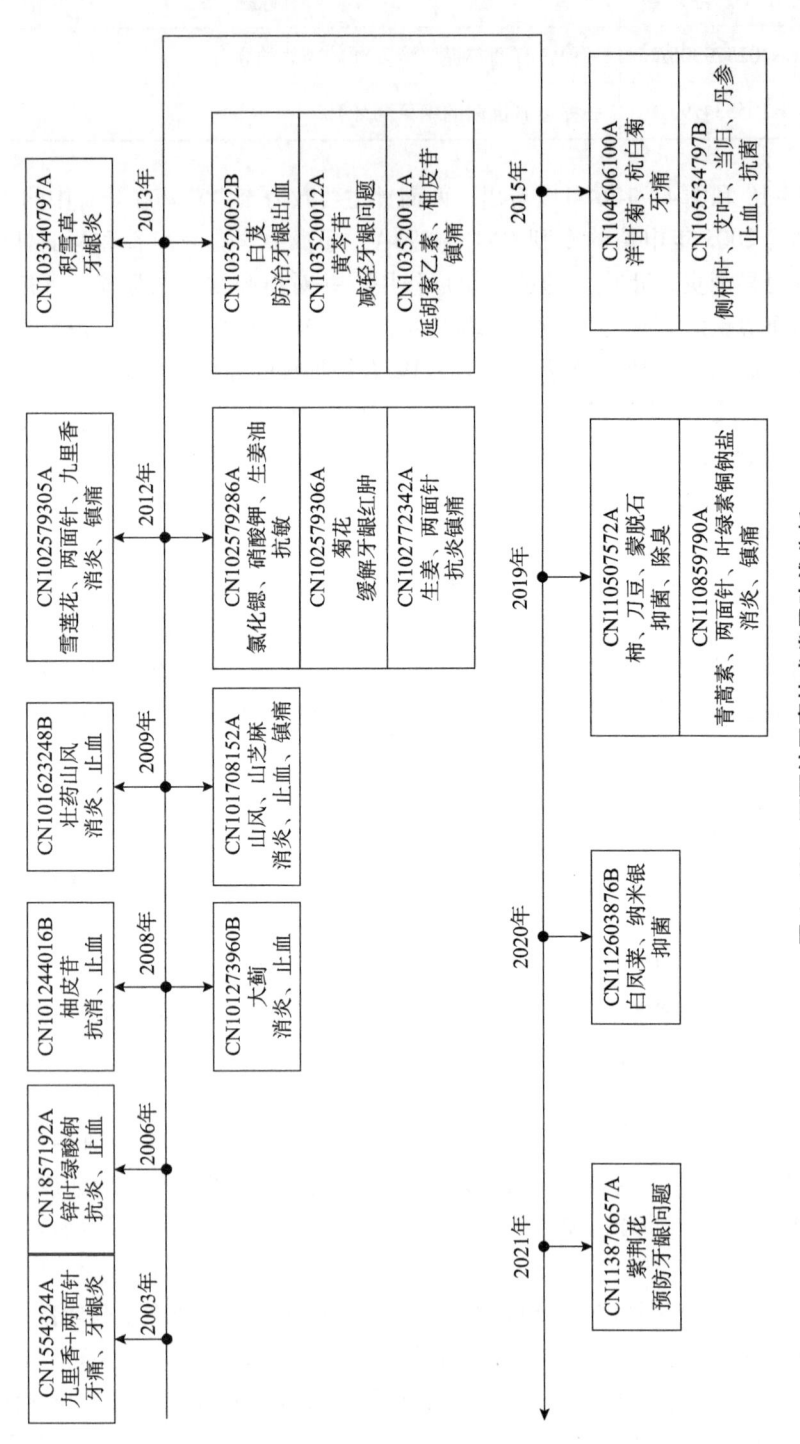

图4-126 两面针牙膏技术发展路线分析

菌以除去口腔异味问题，维持口腔健康。专利 CN112603876B 公开了一种姜盐祛火清新牙膏，通过添加白凤菜提取物从而提高纳米银对变异链球菌的抑制作用，同时可减少纳米银的使用，从而避免纳米银过量使用所带来的健康隐患。2021 年申请的专利 CN113876657A 公开了一种紫荆花提取物在口腔护理用品中的应用，所述紫荆花提取物作为清热、凉血、抑菌、止血、预防牙龈出血的活性成分加入口腔护理用品中。

（2）薇美姿。

薇美姿成立于 2014 年，旗下拥有口腔护理品牌"舒客"（Saky）、儿童口腔护理品牌"舒客宝贝"（SakyKids），主打"一站式口腔美护"，提出口腔护理新理念，是国内领先的专业口腔护理品牌，凝聚了国际口腔护理领域的先进技术和舒客口腔护理研究中心的最新科研成果，专业解决口腔日常护理的各种问题，致力于为大众提供高品质的口腔护理用品。根据弗若斯特沙利文的数据，薇美姿在口腔护理产品市场的多个子产品类别中确立领先地位，2020 年的零售额占据市场份额的 20.4% 已成为中国最大的儿童口腔护理品提供商。

图 4-127 展示了薇美姿牙膏专利的申请趋势。可以看出，薇美姿共申请牙膏专利 33 件，主要集中于 2009 年、2012 年、2017 年，2017 年提交了 17 件牙膏专利申请，之后就没有在该领域进行布局。

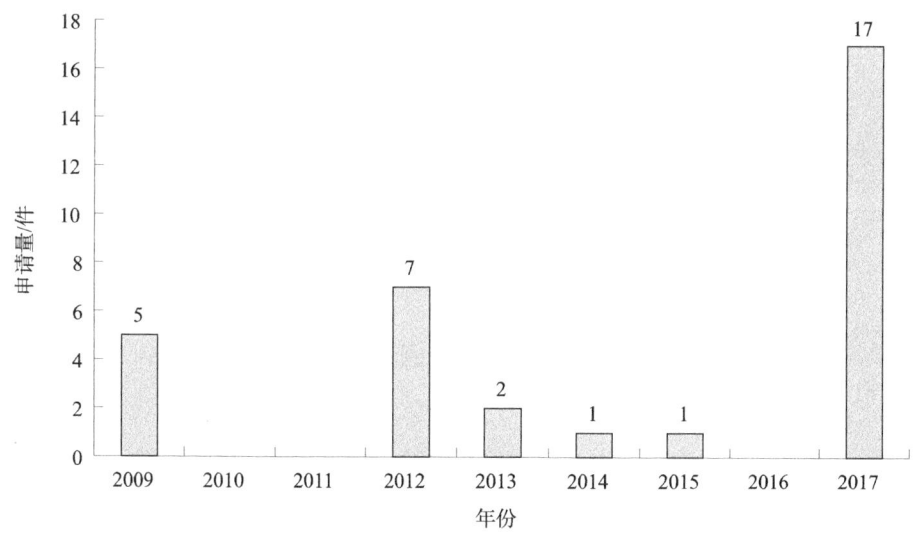

图 4-127 薇美姿牙膏专利申请趋势

通过检索，根据专利申请的法律状态、专利权保护期限、被引用频次、获奖情况等，筛选出薇美姿的重点专利，如表 4-19 所示，并根据薇美姿牙膏技术领域的专利数据，梳理了其牙膏领域技术发展路线，如图 4-128 所示，可以看出，薇美姿的牙膏专利大致可以分为儿童牙膏和常规牙膏。

表 4-19 薇美姿牙膏重点专利列表

序号	公开（公告）号	标题
1	CN106880584B	一种儿童口腔护理组合物及其应用
2	CN107693392A	一种含酶制剂的牙膏及其制备方法
3	CN101889970A	天然不含氟可食性透明儿童保健牙膏
4	CN101889969A	天然不含氟可食性透明儿童营养牙膏
5	CN101889960A	白牙素牙膏
6	CN102499903A	一种儿童口腔养护牙膏组合物
7	CN102512349B	益早益晚清火组合牙膏和益晚清火牙膏
8	CN102512337A	一种益晚牙膏和一种益早益晚组合牙膏
9	CN102512336A	一种脱敏牙膏及一种脱敏的早晚组合牙膏
10	CN102512335A	一种益晚美白牙膏和一种益早益晚美白的组合牙膏
11	CN102512334A	口腔护理组合物及含有该组合物的口腔护理产品和制法
12	CN103330652B	一种口腔用组合物及其应用
13	CN103385805A	一种益早益晚组合儿童牙膏和一种益晚儿童牙膏
14	CN105456041A	一种包含颗粒物和透明粘稠物体的牙膏
15	CN106890103B	一种适用于泵式包材的牙膏及其制备方法
16	CN107028779A	一种清凉剂组合物及其应用
17	CN106963662A	一种变色儿童牙膏及其制备方法和应用
18	CN106890117B	一种含有食品蓝的牙菌斑显色牙膏及其制备方法
19	CN107095797B	一种针对牙菌斑显色的牙膏及其制备方法
20	CN106890118A	一种含有酸性红的牙菌斑显色的牙膏及其制备方法

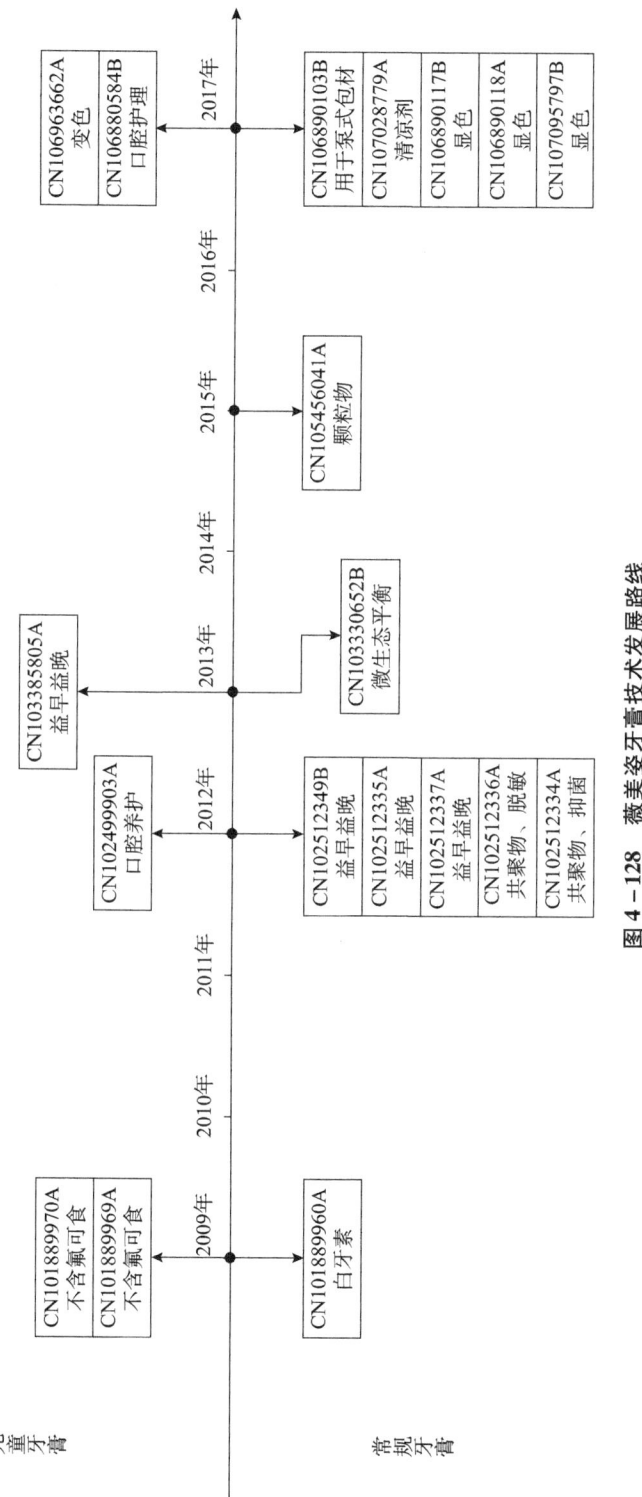

图 4-128 薇美姿牙膏技术发展路线

薇美姿最早的牙膏专利申请于 2009 年,其中 2 件为儿童牙膏专利:专利 CN101889970A 公开了一种天然不含氟可食性透明儿童保健牙膏,其中维生素 E 醋酸酯、木糖醇、珍珠粉、乳钙、葡萄糖酸锌和葡萄糖酸钙共同作用,能有效清除口腔异味、细菌等,提高牙齿的抗病能力,防治牙周炎、牙龈炎,防龋效果显著,保证充足的钙吸收,来实现对 6~12 岁换牙期儿童的牙齿营养保健作用;专利 CN101889969A 公开了一种天然不含氟可食性透明儿童营养牙膏,其中维生素 E 醋酸酯、木糖醇、珍珠水解液、乳钙、葡萄糖酸锌和维生素 D2 共同作用,能有效清除口腔异味、细菌等,防治牙周炎、牙龈炎,防龋效果显著,提高牙齿钙化能力,来实现对 2~5 岁儿童乳牙的营养保健作用。薇美姿还申请了 1 件白牙素牙膏专利 CN101889960A,其中二氧化钛和植酸钠共同作用,能有效清除口腔异味、细菌等,提高牙齿的抗病能力,防治牙周炎、牙龈炎等口腔疾病,能快速美白牙齿,对牙齿有显著的祛渍、增白作用。

2012 年,薇美姿申请了 1 件儿童口腔养护牙膏专利 CN102499903A,其包含的营养物质为维生素 C 和珍珠水解液组合物,或维生素 C 和珍珠水解液组合物与木糖醇、维生素 E 醋酸酯中的一种或两种的混合物,能营养牙齿、强健牙龈、坚固牙齿;此外,申请了 3 件益早益晚牙膏专利:CN102512349B、CN102512337A、CN102512335A,还申请了 2 篇具有抗敏作用和抑菌作用的牙膏专利 CN102512336A、CN102512334A,其都添加了乙烯基甲醚/马来酸酐共聚物、柠檬酸锌,可以使柠檬酸锌营养牙龈、抑制牙菌斑的功效缓慢释放,使口腔处于长时间的保护状态。

2013 年,薇美姿申请了专利 CN103385805A,涉及一种益早益晚组合儿童牙膏,根据儿童早晚口腔环境变化对牙齿的影响,可以维持口腔微生态平衡,平衡口腔酸碱度,具有防龋齿、坚固牙齿的功效。专利 CN103330652B 公开了一种口腔用组合物,该组合物是由甘油磷酸钙和/或焦磷酸四钠与功能性低聚糖混合而成,能够较好地维持、调节口腔内的微生态平衡,使口腔内的微生物处于一种稳定的状态,有效预防口腔疾病,尤其是龋齿、口臭及牙周疾病。

2015 年,薇美姿申请了专利 CN105456041A,公开了一种包含颗粒物和透明黏稠物体的牙膏,颗粒物悬浮于透明黏稠物体中,透明黏稠物体能使颗粒物均匀悬浮,且不沉降不溶出,颗粒物在透明黏稠物体中稳定性好,没有溶解、破碎和析出现象。

2017 年薇美姿申请的儿童牙膏专利 CN106880584B 公开了一种儿童口腔护理组合物,由木糖醇、含钙化合物和益生菌组成,三者协同作用,能维持正常的口腔微生物菌群,保障口腔健康,最终达到祛除口腔异味、预防龋齿、促进牙齿钙化、坚固牙齿、营养牙龈和健康牙周的效果。专利 CN106963662A 公开了一种变色儿童牙膏,包括以下组成:含色素的微胶囊、木糖醇、低聚果糖、珍珠水解液等,含色素的胶囊可以在适度的摩擦力度及摩擦时间下,在刷牙过程中爆破,使得泡沫颜色发生变化,给儿童刷牙带来兴奋的视觉效果,让儿童爱上刷牙,享受刷牙乐趣。常规牙膏方面,专利 CN106890103B 公开了一种适用于泵式包材的牙膏及其制备方法,具有良好的剪切变稀特性和触变性,在按压泵后,牙膏可以轻松排出,并在牙刷上保持其膏体形状,刷牙时可在口腔中快速分散,产品中的有效成分能够顺利到达口腔的各个表面和迅速深入牙齿的缝隙中，覆盖整个牙齿。专利CN107028779A公开了一种清凉剂组合物，其组成为L-薄荷醇40～60份、N,2,3-三甲基-2-异丙基丁酰胺5～20份、N-乙基-L-薄荷基甲酰胺5～20份、凉味油20～40份，使人们在刷牙过程中，既能在刷牙前半段有较强的清凉感且没有明显苦感，又能使刷牙后口腔内长时间保持清新清凉。此外，薇美姿还有多件显色牙膏专利，如专利CN106890117B公开了一种含有食品蓝的牙菌斑显色牙膏，专利CN107095797B公开了一种针对牙菌斑显色的牙膏，专利CN106890118A公开了一种含有酸性红的牙菌斑显色的牙膏，其都添加了显色剂，分散性和稳定性更好，也有效防止了二次操作带来的污染。

（3）立白。

由图4-129中可以看出，立白共申请牙膏专利20件，于2003年提交了第一件牙膏专利，之后于2006年申请了3件，接下来几年并未在牙膏领域进行专利布局。2011年以后，陆续申请了几件牙膏专利，年申请量不高，最高为2015年的4件。

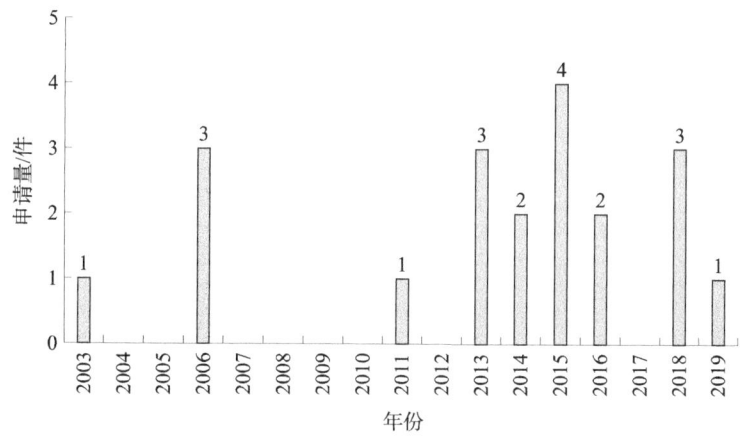

图4-129 立白牙膏专利申请趋势

通过检索，根据专利申请的法律状态、专利权保护期限、被引用频次、获奖情况等，筛选出立白的重点专利，如表4-20所示，并根据立白牙膏技术领域的专利数据，梳理了其牙膏领域技术发展路线，如图4-130所示。

表4-20 立白牙膏重点专利列表

序号	公开（公告）号	标题
1	CN106265423A	具有清火消痛作用的口腔护理组合物
2	CN1899261A	一种组合物及其在口腔护理的应用
3	CN102429832A	新型磨擦剂组合物及含有该组合物的牙膏
4	CN101015512B	一种组合物及其在制备口腔护理产品中的应用
5	CN103417390B	一种含包裹碳粒子的牙膏
6	CN104188855B	一种具有预防和缓解牙齿敏感作用的中药牙膏

续表

序号	公开（公告）号	标题
7	CN104207982B	预防口腔上火的中药组合物及含有其的口腔护理产品
8	CN104905987B	一种儿童牙膏组合物
9	CN1969811A	天然植物白茅根提取物在口腔护理产品中的应用
10	CN104856898A	一种含有蔓荆子成分的牙膏
11	CN103462841A	一种含有天山雪莲成分的牙膏

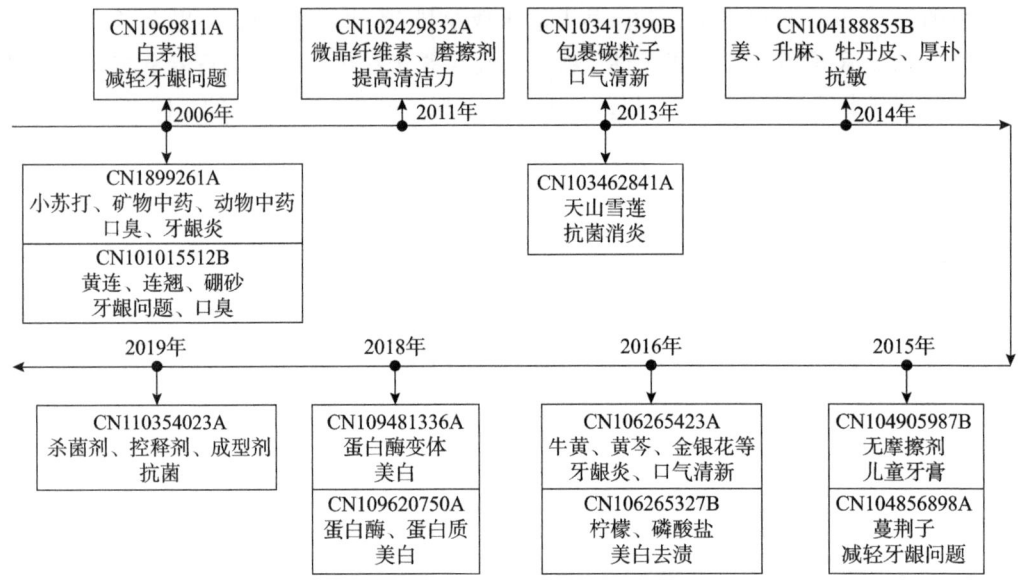

图 4-130　立白牙膏技术发展路线

2006 年，立白申请了 3 件涉及减轻牙龈问题、口气清新的专利。专利 CN1899261A 公开了一种由小苏打、无机矿物类中药、动物类中药组成的组合物，通过利用中医原理，在牙膏内混入无机矿物类中药和动物类中药，由于无机矿物类中药—海盐与动物类中药—蜂胶混合后，其入口咸味恰到好处，蜂胶淡淡的香味与海盐的咸味在刷牙后逐步缓慢均匀释放，且药效渗入牙齿根部，较好地解决了去除口臭、防止牙龈炎的问题。专利 CN101015512B 公开了一种具有防治牙龈炎、口腔炎、口臭和牙龈疼痛等口腔疾患的组合物，包括黄连提取物、连翘提取物、硼砂，具有很强的快速防治牙龈炎、口腔炎、口臭、牙龈疼痛的能力。专利 CN1969811A 公开了一种具有治疗牙出血效果明显、消除牙龈炎和牙周炎等口腔疾患的天然植物白茅根提取物在口腔护理产品中的应用。

2011 年，立白申请了一件涉及新型磨擦剂组合物及含有该组合物的牙膏专利 CN102429832A，用微晶纤维素组合传统磨擦剂作为新型磨擦剂不但有利于牙膏膏体的分散，膏体香气的透发，提高牙膏的清洁力，改善牙膏口感，还可以减少传统磨擦剂在长期使用过程中对牙齿的磨损。在此基础上，在2013年申请了一件涉及含包裹碳粒子的牙膏专利，其中包裹碳粒子包含碳芯材料和微晶纤维素、蔗糖、淀粉、改性纤维素等外层包裹材料，可适当添加不同色素，赋予粒子不同颜色，碳芯材料可以选择不同粒径活性炭、竹炭等具有吸附作用的碳粉材料。

此外，立白又进一步研发了新的功效牙膏，专利CN103462841A公开了一种含有天山雪莲成分的牙膏，首次将天山雪莲作为抗菌消炎成分添加到牙膏中，明显提高了牙膏的抗菌消炎能力，能够有效减轻牙周炎、牙龈炎等口腔疾病引起的牙龈肿痛、牙龈出血等口腔问题。专利CN104188855B公开了一种具有预防和缓解牙齿敏感作用的中药牙膏，防敏感功效成分包括姜根提取物、升麻提取物、牡丹皮提取物、厚朴提取物、锶盐、羟基磷灰石。

2015年，立白针对儿童开发了一种儿童牙膏组合物（专利CN104905987B），其不添加摩擦剂，膏体透明，泡沫少或几乎无泡沫，膏体易挤出，易刷开，减少对牙齿表面的摩擦，安全性高，可用作2~6岁儿童使用的训练牙膏。针对牙龈等问题，专利CN104856898A公开了一种含有蔓荆子成分的牙膏，具有显著的抗菌、消炎、止痛作用，可从根本上减轻牙龈红肿、疼痛、出血等口腔问题；CN106365423A公开了一种具有清火消痛作用的口腔护理组合物，包括牛黄、黄芩提取物、金银花提取物、升麻提取物、冰片、蓽澄茄酸钠、烟酰胺等，具有清洁口腔、清新口气的功能，同时还具有清火消痛、缓和牙痛、牙龈出血等功效。

之后，立白还申请了多款去渍美白牙膏专利。专利CN106265327B公开了一种口腔护理组合物，通过采用柠檬提取物与磷酸盐化合物相配合，能有效提升去除牙齿表面的牙渍与色斑的功效，并能有效地抑制色渍附着在牙齿表面。专利CN109481336A公开了一种口腔护理组合物，包含蛋白酶变体，所述蛋白酶变体为亲本蛋白酶的变体，所述亲本蛋白酶为枯草杆菌蛋白酶，蛋白酶变体与亲本枯草杆菌酶相比具有改良的稳定性或美白牙齿的性能。CN109620750A公开了一种牙齿美白组合物，包括蛋白酶和蛋白质，所述蛋白酶可作为美白剂去除牙齿表面的变色获得性膜，所述蛋白质对所述蛋白酶不敏感且可作为成膜剂在牙齿表面重建获得性膜。

2019年，立白申请了一件涉及具有抑菌作用的口腔护理组合物的专利，通过将杀菌剂与控释剂及成型剂制备成抑菌粉末，一方面能够起到保护杀菌剂不与表面活性剂发生作用，另一方面可以保证抑菌粉末能够在口腔内释放出杀菌剂，起到抑制口腔细菌的作用。

5. 牙膏功效成分分析

牙膏是人们最常用的口腔护理品，牙膏市场的走势将向高度专业化和高度科技化发展，越来越多的消费者对口腔清洁护理产品的需求不断升级，对药物功效性的需求也不断增长。自2009年起，各品牌牙膏推出的新品大多向功效性牙膏发展，行业协会也正在积极推进功效性牙膏的规范管理。功效型牙膏并不是药物，在牙膏中添加有效成分可以改善口腔问题，包括防龋、抑制牙菌斑、抗牙本质敏感、减轻牙龈相关问题、除渍增白、减轻口臭等效果。

(1) 不同功效牙膏专利申请量。

本书结合市售产品功效对牙膏进行细分，具体分为减轻牙龈问题类、抗菌类、口气清新类、防龋类、美白类、抗敏类，各功效牙膏的专利申请量及其分布情况如图 4 - 131、图 4 - 132 所示。

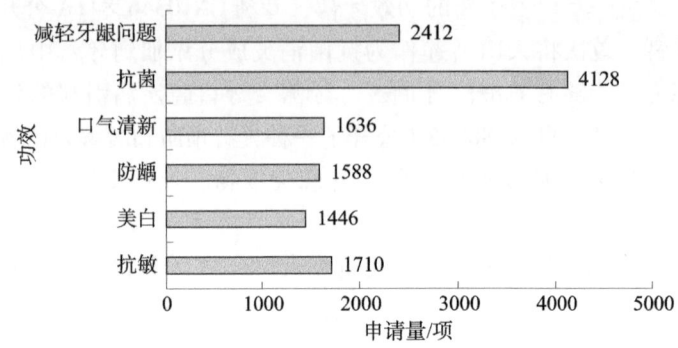

图 4 - 131　全球不同功效牙膏专利申请量

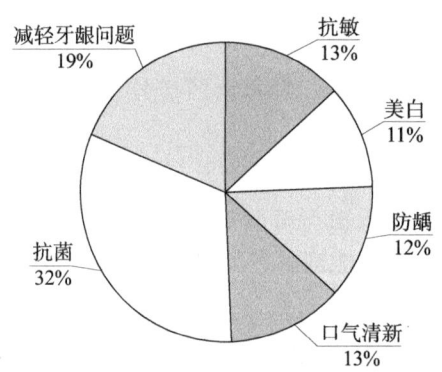

图 4 - 132　全球不同功效牙膏专利申请分布

从图 4 - 131、图 4 - 132 可以看出，从功效上看，首先，抗菌牙膏的申请量最多，达 4128 项，占 32.0%。口腔内存在各种细菌、齿垢等沉积物以及食物残渣等物质，它们腐败、发酵后成为不洁之源，对牙齿、口腔黏膜无疑是有害的，因此，牙膏一般都有清洁、抗菌功效，如含三氯生的抗菌牙膏等，这是牙膏等口腔护理品最基础的功效。其次是减轻牙龈问题类，达 2412 项，占 19%。再次是抗敏牙膏、口气清新牙膏、防龋牙膏、美白牙膏。还可以看出，牙膏产品早已从单一的清洁类细分为多种不同功效，为不同人群提供专业的牙齿保护。在市场竞争愈加激烈的今天，市场渐趋饱和，各种概念化手段在反复的使用中也逐渐失去了新意。为了寻找新的增长点，众多商家开始瞄准特征分明的细化市场，功效性牙膏、儿童牙膏、日/夜用牙膏、不同性别用牙膏等概念不断推出。

(2) 抗菌牙膏功效成分分析。

抗菌牙膏通过添加抗菌成分来实现其效果，包括常用的抗菌剂西吡氯铵、三氯生、氯己定。牙膏中的氟化物也具有抗菌作用，近年来使用较多的包括溶菌酶、益生菌，以及天然植物抗菌成分丁香、厚朴、蜂胶等。本书研究了不同活性成分抗菌牙膏的专利申请量及申请趋势，如图4-133、图4-134所示。

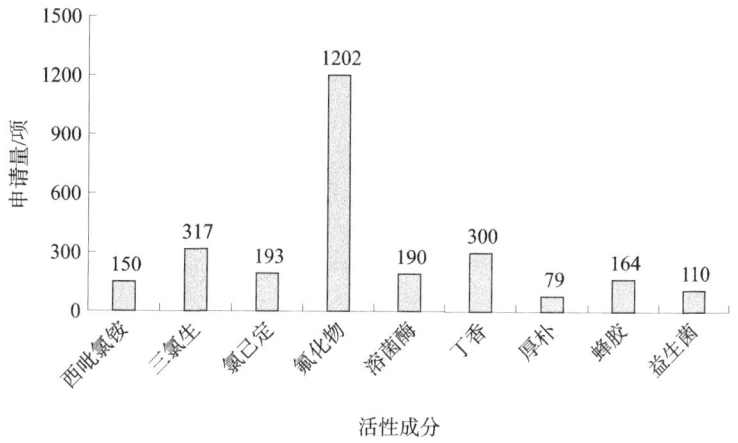

图4-133　不同活性成分抗菌牙膏的专利申请量

从图4-133可以看出，氟化物在抗菌牙膏中使用最多，能抑制牙菌斑的细菌，对产酸菌有抑制作用，可抑制致龋链球菌细胞内多糖的贮存，影响细菌的生长和繁殖，抑制致龋链球菌合成胞外多糖，减少细菌和菌斑在牙面上的黏附。此外，氟离子与牙釉质羟基磷灰石中的氢氧根离子发生交换作用，形成氟磷灰石，则会增强釉质的结构，降低溶解性，从而增强抗龋能力，还能促进龋病开始阶段已被脱矿质化的牙釉质重新矿化。氟化物抗菌牙膏的申请量最多，达1202项，远超其他抗菌成分，三氯生、丁香排在第二、第三，其他抗菌牙膏的申请量都在200项以下。

从图4-134可以看出，抗菌牙膏中最早使用的抗菌活性成分是氟化物，如高露洁1957年申请的含氟牙膏专利US3227617A，其使用的抗菌剂是一种在水中释放氟离子的抗菌剂。从1970年开始申请量就开始逐渐增加，随着人们对龋齿的重视，氟化物的使用也越来越多，如氟化钠、氟化亚锡、单氟磷酸钠等。从2005年开始，含氟抗菌牙膏的申请量大幅增加，直到2017年达到顶峰，为75项。

常用的抗菌剂西吡氯铵、三氯生、氯己定中，最早的西吡氯铵、氯己定抗菌牙膏均出现在1973年，三氯生抗菌牙膏最早出现在1985年。2000年以前，西吡氯铵、氯己定抗菌牙膏的申请量比较低，从2000开始，申请量开始较快增加，直到2010年左右达到最高，均为10项；三氯生抗菌牙膏专利在1987—1990年申请了多项，之后申请量降低，1995年后又开始逐渐增加，到2008年申请量达到最高，为21项。2010年以后，传统抗菌剂西吡氯铵、三氯生、氯己定的申请量开始降低，逐渐被天然的、新型的抗菌成分所代替。

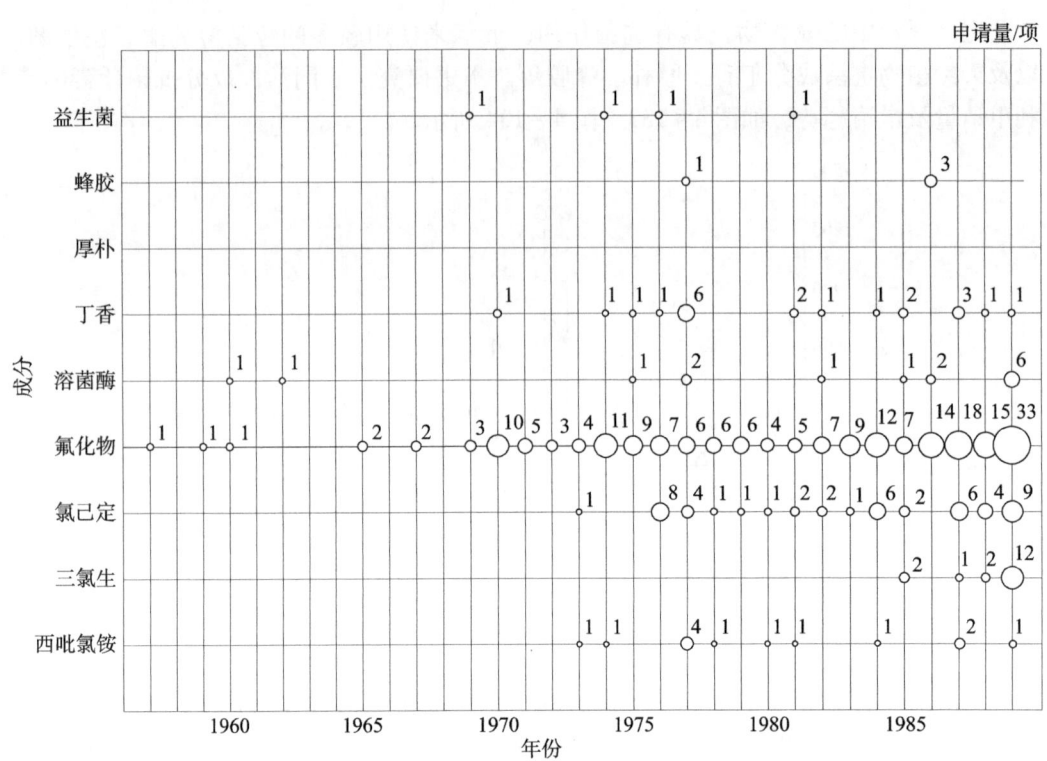

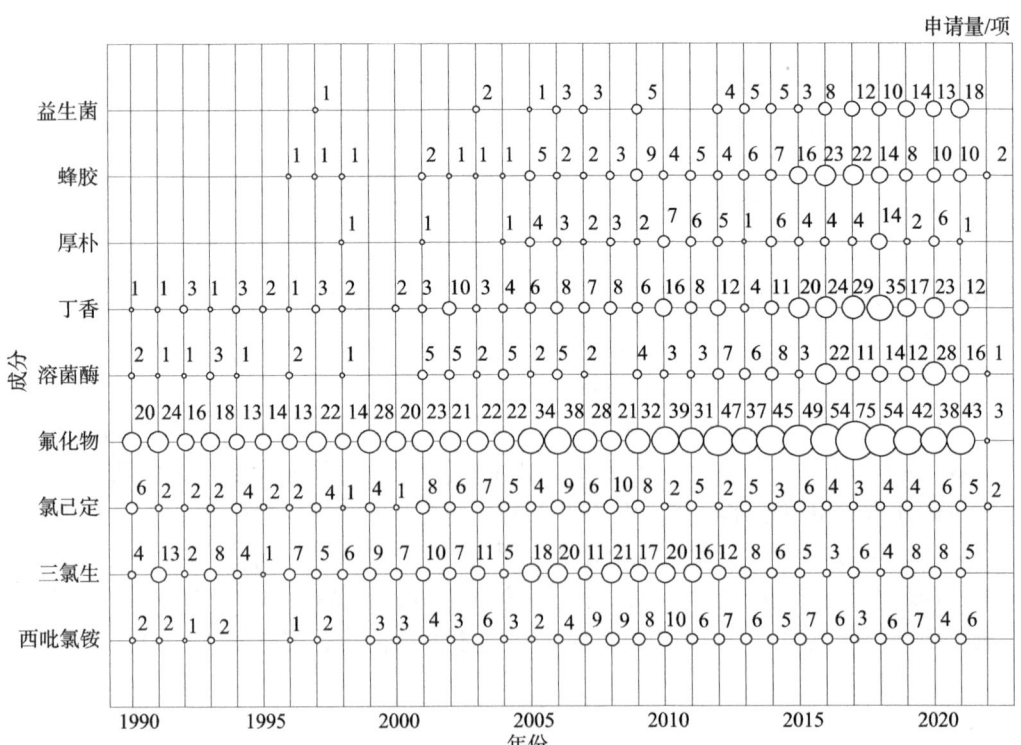

图 4-134　不同活性成分抗菌牙膏的申请趋势

溶菌酶、丁香、厚朴、蜂胶、益生菌抗菌牙膏的申请量在2010年前比较少，2010年以后开始快速增加。我国在中药牙膏领域快速发展，形成了产品的特色，具有绿色、安全等优点。益生菌可选择性地对口腔致病菌有抑制作用，对口腔有益菌有增殖及维持平衡作用，采用更安全的方式减少口腔致病菌的数量，更好地维持口腔健康，成为行业的研发热点。

（3）抗敏牙膏功效成分分析。

牙齿敏感，医学上称为过敏性牙本质或牙本质过敏，是指牙齿在受到外界的刺激，如温度（冷、热）、化学物质（酸、甜）以及机械作用（磨擦或咬硬物）等所引起的牙齿酸、软、痛等症状。牙本质过敏是口腔疾病中的多发病、常见病，是成人发病率较高的一种口腔疾病，也是临床上引起牙疼的原因之一。防酸防敏感的基本原理：封闭牙本质小管，抑制牙小管内液体流动，切断牙本质与牙髓神经的传导，从而减轻或消除牙本质引起的酸痛；镇静、麻醉牙髓神经，降低牙髓神经末梢的兴奋性，使对温度、机械刺激的敏感度降低，从而减轻疼痛。常用的抗敏活性成分有羟基磷灰石、锶盐（如氯化锶）、氟化物、生物活性玻璃、精氨酸、尿素、钾盐（如硝酸钾）、两面针、丹皮酚、艾叶提取物等。

本部分研究了不同活性成分抗敏牙膏的专利申请量及申请趋势，如图4-135所示，可以看出，氟化物抗敏牙膏和钾盐抗敏牙膏的申请量最多，分别为551项、437项，锶盐、羟基磷灰石、精氨酸抗敏牙膏的申请量也在100项以上，其余的申请量都在100项以下。

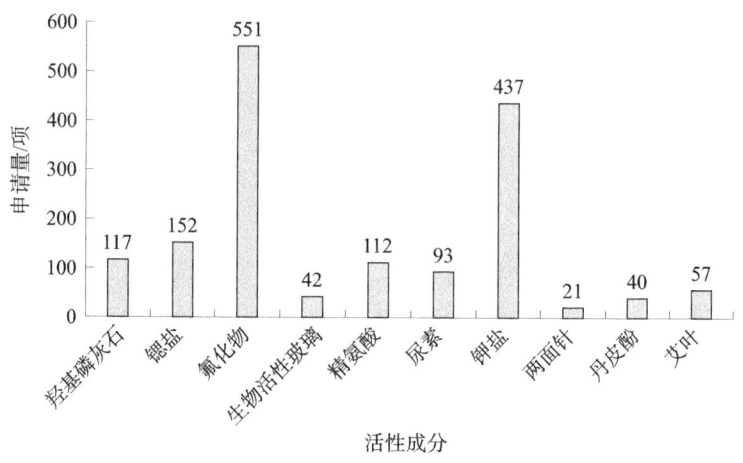

图4-135 不同活性成分抗敏牙膏的申请量

从图4-136中可以看出，抗敏牙膏中最早使用的抗敏活性成分也是氟化物，其次是锶盐、羟基磷灰石、钾盐。氟化物抗敏牙膏的申请量在2010年后呈现出较为明显的增长趋势，到2017年达50项，锶盐抗敏牙膏和钾盐抗敏牙膏的申请量从2000年开始逐渐增加，钾盐抗敏牙膏在2017年的申请量高达37项，申请量排名第二。

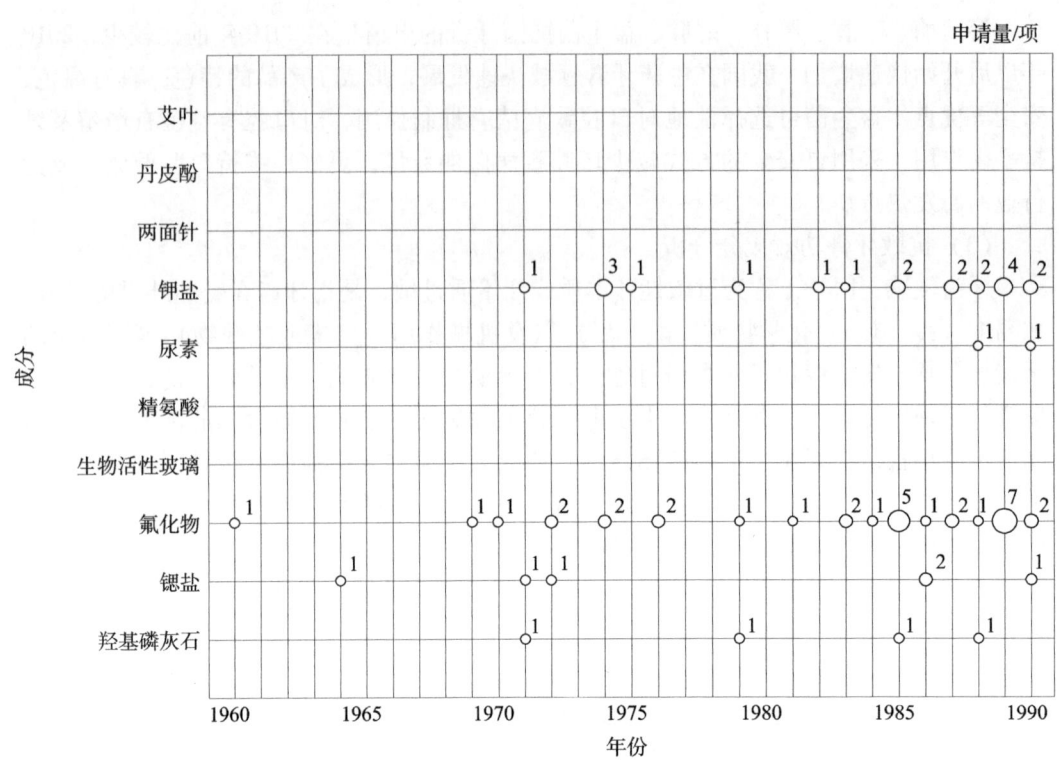

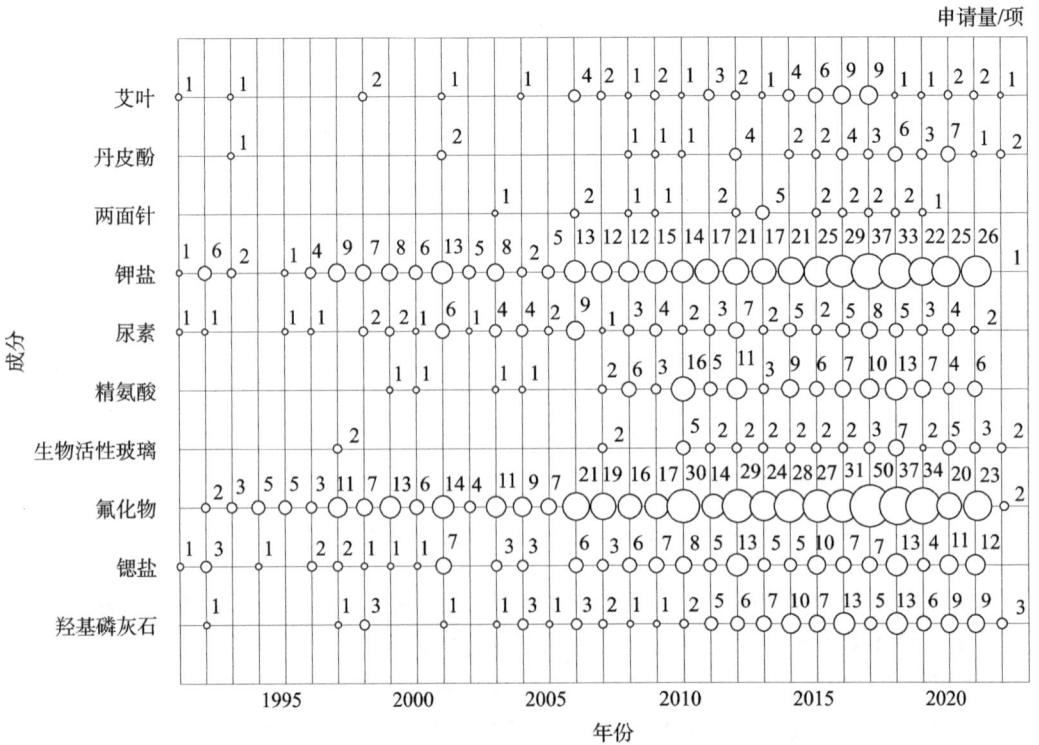

图4-136 不同活性成分抗敏牙膏的专利申请趋势

羟基磷灰石在2010年前的申请量比较少，之后快速增加，2018年时申请量达13项。生物活性玻璃抗敏牙膏的申请量从2010年开始有所增加，但每年的申请量不多，最高时也只有7项。精氨酸抗敏牙膏的研发在2010年突然变成热点，申请量高达16项，之后有所降低。尿素抗敏牙膏从2000开始比较稳定，每年不超过10项。两面针、丹皮酚、艾叶抗敏牙膏的研发主要集中在2010年以后，主要研发主体是我国本土牙膏企业，如两面针等企业，其申请了多项关于两面针牙膏的发明专利。

6. 抗敏牙膏专利技术分析

据口腔医学组织的调查数据，中国20～60岁的成人患有牙齿敏感的约占30%，60岁以上的老人患有牙齿敏感的约占80%。综合这两种情况，约占总人口39%的中国人有牙齿敏感问题。当消费者因为牙齿敏感出现酸痛症状时，就要使用抗敏牙膏刷牙，抗敏牙膏早已成为国际牙膏市场上非常重要的类别。随着经济的发展，中国抗敏牙膏的市场份额将快速增长，品牌竞争也会更加激烈。

本部分以国内申请人两面针在抗敏牙膏领域的专利申请情况，得到了两面针在抗敏牙膏领域技术路线图，如图4－137所示。

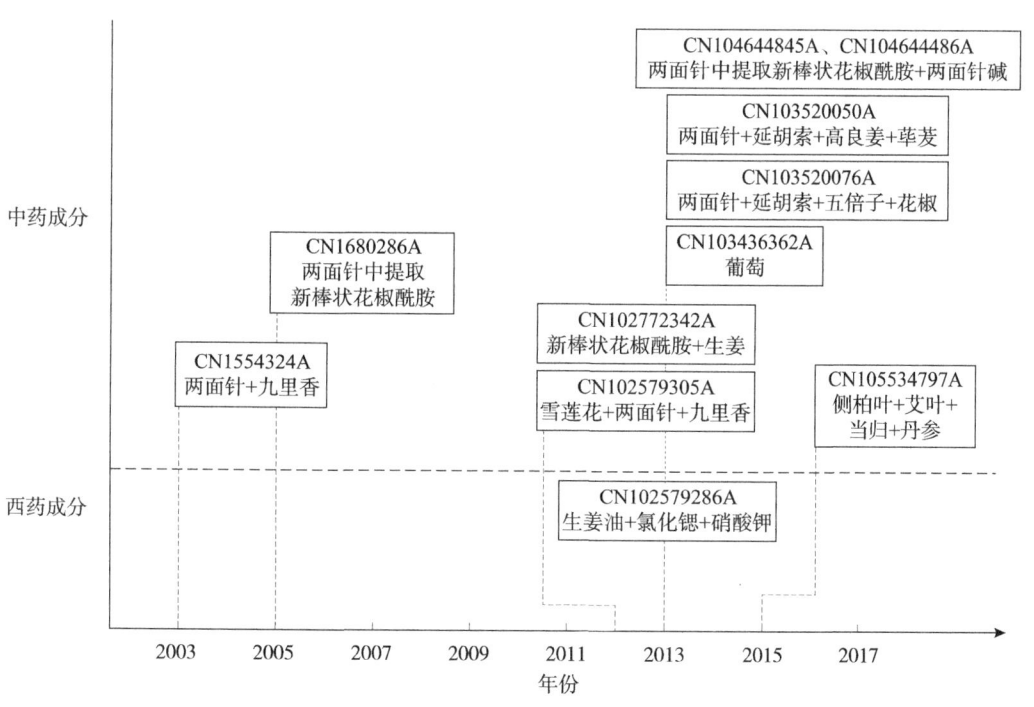

图4－137　两面针抗敏牙膏技术路线

从图4－137可以看出，两面针在抗敏牙膏中的研究主要是有关中药的，尤其是两面针植物，这是我国近年来在化妆品领域的研究热点和趋势。两面针有关抗敏牙膏的最早的专利申请在2003年（CN1554324A），该牙膏含两面针与九里香浸膏中药功效成分，在使用中具有较强的消肿解毒、行气止痛、散结逐瘀、通络祛风、利水杀虫的作用，对牙痛、牙龈出血、牙龈炎、牙周脓肿、冠周炎、口腔溃疡、咽喉炎等口腔及牙齿病症具有较显著的防治功效。虽然对两面针植物的抗敏功效及其原理尚未涉及，但是这是两面针最早开始研究两面针植物在牙膏中的使用，在此之后，出现了多种与两面针植物相关的抗敏牙膏。

在2005年，两面针申请了一篇有关两面针植物中起抗敏、抗炎、镇痛、止血等功效的活性成分的专利CN1680286A，将新棒状花椒酰胺作为牙膏的原料，具有抗炎、镇痛、止血、抗过敏等作用。此时，两面针已经对两面针植物中起抗敏功效的活性成分新棒状花椒酰胺进行了深入分析，并提供了制备工艺及其在抗敏牙膏中的应用。

2012—2013年是两面针在抗敏牙膏领域中专利申请的高峰期。2002年两面针申请了专利CN102579305A"一种以雪莲为主料的天然药物牙膏"（在两面针植物和九里香的基础上，进一步添加了雪莲花）、专利CN102579286A"中西药结合强效脱敏牙膏"（含有中药生姜油与西药氯化锶、硝酸钾复配的强效脱敏牙膏）、专利CN102772342A"抗炎镇痛中药牙膏"（牙膏膏体中抗炎镇痛功效成分为生姜提取物、两面针提取物以及盐，新棒状花椒酰胺和氯化两面针碱在牙膏膏体总组合物的重量百分比不小于0.005%）。2003年，分别针对两面针植物申请了专利CN103520076A"复方中药提取物在制备口腔护理保健品中的应用"（将两面针提取物、五倍子提取物、延胡索提取物、花椒提取物这四种中药提取物作为抗牙本质过敏作用的辅助药物原料加入口腔护理保健品中）、专利CN103520050A"复方中药提取物在制备口腔护理保健品中的应用"（将两面针提取物、延胡索提取物、高良姜提取物、荜茇提取物这四种中药提取物作为抗牙本质过敏作用的辅助药物原料加入口腔护理保健品中）、专利CN104644845A"复方中药牙膏"、专利CN104644486A"中药镇痛牙膏"，其中后两个专利都是有关两面针新棒状花椒酰胺和两面针碱在牙膏中的应用的。此外，还针对葡萄提取物申请了专利CN103436362A"一种含有天然葡萄提取物的香精及牙膏制备方法"，可以起到营养牙龈、消炎、缓解过敏等作用，特别针对牙龈发炎、口腔过敏具有良好的缓解效果。

2015年，两面针又申请了一件包括中草药侧柏叶、艾叶、当归、丹参的牙膏专利CN105534797A，具有止血、杀菌、消炎、镇痛等功效，能够在牙龈上形成保护膜，长期保护牙龈，提高牙龈的抗敏感性。

4.4.3 芳香化妆品

芳香类化妆品是以赋香为主要目的，其主要成分是香精。表4-21为芳香化妆品的专利申请的检索结果统计。本节的数据去重合并后，最终获得的样本包括全球专利申请11038项，中国专利申请2027件，广东省专利申请226件，广州市专利申请58件，主要涉及芳香化妆品以及所使用的香精香料。

表4-21 芳香化妆品检索结果统计表

统计指标	全球/项	中国/件	广东省/件	广州市/件
申请量	11038	2027	226	58

续表

统计指标	全球/项	中国/件	广东省/件	广州市/件
授权量	3989	185	42	20
有效量	1919	123	37	17

1. 产业布局

芳香类化妆品主要包括香精混合物，几个世纪以来，香水生产商都是将其作为商业秘密保护起来，专利申请相应较少。但随着色谱分析技术的日益发达，在香料齐全的情况下，复制热门香水已不是难事，耗资不多却可以精确地分析香水成分，而目前香水配方很难构成著作权法意义上的作品，因而在此情形下，创新主体更多地倾向于对香水配方和生产工艺进行专利保护。

图4-138为芳香化妆品全球专利技术来源地区分布图，该数据按照专利优先权国家/地区进行统计。若无优先权，则按受理局所在国家/地区计算；如果有多个优先权国家，则按照最早优先权国家/地区计算。可以看出，欧洲为芳香化妆品最大的技术来源地，其次是日本、美国、中国和韩国。欧洲芳香化妆品领域专利申请量占全球申请量的32%，占比较大。欧洲有着悠久的香水使用传统，具有深厚的香水文化，许多风靡世界的香水品牌均诞生于欧洲，如香奈儿、雅诗兰黛、纪梵希、兰蔻、迪奥等。其次是日本，日本的芳香化妆品专利申请量占全球申请量的28%，与欧洲相差不远。第三则是美国，占全球申请量的22%。而21世纪后，随着东西方文化交流、消费升级和女性意识的崛起，香水开始在中国迅猛发展，近年来专利申请猛增，中国芳香化妆品的申请量占全球申请量的11%。第五则是韩国，占全球申请量的4%。

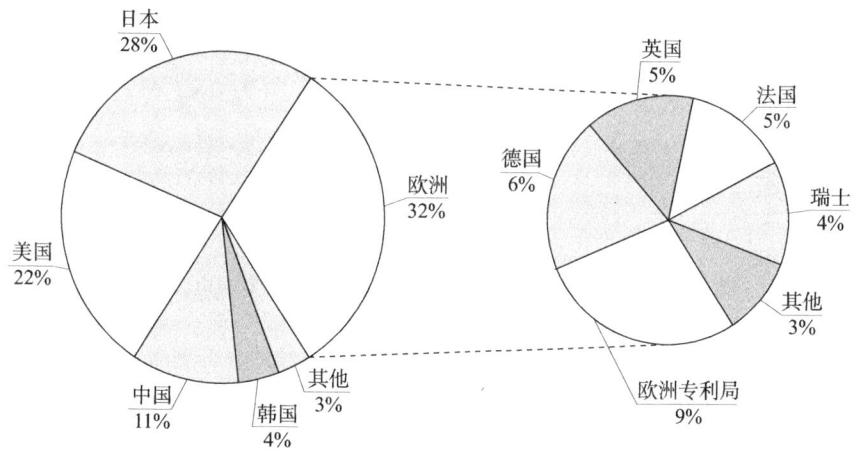

图4-138 全球芳香化妆品专利技术来源地分布图

在此基础上进一步分析，在欧洲，德国、英国、法国和瑞士拥有许多历史悠久的香精香料公司，如瑞士的芬美意、奇华顿，法国的曼氏、罗伯特，德国的哈门—莱默尔公司和德威龙（这两家公司在2003年合并为德之馨），以及英国的布希—波克—阿兰公司（该公司在2000年被美国国际香料香精公司收购）等。

对全球芳香化妆品专利技术来源地区的专利申请趋势进行分析，参见图4-139。从图中可以看出，欧洲和美国的芳香化妆品产业的发展非常早，从20世纪初期就有专利申请，欧洲地区在1902年4月6日申请了全球第一项芳香化妆品专利（FR321878A）。美国在1903年4月6日申请了第一项芳香化妆品专利申请（US784411A），涉及香水的材料及其制造过程。从1967年开始，随着"二战"后日本国内情况好转，日本的芳香化妆品专利申请量后来居上，一度超过了韩国和美国。而中国尽管用香历史悠久，但现代芳香化妆品产业起步较晚，建立专利制度较晚，因此直到1986年才出现第一项芳香化妆品专利（CN1033069A），涉及一种玫瑰头香的回收方法。一直到21世纪初期，中国芳香化妆品技术的发展仍旧缓慢。但中国加入WTO后与国际联系增强，众多海外香氛品牌陆续进入中国，中国的芳香化妆品技术开始迅猛发展，专利申请量也呈现迅速增长的趋势，并从2015年开始超越其他地区，在2016年达到了其峰值。在2000年后，日本芳香化妆品专利申请呈现下降趋势，欧洲、美国、韩国虽然处于增长态势，但是增长速度远不及中国。而新冠疫情的到来给芳香化妆品的发展带来不利影响，全球各地区的申请量均呈现下降趋势。

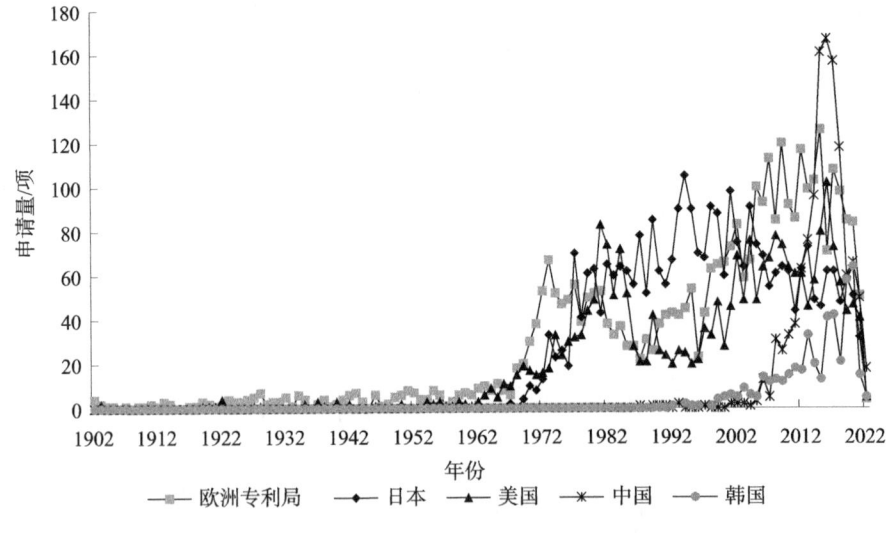

图4-139 全球芳香化妆品专利技术来源地区专利申请趋势

图4-140显示了中国芳香化妆品领域的专利申请趋势。总体上，中国芳香化妆品领域专利呈稳定上升趋势。从2013年开始，中国芳香化妆品领域的专利申请呈现急速增长的趋势，到2016年，中国芳香化妆品专利申请量达到峰值220件。

中国专利制度建立较晚，在建立初期，芳香化妆品领域专利申请较少，且国外来华申请占主要部分。2005年以前，中国芳香化妆品国内专利申请量均在5件以下，1994—2000年国内专利申请量为0。而国外在华专利申请则保持着较高的增长速度，从1986年的2件增长到2004年的44件。2005年之后，国外在华专利申请增速放缓，并逐渐稳定在35件左右，国内申请人在华专利申请迅速上升，直到2010年，国内申请人的年专利申请数量开始超过国外申请人,2016年,国内申请人在华专利申请数量达153件,比2010年增长了近4倍。

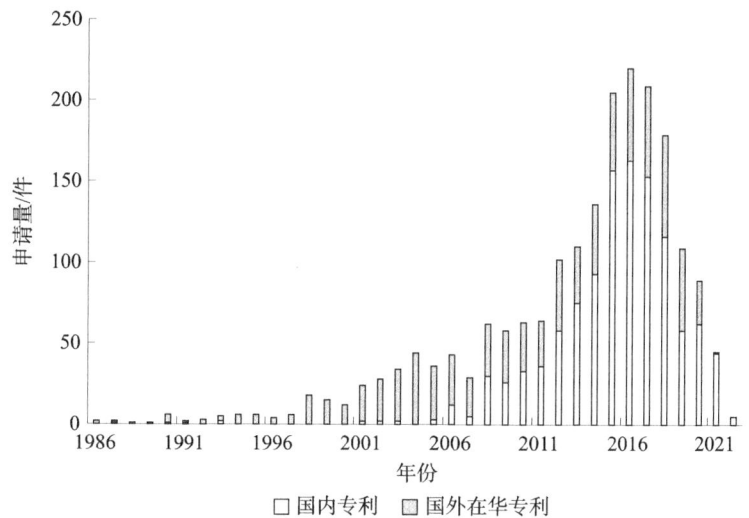

图4-140 中国芳香化妆品领域专利申请趋势

2. 创新主体实力定位

对芳香化妆品领域专利申请人进行统计分析,图4-141显示了全球排名前10位的申请人。

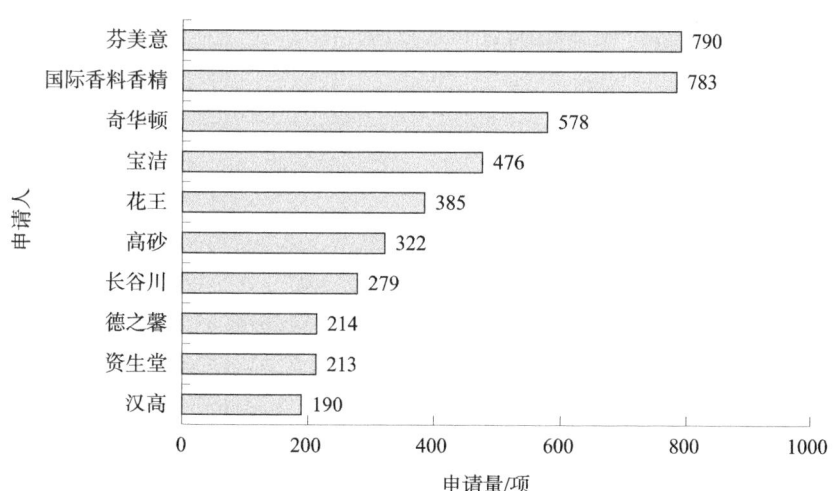

图4-141 芳香化妆品专利申请量全球排名前10位的申请人

从图中可以看出,虽然市面上销售的香水多来自化妆品公司,但芳香化妆品排名前10位的申请人中,有6家都是香精香料公司:芬美意(瑞士)、国际香料香精(美国)、奇华顿(瑞士)、高砂(日本)、长谷川(日本)、德之馨(德国)。此外,还有4家日化企业:宝洁(美国)、花王(日本)、资生堂(日本)和汉高(德国)。虽然在申请总量上，中国位居全球第 4 名，并且在近年来专利申请量增长迅猛，然而在全球排名前 10 位的重要申请人中没有中国企业。芳香化妆品全球排名前 10 位的申请人主要来自日本、美国和欧洲，中国仍处于起步阶段。

图 4-142 所示为芳香化妆品领域在华专利申请量排名前 10 位的申请人。排名前 10 位的申请人均为国外龙头企业，包括著名的香精香料公司芬美意（瑞士）、奇华顿（瑞士）、国际香料香精（美国）、德之馨（德国）、高砂（日本），以及 5 家日化企业——宝洁（美国）、巴斯夫（德国）、资生堂（日本）、联合利华（荷兰）以及花王（日本）。可见，中国芳香化妆品领域专利申请量虽然大幅提升，但是并没有培育出中国本土的龙头企业，申请人、申请量分散，技术实力相对较弱，中国本土企业研发创新实力有待提高。除了申请人国际香料香精公司，其他申请人在中国申请的芳香化妆品专利多是通过 PCT 的途径进入中国，PCT 专利的数量远远大于通过《保护工业产权巴黎公约》申请的专利数量。可见，对这些芳香化妆品领域的国外申请人来说，中国市场是其重点关注的市场，并且他们更倾向于通过 PCT 的途径进行专利布局。

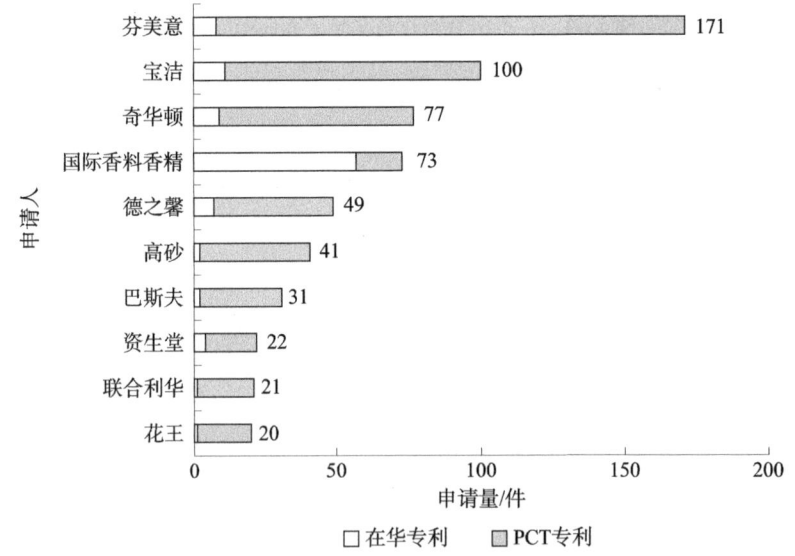

图 4-142 芳香化妆品领域中国专利申请量排名前 10 位的申请人

图 4-143 所示为芳香化妆品领域在华专利授权量排名前 10 位的申请人。同样地，专利授权量排名前 10 位的申请人为国外企业，分别为：芬美意（瑞士）、奇华顿（瑞士）、国际香料香精（美国）、宝洁（美国）、高砂（日本）、联合利华（荷兰）、德之馨（德国）、资生堂（日本）、花王（日本）、曼氏（法国）。这些国外申请人在芳香化妆品领域的在华专利申请授权率均较高，其中芬美意（瑞士）、奇华顿（瑞士）和国际香料香精（美国）的授权率分别达到 64%、70%、60%，可见，这些国外企业均具有较强的技术实力。

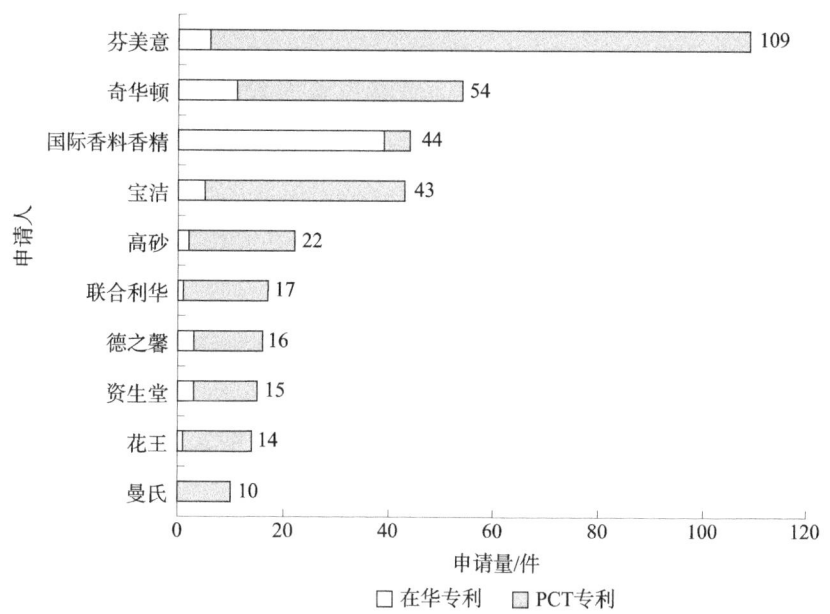

图4-143　芳香化妆品领域在华专利授权量排名前10位的申请人

图4-144为广东省及广州市芳香化妆品领域专利申请趋势图。广东省芳香化妆品领域专利总量为226件,并且广东省在芳香化妆品领域起步在中国范围内比较早。中国第一件芳香化妆品领域的专利申请于1986年,而3年后的1989年出现了广东省第一件芳香化妆品领域的专利。但在此之后的近20年间,广东省芳香化妆品领域专利申请发展缓慢。广东省芳香化妆品领域专利申请真正的发展要从2008年起,从2008年的3件增长到2017年的62件;在2018年仍保持了55件的申请量,但在2019年有所回落,仅为17件。

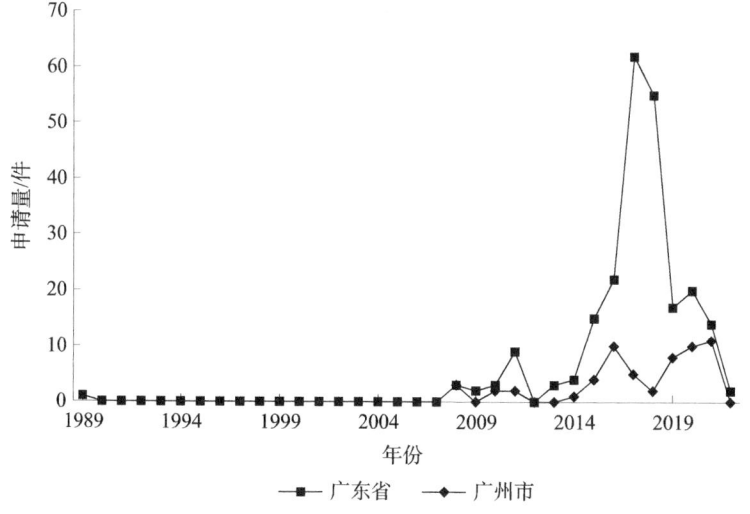

图4-144　广东省及广州市芳香化妆品领域专利申请趋势

广州市芳香化妆品专利申请量为 58 件，占广东省总量的 26%。从图上可以看出，广州市芳香化妆品专利申请出现在 2008 年以后。2008—2014 年，专利申请量一直保持平稳的态势，从 2015 年开始，虽然中间也有低落的 2018 年，但呈现增长态势。

整体上，广东省及广州市芳香化妆品领域专利申请量与国外相比较少。

广东省芳香化妆品领域专利申请近一半为个人申请，专利申请中有 125 件处于撤回状态，25 件处于驳回状态，占申请总量的 66%，专利申请质量有待提高。

图 4-145 所示为广东省芳香化妆品领域专利申请人类型分布图。从图上可以看出，广东省芳香化妆品领域专利申请有近一半是由企业申请构成的，其次是个人，企业的申请量占据了广东省芳香化妆品领域专利申请总量的 46%。院校和科研机构的申请量仅占广东省总量的 5%。其中，院校包括五邑大学、岭南师范学院、华南理工大学、广州中医药大学，占比 4%；科研机构申请量只有 2 件，包括中国热带农业科学院农产品加工研究所和中山市国林沉香科学研究所，占比仅为 1%。

图 4-146 所示为广东省化妆品领域专利申请法律状态分布图。广东省芳香化妆品领域专利申请共 226 件，其中 41 件处于有效状态，占申请总量的 18%。在授权专利中有 5 件因未缴纳年费而失效，这一部分占申请总量的 2%。此外，广东省化妆品领域专利申请中有 125 件处于撤回状态，超过申请总量的一半以上，包括申请人主动撤回的 74 件以及被视为撤回的 51 件，分别占比 33% 和 22%。还有 25 件专利申请被驳回，占专利申请总量的 11%。广东省化妆品领域专利申请中处于撤回和驳回状态的申请占专利申请总量的 66%。另外，申请总量 14% 的申请处于实质审查中。由此可见，广东省芳香化妆品领域专利申请整体质量有待提升。

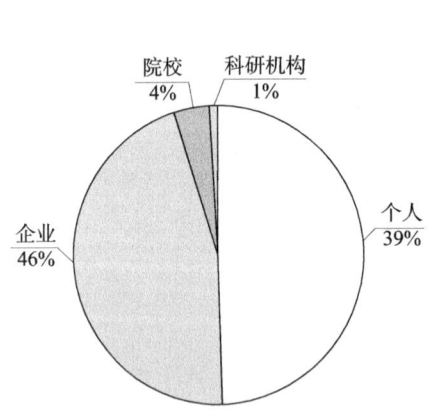

图 4-145　广东省芳香化妆品领域
专利申请人类型分布

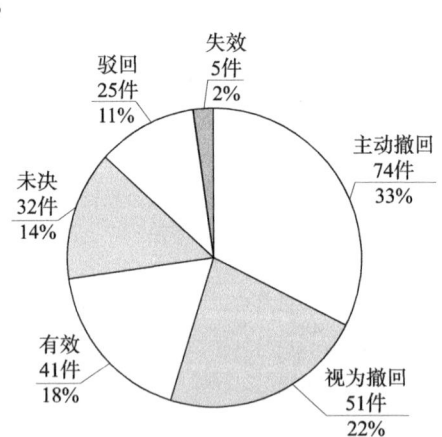

图 4-146　广东省化妆品领域
专利申请法律状态分布

广州市芳香化妆品领域专利申请量为 58 件，占广东省总量的 26%。在这 58 件芳香化妆品专利中，授权专利为 20 件，有效专利为 17 件。表 4-22 所示为广州市芳香化妆品领域相关重点专利的情况。

表4-22　广州市芳香化妆品领域重点专利情况

序号	公开（公告）号	标题	申请人
1	CN101268990B	凝露型花露水及其制备方法	广州市拜澳生物科技有限公司
2	CN101422419B	一种花露水及其制造方法	美晨
3	CN101991522B	一种蜱虫驱避剂花露水及其制备方法	华南理工大学
4	CN104207975B	一种具有驱蚊抑菌功效的香水及其制备方法	华南理工大学
5	CN114081869B	一种微胶囊镶嵌壳聚糖固体香氛及其制备方法与应用	华南理工大学
6	CN103328621B	一种纳米香精及其制备方法	丽华（广州）香精有限公司
7	CN104651050B	一种适用于压缩空气雾化式扩香器的香氛精油及其制备方法	广州丹绮环保科技有限公司
8	CN104873417B	一种柴胡芳香水的质量稳定处理方法	广州泽力医药科技有限公司
9	CN105456087B	一种可接入互联网的智能调香设备	广州玖玖伍捌健康科技股份有限公司
10	CN105708763B	一种含有艾叶提取物的花露水及其制备方法	广州赛莱拉生物基因工程有限公司
11	CN106118878B	一种具有果香的香基和含有该香基的香精及其应用	广州爱普香精香料有限公司
12	CN106491392B	一种透明固体香水及其制备方法	德乐满香精香料（广州）有限公司
13	CN107349170B	一种艾叶驱蚊止痒花露水及其制备方法	广州暨南生物医药研究开发基地有限公司
14	CN107823008B	一种从天然植物中提取的香精添加剂及其制备方法	国妆汉美（广州）化妆品有限公司
15	CN109010248B	一种香薰喷雾及其制备方法	广州市尚昇生物科技有限公司
16	CN110251425B	一种天然精油香气香水及其制备方法	广州市珍馨香精香料有限公司
17	CN112760167B	一种东方花香调香精及其制备方法	广州芬豪香精有限公司
18	CN112745984B	持久留香型香精	广州芬豪香精有限公司
19	CN112980576B	一种花香果香调香精及其制备方法及其应用	广州芬豪香精有限公司

续表

序号	公开（公告）号	标题	申请人
20	CN113713050B	可舒缓情绪的安眠复方精油及其制备方法	广州市雅创化妆品有限公司

由表中可以看出，广州市芳香化妆品领域授权专利的申请人包括华南理工大学、暨南大学和广州市政府共建的广州暨南生物医药研究开发基地有限公司，化妆品企业广州赛莱拉生物基因工程有限公司、国妆汉美（广州）化妆品有限公司、广州市雅创化妆品有限公司，以及香精香料企业丽华（广州）香精有限公司、广州爱普香精香料有限公司、德乐满香精香料（广州）有限公司、广州市珍馨香精香料有限公司、广州芬豪香精有限公司。但是从广州市的整体申请及授权情况来看，广州市各申请人的申请量和授权量均较低，也没有呈现专利布局的情况，广州市并没有形成芳香化妆品领域重点申请人，技术实力还相对较弱。

3. 产业发展水平区域对比

如图4-147所示，中国芳香化妆品领域专利有57%为国内在华专利，43%为国外在华专利。国外在华专利主要来自欧洲和美国，分别占中国芳香化妆品专利申请总量的19%和15%；日本占申请总量的6%。

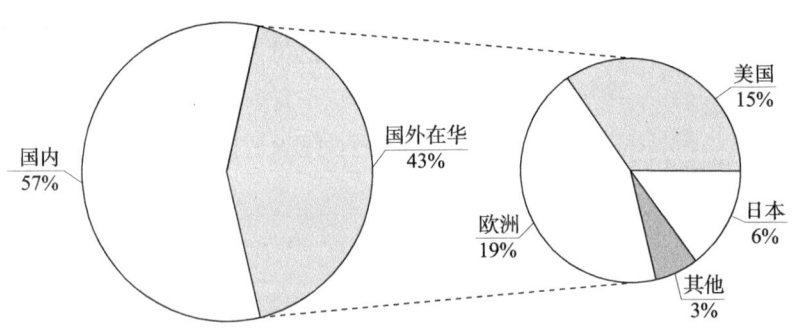

图4-147 中国芳香化妆品领域专利来源地区分布

广东省是芳香化妆品领域国内申请量排名第一的地区，占国内申请总量的11%。图4-148所示为芳香化妆品领域国内区域专利申请量排名情况。从图中可以看出，国内排名前5位的区域依次是广东省、江苏省、山东省、安徽省、浙江省，主要为沿海地区和经济发达地区，中部地区实力相对较弱，其中广东省居于首位。安徽省的专利申请量排名第4位，其主要申请人为金玛瑙香水（明光有限公司）。广西壮族自治区在芳香化妆品领域专利申请数量为56件，上海市为41件，分别排名第5位和第6位。四川省、贵州省和河南省的专利申请均为30件左右，分别排第8~10位。

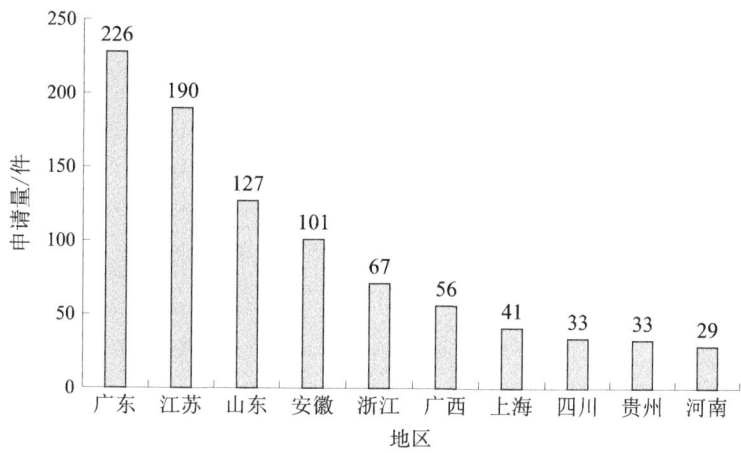

图4-148　芳香化妆品领域国内区域专利申请量排名

佛山市、广州市是广东省芳香化妆品领域专利申请的主要来源城市，占广东省申请总量的一半以上。图4-149所示为广东省芳香化妆品领域专利申请量分布图，从图中可以看出，佛山市和广州市的申请量分别排名第1位和第2位，两个城市的申请量占广东省申请总量的53%。第3位是汕头市，汕头市芳香化妆品领域专利申请量占广东省申请总量的22%。此外，深圳市和惠州市分布排名第4位和第5位，分别占广东省申请总量的6%和5%。

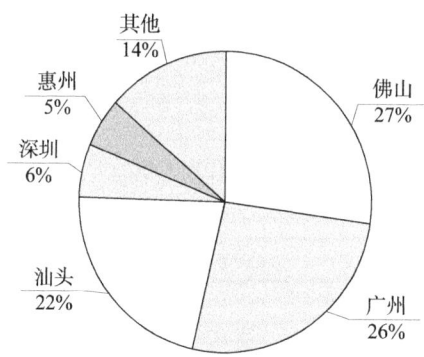

图4-149　广东省芳香化妆品领域专利申请量分布

4. 芳香化妆品领域技术路线分析

为分析芳香化妆品专利中面对的主要技术问题、采取何种技术手段、技术脉络如何发展等，下文将在检索结果中按照被引用次数、同族专利数量、同族国家数量、法律状态等指标筛选出重要专利，如表4-23所示，对相关技术信息进行人工标引，获得相应专利技术信息。

表 4-23 芳香化妆品领域全球重要专利列表

序号	公开（公告）号	标题	申请人
1	US2875131A	4-叔丁基 α-甲基氢肉桂醛	奇华顿
2	US3463818A	未饱和的醛和醇	国际香料香精
3	US4147672A	香水中的环状 C6 酮	芬美意
4	US4110626A	使用脂肪族二元酸二酯提高香水香味品质的方法	资生堂
5	US4126585A	2-甲基-2-乙基-己酸酯香料组合物	汉高
6	US4183965A	2- 和 3-Cyclotetradecen-1-ones 作为苦味抑制剂	国际香料香精
7	US4296137A	用 1-乙氧基-1-乙醇乙酸酯调味	国际香料香精
8	US4311617A	香水成分	布希·波克·阿兰
9	EP0282951B1	活性物质的控释制剂	宝洁
10	US5160494A	含有烷基甲基硅氧烷的香料组合物	陶氏
11	US5272134A	包含人信息素的香料组合物和其他组合物	施乐
12	EP0572080B1	水性香料油微乳液	奎斯特
13	JP3304219B2	用于人体表面的缓释芳香剂组合物	钟纺株式会社；長谷川香料株式会社
14	US5527769A	芳香族化合物及其在香水中的用途	芬美意
15	US6013618A	具有气味长寿益处的香水	宝洁
16	US6403109B1	透明香水组合物	芬美意
17	EP1689728B1	麝香气味化合物	芬美意
18	US20080226684A1	用于生产多层识别和释放系统的方法和工艺	德克萨斯大学
19	US8852565B2	减少气味的物质	德之馨
20	US20110152146A1	胶囊	宝洁

从表 4-23 可以看到，芳香化妆品领域重要专利绝大部分掌握在欧洲、美国、日本、德国等国家/地区的大型跨国公司的手中，尤其是瑞士的芬美意、美国国际香料香精等，这些世界香料香精龙头企业或跨国日化企业成立时间早、产品市场占有率高、研发实力雄厚，在较长时间范围内均保持着较高的研发水准，并且熟练掌握专利申请相关事务，除早期申请的专利期限届满，其他授权专利均为有效状态。

中国本土申请大部分仅在国内进行了专利申请，并未在其他国家进行布局，专利技术也不够深入，并且一部分专利在获得授权后一两年内便因未缴年费导致失效。

对表 4-23 的各专利进行分类，如图 4-150 所示，大致可以分为以下三类：①在芳香化妆品中使用的芳香化合物；②在芳香化妆品中使用的芳香组合物；③芳香化合物/组合物的应用方式。

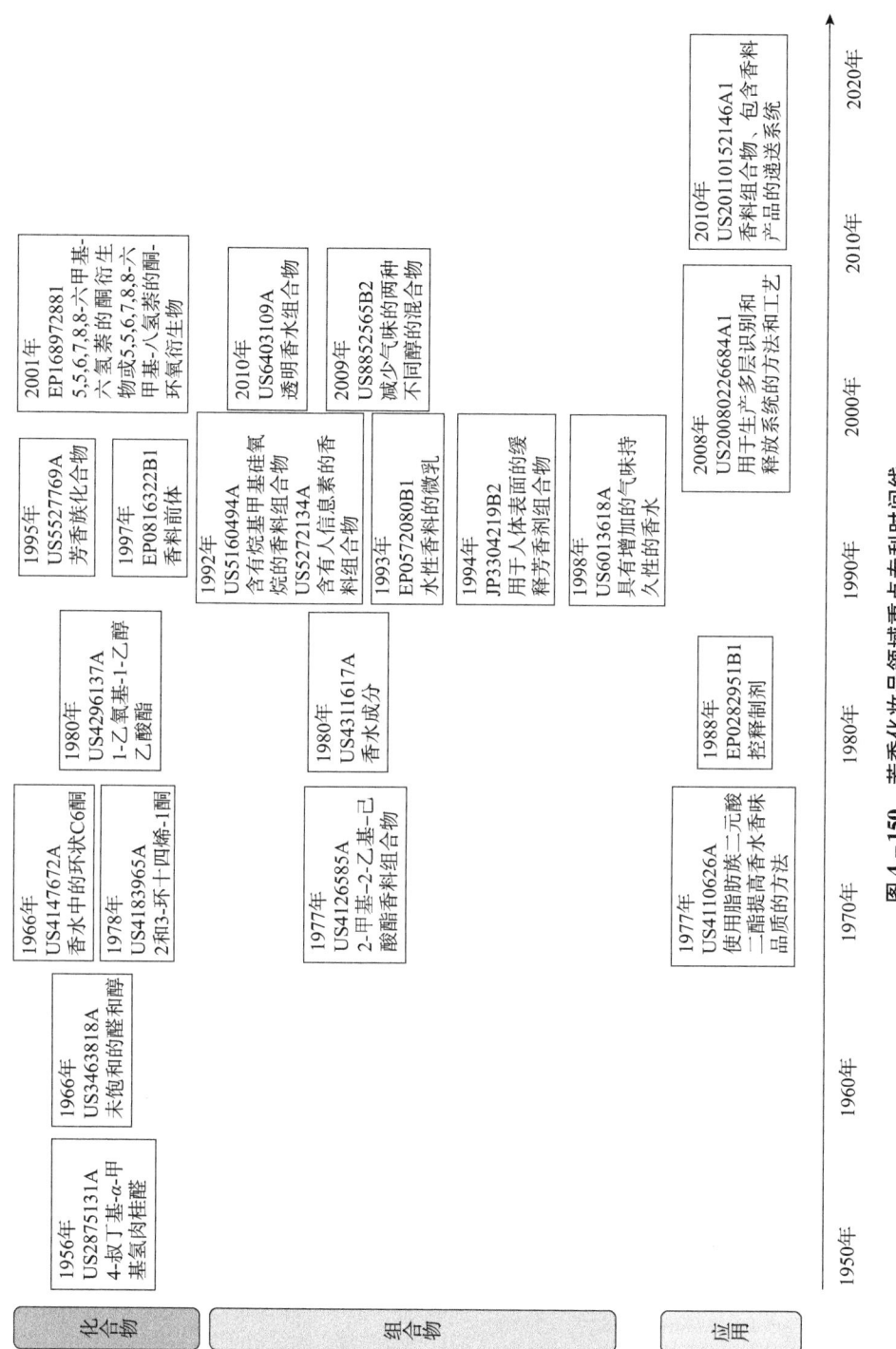

图 4-150 芳香化妆品领域重点专利时间线

第五章 化妆品产业区域对比分析

本章从政策、专利对比分析等角度，聚焦国内化妆品产业主要城市以及产业聚集区的发展现状，为广州市化妆品产业高质量发展提供参考。

5.1 主要城市对比

5.1.1 政策分析

我国陆续出台了多项政策助力化妆品产业高质量发展。2020年12月，《广东省推动化妆品产业高质量发展实施方案》出台，提出23条"硬核"举措以推动广东省化妆品产业做大做强。广州市、深圳市、佛山市等陆续出台推动化妆品产业高质量发展的政策措施。广州市白云区、黄埔区等化妆品重点产区则出台了"美湾九条""美谷10条"等具体扶持细则。表5-1展示了广州市、上海市和北京市的相关政策。

表5-1 主要城市相关政策

城市	主要政策	政策主要内容
广州市	《广州市白云区推动"白云美湾"化妆品产业高质量发展第二个三年行动方案（2021—2023年）》	建设集总部经济、科技创新、智能制造、检验检测、市场营销、文化传播为一体的产业生态链；3年内供地超1300亩；成立白云美丽健康产业基金，3年内完成白云美丽健康产业母基金8000万元以上的资金精准投放
	《白云区促进"白云美湾"产业高质量发展若干措施》（"美湾九条"）	支持企业创新发展，支持企业集采原料，支持企业培育品牌，支持企业开拓市场，支持企业培育人才，支持产业配套服务机构落户发展，保障企业发展空间，进一步优化产业生态，进一步优化营商环境
	《广州市人民政府办公厅关于推动化妆品产业高质量发展的实施意见》	构建"4+6+4"化妆品全产业链高质量发展格局，构建商圈、展会、电商、出口化妆品消费体系，推出3条以上化妆品美妆产业旅游路线，对广州化妆品企业提供资金支持

续表

城市	主要政策	政策主要内容
广州市	《广州市黄埔区 广州开发区促进美妆产业高质量发展办法》（"美谷10条"）	培育世界一流标杆企业，鼓励提升核心竞争力，打造中国特色美妆精品，构建产业集聚高端载体，搭建重大公共服务平台，创建国际知名自主品牌，助力提升品牌影响力，营造一流产业发展环境，重点扶持重点项目
	《花都区大力推进化妆品产业高质量发展的若干意见》	集中优质资源，促进资源要素、优惠扶持政策向"中国美都"集聚，建设规模化、品牌化、绿色化、高端化的化妆品企业总部集聚区和现代化生产基地，擦亮"中国化妆品之都""中国美都"金字招牌
上海市	《关于推进上海美丽健康产业发展的若干意见》	支持制度创新成果应用，创新政府服务模式和监管方式，支持科技创新突破，支持"东方美谷"人才队伍建设，推动"东方美谷"产业资源集聚，支持社会资本参与，加强土地使用保障，加大财政支持力度，创建"三都"示范实践区，建设国家级产品设计中心，建设国家级检验检测评价服务平台，设立上海国际时尚产业展示中心，建立市区协同推进机制
	《上海市化妆品产业高质量发展行动计划（2021—2023年）》	打造中国知名自主品牌生力军、时尚美妆产业金名片、南京西路美妆品牌世界橱窗、全球化妆品时尚品牌消费地，加快高品质原料和包装攻关，加快美妆前沿科技成果转化，加快质量标准体系建设，赋能生产智能高效，赋能供应链贯通协同，赋能新模式创新发展，与创意设计融合推动全领域品类创新发展，与直播电商融合推动全新型业态范式发展，与文化旅游融合推动全方位时尚体验发展，创新监管服务，深化信用监管，推进社会共治，加强行业人才保障，加强多元资本投入
北京市	《北京市昌平区关于支持美丽健康产业高质量发展的若干措施》（"美丽经济十条"）	支持产业生态构建，支持技术创新突破，支持专业化平台发展，支持创业孵化和成果转化，支持产业集群发展，支持人才培养和引进，支持数字新业态新模式新消费发展，支持产业空间供给，支持社会资本参与，支持制度创新先行先试

5.1.2 创新实力分析

图 5-1 展示出了国内主要城市化妆品领域授权专利占比，可以看出，广州市化妆品产业授权量占比居全国首位，创新活力强劲。

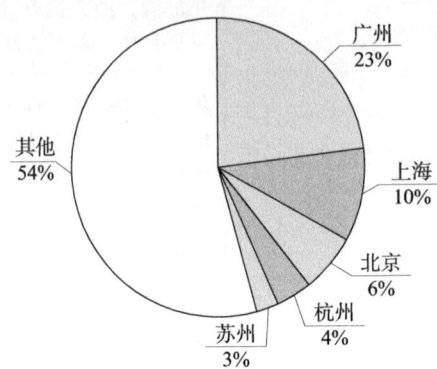

图 5-1　国内主要城市化妆品领域授权专利占比

图 5-2 展示出了国内主要城市化妆品领域专利授权量和有效量对比。可以看出，广州市化妆品领域专利授权量和有效量在全国处于领先地位。

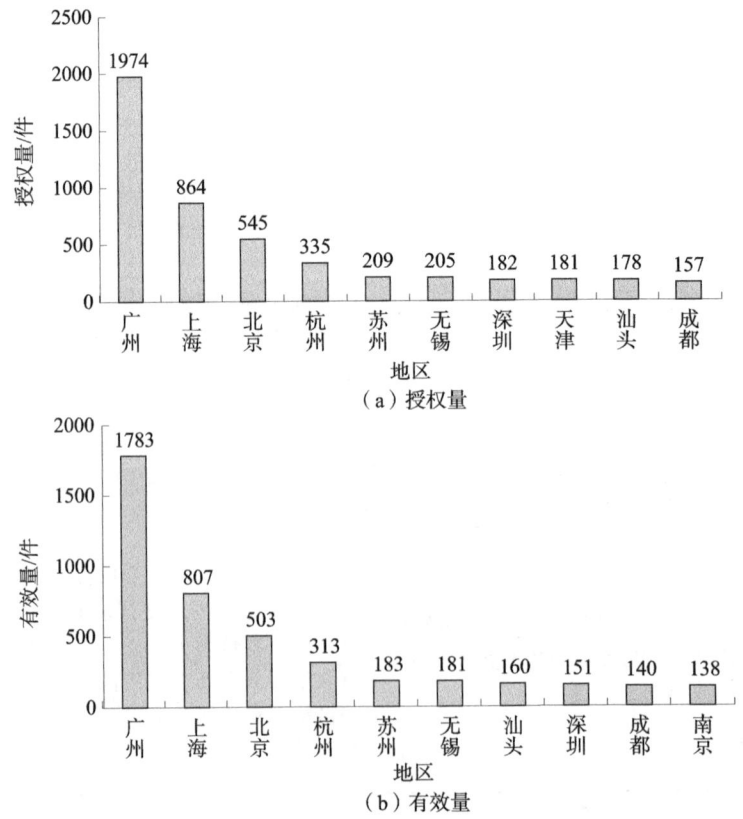

图 5-2　国内主要城市化妆品领域专利授权量和有效量对比

图 5-3 展示了国内主要城市在化妆品五个技术分支专利授权量占比情况,可以看出,广州市在化妆品五个技术分支均具备较强的创新能力,皮肤用化妆品、彩妆化妆品领域优势明显。

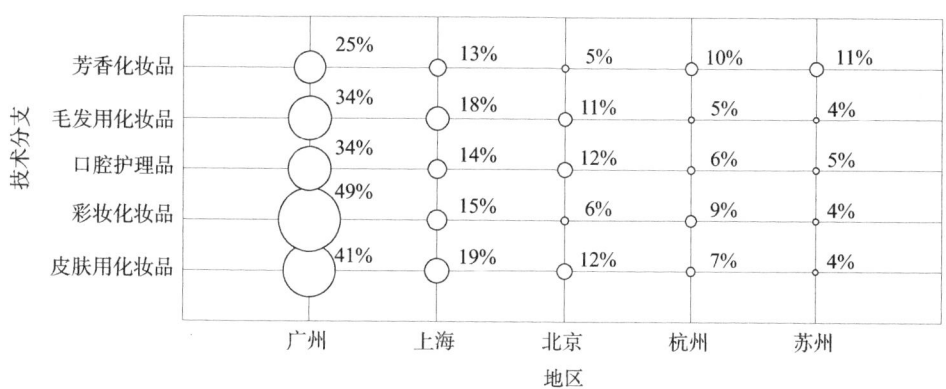

图 5-3　国内主要城市化妆品五个技术分支专利授权量占比

5.1.3　创新方向分析

图 5-4 对国内主要城市化妆品领域授权专利创新方向进行了统计。可以看出,植物提取物为国内主要城市化妆品领域研发重点和主要创新方向,广州市在植物提取物方面具有较强的创新能力,同时在生物化学和有机化学方面具有一定的优势。

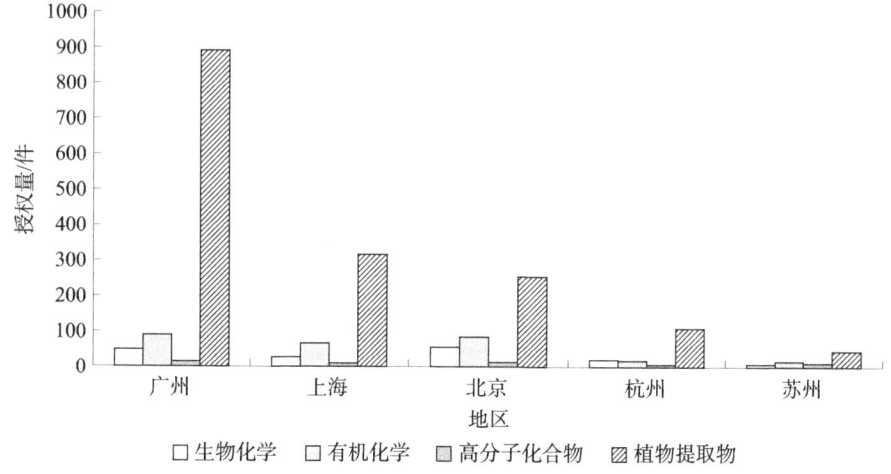

图 5-4　国内主要城市化妆品领域授权专利创新方向

图 5-5 展示出了国内主要城市化妆品领域授权专利中涉及植物提取物的授权量趋势。可以看出,广州市与上海市、北京市、杭州市和苏州市相比,具有较强的创新意识,从 2013 年起在植物提取物方面的专利技术储备开始大幅超过其他城市。

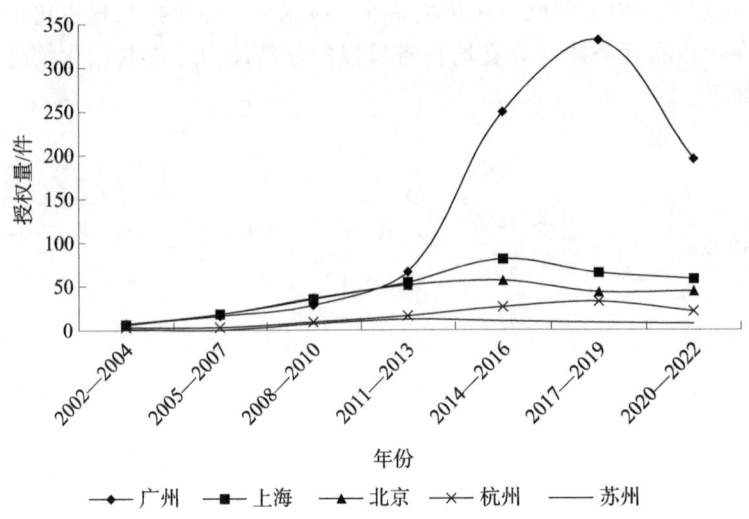

图 5-5　国内主要城市化妆品领域授权专利中涉及植物提取物的授权量趋势

5.1.4　创新主体分析

图 5-6 展示了授权量排名第 1~3 位的城市化妆品授权专利申请人类型分布。可以看出，广州市创新主体中企业占绝对优势（占比 82%），院校占比相对北京市和上海市较低，不足 10%。北京市企业在创新主体中的占比相较广州市和上海市低，个人、院校和科研机构占比均高于上海市和广州市。

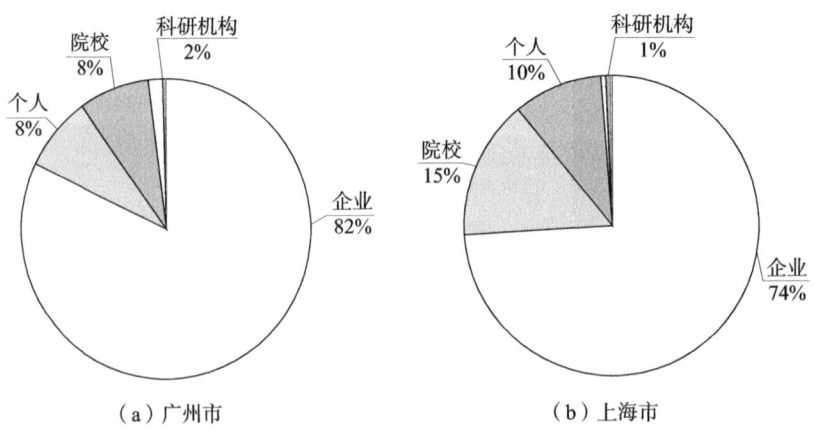

（a）广州市　　　　　　　（b）上海市

图 5-6　广州市、上海市、北京市化妆品授权专利申请人类型分布

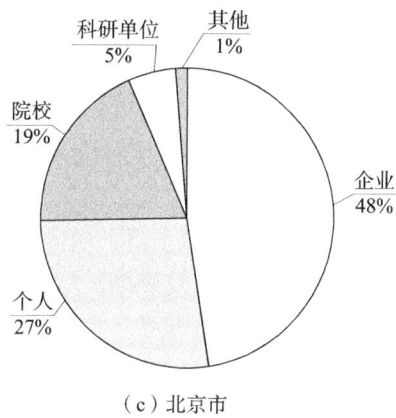

(c) 北京市

图 5-6　广州市、上海市、北京市化妆品授权专利申请人类型分布（续）

5.1.5　协同创新分析

从图 5-7 可以看到，广州市的化妆品协同创新专利数量在全国处于领先地位，广州市化妆品协同创新专利数量占全国化妆品协同创新专利总量的 9.6%，但与排名第二的北京市及排名第三的上海市相比，数量优势并不明显。广州市、北京市、上海市三者在协同创新方面具有明显的优势地位。

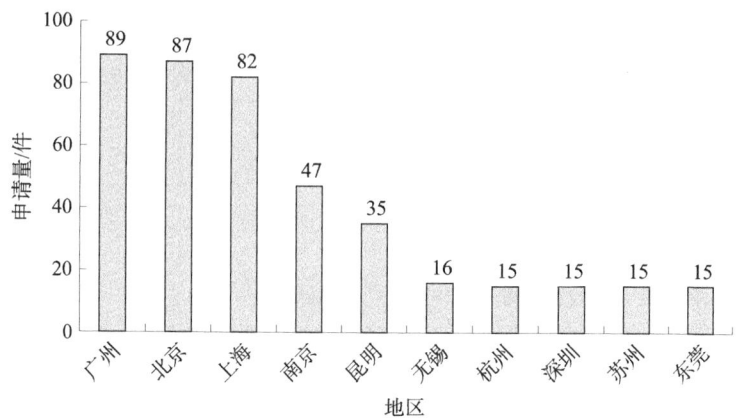

图 5-7　国内主要城市协同创新专利数量

5.2　化妆品产业聚集区概况

从 2015 年开始，上海市奉贤区倾力打造"东方美谷"，浙江省湖州市则构建"美妆小镇"。广州市于 2018 年打造"白云美湾"，于 2020 年打造"南方美谷"和"中国美都",分别位于白云区、黄埔区、花都区。2020年,重庆市"西部美谷"正式落地;2021年成都市武侯区规划建设"她妆美谷";北京昌平区设有"未来美城"。在上述化妆品产业代表性城市中,企业数量、注册资本等指标排名靠前的区域分别是广州市白云区、广州市黄埔区、广州市花都区等,这三个产业园区不仅存续企业数量遥遥领先,而且注册资本总额、专利数量和商标数量也均位居前3位,打造出中国化妆品产业园区高质量发展典范(见表5-2)。从地理位置上看,中国多地布局化妆品产业集群,这意味着中国化妆品产业进入产业集群式高速发展期。这些产业聚集区,总存续企业数量多达7100多家,包括研发、生产、设计、包装、营销等各类企业。

表5-2 2021年中国化妆品产业聚集区对比

排名	区域	产业基地	存续企业数量/家	注册资本总额/亿元	年度新增企业数量/家
1	广州市白云区	白云美湾	4691	157.48	1122
2	广州市黄埔区	南方美谷	777	300.35	240
3	广州市花都区	中国美都	691	48.34	81
4	上海市奉贤区	东方美谷	348	61.00	30
5	清远市清新区	美妆硅谷	242	26.71	15
6	江门市新会区	新州美谷	134	12.86	70
7	北京市昌平区	未来美城	65	25.67	2
8	湖州市吴兴区	美妆小镇	49	19.83	3

5.2.1　产业聚集区典型园区简介

1. 广州市白云区"白云美湾"化妆品产业集群

化妆品产业作为白云区的传统产业,有着厚重的历史底蕴。广州市白云区作为我国主要的化妆品产业聚集地之一,化妆品产业从20世纪80年代末开始萌芽,经过多年的发展,化妆品生产、销售企业在白云区不断集聚积累,形成了品类齐全、链条完整、根基深厚的产业规模。白云区在国内外均享有较高的影响力和知名度,其化妆品企业占全国的三分之一,已成为集生产、销售、设计、研发、包装、检测、展览为一体的全国化妆品产业聚集区。

"白云美湾"是广州市白云区为推动美丽健康产业发展,全力打造的"美丽经济"全域品牌。"白云美湾"立足粤港澳大湾区,融入"一带一路",围绕打造广州化妆品全产业链核心,建设集总部经济、科技创新、智能制造、检验检测、市场营销、文化传播为一体的化妆品产业生态链,形成广东省、广州市特色经济,打造成为具有国际竞争力和国际影响力的化妆品产业。

2. 上海市奉贤区"东方美谷"化妆品产业集群

经过多年的发展,"东方美谷"品牌价值突破 287 亿元,区域内集聚资生堂、如新、美乐家等一批国内外化妆品企业,化妆品产业规模近 700 亿元,规模以上企业工业产值近 400 亿元;持证化妆品生产企业 82 家,占上海市的 35%,规模以上企业数量 21 家,占上海市的 31%。

2021 年上海发布《上海市化妆品产业高质量发展行动计划(2021—2023 年)》,通过落实奉贤区政府、市科委、市商务委、市经济信息化委等责任部门的方式,打造化妆品全产业链标杆、做强化妆品研究院、率先创新线上化妆品批发零售业务模式和商业业态、优化玉兰"双蕊多瓣"产业空间格局等,从而加速"东方美谷"向"世界化妆品之都"迈进。

3. 广州市黄埔区"南方美谷"化妆品产业集群

2020 年,广州市黄埔区着力打造"南方美谷",规划总占地面积约 36 万平方米、总建设面积约 170 万平方米,包括总部研发中心和产业基地两大功能片区,是广州市最大规模的美妆产业园。该区有持证化妆品生产企业 66 家,化妆品贸易企业 377 家,注册资本 1 亿元以上的占比超过 30%,产业规模已超 800 亿元,包括宝洁、安利、蓝月亮、丸美、环亚、佐登妮丝等一大批龙头美妆企业集聚,具有良好的产业基础及行业带动效应,已是名副其实的中国"南方美谷"。

4. 广州市花都区"中国美都"化妆品产业集群

"中国美都"总部集聚区坐落在花都区中轴线南端花都湖畔,是以化妆品及大健康美丽产业为主导,围绕总部经济、数字经济、创新经济、高端智造、产业金融等进行布局,以"一核四园多基地"为产业载体,集创新研发、智能制造、包装设计、国际原料、检验检测、商贸会展、直播电商、创投融资、企业孵化、文旅休闲、人才培训、商务咨询等全产业链条于一体的时尚产业总部经济生态示范区和中国化妆品高质量发展的示范区。

5.2.2 产业聚集区技术发展分析

由图 5-8 可以看到,全国化妆品产业聚集区专利申请量排名前三位的是广州市的"白云美湾""南方美谷"和"中国美都"。广州市的化妆品发明专利申请总量为 8411 件,而"白云美湾""南方美谷"和"中国美都"的专利总量为 5699 件,占据广州市申请总量的 68%。可见,这三个产业聚集区专利申请数量超过了广州市其他区域的申请数量总和,广州市在广东省甚至在全国都占有非常重要的地位,相比于全国其他规模较大的产业聚集区具有较大的优势。

由图 5-9 可以看到,从历年的专利申请趋势来看,各大产业聚集区的专利申请趋势与全国各省的趋势基本一致。稍有不同的是,"白云美湾""南方美谷"和"中国美都"在 2020 年开始出现专利申请量下滑,而其余产业聚集区是在 2021 年达到申请量高峰。申请最早的是"白云美湾"和"北方美谷",于 2002 年分别申请了 1 件和 3 件,随后"北方美谷"申请量快速增加，在2008年申请量达到高峰135件。从目前已公开的专利申请量来看，虽然2021年及2022年的申请量小于2010年，但绝对量并不算低，考虑到后续可能还有部分申请进行公开，2021年和2022年的专利申请量同样可达到较高的水平。

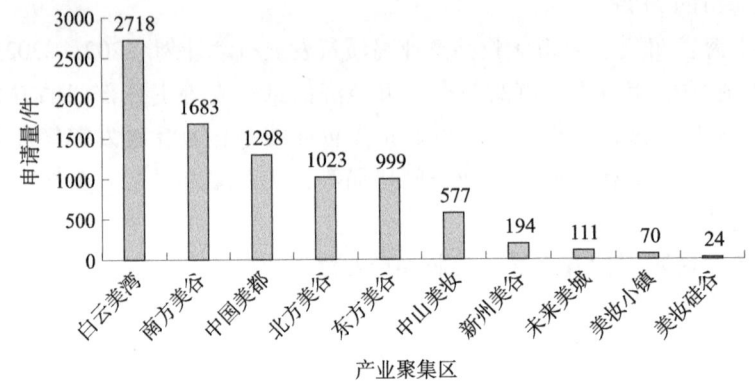

图 5-8　产业聚集区发明专利申请量

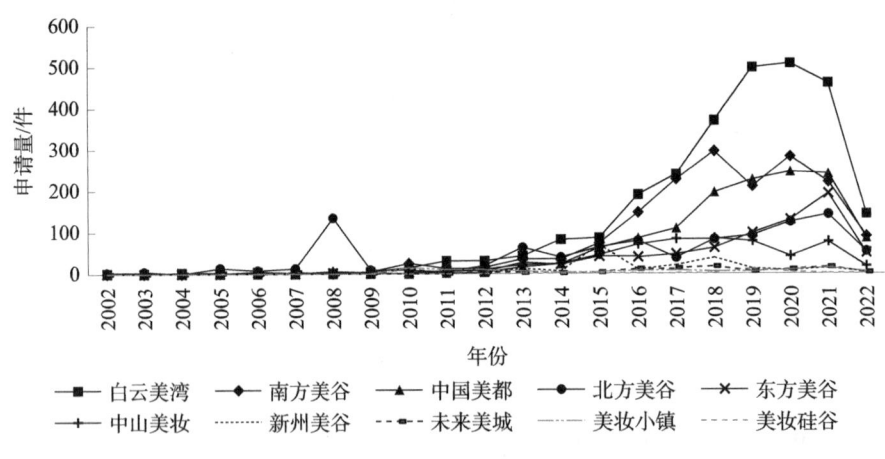

图 5-9　产业聚集区发明专利申请趋势

5.2.3　产业聚集区创新主体类型分析

从图 5-10 至图 5-15 可以看出，六大化妆品产业聚集区的专利申请，除"北方美谷"，企业申请人占比均超过 80%，其余类型包括个人、院校与科研机构。这些聚集区第一申请人类型组成相似，都是企业申请人占比较高，院校与科研机构申请人占比较低。个人申请人则以"中山美妆"和"白云美湾"较多，均不少于 10%。而根据这些聚集区主要申请人发明专利申请量排名分析，"白云美湾"和"东方美谷"的前 10 名申请人中分别有一家院校（分别为南方医科大学和上海应用技术大学），其余聚集区前 10 名申请人均为企业，因此就申请量而言，可以获知这些聚集区的院校与科研机构申请人的研发热度相对较低。院校、科研机构有丰富的科研资源，特别是在基础研究、机理研究、生物学研究等多学科研究方面存在天然的优势，研发能力强，检测设备齐全，建议企业和院校、科研机构开展深度合作，对接研发需求，可大大缩短研发周期，也能够减少企业前期投入的风险成本，加速科技成果的产出和转化转移。

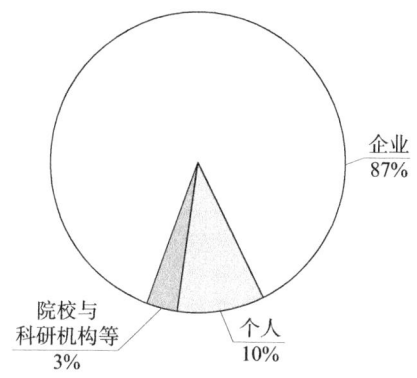

图5-10 "白云美湾"第一申请人类型

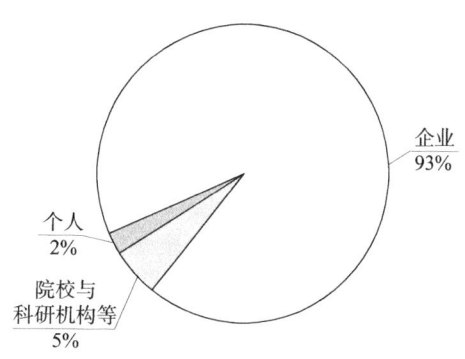

图5-11 "南方美谷"第一申请人类型

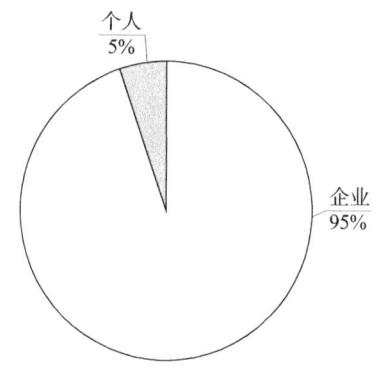

图5-12 "中国美都"第一申请人类型

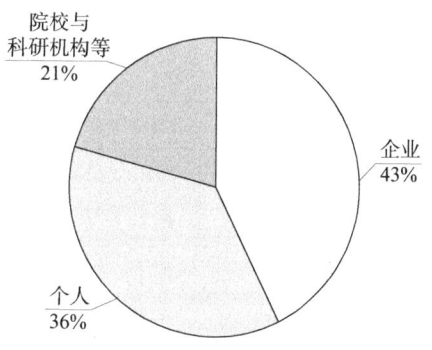

图5-13 "北方美谷"第一申请人类型

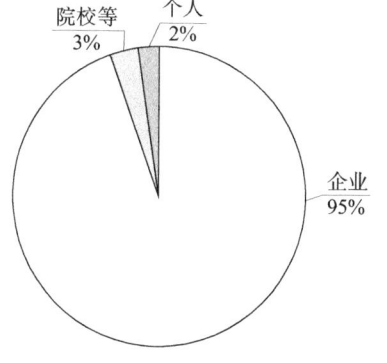

图5-14 "东方美谷"第一申请人类型

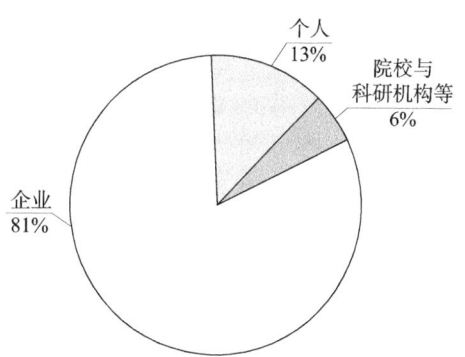

图5-15 "中山美妆"第一申请人类型

北方美谷的个人专利申请占比36%，院校与科研机构的专利申请占比21%，均远超其他产业聚集区。根据"北方美谷"主要申请人发明专利申请量排名分析，包括山东大学、齐鲁工业大学、山东师范大学、山东中医药大学、山东省科学院生物研究所在内的院校和科研机构占据了申请量前10名中的七席，加之当地政策鼓励产学研成果转化和专业化人才培养，使得"北方美谷"参与化妆品领域研发的院校和科研机构不仅注重基础理论和前沿技术研究，而且采用专利权对研究成果进行保护的意识也相对较高，因此相比于其他产业聚集区而言，个人申请和院校申请占比提升显著。

5.2.4 产业聚集区专利法律状态分析

1. 全国主要化妆品产业聚集区专利法律状态

中国主要化妆品产业聚集区发明专利法律状态如表5-3所示，"白云美湾""南方美谷""中国美都"在授权量方面分居前3位，总体授权量远超其他产业聚集区，其他授权量排名靠前的聚集区还有"北方美谷""东方美谷""中山美妆"。

表5-3　全国主要化妆品产业聚集区专利法律状态分布　　　　　专利数量/件

法律状态	产业聚集区	白云美湾	南方美谷	中国美都	北方美谷	东方美谷	中山美妆
审中	实质审查	1107	555	586	291	484	169
	公开	65	14	24	9	29	5
有效	授权	612	549	331	190	181	112
失效	驳回	575	312	227	148	71	192
	撤回	328	230	122	330	132	91
	未缴年费	30	22	7	53	41	8
	期限届满	1	—	—	—	—	—

2. 六大产业聚集区专利法律状态对比

从图5-16至图5-21可以看出，"南方美谷"专利申请有效率最高，达到33%；其次是"中国美都"和"白云美湾"，而其余聚集区均低于20%。可见，广州市的三大产业聚集区在专利质量和专利运营水平都显著强于"北方美谷""东方美谷"和"中山美妆"。与广州市化妆品领域专利整体有效率（25%）、失效率（41%）相比，只有"南方美谷"和"中国美都"的专利有效率更高，可见，只有"南方美谷"和"中国美都"专利申请质量和专利运营水平高于广州市整体水平，包括"白云美湾"在内的其他产业区专利申请质量和专利运营水平都低于广州市整体水平，但是"白云美湾""北方美谷"和"东方美谷"尚有大量申请处于审查阶段尚未结案，因此，这些产业聚集区的专利申请的有效率有望进一步上升。

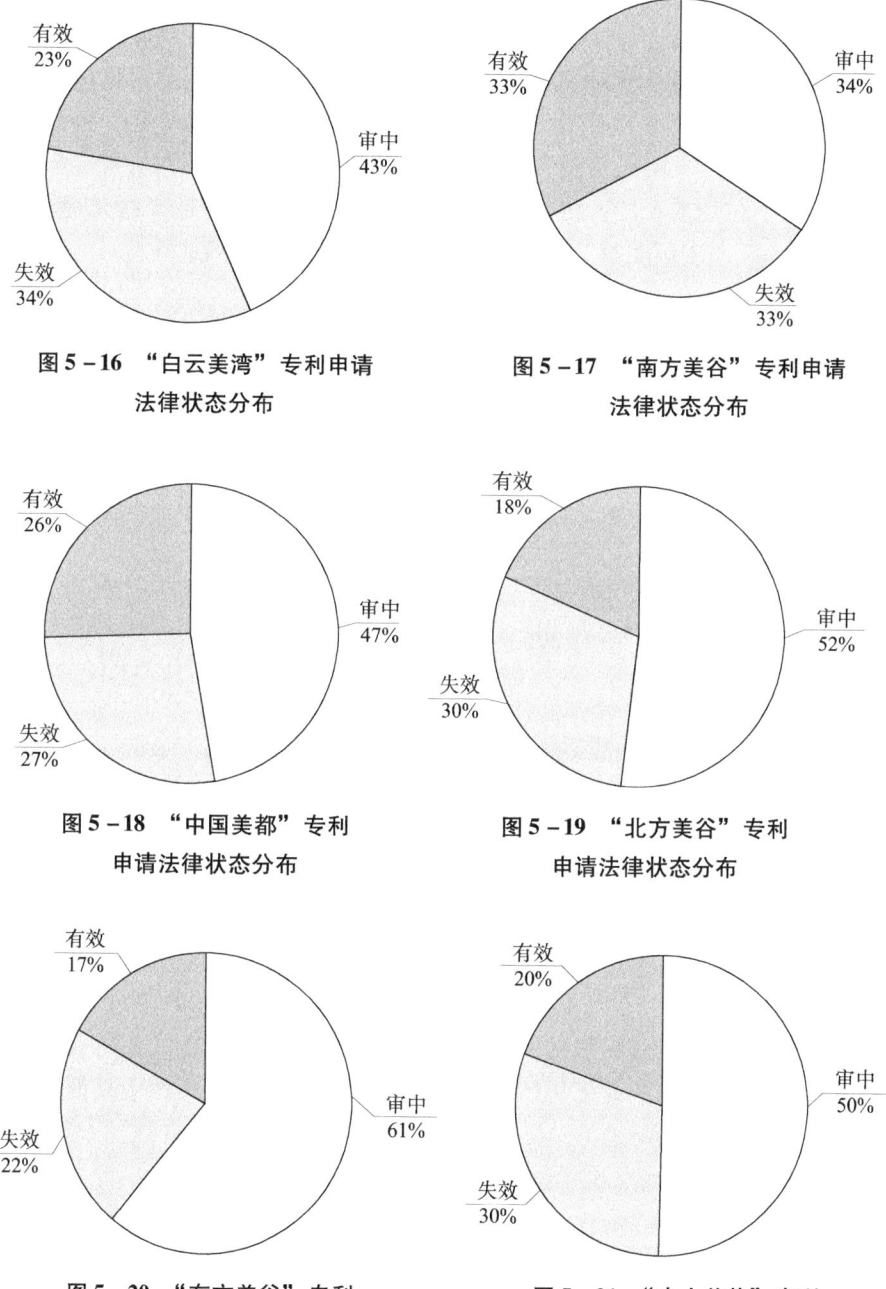

图 5-16 "白云美湾"专利申请法律状态分布

图 5-17 "南方美谷"专利申请法律状态分布

图 5-18 "中国美都"专利申请法律状态分布

图 5-19 "北方美谷"专利申请法律状态分布

图 5-20 "东方美谷"专利申请法律状态分布

图 5-21 "中山美妆"专利申请法律状态分布

5.2.5 产业聚集区技术分支布局分析

从图 5-22 可以看到，皮肤用化妆品、彩妆化妆品、毛发用化妆品、芳香化妆品、口腔护理品五个技术分支中,所有产业聚集区在涉及皮肤用化妆品方面的申请量都是最多的,占比均超过60%;其次是毛发用化妆品、彩妆化妆品、口腔护理品,而芳香化妆品专利在所有产业聚集区中占比最低。在皮肤用化妆品和毛发用化妆品技术分支方面,各大产业聚集区的皮肤用化妆品专利占比与申请量总体趋势是一致的。在彩妆化妆品技术分支方面,"白云美湾""中国美都""南方美谷""东方美谷""中山美妆""北方美谷"位列前6位;在口腔护理品技术分支方面,则是"白云美湾""南方美谷""北方美谷""中国美都""中山美妆""东方美谷"位列前6位。

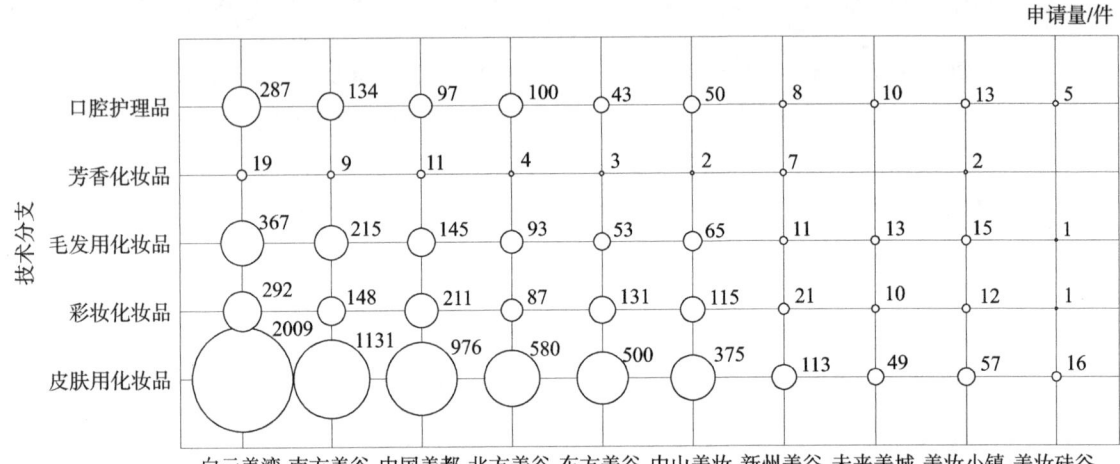

图5-22 产业聚集区专利技术分布

从整体而言,"白云美湾"在所有技术分支方面专利申请量都是最高的;"中国美都"在彩妆化妆品专利方面申请量仅次于"白云美湾",显示出其彩妆化妆品产业具有较强的实力;"南方美谷"在毛发用化妆品专利方面申请量仅次于"白云美湾",显示出其毛发用化妆品产业具有较强的实力。广州市的三个产业聚集区在所有技术分支方面的专利申请量高于其他产业聚集区,说明广州市化妆品企业相比于其他产业聚集区企业具备较强的技术优势。

第六章 专利分析结论及导航建议

6.1 化妆品专利分析结论

6.1.1 化妆品产业专利布局分析结论

1. 专利分析整体概况

本书的检索结果经去重合并后,获得化妆品领域发明专利统计数据如下:全球申请量为210118项,中国申请量为70654件,广东省申请量为15529件,广州市申请量为8411件;其中,全球专利申请的授权量为92581项,中国申请的授权量为15298件,广东省申请的授权量为2960件,广州市申请的授权量为1974件。专利申请趋势上,化妆品产业专利申请前期经历了萌芽期、快速增长期,于2017年专利申请量达到峰值,且随后一直保持着较高的申请量态势。技术构成上,全球化妆品技术分支中,皮肤用化妆品的申请量和授权量最高,申请量占比47%,授权量占比42%;其次是毛发用化妆品、彩妆化妆品、口腔护理品和芳香化妆品。皮肤用化妆品逐步向更加突出个性化的细分功效和绿色原料进阶,成为产业结构调整的发展方向和研究热点。竞争格局上,中国已成为全球化妆品领域第一大发明专利申请国。

(1) 全球专利申请量排名前20名的申请人主要为日本、法国、美国等国家的创新主体,法国的欧莱雅在申请人中独占鳌头。

从专利申请人分布来看,专利申请量排名前20位的申请人中,日本企业占10个,总申请量占比为23.8%,体现出日本在化妆品领域属于技术大国。

全球化妆品巨头欧莱雅的专利申请量排名全球首位,其申请量和授权量、有效量均远高于其他申请人。欧莱雅在皮肤用化妆品、毛发用化妆品、彩妆化妆品领域的申请量均位于第一,体现了欧莱雅在化妆品领域的绝对优势。

(2) 中国为化妆品领域的专利申请大国,中国申请人创新能力持续增强,但与技术强国仍有差距。

从专利申请量区域分布来看,虽然中国起步较晚,但是发展迅速,从2011年开始,申请量反超日本,成为化妆品领域第一大专利申请国。从化妆品领域全球专利申请地域分布可以看出,中国专利申请量最多,日本专利申请总量排名第二,美国专利申请总量排名第三。从化妆品领域公开专利数量与最早优先权国/地区为本国/地区的专利数量的比例可见，中国的创新能力仅次于日本，这也说明中国虽然较晚进入化妆品产业，但通过近些年不断发展和追赶，大有后来居上之势，在化妆品领域具备了较强的竞争力。但中国申请人未进入化妆品领域全球申请量前20位，授权量和有效量排名中前10位也没有中国申请人，中国申请人在申请量和授权量上与国外企业仍存在一定的差距。

（3）中国申请人海外专利布局较少。

过去数年我国化妆品专利申请量占全球申请量的比重逐年上升，申请总量虽然最多，但技术的输出能力较弱，我国化妆品专利具有五局同族的申请量占比仅为1%，远低于其他主要申请国家，我国化妆品专利在国际市场上缺乏竞争力，没能达到在全球进行专利布局的能力，需在技术上积极寻求突破，注重海外专利布局和专利侵权风险防范。

（4）皮肤用化妆品为全球主要申请方向，植物提取物为原料方面的研究热点。

结合2003—2022年化妆品产业结构发展变化趋势可知，A61Q19/00（护理皮肤的制剂）一直是化妆品领域的主要研究方向，且申请量逐年稳步增加。在护肤具体领域中，A61Q19/02（用化学方法漂白或变白皮肤）和A61Q19/08（抗衰老制剂）是研究热点。原料方面，A61K8/97（植物提取物方向）为原料方面研究热点。

2. 中国化妆品产业专利分析结论

（1）国内创新能力不断提高。

化妆品领域中国专利申请总量为70654件，国内申请人申请总量为56797件。从发展趋势来看，2007年国外在华申请较多，国内申请人申请总量占比不足50%，申请量也低于国外申请人年专利申请量，反映出中国申请人在中国专利布局起步较晚。2008年以后，国内申请人申请量增加明显，2013年以后国内申请人申请量占比大于80%，且国内申请人申请量继续保持稳步增长势头，体现出国内创新能力不断提高，更加重视利用专利保护技术，增强企业的竞争力。

（2）企业为主要的创新主体，院校创新能力较强。

中国专利申请的授权量排名前10位的申请人中，国外公司在申请数量上占据了主导地位。中国申请人进入排名前10位的有2个，均为院校申请人。国内申请人授权量排名前10位的申请人中，院校申请人占50%，排名前4位的申请人均为院校申请人，体现出中国院校在化妆品领域具备较好的创新能力。从化妆品领域中国专利主要申请人类型可以看出，在化妆品领域企业为主要第一申请人，占比66%，能够看出化妆品领域企业具有较好的创新活力，是主要的创新主体。

国内主要申请人类型中，企业比例进一步增大，占比78%，主要有丹姿、珀莱雅、芭薇、上海家化等重点企业。院校则主要包括江南大学、华南理工大学、上海应用技术大学、北京工商大学、浙江大学等。整体上，合作申请占比不高，在产学研合作方面，仍有很大发展空间。

（3）广东省化妆品产业具备良好的创新基础。

化妆品领域的国内申请人所在区域排名前5位的为广东省、江苏省、山东省、上海市和浙江省，申请量占国内申请总量的60%。其中尤以广东省的专利申请量为最多，达到15527件，占比达27%，反映出广东省申请人对于化妆品的研发在国内处于领先地位。广东省在化妆品领域的主要申请人有：华南理工大学、丹姿、芭薇、拉芳、环亚、艾蓓、丸美、无限极、澳宝和花安堂。

（4）广东省化妆品产业第一申请人企业占据主导地位。

从化妆品领域广东省专利申请人类型分布情况可以看出，化妆品领域的广东省专利申请第一申请人类型中企业占比74%，体现了企业为广东省化妆品产业技术发展最主要的创新主体。其次，个人申请占比20%，院校占比4%。

3. 广州市化妆品产业专利分析结论

（1）整体数量方面。

广州市化妆品领域专利授权量和有效量在全国处于领先地位，占比23%，位于榜首，与主要创新城市相比，广州市领先于上海市、北京市、杭州市等主要城市，显示出广州市创新活力强劲。

由化妆品领域五个技术分支专利授权量占比分析可知，广州市在化妆品五个技术分支的授权量占比均位于第一，其次为上海市、北京市、杭州市和苏州市，其中护肤、彩妆领域优势明显。

广州市各区的专利申请中，白云区占广州市专利申请总量的29%。

（2）创新方向和研发热点方面。

从化妆品领域授权专利创新方向可以看出，植物提取物为国内化妆品领域研发重点和主要创新方向。广州市在植物提取物方面具有较强的创新能力，同时在生物化学和有机化学方面具有一定的优势。从2013年起，广州市在植物提取物方面的专利技术储备开始大幅超过其他城市。

广州市化妆品专利申请中，皮肤用化妆品的申请量占比高达72%，从2003—2022年广州市化妆品产业结构发展趋势也可以看出，皮肤用化妆品为广州市化妆品产业最为重要的研究方向。

（3）主要城市创新主体对比方面。

由授权量排名前3位的城市的化妆品专利申请人类型分析可知，广州市创新主体中企业占绝对优势（占比82%），大专院校占比相对北京市和上海市较低，不足10%。广州市化妆品领域专利申请的授权量大，虽然大专院校占比低，但绝对数量不少（如广州市化妆品协同创新专利数量占全国化妆品协同创新专利总量的9.6%）。综合来看，高校的专利涉及融合学科内容以及原料端的较多，如华南理工大学等，具有较强的研发实力。广州市各企业类创新主体在后续技术研发中，可进一步与各院校、科研机构等的相关科研团队开展协同创新合作，缩短研发周期，增强自身技术实力，进一步巩固广州市化妆品产业的优势领先地位。

（4）广州市主要申请人方面。

化妆品领域的广州市专利申请中，企业是主要的第一申请人，广州市的专利申请主体更加注重企业独立申请形式，企业、个人、科研机构和院校之间的合作申请模式较少。创新主体排名前 10 位的申请人中，包括华南理工大学、丹姿、芭薇、环亚、艾蓓、丸美、花安堂、睿森、广州暨南生物医药研究开发基地有限公司和广东轻工职业技术大学。

（5）专利运营方面。

广州市化妆品领域的专利运营方式以专利转让为主，其占广州市申请人专利运营总量的 91.8%，而涉及的专利许可和专利质押量相对较少。其中，高校作为转让人向企业进行科技创新成果转化的活跃度较高，以华南理工大学和广东轻工职业技术大学为代表。整体而言，相对于广州市化妆品产业的体量和创新能力，其在专利运营方面仍有很大的提升潜力，可进一步将科技创新成果转化与市场产业化运营相对接。

（6）产业集群方面。

全国化妆品产业聚集区申请量排名前 3 位的是广州市的"白云美湾""南方美谷""中国美都"，这三个产业聚集区专利申请数量超过了广州市其他区域的申请数量总和，相比于全国其他规模较大的产业聚集区具有较大的优势。虽然广州市化妆品产业专利申请量处于全国产业链领先水平，但相比于"东方美谷""北方美谷"等聚集区的产业政策，在以下方面仍然需要借鉴：在原料研发方面，"东方美谷"和"北方美谷"比较重视原料的研发，《上海市化妆品产业高质量发展行动计划（2021—2023 年）》提出要加快高品质原料攻关，《2022 年"美妆山东"计划实施方案》提出做强做优原料企业；在产业集群发展方面，"东方美谷"提出多元化的资本支持产业发展，在《关于推进上海美丽健康产业发展的若干意见》提出支持社会资本参与，《上海市化妆品产业高质量发展行动计划（2021—2023 年）》提出加强多元资本投入；在科技创新、成果转化方面，"东方美谷"和"北方美谷"都比较看重成果转化和持续的科技创新，如《关于推进上海美丽健康产业发展的若干意见》提出支持科技创新突破，《上海市化妆品产业高质量发展行动计划（2021—2023 年）》提出加快美妆前沿科技成果转化，《山东省促进化妆品产业高质量发展实施意见》提出提升产业创新能力。

六大产业聚集区中"北方美谷"的院校与科研机构申请人类型占比均远超其他产业聚集区，"北方美谷"以济南为核心，当地高校及科研机构较多，如山东大学、齐鲁工业大学、济南大学、山东省科学院生物研究所、山东省药学科学院等在化妆品领域都有一定的专利申请量和研发实力，加之当地政策鼓励产学研成果转化和专业化人才培养，进一步激发了高校和科研机构技术研发的积极性。同时院校及科研机构对于产业的发展具有较好的推动作用，如华熙生物、焦点福瑞达等企业与高校一直具有紧密的合作，在化妆品原料端都有较强的技术储备。广州市企业也可在原料端研发加强与省内外高校及科研机构的合作。

"白云美湾"在各技术分支方面专利申请量都是最高的；"中国美都"在彩妆产业具有较强的实力，而"南方美谷"在毛发用化妆品产业具有较强的实力。广州市的三个产业聚集区在所有技术分支方面专利申请量远远高于其他产业聚集区，说明广州市化妆品企业相比于其他产业聚集区企业具备较强的技术优势。但是，在技术研发和品牌建设方面有待进一步提升。

6.1.2 皮肤用化妆品专利分析结论

1. 全球皮肤用化妆品产业技术竞争格局

皮肤用化妆品技术领域在地域分布上相对集中，技术竞争主要集中在中国、日本、韩国、美国、法国。中国的专利申请量最多，占据全球专利申请总量的33%，但是没有中国申请人进入全球专利申请量、授权量、有效量排名前10位榜单。在皮肤用化妆品技术领域，国外化妆品龙头企业在专利申请数量上占据了较大的优势，拥有雄厚的专利技术储备，而中国申请人在专利数量上与国际领先企业相比仍存在一定的差距，亟需加强对该领域的研发投入，并加强专利布局。

日本、韩国、美国、法国技术研发起步早，有深厚的技术积累，中国技术研发起步晚，当日本、韩国、美国、法国均已进入技术稳定期时中国才开始介入，但是中国后期发展迅速。皮肤用化妆品领域技术经过长足发展，各跨国日化企业的专利布局已经逐渐完善，国外企业专利申请发展势头已开始放缓，而国内市场仍在快速扩张，申请量增加较快，国内企业之间的竞争较为激烈。

2. 在华创新主体实力定位及产业发展水平区域对比

皮肤用化妆品领域在华专利申请中，中国申请人的专利申请总量位居第一，占比高达87%。但是从在华专利申请的申请量、授权量排名前10位的申请人分布来看，国外公司在申请数量上占据了主导地位。中国有3家公司（丸美、丹姿、上海家化）进入排名前10位的榜单，但是排名靠后，且大部分为国内申请，涉外申请与跨国化妆品公司相比较少。可以看出，随着中国化妆品市场的不断扩大，跨国化妆品公司越来越重视在中国进行专利布局，形成专利技术壁垒。

皮肤用化妆品领域国内重要申请人主要分布在广东省、上海市，广东省对于皮肤用化妆品的创新水平和专利保护意识在国内处于领先地位，广州市的申请量占广东省专利申请总量的56%，在国内、省内都处于明显领先地位。广州市的皮肤用化妆品领域专利申请主要集中在白云区、天河区、花都区三个区，以白云区申请量占比最大，占比31%。

企业为最主要的创新主体，尤其是广州市的专利申请中，企业占比高达87%，高于全国水平，说明广州市集聚了省内化妆品产业规模较大且技术处于领先的多家龙头企业，企业作为市场竞争的主体，积极通过专利布局的方式抢占市场份额。

3. 技术研发热点方向

保湿、抗衰抗皱、皮肤美白、防晒为全球创新主体在皮肤用化妆品产业的研发重点，保湿占比17%，抗衰抗皱占比17%，美白祛斑占比14%，防晒占比14%，四个分支的占比总和超过全球皮肤用化妆品专利申请量的60%。

透明质酸、神经酰胺、泛醇、角鲨烷、甜菜碱、葡聚糖、芦荟、吡咯烷酮羧酸、藻类提取物为皮肤用保湿化妆品领域的重要原料，其中透明质酸的使用频率最高，占据重要地位。目前国内保湿领域的研发热点在于如何防止皮肤水分蒸发，达到提高皮肤锁水效果。相应的透明质酸钠原料涉及防止水分蒸发、吸收外界水分、结合亲水成分、修复角质细胞各个机理的专利数量占比最高，应用较广，是目前保湿领域原料的研发热点。

视黄醇、羟丙基四氢吡喃三醇、二裂酵母发酵产物溶胞物、乙酰基六肽-8、棕榈酰五肽-4、谷胱甘肽、人参提取物、大豆异黄酮为皮肤用抗衰抗皱化妆品领域的重要原料。包含人参提取物的专利申请量比其他原料明显高，体现人参提取物在皮肤用抗衰抗皱化妆品领域中占据重要地位。在国内化妆品抗衰抗皱的赛道上，抗氧化是关注的热点。关于植物/中药提取物、氨基酸/肽和维生素及其衍生物作为抗衰抗皱原料的研究较多。

甘草提取物、传明酸、烟酰胺、熊果苷、茶多酚、曲酸、根皮素、维生素C、苯乙基间苯二酚为皮肤用美白祛斑化妆品领域的重要原料。其中，维生素C、烟酰胺、熊果苷的使用频率相对较高。而传明酸、曲酸、苯乙基间苯二酚、根皮素的使用量相对较低，它们同样具有良好的美白祛斑功效，可进一步增加原料复配、功效协同等方面的研究。

目前市场上的防晒产品用到的防晒剂以无机防晒剂的专利申请量最多。将多种防晒剂组合使用可实现广谱防晒功效，达到超长波段防护能力，尤其在有机与无机防晒剂复配方面，近些年都有一定数量的专利布局。传统的有机、无机防晒剂对皮肤存在一定程度的副作用和刺激性，因此创新主体都进一步加大了对天然防晒剂的研究。

4. 护肤领域国内重点申请人分析对比

丸美、丹姿是广州市在护肤领域专利申请量或授权量靠前的企业，技术和产品实力都具有一定的代表性和前端性，把广州市的重点申请人丸美、丹姿与该领域的重点申请人上海家化、华熙生物和贝泰妮进行对标分析，可为产业转型升级提供经验借鉴及指引。

从申请量上看，丸美在皮肤用化妆品领域的专利申请总量最高，上海家化起步早，注重国外专利布局，丸美、丹姿、华熙生物近些年发展迅猛。贝泰妮和华熙生物都比较注重与其他企业、高校或科研机构的合作。广州市重点企业虽起步晚，发展迅猛，申请量、有效量占比具备优势，较为注重专利运营，但是海外专利布局相对不足。

从专利特点上看，上海家化定位明确，专利布局以中草药提取和植物复配为主，在多种植物提取物、中草药提取物等方面积累了众多专利。华熙生物聚焦透明质酸相关技术的研发，其微生物发酵技术、酶切技术和分子量精准控制技术已达到了全球领先。贝泰妮聚焦特色植物（如马齿苋等）的研发，并在基础理论研究、应用开发、关键技术开发等方面都有一定的技术积累。由贝泰妮牵头建设成立了云南特色植物提取实验室，聚焦云南特色植物的功效性化妆品研究。丸美的专利申请涉及较多的具体领域，比如保湿和抗衰老、眼霜、改善眼袋和黑眼圈、保湿和舒缓敏感肌肤、抗衰老和抗炎、抗蓝光、防晒、美白抗衰老、抗敏抗紫外线、祛痘等。这也说明丸美具有较强的研发实力，专利维度多，涉及的层面广。丹姿的专利申请主要呈现两个特点，其一为天然护肤，重点研究方向为海洋产物；其二为工艺和原料的创新，不断改善护肤效果和产品性能。

从重点企业对标看，一方面，广州市部分企业的化妆品专利申请以组分复配为主，缺乏深入地挖掘分析某一个植物提取物的具体功效成分，而具体研究其有效成分结构等更有利于获得核心技术，因此需要进一步加强广东省特色植物提取物的开发。同时，广州市还可以参考国内其他地域的成功经验，与高校、科研机构进行深度合作研究，开发具有中国特色的原料新品种。另一方面，拥有核心技术才能够掌握话语权，化妆品核心原料的研发，仍是制约企业发展的重要因素，比如玻色因、PITERA、胜肽等核心活性成分，相关技术大多数都掌握在国外跨国公司手中。而透明质酸的成功研发，对于中国企业的发展、占据产业链主导地位都具有重要意义，因而广州市具有一定规模的企业更要着力发展核心技术，从而增强企业的核心竞争力。

5. 皮肤用化妆品植物原料专利分析

皮肤用化妆品全球专利申请中，使用植物原料的专利申请量占比为42%，远远超过使用动物来源的原料或微生物来源的原料，体现出植物原料在皮肤用化妆品中占据重要地位。中国在皮肤用化妆品植物原料领域的研究起步虽然比国外晚，但是在2013年后发展速度明显加快，研发热度高。

中国在皮肤用化妆品植物原料领域的专利申请量占比超过全球的一半，申请量上具有明显优势，但是没有中国申请人进入全球申请量排名前10位的榜单，说明中国的创新主体与国际领先企业之间存在差距。

植物提取物为国内化妆品领域研发重点和主要创新方向。广州市在植物提取物方面具有较强的创新能力。含植物原料的皮肤用化妆品在华专利申请的申请人中，排名前6位的均为国外申请人，广州市的企业丸美、丹姿进入前10位的榜单，但排名靠后，说明其与国际领先型化妆品企业相比存在差距。

皮肤用化妆品中使用频率排名靠前的植物原料为：芦荟、甘草、人参、茶叶、积雪草、葡萄籽、洋甘菊、金缕梅、马齿苋、黄芩。专利申请主要分布在国内，说明我国对含植物原料的皮肤用化妆品的研发较为重视，其中芦荟、甘草、人参为最受关注的植物原料。

含植物原料的皮肤用化妆品的重要专利大部分掌握在爱茉莉太平洋、欧莱雅、资生堂、高丝、拜尔斯道夫等跨国企业手中。与这些跨国企业相比，国内企业研发方向比较分散，没有形成明显的优势。国外化妆品龙头企业对甘草、人参、茶叶的研究较多，例如韩国的爱茉莉太平洋围绕单一植物原料人参连续深入研发，从不同活性成分、品种、提取部位、复配、应用、提取工艺等多方面进行专利布局，较好地巩固了其在含人参原料化妆品方面的领先地位。

广州市企业可以找出更加精准的着力点，加强技术的突破，如借鉴上述人参的相关专利布局深入研究特定植物原料。再如，"天然护肤"是目前的发展潮流，微型海藻的资源还未充分开发，具有较大的市场前景和市场，丹姿着重于藻类的研发，在海洋功效研究方面较为深入，与藻类有关或活性成分包括藻类的专利申请占到其申请总量的48%，在该领域具有较强的研发实力，还推出了相关品牌产品。

6.1.3 其他技术分支专利分析结论

1. 彩妆化妆品

（1）产业创新发展格局。

全球彩妆类发明专利申请量为 36674 项，中国专利申请量为 7848 件。日本、韩国、欧洲、美国在彩妆领域的市场主体地位显著，其重点申请人多为企业，在彩妆领域深耕多年，有着较为深厚的技术积累和研发实力。相比之下，国内彩妆企业起步较晚，对于彩妆的基础技术研发方面相对薄弱，在技术创新转化为知识产权方面，专利申请量与国外主要申请人尚存差距，总体而言，中国在全球彩妆产业的创新发展中仍有很大的空间和潜力。

就国内而言，广东省的彩妆专利申请总量占中国专利申请总量的 21.1%，广州市彩妆专利申请总量占广东省申请总量的 61.6%，在国内城市对比中也处于领先地位。可见，广州市彩妆产业的创新发展，在全国占有非常重要的地位。广州市彩妆化妆品领域专利申请人以企业为主。从广州市彩妆化妆品领域专利申请量排名可以看出，彩妆化妆品领域在广州市的技术集中度不高，广州市内彩妆领域发明专利的重要申请人具备一定的专利保护意识和专利申请布局，其重点申请人包括艾蓓、花安堂、丹姿、环亚、神采、集妍、奥希亚、芭薇、丸美等，但与国际彩妆龙头企业相比，其整体上仍处于追赶者的位置。同时，国内申请人的海外专利申请量较少，尚缺乏完善的海外专利布局，后续产品进军国际市场可能会受到诸多限制，需进一步加大相关专利海外布局力度。

（2）产业技术定位。

根据彩妆施用部位及用途，可将彩妆分为唇部美容、眼部美容、面部美容、指甲美容、卸妆制剂等五个技术分支。五个分支中，唇部美容的专利数量最多，占整个彩妆领域专利数量的 27%；其次是眼部美容占比 23%。各技术分支专利的来源区域前 4 名为日本、美国、中国、法国，韩国与德国紧随其后，英国、意大利等发达国家也占有一席之地。其中，除指甲美容、唇部美容、眼部美容、面部美容、卸妆制剂等四个技术分支专利申请量最多的国家均为日本，并且与排名第二的国家相比，其专利数量具有明显优势。

（3）重点领域专利研发热点。

对于彩妆领域，唇部美容是主要的研发方向，眼部美容、面部美容、指甲美容和卸妆制剂也均有一定的占比。目前，全球彩妆领域的热点技术内容包括植物活性成分的开发、聚合物基础研究及色料的改进等。国外申请人在彩妆原料合成等方面有着较为深入的研究，尤其是对于聚合物、色料等原料研究，跨国企业处于领先地位。由于聚合物及色料等原料用途非常广泛，因此国外申请人一件专利可应用于多个不同技术领域分支，在多个技术维度构建专利壁垒。相比之下，国内申请人在彩妆领域的研究主要为已有原料的新用途开发，或是原料间的复配研究等，珀莱雅以及艾蓓具有较多的专利申请。

2. 毛发用化妆品、口腔护理品、芳香化妆品

（1）产业创新发展格局。

对于毛发用化妆品、口腔护理品及芳香化妆品产品，国外申请人在细分领域的专利申请数量均占据了主导地位。其中，法国的欧莱雅、美国的高露洁和宝洁、荷兰的联合利华、瑞士的芬美意和奇华顿等国际巨头企业，在专利申请量上拥有较大优势，且注重在中国市场进行专利布局。

毛发用化妆品专利申请中，洗护产品占专利申请量的首位。毛发用化妆品领域的国内申请人主要集中在广东省、江苏省和山东省，这三个省份的专利申请量约占毛发用化妆品领域国内专利申请总量的50%，其中尤以广东省的专利申请量为最多，占比将近30%，且广州市位居全国各城市第一。国内申请人中，专利申请量的集中度相对较高，广东的拉芳、澳宝、环亚等本土企业申请量较大。

全球口腔护理品中牙膏、漱口水的专利申请量分别排在第一位、第二位。口腔护理品的国内申请人主要集中于广东省、江苏省等，广州市专利申请量占广东省专利申请总量的40%，在全国城市中排名第一。国内专利申请同样主要集中于企业申请人，国内主要申请人有两面针、薇美姿、立白等，广州市申请人主要包括薇美姿、立白、美晨等，其中柳州的两面针及广州的薇美姿、立白在牙膏领域的专利申请量相对较高。

欧洲是芳香化妆品的最大技术来源地，其次是日本、美国、中国和韩国，但全球排名前10位的申请人被来自欧洲、美国、日本的企业垄断，中国仍处于起步阶段。近年来，中国芳香化妆品领域专利申请呈现增长态势，广东省在该领域的国内申请量中排名第一，但发明专利申请有43%为国外企业申请。

（2）产业重点领域专利研发热点。

毛发用化妆品主要包括洗护产品、造型产品、烫染产品、影响毛发生长制剂等四个技术分支，其中洗护产品是热点研发方向，其关键技术主要集中在无硫酸盐技术、无硅油技术、功效成分的改进（特别是天然成分的开发）等方面，国内申请人的研究方向偏于功能成分的添加/搭配，国外申请人对基础原料的性能机理及组合应用的研究较多，但在植物原料替代方面的研究较少，对于产品外观改进的关注度尚不高。国内申请人在特色植物原料的选配、原料工艺改进、创新产品外观等方面具有一定的市场突破口。广东企业拉芳、澳宝、环亚等在该热点技术分支下均具有较多的专利申请。

口腔护理品的主要研发方向集中在牙膏品类，其中抗菌牙膏的专利申请量占比最大，抗敏牙膏也是近年的研发热点。其中抗菌牙膏方面，专利申请量最高的抗菌功效成分是氟化物，但传统抗菌剂西吡氯铵、三氯生、氯己定的申请量开始降低，逐渐被天然的、新型的抗菌成分所代替，如丁香、溶菌酶、益生菌等，这些成分成为新的研发热点。在抗敏牙膏方面，中药抗敏成分的研发逐渐成为国内专利申请的研发热点，艾叶、丹皮酚、两面针等的应用研究较多。

芳香化妆品的主要研发热点包括在芳香化妆品中使用的芳香化合物、在芳香化妆品中使用的芳香组合物以及芳香化合物/组合物的应用方式。

6.2 化妆品产业发展导航建议

6.2.1 产业结构优化路径

1. 加大产业政策支持力度,推动产业高质量发展

全产业链的发展离不开基础研究的创新、核心原料的创新、配方工艺的创新和品牌的建立等。化妆品核心原料的技术创新,成为突破"卡脖子"困境的重点。广州市整体上虽然化妆品企业数量多,但多集中于产业链中下游,在上游原料端尤其是核心原料方面并不占优势,此种情况成为产业目前普遍存在的发展瓶颈。化妆品核心原料的技术及专利应用更是大多掌握在国外化妆品巨头手中,例如获得中国专利奖的涉及化妆品领域的专利申请中,有74%的专利涉及上游原料创新,该比例远高于化妆品配方创新。建议依托重点产业集聚群、行业协会等对相关的企业、院校、重点实验室等进行有机整合,形成合力,找准原料着力点,更高效地攻克技术难关。在制定政策时应更为关注产业发展动向,更加注重产业链、供应链和价值链的发展,尤其需进一步重视产业链上游核心原材料的研发,加强与化妆品产业链上游原料端重点企业的合作,例如华熙生物的透明质酸技术,华业香料的内酯系列香精香料,天赐材料的温和表面活性剂、卡波姆树脂等基础原料,赞宇科技的表面活性剂与油脂化学品等,从而完善产业链的上下游完整性。同时,建议进一步强化知名品牌的培育,例如通过加强对科技项目的支持,给予专门的财税金融政策支持,建立化妆品产业发展基金,为产品研发、品牌建立等提供资金支持。

2. 加强产业园区集聚发展,完善产业规划顶层设计

在建设粤港澳大湾区的国家战略下,广东省尤其是广州市的化妆品产业借助其地处大湾区的地缘优势、资源优势及利好政策,迎来了高质量发展契机。广州市分别打造"白云美湾""中国美都"和"南方美谷",以该产业园区为基础进行产业集群的布局。建议进一步完善化妆品产业发展规划顶层设计,将化妆品产业与广东省战略集群创新体系对接,进一步扶持"白云美湾""中国美都""南方美谷"产业集群的创新发展,并以地域集聚形成的化妆品产业园区为基础进行布局,加大在产业链上下游的融合,加强产业集群内原料端企业和品牌企业的合作,加强集群内企业与科研机构、检验检测机构等的合作,加强产业园区的交流沟通与平台共享,发挥集群优势,获得更多的化妆品原料的专利权和议价权,从地域集聚向功能集聚、价值集聚发展。同时,建议进一步依托该产业集群,拓展探索产业知识产权联盟的建设,促进知识产权与产业发展深度融合,进一步以知识产权为纽带、以专利协同运用为基础,将利益高度关联的创新主体形成联合体,利用联盟内资源,提升产业核心竞争力,维护产业整体利益,从而更好地实现现有产业转型升级。

3. 加大研发投入,增强企业核心竞争力

国外化妆品企业的研发投入较大,其技术研发与市场营销可并驾齐驱,如欧莱雅每年的研发投入基本维持在3%以上。而国内企业如上海家化、珀莱雅等研发费率占比虽超过了2%,但由于企业规模限制,实际投入金额仍然远低于国外化妆品企业,使得企业在关键核心原料开发上仍然落后于国际巨头。建议通过持续的技术研发投入和技术积累,聚焦有前景的技术方向(例如中草药植物细分领域),形成具有特色的品牌。建议可通过制定政策、激励措施等引导具有一定影响力的创新主体更加注重研发投入,增强企业核心竞争力,增加发展的源动力。

6.2.2 技术创新提升路径

1. 研发企业特色原料和地域特色原料,避免同质化竞争

广州市化妆品企业众多,目前企业以中下游端品牌企业居多,且同质化竞争较为严重,研发方向也以配方型改进居多,研发方向也较为集中,而上游端原料企业相对较少,核心原料以及新原料的研发仍需增强。建议企业进一步关注具有地域特色的原料研发,依托原料的创新来拓宽生存和发展空间,形成自身特色原料和产品。如贝泰妮,其聚焦云南特色植物马齿苋、青刺果等,围绕植物的提取、检测、应用等多方面开展技术研发;欧莱雅研发的功效成分玻色因和爱茉莉太平洋研发的人参提取物系列,其在核心技术基础上持续进行深入挖掘,并进行了全路径的专利保护的案例。广东省也有着丰富而独具特色的植物资源,建议差异化发展,走"专精特新"的道路,使自身产品具有独特优势。

2. 加强特色植物原料的研究和利用,提升品牌影响力

全球皮肤用化妆品专利申请中涉及的原料有42.4%源自植物,植物原料(包括藻类)提取物是目前最受欢迎的热点原料。广东省植物资源丰富,且有不少地域特色植物资源,但目前开发利用的植物资源并不充分,在提取、纯化、测试评价等方面存在短板。因此,建议充分利用广东省的地域植物资源,深入研究植物有效的核心成分、作用机理、安全评估等,例如从活性成分的提纯、分析、功效研究、作用机理等方面入手,更好地促进特殊植物提取物的开发,并在提取技术、功效成分确定、功能因子科学配伍、应用研究等方面,补齐短板。同时,建议依托于目前已成立的相关研究院,借鉴国内其他地域成功经验,开发具有中国特色尤其是广东省特色、广州市特色的新植物原料,并形成完整的植物资源产业链,从而利用特色植物资源提升品牌价值影响力。

6.2.3 人才发展培养路径

1. 加强与高校及科研机构合作

院校、科研机构、化妆品重点实验室有丰富的科研资源,虽然广州市化妆品专利创新主体主要是企业，但二者特别是在基础研究方面，仍有很大的互补空间。建议开展深度合作，对接研发需求，既可大大缩短研发周期，也能够减少企业前期投入的风险成本，在加速科技成果的产出和转化转移的同时，也进一步拓宽创新技术的成熟度与产业化水平，逐步形成协同创新体系。例如，华熙生物透明质酸技术研发过程中，合作的高校包括北京化工大学、江南大学、山东大学、齐鲁工业大学、天津科技大学、上海应用技术大学等；贝泰妮则牵头与云南省药物研究所、云南大学等共同建设成立了云南特色植物提取实验室，重点开展特色植物的应用研发。同时，还建议化妆品企业注重与化妆品检测方面的重点实验室的合作。例如，北京大学第一医学院的化妆品质量控制与评价重点实验室、江南大学的化妆品质量研究与评价重点实验室、四川大学的化妆品人体评价和大数据重点实验室等具备较强的技术实力。另外，建议化妆品企业加强与其生命机理和功效密切相关的基础生命科学的研究，利用基因工程等新技术新手段，做好功效产品的研发，系统研究活性组分及组方的功效情况、复合功效的研发、复配的创新等，以更好地获得差异化、个性化的产品，并形成品牌。

2. 加强交叉领域复合型人才培养与引进

化妆品是一个多学科交叉融合的行业，化妆品产业的发展，已不再是以往从动植物中简单的提取、调配等模式，化妆品产业发展对于人才的需求也已由单一的学科能力逐渐演变为多学科交叉能力。例如合成生物学对于化妆品活性成分的研究、提取等凸显了极大的促进作用，其不仅包括基因工程、蛋白质工程等传统学科，还包括系统生物学、化工学等，是典型的多学科汇集领域；而生物学、精细化工、药学、计算机科学、生命科学、机械制造等多学科手段交叉灵活使用，更是未来化妆品新原料开发、安全与功效评估的主要发展趋势。因此，产业的转型升级需要更多的复合型人才加入。一方面，建议进一步加强创新人才的培养，依托高等院校化妆品专业学科建设，优化学科布局，注重专业课程与专业实践相结合，与创新创业项目交流相结合，促进化妆品学科的交叉融合以及化妆品复合人才的培养。另一方面，建议进一步加大培育化妆品产业内融合学科人才的力度，加强国内外创新人才的引进，可助力产业的高质量发展，通过梳理化妆品细分领域的高校及科研机构的研发团队情况，建议进一步加强与高校专业团队的合作。

6.2.4 专利协同运用路径

1. 培育高价值专利，促进专利运营与转化

建议在重大研发项目立项前，进一步强化专利风险层面和经济层面的预警分析，通过做好事前的专利风险分析和评估、重大项目知识产权评议、国内外产业现状和专利焦点的比较，为化妆品产业发展圈定重点关注的专利技术问题，从而开展具有针对性的专利导航/微导航，分析相关专利分布和竞争格局，综合研判产业及其细分领域的发展方向，以更好地开展专利先进性评价、热点研发预警、知识产权布局等，帮助企业突破技术瓶颈，找到产业技术路线优选方案，进一步优化研发路径，从而促进高价值专利的培育、专利运营与成果转化。

形成高质量的专利申请,是培育高价值专利的基础。建议更加重视专利申请文件的撰写,例如通过技术交底书撰写培训、委托代理等方式提高专利申请的整体质量,从而通过高质量申请的撰写,形成层次合理、范围适当、表述清楚的权利要求保护体系,为进一步培育高价值专利打好基础,同时为后续的专利运营、成果转化、维权保护等,打好基础。

失效专利不失为一种极其重要的战略资源,尤其是对于化妆品领域因保护期届满而失效的专利。建议对化妆品领域因保护期届满而失效的专利进行分析研究,梳理和挖掘失效专利技术发展脉络和关键技术,以获得有价值的信息并加以运用,促进企业快速获得技术储备。化妆品产业失效的核心专利的技术内容,往往仍然具有较大的市场价值,企业可以以失效专利作为再创新的基础、素材,寻找新的改进点和技术创新方向,进而提高企业的竞争力和抗风险能力。

建议充分利用如广州知识产权保护中心搭建的平台和资源优势,尤其是对于涉及化妆品产业链上游原材料(新材料)端的创新主体,保护中心通过提供专利检索、专利快速预审、知识产权维权等服务,开展知识产权全链条的专业培训与资源共享,搭建细分领域专利信息预警分析与产业实际需求的对接平台,助力企业更好地开展高价值专利培育。

2. 拓展海外专利申请与布局

我国发明专利数量虽然在全球排在第一,但"走出去"的专利较少,进行海外布局的化妆品专利数量不多。从专利技术流向趋势可看出,在整个化妆品产业,专利输出量少,中国专利申请有国外同族专利的数量较少,其目标市场主要还是在国内,对于海外市场的开拓,例如日本、韩国、欧洲、美国以及如东南亚等新兴市场,尚有很大潜力。建议企业可以进一步拓展海外专利申请与布局,为后续开拓海外市场,打好基础和做好预警。